AMAZÔNIA NO SÉCULO XXI

Rafael R. Ioris
Antônio Augusto Rossotto Ioris
(editores)

AMAZÔNIA NO SÉCULO XXI

TRAJETÓRIAS, DILEMAS E PERSPECTIVAS

alameda

Grafia atualizada segundo o Acordo Ortográfico da Língua Portuguesa de 1990, que entrou em vigor no Brasil em 2009.

Edição: Haroldo Ceravolo Sereza/ Joana Monteleone
Projeto gráfico, diagramação e capa: Maria Beatriz de Paula Machado
Assistente acadêmica: Tamara Santos
Revisão: Haroldo Ceravolo Sereza
Imagem da capa: Nuno Goldophim

CIP-BRASIL. CATALOGAÇÃO NA PUBLICAÇÃO
SINDICATO NACIONAL DOS EDITORES DE LIVROS, RJ

A527

Amazônia no século XXI : trajetórias, dilemas e perspectivas / editores Rafael R. Ioris, Antônio Augusto Rossotto Ioris. - 1. ed. - São Paulo : Alameda, 2022.
542 p. ; 23 cm.

Inclui bibliografia e índice
ISBN 978-65-5966-099-5

1. Desenvolvimento econômico - Amazônia - Séc. XXI. 2. Desenvolvimento sustentável - Amazônia - Séc. XXI. 3. Amazônia - Condições sociais - Séc. XXI. 4. Política ambiental - Amazônia. 5. Geografia física - Amazônia. 6. Recursos naturais - Amazônia. 7. Indústrias - Aspectos ambientais - Amazônia. I. Ioris, Rafael R. II. Ioris, Antônio Augusto Rossotto.

22-76631 CDD: 338.9811
CDU: 338.1(811)

Alameda Casa Editorial
Rua 13 de Maio, 353 – Bela Vista
CEP 01327-000 – São Paulo, SP
Tel. (11) 3012-2403
www.alamedaeditorial.com.br

SUMÁRIO

PARTE II

PARTE III

PREFÁCIO

Ennio Candotti

Durante as negociações que precederam a criação da Suframa, ocorreu uma insurreição que Samuel Benchimol, seu líder, registrou: "Não importa quem decide mas onde se decide, era o mote da revolta de 1966 no navio Rosa da Fonseca.[1] Tramava-se uma vez mais para excluir Manaus do centro de decisão da política amazônica."[2]

Benchimol não hesitou em chamar "novos cabanos" os companheiros da insurreição que ocorreu no navio. A exclusão de Manaus na criação da Suframa foi evitada, mas "onde se decide" ainda hoje é incerto. Em 1984, a revista *Ciência Hoje*[3] publicou um número dedicado à "Amazônia 1984" data que Orwell gravou como sombria.

---

1 Rosa da Fonseca nome do navio onde em 1967 empresários e políticos da Amazônia discutiram com ministros e representantes do governo central a criação, localização e competências da Suframa.

2 Benchimol Samuel, *Amazônia um Pouco-antes e Além-depois*, EDUA: Manaus, 2010, p. 701.

3 *Ciência Hoje*, Revista da Sociedade Brasileira para o Progresso da Ciência, v. 2, n. 10, janeiro fevereiro de 1984. Criada em 1983 e teve Ennio Candotti como um de seus editores de 1983 a 1996.

Entre os artigos publicados: "Uma Floresta em Solos Pobres" de H. Schubart, W. Franken e F. J. Luizão, do INPA, "Por Que se Migra na Amazônia" de Otavio Velho, do Museu Nacional UFRJ, "Co Yvy Ogüereco Ijara" ou "Esta Terra Tem Dono" de Adelia E de Oliveira, do Museu Goeldi, "A Crise Atinge a Amazônia" de Lucio F. Pinto, jornalista de Belém, e "A Floresta Pode Acabar?" de Philip Fearnside, do INPA, artigo que já denunciava o avanço da devastação.

Passados quarenta anos, *Amazônia no Século XXI: Trajetórias, Dilemas e Perspectivas* trata temas semelhantes, de grande relevância e que haviam sido de muitas formas antecipados naquelas publicações anteriores. A recorrência sugere reflexão. A cooperação científica nacional e internacional nos estudos dos temas amazônicos cresceu muito nestes anos, em dados e profundidade, e os capítulos reunidos nesse volume são testemunho.

Ao mesmo tempo, porém, observamos que se repetem as denúncias das agressões aos povos indígenas, às suas terras, direitos e identidades, aos ribeirinhos e trabalhadores, violência que continua sem resposta do Estado e da sociedade. Houve sim crescimento econômico, até mesmo uma certa modernização nestes últimos cinquenta anos, um crescimento e modernização que ocorreram de costas para as águas e a floresta, mas não houve desenvolvimento, diria o mestre Celso Furtado.

A Amazônia continua há duzentos anos uma colônia em seu próprio país ou, melhor, uma colônia na colônia. As decisões políticas a que se referia Samuel Benchimol continuam sendo tomadas fora, obedecendo a interesses alheios à região. Cúmplices do atraso.

Cabe a pergunta: a história da Amazônia seria outra se em 1835 a revolução Cabana, dos que viviam e ainda vivem nas cabanas, contra as elites coloniais, inspirada pelos movimentos europeus pós-revolução francesa, tivesse sido vitoriosa? Derrotada a cabanagem pelo império, com o decisivo apoio das canhoneiras inglesas ancoradas em Belém, selaram-se para os tempos que a sucederam as relações políticas entre a região amazônica e o poder central.[4]

4 Marilene Correa, *No Paiz do Amazonas*, Valer: Manaus 2004, p. 265.

Os viajantes naturalistas dos séculos passados se mantiveram alheios aos conflitos sociais que presenciavam. Deslumbrados com a natureza e sua exuberante diversidade, recolhiam observações, colecionavam insetos, sementes e objetos, e os enviavam para seus museus, laboratórios e jardins botânicos.

Exceção seja feita a Charles Darwin, que registra em seu diário ao passar por Pernambuco em 19 de agosto 1836: "Deixamos definitivamente as costas do Brasil, graças a Deus não deverei mais visitar um país de escravos". Hoje os viajantes são raros, mas continuam raros também os museus, os jardins botânicos na Amazônia, institutos preparados para recolher e sistematizar as coletas ou as observações "in situ" dos pesquisadores que as estudam.

Perdem-se assim informações importantes. Descobriu-se por exemplo, nas últimas décadas, que desde tempos antigos os agricultores indígenas sabiam que os solos da Amazônia, em sua maioria, são pobres e que a rica floresta cresce pela adubação constante promovida pela ação de fungos e microrganismos, como mostrou Schubart na *Ciência Hoje de* 1984.

Os povos indígenas desenvolveram técnicas milenares de produção de terras pretas, "adubadas", férteis com que "manejaram" grandes áreas de floresta com plantas comestíveis.[5] Sabemos também, hoje melhor do que há quarenta anos, "o que fazer", mas ainda hesitamos no saber "como fazer."[6]

Para responder a esses desafios deveríamos contar com a presença do Estado na região e com numerosos institutos, centros de pesquisa, universidades, pós-graduações e laboratórios em cada um dos biomas e diferentes mesorregiões. Estes institutos escasseiam na Amazônia. Exemplos: há somente dois jardins botânicos (um em Belém outro em Manaus), duas pós-graduações em nível de doutorado em botânica, nenhuma dedicada

5 Manuela Carneiro da Cunha, Sônia Barbosa Magalhães e Cristina Adams (orgs.), *Povos Tradicionais e Biodiversidade no Brasil – Contribuições dos Povos Indígenas, Quilombolas e Comunidades Tradicionais para a Biodiversidade, Políticas e Ameaças*, SBPC: São Paulo, 2021.

6 "Um Desafio para o Futuro", entrevista com Kenton Miller, *Ciência Hoje*, v. 10, n. 55, 1984.

ao estudo dos fungos e uma só em linguística, com 150 línguas indígenas ainda vivas!

Pesquisadores do INPA descobriram, nos últimos anos, que as sementes das principais plantas das diferentes florestas amazônicas, sejam elas de terra firme ou alagadas, são "recalcitrantes", não são transportáveis e não resistem à conservação em baixas temperaturas (como as sementes das regiões temperadas e frias) e germinam só nas proximidades de onde são naturalmente depositadas.[7]

Uma informação que obriga a repensar os modos de reconstrução dos diferentes ambientes florestais degradados e que enseja intensa cooperação científica para determinar o alcance e as expressões diversas desta descoberta. Por metáfora o atributo "recalcitrante" pode ser estendido aos atores da resistência, nos conflitos que ocorrem no tecido social, em sua história e movimentos. Do mesmo modo que o estudo e manejo das sementes exigem estudos e cuidados locais.

Os movimentos sociais, associações e comunidades ribeirinhas têm construído nestes últimos anos "museus vivos", casas de memória e fixação das raízes de sua história, território e lutas por cidadania.[8] Depositar localmente as coleções e os exemplares e objetos recolhidos, criar institutos de pesquisa diversos em biomas distintos e fomentar a cooperação científica nacional e internacional é um projeto para os novos tempos, que deverão suceder o tempo de sombras e devastação que estamos vivendo em 2021.

Os viajantes dos séculos passados levaram as coleções para seus museus de origem. Na Amazônia, poucas instituições de pesquisa, museus

---

7 Antônio da Silva e Isolde Dorothea Kossmann Ferraz, "Armazenamento de Sementes", In: *Sementes Florestais Tropicais: Da Ecologia à Produção*, Fatima Conceição Márquez Piña Rodrigues, Márcia Balistiero Figliolia e Antônio da Silva (orgs.). ABRATES: Londrina, 2015, p. 219-242.

8 "Foi-se o tempo em que se podia aceitar museus de coisas mortas. De uma forma ou de outra hoje os centros de ciências e saberes precisam nos comunicar testemunhos vivos e protagonistas verdadeiros das próprias histórias," em Alfredo Wagner Berno e Murana Arenillas Oliveira (orgs.), *Museus Indígenas e Quilombolas: Centros de Ciências e Saberes*, UEA Edições/PNCSA: Manaus, 2017.

e jardins botânicos foram criados. Talvez porque aqui se encontram "in natura" os originais das plantas que são levadas aos jardins botânicos dos centros temperados. Sinal de que a Amazônia é um grande "museu vivo", um jardim botânico de "matrizes".

Há poucas exceções: em 1866 foi criada em Belém a Associação Philomatica, que daria origem anos depois ao Museu Paraense E. Goeldi. Em Manaus, João Barbosa Rodrigues criou em 1883, a convite da princesa Isabel, o Museu Botânico e uma revista, a *Vellosia*. Museu e revista foram extintos em 1890. João Barbosa voltou ao Rio de Janeiro, onde dirigiu o Jardim Botânico até 1909. O INPA somente nasceria em 1952.

O empenho em promover a cooperação científica, nacional e internacional no estudo e na construção de instituições de pesquisa na Amazônia, e o *Amazônia no Século XXI: Trajetórias Dilemas e Perspectivas* é referência exemplar, tem por objetivo contribuir para responder ao desafio de Kenton Miller do "como fazer" e como promover nossa capacidade de preservar a memória da história social e da história natural e com ela resistir à devastação.

A Amazônia precisa desse oxigênio, o CO_2 está nos asfixiando.

PENSAR A AMAZÔNIA NO SÉCULO XXI: NOVOS PRISMAS, VOZES E PERSPECTIVAS

Antônio Augusto Rossotto Ioris e Rafael R. Ioris

Pensar a Amazônia é pensar na imensidão, no superlativo e no muito mais por pensar e aprender a perguntar. Espaço de vida milenar, múltiplo e complexo, que nos remete continuamente da escala continental a problemas locais, quotidianos e setorizados, que também constituem a vida e a política da região. Muito além de imagens estereotipadas de fragilidade e incomensurabilidade, a Amazônia ocupa o centro das controvérsias globais contemporâneas sobre desenvolvimento, democracia, estado de direito e desavença entre as dimensões humanas e mais-do-que-humanas da natureza.

Ao invés de ser um mundo à parte, a Amazônia foi, desde sempre, *locus* privilegiado da história do capitalismo e área de cobiça de sociedades estrangeiras que ali se dedicaram a explorar as vidas e riquezas locais. Embora definidores de eventos que vão muito além da região em si, tais legados, suas escalas e complexidades sempre foram mal compreendidos e geralmente naturalizados. A um passado precariamente reconstruído e violências associadas, frequentemente demais aceitas em nome de uma suposta "civilização", somam-se interpretações reducionistas e utilitaristas que continuam a inspirar processos de privatização, proletarização e especulação.

A Amazônia precisa, pois, ser novamente pensada, questionada, percebida e invocada de novas formas e maneiras, em especial quanto aos impactos da modernização e da (perene) colonialidade. Nesse intuito, precisamos de novas perguntas e abordagens mais atentas às não-linearidades da Amazônia. Tarefa que se torna ainda mais urgente dada a necessidade de entender a sinergia criada pela interação entre os velhos e os novos desafios colocados pelo século XXI.

Longe de ser homogênea e previsível, a Amazônia é composta por uma diversidade animal, vegetal e socioecológica de tirar o fôlego, além de uma infinidade de paisagens, línguas, práticas e composições sociais endêmicas. Por dezenas de milhares de anos, as interações socionaturais de diferentes sociedades humanas em um território tão extenso (cerca de sete milhões de quilômetros quadrados) ajudaram a moldar, em maior ou menor medida, as características biológicas e espaciais da região, promovendo a multiplicação impressionante de espécies e a variada composição de configurações socioculturais.

Impõe-se, pois, a humildade de reconhecer que para dar conta dessa singularidade tão complexa e extensa, não há como prescindir de um engajamento não só intelectual, mas também ético e mesmo político, no seu sentido mais amplo. Isso porque o que se chama de Amazônia é na verdade a interação de processos dinâmicos, sempre em expansão. O produto final, e primordial, dessas dinâmicas é que a Amazônia é intrínseca e ontologicamente uma realidade politicamente construída. De fato, o próprio espaço amazônico é resultado de constantes e inúmeras disputas e colaborações sempre profundamente politizadas, algo que, sob a influência de um capitalismo predatório e inconsequente (como sempre tende a ser o capitalismo), se ramifica em desigualdades múltiplas, multifacetadas e renitentes.

Não há, assim, como se pensar a região sem considerar as crescentes e recorrentes injustiças sócio-ambientais e a politização constante da sua socioecologia (Ioris, 2020). Universo vasto e contestado, o bioma amazônico ocupa cerca da metade do continente sul-americano, espalhando-se por nove países e habitado por cerca de 30 milhões de pessoas em incontáveis ecossistemas, áreas urbanas e bacias hidrográficas. O que acontece na Amazônia importa para o mundo e é, da mesma forma, um grande mundo a ser coletiva e criticamente interrogado.

Mas, apesar de tanta relevância, a intrincada complexidade Amazônica não tem sido devidamente decodificada pela maioria das abordagens disciplinarmente constituídas, muitas delas ainda ancoradas em variadas formas de positivismos, na fragmentação de dados, no essencialismo, na empiria e no binarismo da racionalidade ocidental que tende a dissociar a sociedade do resto da natureza e o conhecimento científico dos saberes ancorados na experiência histórica e práticas comunitárias.

A Amazônia parece não mesmo caber na academia oficial, muito menos nos gabinetes da burocracia e nos conselhos administrativos das corporações, ainda que sejam esses alguns dos principais atores decidindo sobre o seu futuro. Evidência clara dessa lógica, grande parte dos trabalhos acadêmicos publicados nas últimas décadas se baseia em estudos de curto prazo, desinteressados de causas e responsabilidades político-ecológicas e frequentemente sem que os autores sequer tenham ido à região (mas conduzidos por meio de satélites, uso de megacomputadores e referências abstratas a uma governança ambiental que deveria, segundo a ideologia reinante, seguir sinais e desígnios de mercado). E ainda que talvez de maneira paradoxal, por tempo demasiado a Amazônia tendeu a ser simultaneamente celebrada e elogiada, ainda que ignorada, incompreendida, quando não mesmo desprezada por desbravadores e ditos *expertos* que tentam dar sentido à configuração socioecológica sem qualquer abertura concreta para a vida quotidiana, o espaço vivido e as necessidades concretas das populações locais (a serem definidas por elas mesmas).

Daí nosso intuito nessa obra de reconsiderar, dentro do possível em um livro com dimensão e alcance por definição limitados, as múltiplas realidades vivenciadas e contestadas da Amazônia. Nosso livro reflete, assim, um esforço inter e transdisciplinar que agregou visões complementares de estudiosos com trajetórias acadêmicas diversas mas interesses de pesquisa convergentes, trabalhando em contextos geográficos e profissionais diversos, unidos em um esforço conjunto de analisar não só aspectos específicos da imensidão amazônica, como também de refletir criticamente como é e deveria ser a Amazônia hoje e no futuro. De fato, se vivemos todos hoje em um contexto global cada dia mais controvertido, interconectado e perturbador, (re)pensar a Amazônia, realidade desde sempre definida por estas mesmas características, é uma tarefa necessária e urgente não somente para as perspectivas da região, mas para o planeta como um todo.

Buscou-se reiterar neste livro a importância de novas formas de análise e questionamento. Como demonstrado pela sabedoria dos povos originários, nem a história, nem o conhecimento são processos unidimensionais, já que avançam em múltiplas direções, de forma recorrente e resultantes de realidades compartilhadas. Há que se buscar, dentro de experiências interpretativas críticas e inovadoras, entender, esmiuçar e reconstruir heuristicamente os múltiplos eixos de interação e dinâmicas locais sendo violentamente perpassados pela invasão crescente e contínua de novos processos dialeticamente conectados a dinâmicas socioeconômicas, ideológicas e político-ecológicas que se desdobram em escalas múltiplas (Ioris e Ioris, 2020).

No centro da controvérsia e na junção de muitas disputas, encontra-se a quimera do desenvolvimento econômico a qualquer preço. Conforme conceituado inicialmente no período do pós-guerra, e ainda defendido hoje de forma enfática por políticos e setores empresariais dominantes, o pedestal do desenvolvimento justifica a intensificação da produção e distribuição de bens e serviços de acordo com os padrões de consumo (e desperdício) das sociedades ocidentais (Arndt, 1987; Escobar, 2012). Acompanhando esta definição, que tácita mas não ingenuamente se estabeleceu na comunidade internacional, o desenvolvimento na Região Amazônica esteve historicamente representado pela construção de grandes projetos exploração vegetal, infraestrutura e atividades empresariais, no mais das vezes ligadas ao setor de exportação, executadas direta ou indiretamente via planejamento, coordenação, apoio e subvenção de órgãos governamentais. Essa trajetória de um suposto desenvolvimento sempre dependeu da enorme apropriação dos ecossistemas e comodificação dos recursos territoriais. Essa matriz universalista, de viés autoritário, sustentou e sustenta plataformas de desenvolvimento convencionais que tenderam a ignorar as circunstâncias locais e procuraram consistentemente produzir espaços humanos e ecológicos homogêneos de acordo com valores, estéticas e necessidades exógenas.

Dentro de tais dinâmicas, marcadamente contraditórias e arriscadas, quanto mais a Amazônia se insere na via convencional de desenvolvimento, mais restritas e excludentes são as oportunidades político-econômicas de efetivamente tornar a região mais autônoma e com atividades justas e sustentáveis. O processo de desenvolvimento na Amazônia reside não simplesmente no lucro extraído da produção como também na apropriação de diferentes fontes de renda (no sentido ricardiano) nas áreas de matas, terras e de rios. Da mesma forma, dado que o desenvolvimento convencional vem associando a Região Amazônica cada vez mais e de forma antagônica em mercados globais por meio da apropriação dos recursos territoriais e de políticas excludentes impostas a seus habitantes, essas dinâmicas destrutivas têm se acelerado e, assim, se revelado cada mais equivocadas e excludentes ao longo dos últimos anos. De fato, a disponibilidade aparente (uma vez ignorados os que ali habitam) de grandes porções de terra e recursos sempre fez com que haja a expectativa de uma rápida acumulação de capital por parte de criadores de gado, garimpeiros (e empresas de mineração), empresários (companhias) do agronegócio, madeireiros, construtoras (obras de grande porte como estradas e hidrelétricas, e também construção civil), com uma participação mínima do restante da sociedade regional.

Antes de ser intrinsicamente, por definição, antinatureza, o atributo mais danoso do processo de desenvolvimento tradicional é seu imperativo modernizador segundo uma configuração homogeneizante e hierarquizada da modernidade e do capitalismo industrial. Isto significa que o modelo dominante de desenvolvimento depende da conversão de porções de terra da floresta amazônica cujo gerenciamento e posse são coletivos em propriedades privadas e nas relações advindas deste novo modelo. O avanço da modernidade ocidental combinou mesmo o afastamento e estranhamento cultural e a uma narrativa de fascinação, como originalmente analisada por Holanda (2000). Essa combinação de imaginários que orientou a conquista e exploração territorial se acelerou ainda mais, tornando-se também muito mais complexa ao longo do século XX, de maneira especial nas suas últimas três décadas. Em contraste com o tempo colonial e o começo do período pós-colonial, quando as riquezas da região eram exploradas e levadas embora, o desenvolvimento contemporâneo exigiu a consolidação da propriedade privada na região e a reorganização das relações sociais em função do poder político advindo das propriedades privadas, da mineração, e indústrias, ou então em funções de obras e programas estatais que serviram – e servem – para a expansão do capitalismo extrativista.

Com seu foco restrito em uma definição exógena de eficiência, segundo moldes utilitaristas, hoje apresentados como "empresariais", da racionalidade ocidental, traduzida em teorias anti bens comuns [*commons*], as dinâmicas associadas ao processo de desenvolvimento propositadamente excluem usos e práticas tradicionais, perpetuando a desigualdade e fomentado pobreza, independentemente do nível de conservação e restauração da floresta. Utilizando-se de um novo vocabulário de poder, a transformação da região sob a influência de recorrentes políticas de desenvolvimento se desdobra em permanentes disputas étnico-raciais-ecológicas, com base e repercussões de classe, que propagam e reforçam uma geografia da produção recorrente de exclusão e injustiças. Por causa de pressões contra povos tradicionais a floresta é brutalmente transformada (tanto em termos simbólicos quanto materiais) de sua condição dinâmica, longamente estabelecida, o que leva à emergência de impactos e explorações socioambientais. A nova pobreza gerada pelo avanço da forma dominante de desenvolvimentismo na região é perpetuada pelos novos ciclos de circulação e acumulação de capital advindos da apropriação privada dos ecossistemas florestais. E dado que povos tradicionais não se encontram mais tão protegidos pelo seu relativo isolamento histórico, competidores mais fortes e oportunistas de toda ordem são capazes de excluí-los do acesso a recursos feitos escassos mas previamente partilhados.

Essa dinâmica da negação dos povos tradicionais (e suas práticas) no desenvolvimento da Amazônia é expressão de um fenômeno maior no qual seres humanos são alienados de suas atividades anteriores, juntamente com seu contexto social, imaginário coletivo e condição socionatural. Suas estratégias de sobrevivência tradicionais de comunidade vivendo em (e de) ecossistemas florestais combina, tipicamente, o compartilhamento de recursos florestais com pequenas faixas de terra de uso e propriedade familiar e a área de moradia. Mas, com o avanço do desenvolvimentismo de viés neoliberal, os ecossistemas amazônicos estão sendo transformados de forma crescente e não através da interação entre os seres humanos e o restante da socionatureza, mas de acordo com a imposição de regras econômicas que mobilizam recursos e pessoas para a imediata acumulação e transferência de capital.

O impacto devastador do crescimento da propriedade privada fica ainda mais evidente na crescente erosão de práticas de subsistências comunitárias originalmente baseadas em complexos gerenciamentos da floresta e seu ecossistema. Cabe ressaltar que um dos maiores responsáveis pelas instituições de propriedades privadas e associados ataques contra os povos tradicionais (e suas práticas) tem sido mesmo o próprio Estado Nacional, especialmente os agentes de Brasília que controlam a fração oriental e mais impactada da região. Ações estatais, em geral, têm contribuído para a criação de instituições e lógicas perversas que tendem a perpetuar processos de criação e aprofundamento de exclusões sociais, políticas, culturais etc. Tudo isso se evidencia, ao longo da história, na clara contradição entre os interesses do agronegócio e da mineração, tidos como veículos da integração nacional e de uma suposta viabilização econômica da região, e as necessidades reais das muitas comunidades locais diretamente impactadas (Ioris, 2017).

Cabe também ressaltar que a recorrente tentativa de forças hegemônicas em promover uma lógica privatista de desenvolvimento tampouco resolve tais conflitos, tendo mesmo sua responsabilidade na gênese de uma nova pobreza regional, assim como também na distorção de eventuais políticas de conservação. No mesmo sentido, incentivos econômicos governamentais (como crédito, subsídios e a concessão de terras a empresas e grandes fazendeiros) e os investimentos em infraestrutura (na forma de estradas, portos e armazéns), aprofundados em anos recentes, têm desempenhado papéis centrais na espacialização continuada de inequidades ambientais e humanas. Tais benesses, seletivamente distribuídas, buscavam primeiramente atrair diferentes contingentes de pessoas para a Amazônia, que, uma vez lá, têm se beneficiado apenas marginalmente das iniciativas de desenvolvimento do agronegócio, especialmente nas últimas décadas. E em grande parte graças a novas capacidades tecnológicas, arranjos políticos e fluxos econômicos globais, esse caminho de incorporação contínua da Amazônia em linhas de desenvolvimento cada vez mais capitalistas se acelerou significativamente e se tornou imensamente mais complexo na medida em que a economia brasileira e de outros países da região tornaram-se mais organicamente inseridas em redes globais de produção e circulação de mercadorias [commodities].

Dinâmicas espoliativas de desenvolvimento modernizador hegemônico persistiram em governos de diferentes orientações eleitorais. Tanto em gestões consideradas progressistas, como de Lula e Dilma (2003-2016), quanto, ainda mais, nas administrações reacionárias e protofascistas do pós-2016 que veem promovendo um aumento da exploração dos recursos e intensificação do agronegócio e da mineração na região. E por meio da ação crescente do Estado, novas estratégias impactantes se tornaram uma parte cada vez mais crucial da lógica do desenvolvimento socioeconômico, concentrando ainda mais nas mãos do poder estatal grande parte das decisões acerca das pressões a recaírem sobre os sistemas socioecológico. Os comprometimentos do Estado com tal ideologia, essenciais para o sucesso e expansão da sociedade capitalista, são eminentemente antagônicos ao discurso da redução da pobreza e justiça socioambiental que o próprio Estado se atribui nas democracias modernas, aumentando, assim, as contradições crescentes de tal lógica.

Com tais controvérsias em mente, alinhamos nas páginas que seguem uma reflexão crítica, de fundo histórico, geográfico e conceitual, sobre o que percebemos como elementos centrais necessários para uma compreensão mais atenta à complexa, multidimensional e sempre cambiante realidade amazônica. Nossa perspectiva se guia pelo que entendemos como a experiência histórica do que definimos como a recorrente ativação de múltiplas fronteiras socioeconômicas e ambientais da Amazônia, qual sejam, espaços biofísicos e humanos sempre sujeitos a transformações cumulativas devido às migrações rápidas e intensas de povos e à abertura de novas oportunidades econômicas que ocorrem em contextos e estruturas de poder diversos, onde autoridades e formas de governança são disputadas e reconfiguradas (Ioris, 2018). Da mesma forma, considerando as muitas e crescentes necessidades socioambientais da região, revisamos algumas experiências de desenvolvimento revelados ao longo do processo de transformação da Amazônia pela lógica e por redes de exploração de matriz capitalista, de base nacional e global.

Desenvolvimento (anti)amazônico à luz da prática colonial e da experiência político-econômica

Para começar, deve ficar claro que longe de ser um paraíso ou "inferno verde" (na frase célebre de Alberto Rangel), isolado, imaculado e exuberante contendo a maior reserva disponível de água doce e biodiversidade do mundo, a Amazônia sempre foi um espaço geográfico e histórico dinâmico, dentro do qual uma ativa interdependência entre grupos sociais e ecossistemas sempre existiu, com consequências não só para a própria região, mas também para o planeta como um todo (Ioris, 2021). Com efeito, desde os primeiros esforços cartográficos, em meados dos anos 1500, aos planos imperiais de ocupação e controle geopolítico, em meados dos anos 1700s (como o regime do Diretório, introduzido pelo ministro português Marquês de Pombal em 1757, que obrigou à reorganização da vida indígena em povoações destinadas a promover níveis mais elevados de miscigenação e aculturação), a bacia Amazônica foi continuamente afetada pela ação de potências estrangeiras e suas atividades comerciais transatlânticas. Após a emancipação do domínio colonial pelos reinos de Portugal e Espanha (observe também as aspirações territoriais sustentadas da França, Holanda e Grã-Bretanha na região) no início dos anos 1800, o contexto político regional se expandiu em constantes lutas pela hegemonia territorial.

Lembremos que desde a primeira expedição de Orellana (1541-1542), que designou o grande rio pelo nome das legendárias Amazonas, e dos primeiros séculos de colonização, até as aceleradas invasões capitalistas por meio das cadeias globais de commodities e consumismo, a região tem persistentemente suscitado fascínio e admiração, contrapostos por transformações igualmente desafiadoras. Por exemplo, a interação entre regime hidrológico e comunidades biológicas é tão estreita que, ao longo do tempo, o próprio desenvolvimento da floresta passou a influenciar o clima. Estima-se que a média de precipitação seja de 2.400 mm/ano, mas, desse total, 1.382 mm/ano voltem para a atmosfera na forma de evapotranspiração. O bioma, portanto, não é somente consequência do clima, mas as condições climáticas dependem, em grande medida, da cobertura florestal. Isso significa que, apesar da grande quantidade, não existe sobra de água na Amazônia, uma vez que a manutenção dos ecossistemas depende da água disponível. Da mesma forma, a dinâmica dos ecossistemas amazônicos contou também com a ação de grupos sociais que, criativa e gradativamente, alteraram a composição das florestas, campos e várzeas, da mesma forma que modificaram os mananciais de superfície como paranás, igarapés, lagos, além dos próprios rios.

O universo que resulta desse "metabolismo" permanente entre sociedade e natureza tem a água com um elemento vital e integrador. A paisagem socionatural da Amazônia não é externa à atividade social, mas foi intensamente vivenciada pelos ancestrais e deixada às atuais gerações como a encarnação de sua experiência temporal, com um verdadeiro monumento da continuidade da vida. Apesar de ser a "Pátria das Águas" (conforme denominação do poeta Thiago de Melo), as pressões do desenvolvimento econômico têm cada vez mais comprometido a base ecológica e social da Amazônia. Os problemas de uso e conservação das águas são pois parte de uma destruição mais ampla que atende a interesses políticos e econômicos de curto prazo.

De fato, uma das características básicas do modelo de "desenvolvimento" imposto à Amazônia é a expulsão da floresta para ceder lugar à agricultura, à exploração hidrelétrica e à mineração. A remoção da floresta invariavelmente leva à degradação dos cursos de água, ao mesmo tempo que a construção de barragens ao longo dos rios tem impactos negativos sobre a natureza as populações locais. Ao longo dessa dinâmica histórica predatória, como o objetivo claro de obtenção do lucro no menor prazo possível, a agricultura se expande cada dia mais por meio do corte brutal da floresta, seguido do uso do fogo para "limpeza" das glebas. Árvores centenárias, que serviam de habitat para uma inumerável quantidade de plantas, insetos, aves e outros animais, são desprezadas e queimadas como se fossem palitos de fósforo. Com a remoção da floresta, em poucos anos o solo perde a fertilidade natural e fica exposto a processos erosivos significativos. Da mesma forma, o desmatamento produz alterações marcantes no ciclo hidrológico, uma vez que a floresta servia como proteção do solo durante a estação chuvosa e reserva de água para a estação seca. Sem a floresta, as vazões aumentam durante o período chuvoso e se reduzem durante o período seco. Ao longo dos anos, com menores concentrações de vapor na atmosfera, há a tendência de diminuição progressiva da precipitação anual. É importante reconhecer que o cálculo do balanço hídrico da Amazônia não é um exercício trivial para os modelos hidrológicos hoje disponíveis, sendo particularmente difícil de se demonstrar a correlação entre o desmatamento, variações na precipitação e na vazão dos rios.

Apesar de tais dificuldades técnicas, existem indícios claros de alterações no ciclo das águas em bacias hidrográficas severamente desmatadas na parte sul da Amazônia. Se negociações e conflitos entre diferentes grupos sociais, bem como dinâmicas socioeconômicas ligadas à expansão comercial crescente, marcaram a região desde os primórdios da colonização, é igualmente verdadeiro, como apontado anteriormente, que iniciativas burocráticas de desenvolvimentismo acelerado, ligados a projetos de consolidação do controle político do estado nacional, mais recentes intensificaram a reestruturação da região de maneiras sem precedentes, especialmente ao longo dos últimos cinquenta anos.

Tais dinâmicas implicaram em diferentes momentos de profundas transformações históricas, antropológicas e geográficas que deveriam ser vistas como momentos de expansão e materialização de novas fronteiras socioespaciais e civilizacionais na região. E ainda que muitas vezes definida pela condição de existir às margens da dita civilização e dos centros principais de atividade econômica, a própria dinâmica interna da Amazônia sempre esteve envolvida em negociações e conflitos contínuos entre diferentes grupos sociais dentro e fora da região, onde o modelo dominante de desenvolvimento depende da conversão de áreas da Amazônia possuídas coletivamente e administradas na forma de *commons* para a esfera da propriedade privada e gerenciada a qualquer custo socioecológico. As contradições centrais do desenvolvimento amazônica estão direta e principalmente relacionadas a esse controle e exploração da região (Ioris, 2016).

Intensificado pela confluência de múltiplas dinâmicas de mudança, de acordo com ressignificações das prioridades dos ciclos e lógicas de desenvolvimento regionais, nacionais e globais, esse processo continuado tem levado à constante produção de novas configurações socioecológicas. E ainda que recorrente, essa dinâmica histórica foi dramaticamente acelerada na última metade do século, de maneira especial nas últimas duas décadas, em meio a novas dinâmicas econômicas, sociais, políticas e ambientais implementadas sob discursos, justificativas e a lógicas ligadas à noção do crescimento econômico, sempre expansionista e destrutivo, da modernidade ocidental, em específico em sua versão mais agressiva gestada na húbris globalista da virada do século XXI. Dentro de tais dinâmicas, marcadamente contraditórias, quanto mais a Amazônia se insere na via convencional de desenvolvimento e quanto mais se diz que se desenvolveu, mais restritas e excludentes são as oportunidades político-econômicas de efetivamente tornar a região mais autônoma e com atividades mais sustentáveis.

Dado que a Região Amazônica vem se inserindo cada vez mais, e muitas vezes de forma antagônica em relação às demandas locais, em mercados globais por meio da apropriação dos recursos territoriais e de políticas excludentes impostas aos seus habitantes, essas dinâmicas têm se acelerado e, assim, se revelado cada mais contraditórias e excludentes, ao longo dos últimos anos. Para estrategistas brasileiros preocupados com a defesa nacional desde a ditadura cívico-militar pós-1964, a região há muito tempo é uma obsessão. Com o propósito de aumentar sua legitimidade política e econômica, a ditadura militar fez da "integração" da Amazônia uma prioridade. O regime construiu estradas, represas e outras infraestruturas lá e forneceu crédito barato para fazendeiros, pecuaristas e outros na esperança de abrir uma nova fronteira. O objetivo, além de criar uma presença estratégica em toda a Amazônia para impedir a invasão, era conectar melhor a região com o sul mais populoso do Brasil. "Integrar para não entregar", era o refrão entre os oficiais superiores da época: "Integrar para não se render". Nas décadas seguintes, a região manteve essa postura subserviente, tanto em termos de interesses econômicos quanto políticos, particularmente no caso brasileiro (Ioris e Ioris, 2013).

Como resultado, em vez de tratada como isolada e marginal, a Amazônia precisa ser entendida como o mais novo palco de confluência de dinâmicas econômicas, políticas e culturais globais conflitivas. Essas são realidades sociais e espaciais que têm levado à exacerbação de conflitos existentes e que são dramaticamente acentuados em razão da dinâmica de desenvolvimento. Além disso, em contraste ao quadro dos tempos coloniais e pós-coloniais iniciais, quando as riquezas da Amazônia foram capturadas e removidas, as iniciativas de desenvolvimento contemporâneas são baseadas na primazia da propriedade privada da terra na região e na reorganização associada das relações sociais em função do poder político de proprietários privados de empreendimentos agrícolas, de mineração e industriais, ou similarmente em função de propriedades estatais que servem ao crescimento econômico, como barragens, estradas e portos. Novas fazendas começaram a ser abertas a partir de 1966, especialmente ao longo das rodovias Belém-Brasília, da fatídica Transamazônica, da BR-364 (Cuiabá–Porto Velho, onde mais de 160.000 agricultores foram atraídos a cada ano durante a década de 1980) e da BR-163 (Cuiabá–Santarém, em processo de pavimentação, o que ameaça acelerar ainda mais a ocupação agrícola).

A partir da década de 1990, contando com novas tecnologias agronômicas, os fazendeiros passam a depender cada vez menos de incentivos diretos do governo para expandir a produção de grãos e de carne na Amazônia. E uma melhor infraestrutura de transporte, que inclui a navegação fluvial, especialmente a partir do porto de Santarém, passou também a viabilizar a exploração de áreas ainda mais remotas. Quase sempre, essas ações se desdobram em detrimento da preservação do meio ambiente e estão profundamente ligadas à ampliação das desigualdades e a uma estratificação social profundamente injusta. Mas tendências recentes mesmo de uma dita proteção ambiental de caráter *preservacionista* tendem a reverberar a incompreensão de séculos anteriores.

Narrativas hipnotizantes de caráter histórico de que o Jardim do Éden estaria supostamente localizado no meio da floresta, ou que a tão procurada fonte da juventude poderia ser encontrada na região, sempre foram referências genéricas e distorcidas sobre região como um todo que acabavam por obscurecer a dinâmica interna diversa e complexa da região, servindo, por outro lado, para justificar todo tipo de políticas de inserção da Amazônia nos ciclos de exploração do capitalismo ocidental, assim como em variados programas de integração e desenvolvimento, inclusive, e em especial, em pleno século XXI (Slater, 2002). E ao longo dessa longa trajetória histórica, a Amazônia foi trazida, sempre em uma posição subalterna, ao centro das políticas de desenvolvimento nacional que visam replicar semelhantes abordagens tecnológicas, institucionais e políticas. Isso implicou mesmo que a riqueza fosse cada vez mais acumulada, não apenas às custas da apropriação da terra e dos recursos territoriais, mas, sim, e isso é ainda mais importante, por meio da dissolução de oportunidades coletivamente compartilhadas e da redução da complexidade socioecológica à esfera das transações de mercado (o que resulta em degradação socioecológica e reforço da pobreza). Destarte, a concentração de terras privadas intensificou também, de maneira crescente, os conflitos sociopolíticos e a violência contra os grupos socioeconômica e politicamente desfavorecidos.

Assim, seguindo tais tendências de desenvolvimento cada vez mais intrusivas e degradantes, a distância entre pobreza e a riqueza aumentaria constantemente, segundo um caminho recorrente de (des)apropriação e transformação de ecossistemas, exacerbando padrões existentes de estratificação social. O modelo de desenvolvimento expropriador de recursos naturais e humanos, cada dia mais hegemônico na região, dependeu do acesso constante e crescente a territórios e ecossistemas cada vez mais detalhadamente sistematizado pela ciência e traduzido em recursos econômicos. Dentro dessa lógica, a disponibilidade e acesso a terras e recursos, facilitada pelo jogo político e regras institucionais, alimenta as expectativas de rápida acumulação de capital por agronegócios, mineradores, madeireiros, empresas de construção, operadores de barragens, entre outras atividades.

Muito mais do que o lucro econômico extraído de processos produtivos, o desenvolvimento na Amazônia tem dependido da integração da região em cadeias econômicas globais e com base na apropriação da renda diferencial (no sentido ricardiano) dos sistemas florestais e fluviais. Além disso, os impactos negativos crescentes da operação de múltiplas atividades econômicas que se tornaram forças centrais de mudanças socioculturais recentes têm sido objeto de formas tendenciosas de regulamentação ambiental baseadas no mercado que, na prática, mitigam apenas marginal e temporariamente os problemas socioecológicos fundamentais do desenvolvimento. A "investida" em curso na Amazônia é apenas a etapa mais avançada de um regime econômico anti-humano e antiambiental, enfim, antiecológico, o qual, no restante do país, consolidou desigualdades sociais profundas, demonstradas na crescente miséria das periferias urbanas e na crônica pobreza do campo.

A diferença entre a destruição da Amazônia e o que acontece nas outras regiões é, por um lado, a velocidade com que os ecossistemas são convertidos em lucros transitórios e, por outro, a enormidade dos impactos socionaturais deixados pelo "progresso". Assim, incentivada pelas políticas governamentais inconsequentes e por ganhos econômicos imediatistas, a expansão agrícola na Amazônia produziu um dos maiores processos de privatização de terra [*land grabbing*] da história da humanidade, o que não é apenas uma tragédia social pela perda de recursos de uso comum e proletarização das populações locais, mas se configura também em uma tragédia ecológica de proporções planetárias. Da mesma forma, como dito antes, a pressão do desenvolvimento conservador tem consistentemente codificado a desigualdade e perpetuado pobreza, independentemente de esforços isolados de conservação ambiental e restauração das florestas. Devido a essas crescentes pressões antissocionaturais, o bioma tem sido brutalmente alterado, em termos simbólicos e materiais, perpetuando desigualdades e gerando novos conflitos.

Cabe ressaltar, contudo, que, ao contrário da crítica frequentemente levantada por ONGs e grupos ambientalistas, entendemos que o desenvolvimento da Amazônia não é, por definição, inerentemente antiecológico (ou seja, no sentido de que exige a destruição de ecossistemas florestais e sua substituição por paisagens radicalmente diferentes), nem deve ser necessariamente rejeitado (ou seja, seguindo apelos românticos contra o desenvolvimento que ignoram as necessidades materiais e sociais das populações carentes). Seria mesmo possível identificar mudanças significativas e novas experiências sociais, inclusive rumo a uma suposta transição para uma "fronteira verde".

Mas, ainda que promissoras, tais dinâmicas continuarão a ser parciais e vulneráveis, sem evidências concretas de mudanças reais na ação governamental e na mentalidade dos tomadores de decisão (Schmink et al., 2019). Com efeito, acreditamos que as realidades complexas da Amazônia não podem ser apreendidas, muito menos aprimoradas, com abordagens simplistas e homogeneizantes, mas demandam um escrutínio mais consequente e reflexões mais lúcidas, como aquelas apresentadas por muitos autores e grupos sociais que vivem e estudam a região e que precisam, cada vez mais, ser inseridos de maneira ativa, como sujeitos, nas definições dos rumos da Amazônia do século XXI.

O vírus, o local e o global: o novo ataque verde-oliva em nome da velha exploração

O avanço acelerado do desenvolvimento predador e as falhas das políticas públicas sociais e ambientais tomaram um curso ainda mais preocupante com a eleição, em uma conjuntura ideológica e política muito peculiar, de um governo que vai do protofascista ao abertamente autoritário, obscurantista e opressor, em 2018, que contou como principal apoio político o endosso entusiasmado das forças armadas (ilustrado pelo "verde-oliva" do exército, verdadeiramente antiverde Amazônico). Desde o início, a nova administração deu repetidas provas de sua mentalidade anticiência, pró-degradação desenfreada e a favor dos interesses mais imediatistas do agronegócio, dos madeireiros, das mineradoras e garimpeiros. Os moradores ribeirinhos, populações indígenas e moradores das periferias urbanas na Amazônia, embora muitos deles eleitores do novo governo, passaram a ser perseguidos e abandonados à própria sorte. Curiosamente, um discurso nacionalista e militarizado, encarnado na atuação das forças armadas, tem servido de cortina de fumaça para que se facilite ainda mais a predação e internacionalização da região (ver Pacheco de Oliveira, 2021). Bolsonaro recorreu a soldados para preencher tudo, desde cargos de gabinete a suítes executivas em empresas estatais até a resposta vergonhosamente problemática do Brasil à pandemia do coronavírus.

Em 2020, o vice-presidente Hamilton Mourão, um general reformado e ícone do desenvolvimento a todo custo, anunciou que os esforços para proteger a floresta seriam retornados para o Ibama, a agência de proteção ambiental, após fracasso da atuação militar. Os resultados pífios eram previsíveis, uma vez que os militares não possuem ferramentas, mentalidade ou estrutura para identificar e punir os responsáveis pela destruição. Além do mais, muitos militares do Brasil, assim como o próprio Bolsonaro, têm reivindicado historicamente o desenvolvimento predador da Amazônia. Os fardados apregoam o potencial da floresta tropical como um impulsionador do crescimento econômico e argumentam que o desenvolvimento da região pode ajudar a impedir que potências estrangeiras ambiciosas usem sua terra, água e minerais primeiro. Izabella Teixeira, ex-ministra do Meio Ambiente, comparou as visões ambientais defendidas por Bolsonaro às da ditadura militar que buscou povoar a Amazônia há cinco décadas. "O atual governo brasileiro tem uma mentalidade dos anos 1970 em relação aos recursos naturais", disse Teixeira. "O controle militar da Amazônia é uma imagem forte", disse Marina Silva, outra ex-ministra do Meio Ambiente, cujo sucesso na redução do desmatamento no início deste século a tornou uma referência do movimento ambientalista. "Mas, na prática, [Bolsonaro] está enfraquecendo a fiscalização".[1]

A aceleração do desmatamento ilegal tem sido particularmente predatória em reservas indígenas, onde o aumento da mineração e do garimpo (pelo menos 321 pontos de exploração foram detectados pela Rede Amazônica de Informação Socioambiental) encontra explicação no aumento do preço internacional do ouro e, mais importante, o apoio tácito do governo federal, que inclusive enviou ao Congresso Nacional o Projeto de Lei 191/20 para regulamentar a extração de recursos minerais, hídricos e orgânicos em reservas indígenas.[2] A degradação em larga escala é diretamente racionalizada por diferentes imaginários de modernização e progresso, os quais igualam a abertura de novas áreas e a comercialização de recursos naturais a um suposto desenvolvimento socioeconômico e mesmo a uma gestão ambiental "flexibilizada", levando à expulsão e genocídio contemporâneo dos povos indígenas (Urzedo e Chatterjee, 2021).

---

1 Reuters. 2021. *Brazil's Military Fails in Key Mission: Defending the Amazon*. Por Jake Spring, 24 de março de 2021. https://www.reuters.com/investigates/special-report/brazil-environment-military

2 UOL. 2021. *Corrida ao Ouro Ameaça Floresta e Vida na Amazônia, diz Instituto Igarapé*. Por Jamil Chade, 8 de abril de 2021. https://noticias.uol.com.br/colunas/jamil-chade/2021/04/08/estudo-aponta-321-pontos-de-mineracao--ilegal-de-ouro-na-amazonia.htm/.

Em um contexto de assimetria de poder e violência generalizada, é sempre impressionante a capacidade de reação de muitos grupos subalternizados, como as populações indígenas organizadas. Poucas semanas após a posse do presidente Joe Biden, a Articulação dos Povos Indígenas do Brasil (APIB) lhe enviou uma carta para pedir um "canal direto" de comunicação com o governo norte-americano relacionada à Amazônia brasileira. Os indígenas buscam ser incluídos em qualquer debate sobre o meio ambiente do Brasil, sem a intermediação da administração de Jair Bolsonaro, notório inimigo dos interesses dos povos originários. Durante a campanha eleitoral, em um debate com o antigo presidente, Biden chegou a citar o desmatamento da floresta Amazônica brasileira como um dos seus focos de atenção durante debate ainda na campanha presidencial. Seu Enviado Especial Climático, John Kerry, organizou uma Cúpula do Clima, em 22 de abril de 2021, na qual Biden visa selar seu protagonismo global no assunto.

Na carta da APIB, foi afirmado que, "para assegurar e cobrar que o Estado brasileiro volte a fazer uso de suas legislações ambientais e suas diversas agências de proteção, é essencial incluir os Povos Indígenas na mesa de negociação e elaboração de estratégias". Assinada pela líder indígena Sônia Guajajara, coordenadora nacional da APIB (que foi entrevistada para essa obra), a carta lista não só o aumento no desmatamento desde 2019, mas o apoio a projetos de lei que permitiriam mineração em terra indígena, o fim dos processos de demarcações de terra, a falta de ações para retirar invasores das terras já demarcadas e o enfraquecimento de órgãos de fiscalização ambiental.[3] Evidencia-se, assim, mais uma vez, o caráter sempre multidimensional e não linear das dinâmicas amazônicas, onde mesmo tendências históricas hegemônicas são reapropriadas por grupos locais, em tese subalternos, mas certamente não passivos, que, assim, ajudam a definir tendências por meio de novas articulações de vinculam movimentos geograficamente circunscritos dentro de processos mais amplos, mesmo em escala global.

---

3 BBC Brasil. *Indígenas Pedem Linha Direta com Governo Biden em Conversas sobre Amazônia*. Por Mariana Sanches, 29 de março de 2021. https://www.bbc.com/portuguese/brasil-56559841.

Como tais processo vão se desenvolver nas próximas décadas do século XXI, especialmente dentro do contexto atual de reconfigurações da lógica neoliberal dos últimos anos, é algo ainda em andamento e não nos vemos em condições de sugerir cenários. O que aqui nos cabe, como buscamos apontar até agora, é indicar os contornos onde os próximos desdobramentos históricos podem vir a ser inseridos. De fato, como demonstrado na trajetória histórica da inserção amazônica dentro dos sucessivos ciclos econômicos, o local e o global sempre estiveram, de diferentes formas, em interação. Da mesma forma, embora subsumidos dentro de dinâmicas mais amplas que não podiam certamente controlar, atores da Amazônia, especialmente inseridos em realidades e contextos não hegemônicos nunca foram somente receptores passivos de processos e articulações mais amplas.

Repensar a Amazônia e reconstruir seu futuro na pluralidade

Tendo em conta o contexto socioecológico, ideológico e político-econômico brevemente mencionado acima, cabe-nos agora fazer justiça à contribuição e ao argumento dos protagonistas deste livro compartilhado por tantas mentes. Pensar a Amazônia no século XXI requer percebermos as conexões, múltiplas, variadas e, por vezes, contraditórias entre atores em níveis de influência díspares, mas não autoexcludentes, interagindo em busca da consecução de seus interesses, segundos diferentes lógicas, valores e escalas de poder. E, assim, dentro de uma perspectiva que busca apontar as complexas articulações entre realidades multidimensionais inerentes às sempre cambiantes fronteiras desenvolvimentistas da Amazônia, estruturamos as múltiplas vozes desta obra coletiva ao longo de três partes, conforme detalhamos a seguir.

A Primeira Parte, após esta introdução, apresenta reflexões amplas, escritas por três grandes vozes há muito envolvidas no estudo e divulgação sobre as múltiplas realidades amazônicas, a fim de tecer um pano de fundo para as análises, de cunho mais pontual, seguintes. Iniciamos, no Capítulo 2, onde Philip Martin Fearnside considera o processo de destruição da Amazônia brasileira e o esforço de reação e conservação. O texto demonstra como o desmatamento da Amazônia tem se acelerado fortemente desde que o presidente Jair Bolsonaro assumiu o cargo em janeiro de 2019, com um aumento de 34% na taxa anual de 2018 para 2019. Esse aumento é explicado tanto pelo enfraquecimento dos órgãos e regulamentações ambientais pelo atual governo e pelo virulento discurso antiambiental do presidente e de seu ministro do meio ambiente, que sinaliza aos desmatadores que os regulamentos ambientais não serão cumpridos. Controlar o desmatamento requer abordar suas múltiplas causas que são examinadas no texto.

Aprofundando a análise ao longo uma reflexão de viés mais histórico e antropológico, no Capítulo 3, João Pacheco de Oliveira e Tomas Paoliello, recontam histórias ocultas e memórias que ajudaram a produzir as fronteiras amazônicas na perspectiva indígena. Os autores demonstram que a Amazônia merece grande atenção no pensamento social brasileiro, tendo sido descrita de formas divergentes, seja como uma terra prometida ou um imenso inferno verde. O que há de comum a ambos é que as interpretações se enquadram em um processo de expansão ocidental e capitalista, concebido quase como espontâneo e natural, em que a Amazônia e suas populações entram em capítulos menores e isolados, desempenhando apenas papéis e funções secundários. Assim, com base em pesquisas recentes de antropólogos e historiadores nacionais, reflete-se de maneira crítica sobre os tropos narrativos e vieses ideológicos que alimentam uma visão muito limitada do processo de expansão das fronteiras antropológicas na Amazônia, buscando-se, como alternativa, incorporar em suas análises a agência, estratégias e protagonismo das populações indígenas. Ao enfatizar a dimensão conflituosa e polifônica da situação de fronteira, o texto contribui para uma compreensão crítica e dialógica das fontes e interpretações existentes, estimulando as explorações analíticas envolvidas em um novo uso e conceituação da construção social de territórios.

Trazendo um viés literário que enriquece e ilustra vividamente a dor envolvida no processo de integração da Amazônia à realidade nacional, o renomado escritor Márcio Souza descreve, em texto há muito produzido, mas ainda inédito, no Capítulo 4, a longa trajetória de extermínio das populações nativas da região e sua integração forçada. Enumerar todas as agressões aos territórios indígenas seria impossível nos limites de um único capítulo, mas de toda forma o autor argumenta que é preciso destacar alguns dos casos mais rumorosos e escandalosos, ressaltando os inimigos dos povos indígenas. Assim, vamos descobrir que os inimigos dos povos indígenas são os mesmos dos trabalhadores. Esses inimigos são o próprio governo brasileiro, em suas instâncias municipais, estaduais e federal, o grande capital financeiro, o latifúndio, as grandes empresas madeireiras, as grandes fazendas agropecuárias, as hidrelétricas, as empresas de mineração e as estradas. Fica novamente claro que tanto a questão indígena quanto os conflitos fundiários indicam que o modelo de desenvolvimento foi direcionado deliberadamente para uma ocupação territorial por parte de proprietários não residentes na região, além de representarem a tendência de os projetos agropecuários predominarem sobre os industriais, o que significa a negação da Amazônia aos seus próprios habitantes. Fechando essa primeira seção, no Capítulo 5, apresentamos uma entrevista concedida pelo cinegrafista e documentarista Estevão Ciavatta em que ele reflete sobre suas impressões iniciais, memórias pessoais de suas diversas viagens à região, e seu engajamento reiterado a fim de apresentar as realidades amazônicas segundo um olhar estético crítico ao longo dos anos.

Na Segunda Parte constam capítulos mais pontuais mas não menos substantivos no intuito de refletir criticamente a respeito de como pensar a Amazônia no século XXI. A seção começa com o Capítulo 6, de Rafael R. Ioris e Aaron Schneider, que examina a crescente internacionalização da Amazônia no contexto da modernização conservadora do país. O processo de internacionalização da economia brasileira ao longo das duas primeiras décadas do século XXI foi pautado por um ufanismo que se demonstrou equivocado e certamente precipitado. De fato, como demonstra o texto, não só houve uma acelerada desindustrialização da base produtiva doméstica, como também o aprofundamento da lógica produtiva extrativista espoliadora, tanto de um ponto vista humano como ambiental. O capítulo nos lembra ainda que tais dinâmicas sempre marcaram o padrão de modernização conservadora da maior economia latino-americana, mas, ao longo dos últimos anos, tal processo se aprofundou, inclusive por meio da expansão de atividades de empresas brasileiras no exterior, experiência envolta em celebrações enviesadas de viés conservador. O caso da expansão do agronegócio da Amazônia, examinado no texto, foi mesmo paradigmático desse processo, já que embora apresentada um sucesso, o que de fato ocorreu foi uma maior devastação do ambiental natural e da diversidade humana da região em meio ao falacioso discurso *o agro é pop*.

O Capítulo 7, de Cristiano Desconsi, relata resultados de anos de pesquisa na seção sul da Região Amazônia que demonstram como se produzem expectativas sobre o desenvolvimento que orientam as práticas de uso da terra dos pequenos agricultores situados nas áreas de expansão agrícola no norte do estado do Mato Grosso. Tendo como base dados etnográficos obtidos entre 2013 e 2017, e informações atualizadas por meio de contatos, redes sociais e mídias, procura-se examinar os sinais que ativam ou atualizam as expectativas desses atores sociais com relação às transformações socioecológicas em curso na região. Constata-se que a expansão agrícola compreende um movimento de transformação e produção do espaço social, de formas específicas de ocupação e uso da terra e construção das relações sociais. Da mesma forma, com a análise das categorias temporais de um grupo social específico, foi possível problematizar e entender as subjetividades dos agentes e, assim, identificar suas expectativas com relação às chamadas "terras novas" e seus entendimentos quanto ao papel que podem exercer no ritmo e intensidade da implantação das lavouras de soja na região.

No Capítulo 8, Matilde de Souza e colaboradores analisam questões de segurança hídrica e alimentar na Amazônia Brasileira face à pandemia de Covid-19 desde 2020. O capítulo objetiva analisar os efeitos de mudanças nas políticas ambientais brasileiras desde a posse do Presidente Jair Bolsonaro sobre as condições das garantias à segurança hídrica e à segurança alimentar de parcelas da população da Amazônia. Além das questões propriamente políticas, o texto afirma que a superposição de fluxos e de conjunturas de crise – instabilidade política e pandemia – tem ampliado a vulnerabilidade das populações mais pobres no que diz respeito ao acesso à água potável e a alimentos em quantidade e qualidade suficientes.

A seguir, no Capítulo 9, Nathalia Capellini estuda o caso da construção da infraestrutura hidroelétrica na Amazônia traçando uma genealogia dos processos que dão origem as primeiras barragens da região. Propõe aqui deslocar a reflexão sobre as barragens amazônicas centrada nos impactos, ou seja, o que acontece uma vez que uma hidrelétrica é implantada, para as lógicas e condições concretas que permitem essa implantação. Complementando, enfocando e ao mesmo tempo ampliando a análise, no Capítulo 10, Frederik Schulze concentra a atenção na barragem de Tucuruí em função do número crescente de grandes hidrelétricas na Amazônia. Demonstra-se que os projetos de infraestrutura implementados pela ditadura militar na Amazônia beneficiaram menos a região do que a economia nacional e que as hidrelétricas amazônicas foram projetos inerentemente de viés globalizante já que construídos com cooperação internacional e, em conjunto com recursos naturais como minérios, destinados ao mercado mundial. Nesse sentido, o que se avança aqui é uma análise dos projetos de infraestrutura da Amazônia que engloba todas suas complexidades, moldadas por diferentes interesses, discursos e incorporações espaciais.

No capítulo seguinte, Miguel Dhenin analisa a questão da governança ambiental *vis-à-vis* as atividades de garimpo de ouro no Escudo das Guianas, compartilhado por Brasil, Guiana Francesa e Suriname. O capítulo mostra como a literatura especializada enfatiza que as estruturas de governança voltadas para o meio ambiente são encontradas em diversos níveis (regimes, normas, mecanismos regulatórios) e em diversas escalas (nacional, regional e global), formando um conjunto institucional complexo. Enfatiza-se a relação do objeto (a mineração do ouro em pequena escala) com o espaço (considerado aqui como o Escudo das Guianas) dentro de um ecossistema complexo, em que a governança ambiental regional de um recurso muito peculiar implica em políticas ambientais e arranjos institucionais transfronteiriços, por parte de atores estatais (Brasil, Guiana Francesa e Suriname) e não estatais (garimpeiros, empresas multinacionais, ONGs).

Por sua vez, o Capítulo 12, de Edviges M. Ioris, analisa o processo de criação de reservas ambientais na Amazônia, iniciado na década de 1970, focalizando nas situações da Floresta Nacional do Tapajós (Flona Tapajós) e da Reserva Biológica do Rio Trombetas (Rebio do Rio Trombetas), criadas, respectivamente, em 1974 e 1979. O texto demonstra como a abertura de novas fronteiras econômicas na Amazônia, onde os recursos minerais e florestais tornaram-se foco para a exploração intensiva, reconfigurou as relações sociais e econômicas locais, reclassificou e remodelou sua paisagem e seus espaços com a criação das primeiras reservas ambientais na região, assim como regulamentações destinadas a disciplinar o acesso e o controle dos recursos naturais na região. Dentro desses esforços, foram criadas também as primeiras reservas ambientais voltadas tanto à proteção integral dos recursos naturais, quanto ao manejo dos recursos madeireiros. Esses são os casos da Rebio do Rio Trombetas e da Flona Tapajós: a primeira, com sua criação no contexto da Mineração Rio do Norte, que explora bauxita; e a segunda, no contexto de um polo madeireiro. Em ambos os casos, seus domínios se sobrepuseram a territórios tradicionalmente ocupados por comunidades nativas, que sofreram arduamente com a expulsão de suas terras impulsionada pelos órgãos ambientalistas, já que a nova legislação sobre reservas não permitia a permanência de residentes em seu interior, gerando diversos tipos de conflitos.

Terminando essa seção, o Capítulo 13 inclui três entrevistas que oferecem diferentes, mas convergentes, perspectivas dos processos de mudanças socioespaciais e perpetuação de degradação e injustiças. Jorge Bodansky e Nuno Godolphim relatam anos de experiência filmando e documentando as transformações na região, em particular no que diz respeito aos impactos da construção da rodovia Transamazônica e aos projetos de desenvolvimento convencional. Eloy Terena, advogado e antropólogo, relata as graves ameaças aos direitos dos povos indígenas e as perversas consequências de medidas autoritárias tomadas pelo poder público, muitas vezes em clara afronta aos marcos legais e constitucionais. Finalmente, temos a entrevista que o líder camponês e ativista da reforma agrária Ulisses Manaças concedeu em 2018, que contém suas reflexões sobre os desafios e as estratégias na luta da terra para quem nela trabalha na Amazônia.

Ampliando a análise da temática da governança ambiental, em um sentido amplo e crítico, incluindo aqui seus elementos transnacionais, a Terceira Parte abre com o Capítulo 14, de Paul E. Little, que examina a governança socioambiental nas fronteiras amazônicas contemporâneas e mais especificamente quanto à gestão de territórios indígenas. O texto analisa a gênese sociopolítica do conceito de gestão territorial indígena e reconta o processo histórico por trás o estabelecimento da Política Nacional de Gestão Territorial e Ambiental de Terras Indígenas (PNGATI), promulgada em 2012, cujo caráter inovador consiste na maneira que compatibiliza, dentro de um só marco, as ações de controle territorial das Terras Indígenas com as exigências nacionais da proteção ambiental. O capítulo demonstra como o lançamento da fronteira neodesenvolvimentista nos governos do Partido dos Trabalhadores no início do século XXI estremeceu, mas não derrubou, esse modelo; mas que hoje os ataques aos povos indígenas procedentes da fronteira autoritária do governo Bolsonaro ameaçam a institucionalidade da gestão territorial indígena, processo que, por sua vez, estimula uma nova mobilização internacional em torno da defesa dos povos indígenas e da proteção da floresta amazônica.

O Capítulo 15, de Cristina Yumie Aoki Inoue e colaboradoras, discute a cooperação internacional ambiental na Amazônia brasileira a partir do olhar da governança global em redes, considerando que a região tem sido palco de uma miríade de programas e projetos que contam com o apoio de atores não estatais e estatais externos. Trata-se, de fato, de um processo que envolve atores da sociedade civil e os setores público e privado em todos os níveis de atuação, do global ao local. Seguindo uma abordagem histórica das últimas décadas, desde o processo de redemocratização, o texto analisa distintos projetos de cooperação multilateral e bilateral entre o Brasil e os países do G7, marcos fundamentais na política ambiental interna e externa. Além disso, o capítulo aponta as principais tendências para atender ao desafio da conservação e uso sustentável da Amazônia em relação ao futuro e discute os desafios políticos observados na atualidade.

No Capítulo 16, Ana Penido e colaboradoras examinam a temática da defesa da Amazônia e seu crescente viés recente de militarização. O texto examina a disputa pelo controle sobre os recursos da Amazônia, que é intensa nos dias de hoje, particularmente com o acirramento da competição hegemônica em escala global. Em geral, setores militares predominam na discussão sobre ameaças à soberania dentro do território amazônico, ainda que organizações sociais venham aumentando sua relevância. A análise demonstra que existe uma tendência para a militarização das análises sobre a realidade amazônica, não apenas em virtude do alto número de militares engajados em ações no local, mas principalmente em função da forma adotada para se pensar esse território, da identificação de seus supostos problemas e da consequente formulação de suas soluções.

O Capítulo 17, de Antônio Augusto Rossotto Ioris, oferece um contraponto aos mecanismos convencionais de desenvolvimento e governança com um enfoque nas causas, experiências e reações à pobreza nas fronteiras espaciais da região. As interações socioambientais contemporâneas na Região Amazônica carregam marcas de antigas e novas formas de injustiça e desigualdade. O bioma amazônico abriga desigualdades e assimetrias que vão da escala local à regional, chegando à internacional. Nesse contexto, riqueza e pobreza emergem a partir da apropriação e da transformação de ecossistemas florestais. Pobreza aqui entendida como condição de necessidades não satisfeitas, tanto materiais, quanto sociopolíticas, causada pela combinação de mecanismos de exploração, alienação e exclusão, e como produto de modelos hegemônicos de desenvolvimento e manejo ambiental que reforçam, sistematicamente, o controle social e a exclusão política. O texto examina pesquisas conduzidas em duas áreas, respectivamente na Bolívia e no Brasil, e os resultados empíricos demonstram que as políticas de desenvolvimento e a perpetuação da pobreza na região amazônica não acontecem ao redor ou fora da floresta, mas sim dentro e em relação a ela. As principais conclusões são de que o desenvolvimentismo é grandemente baseado em estratégias antiecológicas, que a pobreza é o resultado de políticas dominantes exercidas contra o socioambiente, junto ao fracasso sistemático de programas voltados à redução da pobreza e, finalmente, que a interação com ecossistemas florestais é central para a geração e preservação de conhecimento e resistência política.

No Capítulo 18, Clarice Cohn e colaboradores discutem como a Constituição de 1988 trouxe novidades importantes para os direitos indígenas, em especial o reconhecimento de suas terras como um direito originário, como versa o Capítulo "Dos Índios". O texto enfatiza o caso do Xikrin da Terra Indígena Trincheira-Bacajá e o processo de implementação da Usina Hidrelétrica de Belo Monte, construída na região do Médio Xingu, a fim de demonstrar que o processo de licenciamento ambiental foi invertido com claro intuito de "passar a boiada" e flexibilizar ainda mais processos de licenciamento, que se mostram falhos, com objetivo de ocupação da Amazônia pela pecuária, mineração e grilagem.

No Capítulo 19, Marilene Ribeiro descreve o processo de criação artística e produção de imagens com alta dose de emoção e simbologia baseadas no espaço vivido e nas memórias de moradores da região. O texto evolui de acordo com o ritmo de uma planta que cresce e traduz a fertilidade do solo. As imagens subvertem a representação convencional e o que comumente faz parte do *background* passa a assumir uma posição central. A narrativa segue de acordo com o ciclo da planta, com os ramos crescendo até a floração (conclusão), que consolida a trajetória e as etapas da intensa jornada de pesquisa e pensamento compartilhado através da arte e da documentação.

Terminando a última seção, mas ao mesmo tempo abrindo o diálogo sobre novas tarefas e desafios a serem enfrentados, o capítulo final do livro traz a mensagem vibrante e as reflexões profundas da coordenadora executiva da Articulação dos Povos Indígenas do Brasil (APIB), Sônia Guajajara, que com seu exemplo pessoal e liderança política tem tido um papel fundamental na busca de novas interpretações a velhos problemas e por formas inovadoras de mobilização, resistência e construção de justiça socioecológica e garantia dos direitos fundamentais e inalienáveis dos povos originários da Amazônia.

Somos os primeiros a reconhecer que haveria muitas outras questões a considerar. Mas temos certeza de que este esforço coletivo tem o mérito de manter e fomentar um pensamento crítico sobre as complexas conexões no tempo e no espaço que produzem a grande região que chamamos de Amazônia. De fato, acreditamos que, em sua multiplicidade e riqueza, as diferentes análises, perspectivas e vozes expostas nos capítulos mencionados acima expressam nitidamente complexidades, desafios, dilemas. Mas também possíveis caminhos alternativos sobre como pensar e possivelmente encaminhar novas formas de ação frente, e especialmente junto, ao mundo amazônico.

Região definida por imensa riqueza e potencial, mas também fragilidade e riscos, reiteradamente vivenciados ao longo do processo de expansão das fronteiras do desenvolvimento em seu meio, a urgência de novas concepções, abordagens e ação na, para e com a Amazônia é hoje maior do em qualquer outro momento histórico. Dentro de tal cenário, crescentemente desafiador, esperamos que essa obra ajude a inspirar novas reflexões, individuais e coletivas, sobre as realidades naturais e humanos múltiplas, fascinantes e sempre cambiantes, da Amazônia.

Referências bibliográficas

Arndt, H.W. 1987. *Economic Development: The History of an Idea*. University of Chicago Press: Chicago.

Escobar, A. 2012. *Encountering Development: The Making and Unmaking of the Third World*. 2ª ed. Princeton University Press: Princeton.

Holanda, S.B. 2000. *Visão do Paraíso*. Brasiliense: São Paulo.

Ioris, A.A.R. 2016. The Paradox of Poverty in Rich Ecosystems: Impoverishment and Development in the Amazon of Brazil and Bolivia. *The Geographical Journal*, 182(2), p. 178-189.

Ioris, A.A.R. 2017. *Agribusiness and the Neoliberal Food System in Brazil: Frontiers and Fissures of Agro-neoliberalism*. Routledge: London.

Ioris, A.A.R. 2018. Amazon's Dead Ends: Frontier-making the Centre. *Political Geography*, 65, p. 98-106.

Ioris, A.A.R. 2020. *Frontier Making in the Amazon: Economic, Political and Socioecological Conversion*. Key Challenges in Geography: EUROGEO Book Series. Springer: Cham, Switzerland.

Ioris, A.A.R. (ed.). 2021. *Environment and Development: Challenges, Policies and Practices*. Palgrave Macmillan: Basingstoke.

Ioris, R.R. and Ioris, A.A.R. 2013. The Brazilian Developmentalist State in Historical Perspective: Revisiting the 1950s in Light of Today's Challenges. *Journal of Iberian and Latin American Research*, 19(1), p. 157-172.

Ioris, A.A.R. and Ioris, R.R. (eds.). 2020. *Frontiers of Development in the Amazon: Riches, Risks and Resistances*. Lexington Books: Lanham, Maryland.

Pacheco de Oliveira, J. 2021. A Reabertura da Fronteira Amazônica, os Dragões da Maldade e as Perspectivas da Democracia Brasileira. *Confluenze – Rivista Di Studi Iberoamericani*, 13(1), p. 77-104.

Schmink, M., Hoelle, J., Gomes, C.V.A. e Thaler, G.M. 2019. From Contested to "Green" Frontiers in the Amazon? A Long-term Analysis of São Félix do Xingu, Brazil. *Journal of Peasant Studies*, 46(2), p. 377-399.

Slater, C. 2002. *Entangled Edens: Visions of the Amazon*. University of California Press: Berkley.

Urzedo, D. and Chatterjee, P. 2021. The Colonial Reproduction of Deforestation in the Brazilian Amazon: Violence Against Indigenous Peoples for Land Development. *Journal of Genocide Research*, 23(2), p. 302-324

PARTE I

O DESMATAMENTO DA AMAZÔNIA BRASILEIRA

Philip Martin Fearnside

Introdução[1]

O desmatamento na Amazônia brasileira destrói serviços ambientais importantes para todo o mundo e, principalmente, para o próprio Brasil. Esses serviços incluem a manutenção da biodiversidade, evitando o aquecimento global e reciclando a água que fornece chuvas para a Amazônia, para outras partes do Brasil, como São Paulo, e para países vizinhos, como a Argentina. A floresta também mantém as populações humanas e as culturas que dela dependem. As taxas de desmatamento aumentaram e diminuíram ao longo dos anos com os principais ciclos econômicos. Um pico de 27.772 km²/ano foi atingido em 2004, seguido por uma queda importante para 4.571 km²/ano em 2012, após o qual a taxa apresentou tendência de alta, atingindo 10.129 km²/ano em 2019 (equivalente a um hectare

1 Este texto é uma tradução atualizada e ampliada (feita pelo autor e adaptada para o presente livro) de: Fearnside, P.M. 2017. Deforestation of the Brazilian Amazon. In: H. Shugart (ed.) *Oxford Research Encyclopedia of Environmental Science*. Oxford University Press, New York, EUA. Publicado em português, entre 2020 e 2021, como uma série de artigos ilustrados em https://amazoniareal.com.br

a cada 31 segundos). A maior parte (70%) da queda após 2004 ocorreu até 2007, e a desaceleração nesse período é quase inteiramente explicada pela queda nos preços de commodities de exportação, como soja e carne bovina.

As medidas de repressão do governo explicam a continuação do declínio de 2008 a 2012, mas uma parte importante do efeito do programa de repressão depende de uma base frágil: uma decisão de 2008 que torna a ausência de multas pendentes um pré-requisito para crédito para agricultura e pecuária. Isso poderia ser revertido com uma canetada, e essa é uma prioridade para o poderoso bloco de votação "ruralista" no Congresso Nacional. Motivos ocultos também impulsionam o desmatamento. A especulação imobiliária é crítica em muitas circunstâncias, onde o aumento no valor da terra (aumento, por exemplo, como um porto seguro para proteger o dinheiro da hiperinflação), pode render retornos muito maiores do que qualquer coisa produzida pela terra. Mesmo sem a hiperinflação, que ficou sobre controle a partir de 1994, projetos de rodovias podem render fortunas especulativas para aqueles que são sortudos ou astutos o suficiente para ter propriedades ao longo da rota da estrada.

A maneira prática de garantir a posse de terras é desmatar para pastagem. Isso também é fundamental para obter e defender o título legal da terra. No passado, também foi a chave para grandes fazendas receberem incentivos fiscais generosos do governo. A lavagem de dinheiro também torna o desmatamento atraente, permitindo que fundos do tráfico de drogas, evasão fiscal e corrupção sejam convertidos em dinheiro "legal". O desmatamento recebe impulsos da exploração madeireira, mineração e, especialmente, da construção de estradas. A soja e a pecuária são os principais substitutos da floresta e os mercados de exportação recentemente expandidos estão fortalecendo esses motores. O crescimento populacional e a dinâmica familiar são importantes para áreas dominadas por pequenos agricultores. A degradação extrema, em que a mortalidade de árvores devido à extração madeireira e sucessivas secas e incêndios florestais, substitui a floresta por vegetação não florestal aberta. A degradação extrema está aumentando como uma espécie de desmatamento e provavelmente aumentará muito mais no futuro. Os acordos da indústria que restringem a compra de commodities de propriedades com desmatamento ilegal (ou de áreas desmatadas após uma determinada data) têm um lugar nos esforços para conter a perda de floresta, apesar de alguns problemas sérios que precisam ser corregidos. Uma "moratória da soja" está em vigor desde 2006 e um "acordo pecuário" desde 2009.

A criação e defesa de áreas protegidas é uma parte importante do controle do desmatamento, incluindo terras indígenas e vários tipos de "unidades de conservação". Conter projetos de infraestrutura é essencial para que o desmatamento seja controlado: uma vez que as estradas são construídas, muito do que acontece está fora do controle do governo. A noção de que a desaceleração do desmatamento em 2005-2012 significa que o processo está sob controle e que os projetos de infraestrutura podem ser construídos à vontade é extremamente perigosa. É preciso também abandonar os mitos que desviam os esforços para conter o desmatamento; isso inclui "exploração sustentável de madeira" e o uso de fundos "verdes" para programas caros de reflorestamento de terras degradadas, em vez de reter áreas de florestas naturais remanescentes. Por fim, é preciso oferecer alternativas de apoio à população rural de pequenos agricultores. Os grandes investidores, por outro lado, podem se defender sozinhos. Este autor há muito defende o aproveitamento do valor dos serviços ambientais da floresta como uma base alternativa para sustentar tanto a população rural quanto a floresta. Apesar de algum progresso, muitos desafios permanecem. Uma coisa é certa: a maior parte do desmatamento da Amazônia brasileira não é "desenvolvimento". Trocar a floresta por uma vasta extensão de pastagens pouco faz para garantir o bem-estar da população rural da região, não é sustentável e sacrifica os recursos mais valiosos da Amazônia. Este capítulo irá explicar alguns dos principais fatores envolvidos.

O que é desmatamento?

"Desmatamento" refere-se à conversão de "floresta" em "não-floresta", e o significado do termo, portanto, depende do que é considerado uma "floresta". As distinções semânticas frequentemente confundem as discussões sobre desmatamento. O desmatamento em dados oficiais brasileiros, como os do Projeto de Monitoramento do Desmatamento da Floresta

Amazônica Brasileira por Satélite (PRODES), do Instituto Nacional de Pesquisas Espaciais (INPE), refere-se ao desmatamento de floresta primária ou nativa, não à derrubada de florestas secundárias. As "florestas secundárias" referem-se à sucessão em áreas previamente desmatadas (diferente do uso deste termo no Sudeste Asiático para se referir a florestas exploradas). Os levantamentos do PRODES definem as florestas com base em tipos de vegetação classificados pelo Instituto Brasileiro de Geografia e Estatística (2012), ao invés de ser definido pelo percentual de cobertura do chão pelas copas das árvores (INPE, 2019a).

A Convenção-Quadro das Nações Unidas sobre Mudança do Clima (UNFCCC), mais conhecida como a "Convenção do Clima", define "floresta" como tendo pelo menos 10% de cobertura (IPCC, 2006: 4.74), permitindo assim diversos tipos de Cerrado a serem considerados "florestas", e sua derrubada ser considerada como "desmatamento". Observe também que a definição da Convenção do Clima, que é baseada na definição usada pela Organização para Alimentação e Agricultura das Nações Unidas (FAO, 2021, p. 3), inclui áreas "temporariamente sem estoque" que foram completamente cortadas, mas que se destinam a serem permitidas a regenerar, abrindo assim uma brecha ao tornar a definição de "floresta", e, portanto de "desmatamento", dependente do conhecimento da intenção ao invés de ser baseada apenas em medições objetivas verificáveis por satélite.

Uma distinção importante é o desmatamento "líquido" versus "bruto" (por exemplo, Brown e Zarin, 2013). O desmatamento "líquido" subtrai áreas que estão se regenerando como florestas secundárias. Algumas interpretações também incluem plantações silviculturais, tais como o eucalipto, como contando para a redução do desmatamento líquido, inclusive o Plano Nacional de Mudanças Climáticas de 2008 do Brasil. Esse plano prometia acabar com o desmatamento "líquido" até 2015 (CIMC, 2008, p. 12), objetivo que não foi cumprido. O desmatamento "líquido" zero ou reduzido como meta acarreta um perigo, pois cada hectare de plantação ou árvores em regeneração efetivamente cria uma licença para cortar um hectare de floresta primária ou madura em outro lugar. O compromisso do Brasil como parte do Acordo de Paris de 2015 refere-se a atingir o desmatamento "ilegal" zero até 2030 (Brasil, 2015, p. 3). Isso está longe de acabar com o desmatamento, já que o desmatamento pode continuar desde que seja "legal". Com o avanço do Cadastro Ambiental Rural (CAR), todas as propriedades do país devem ser cadastradas muito antes de 2030, facilitando a obtenção de autorização para desmatamento "legal" até os limites previstos no atual Código Florestal Brasileiro (20% na Amazônia). Uma vez que muitas propriedades presentes e futuras em áreas de floresta amazônica têm pouco desmatamento, grandes quantidades de desmatamento "legal" podem continuar (Nunes et al., 2016).

Por que o desmatamento é importante?

O desmatamento na Amazônia brasileira é importante para a vida em todo o mundo, tanto humana quanto não humana. Os impactos do desmatamento incluem a perda de serviços ambientais que, embora afetem o mundo inteiro, afetam mais o Brasil (e.g. Fearnside, 1997a, 2008a). Os serviços ambientais da floresta amazônica incluem seus papéis no armazenamento de carbono, evitando o aquecimento global (e.g. Fearnside, 2000, 2018; Nogueira et al., 2015), na reciclagem de água, que é importante para a chuva não apenas na Amazônia, mas também em regiões não amazônicas, como São Paulo (e.g. Fearnside, 2015a), e na manutenção da biodiversidade (e.g. Fearnside, 1999). Além disso, as florestas amazônicas fornecem uma grande variedade de produtos materiais, como madeira, borracha e castanha do Pará. Essas funções de abastecimento atualmente sustentam as populações locais e também são perdidas como oportunidades de uso sustentável quando as áreas são desmatadas.

A vasta extensão da Amazônia brasileira confere especial importância aos processos de desmatamento nesta região. Em muitas outras partes do mundo que eram originalmente cobertas por florestas tropicais, o desmatamento atingiu o ponto em que apenas restos minúsculos permanecem. Nessas áreas, a derrubada dos últimos hectares do que resta representa uma tragédia para a biodiversidade. No caso da Amazônia, mesmo apesar da grande área de floresta remanescente, há um impacto significativo sobre a biodiversidade com o desmatamento, pois a distribuição das espécies não é uniforme. Muitas espécies têm áreas de ocorrência restritas a partes da região onde a floresta já foi reduzida a pequenos fragmentos (e.g. Hubbell et al., 2008; Michalski e Peres, 2005). O desaparecimento de espécies endêmicas de áreas fortemente desmatadas no leste e sul da Amazônia já está generalizado (e.g. Moura et al., 2015).

A eliminação da floresta tem implicações diferentes para a biodiversidade e para o clima. Lutar para salvar os últimos remanescentes de floresta em áreas fortemente desmatadas é essencial para a biodiversidade, mas do ponto de vista do clima a área cada vez menor de remanescentes florestais limita o impacto potencial de futuros desmatamentos. Embora o impacto no aquecimento global seja o mesmo quando um hectare de floresta é desmatado em qualquer parte do mundo, presumindo que a biomassa florestal por hectare e outros parâmetros relevantes sejam os mesmos, a equivalência é restrita à emissão de um ano para o outro. No caso da Amazônia, além desse impacto anual, a vasta extensão de floresta remanescente dá importância adicional aos processos de desmatamento, pois podem resultar em emissões futuras muito maiores.

Qualquer mudança nas políticas públicas no Brasil tem um impacto potencial muito maior, seja positivo ou negativo, em comparação com outros países tropicais. As várias maneiras pelas quais a floresta amazônica pode ser destruída, além da ação humana deliberada, dão à região importância adicional para o clima global.

Detecção por satélite

As taxas de desmatamento na Amazônia brasileira têm variado amplamente ao longo das décadas desde o início da construção da Rodovia Transamazônica (BR-230) em 1970, dando início à era "moderna" do desmatamento. Entre 1978 (o ano das imagens para o primeiro levantamento do satélite LANDSAT) e 1988 (o próximo levantamento completo), o desmatamento foi em média de 21.050 km²/ano (ver: Fearnside 1990). Desde então, a cobertura anual está disponível, com a única exceção de 1993 (INPE, 2020a). Uma longa história de interferência política no programa de monitoramento (Fearnside, 1997b) foi em grande parte superada, e o programa, conhecido como PRODES, atualmente tem uma transparência muito maior.

Algumas discrepâncias com outras estimativas de satélite ainda permanecem em aberto (Fearnside e Barbosa, 2004) enquanto outras estimativas do LANDSAT são altamente consistentes (Souza et al., 2013). No entanto, o governo do Presidente Jair Bolsonaro, iniciado em janeiro de 2019, resultou em uma série de ameaças a este sistema, incluindo a negação da validade dos resultados do INPE (Fearnside, 2019a), a destituição do diretor do INPE (Fearnside 2019b), a destituição de o chefe do setor de monitoramento (Deutsche Welle, 2020) e um plano para implantar um sistema de monitoramento separado no Ministério do Meio Ambiente para substituir o monitoramento feito pelo INPE (Weterman e Linder, 2019). O PRODES usa imagens de satélite Landsat-TM (ou equivalente) com resolução de 30 m. As imagens estão disponíveis gratuitamente no site do INPE, degradadas para a resolução de 60 m (http://www.obt.inpe.br). As imagens são tiradas na estação seca (agosto, exceto no extremo norte da região), e o "ano" dos dados se refere aproximadamente ao desmatamento entre 1º de agosto do ano anterior e 31 de julho do ano nominal. O limite inferior para detecção de áreas desmatadas é de 6,25 ha.

O INPE também possui um programa denominado DETER (Detecção de Desmatamento em Tempo Real), que começou em maio de 2004 coletando dados diários a partir de imagens MODIS com resolução máxima de 250 m (Diniz et al., 2015; INPE, 2020b). Isso detectava apenas clareiras de pelo menos 25 ha. Em agosto de 2015 o sistema DETER foi melhorado para detectar desmatamentos de 3 ha ou maior usando os satélites CBERS-4 (resolução 64 m) e IRS (resolução 56 m) (DETER-B). O sistema antigo (DETER-A) continuou funcionando em paralelo até ser desativado em 2017. Um programa de monitoramento similar chamado SAD (Serviço de Alerta de Desmatamento) é administrado pelo Instituto do Homem e do Meio Ambiente da Amazônia (IMAZON), uma organização não governamental (ONG). SAD começou em 2008 usando dados MODIS, mas atualmente usa dados de vários satélites com resolução de 20-30 m e detecta desmatamento a partir de 1 ha (IMAZON, 2019). Embora com metodologias diferentes, os resultados do programa DETER, do INPE, e do programa SAD, do IMAZON, coincidem bem.

Em dezembro de 2019 o INPE inaugurou um complemento ao sistema DETER chamado "DETER Intenso" (INPE, 2020c), que junta dados de vários satélites para produzir imagens de resolução muito maior, mas apenas para determinados locais de alta prioridade, ao invés de ter cobertura para toda a Amazônia brasileira. Os dados são coletados em intervalos de 1 a 2 dias e detectam desmatamentos de apenas um hectare. Atualmente são coletados em Anapú (PA), Apuí (AM), Candeias do Jamari (RO), Extrema (RO) e Altamira (PA). DETER e SAD liberam dados mensais. É necessário cuidado ao tirar conclusões a partir de valores mensais, pois eles estão mais sujeitos a ter significativas variações. Para os dados exclusivamente de sensores óticos, como MODIS e LANDSAT, cobertura de nuvens gera bastante variação. Embora possa afetar os dados PRODES, é minimizado neste caso por usar apenas imagens do pico da época seca. No caso de DETER-intenso e SAD, há dados de radar incluídos nos conjuntos de dados usados, o que minimiza esse problema de nuvens. Mais importante, as frequentes manchetes de jornal destacando que o desmatamento em um determinado mês é várias vezes maior ou menor do que no mesmo mês do ano anterior podem, muitas vezes, ser enganosas. Se o mês em questão estiver durante a estação seca, isso pode ser muito significativo, mas se o mês for durante a estação chuvosa, uma grande variação de um número próximo ao zero tem pouca importância, e o desmatamento detectado provavelmente será uma parte insignificante do desmatamento total anual.

Uma limitação importante dos dados sobre desmatamento é que a degradação florestal, como por corte e mortalidade de árvores por secas e incêndios, não é detectada ou contada a menos que tenha atingido a condição extrema de uma área aberta com apenas algumas árvores remanescentes espalhadas, aparecendo como apagado na imagem de satélite. A degradação extrema desse tipo é contabilizada como desmatamento por todos os programas mencionados acima. Há uma longa luta sobre essa questão entre o INPE e o governo do estado de Mato Grosso, que insiste que essas áreas não são "desmatamento" porque não foram desmatadas deliberadamente. É provável que isso se torne ainda mais crítico se uma proposta de lei (PL 4508/2016) for implementada para permitir a pecuária "sustentável" nas reservas legais. A degradação é monitorada pelo IMAZON (por exemplo, Cardoso et al. 2017), e foi monitorada de 2007 a 2016 pelo programa DEGRAD do INPE (INPE, 2017). O monitoramento de degradação continuou como parte do sistema DETER-B, com classes para cicatrizes de incêndios florestais e exploração madeireira ordenada e desordenada (INPE, 2019b). As taxas de desmatamento sofreram grandes oscilações. Essas foram principalmente o resultado de mudanças macroeconômicas (Fearnside, 2005a).

Ciclos econômicos e especulação imobiliária

De 1988 a 1991, o desmatamento caiu pela metade na época do aprofundamento da recessão econômica, culminando em 1990 com o governo do presidente Fernando Collor decretando um "empréstimo compulsório", apropriando-se dos saldos das contas bancárias da população, tornando recursos indisponíveis para investimento em desmatamento, entre outros efeitos. O desmatamento aumentou nos anos subsequentes com a recuperação econômica, e atingiu a taxa recorde de 29,1 mil km^2 por ano em 1995, como consequência do Plano Real de junho de 1994, um pacote de reformas econômicas que acabou com a hiperinflação. O dinheiro que havia sido investido no "overnight" (uma aplicação financeira de 24 horas que poderia proteger o dinheiro da inflação) ficou subitamente disponível e foi investido no desmatamento e não, por exemplo, na recuperação de pastagens degradadas. Nos dois anos seguintes, o desmatamento caiu drasticamente, outra consequência do Plano Real. Ao travar a inflação, a especulação generalizada de terras tornou-se não lucrativa (embora a compra de terras em áreas onde estradas seriam construídas ou melhoradas ainda pudesse render fortunas rápidas). Mesmo sob o atual regime de inflação com taxas muito mais baixas, o comportamento de desmatamento também é frequentemente explicado por retornos especulativos e não apenas pela produção de carne bovina (Carrero e Fearnside, 2011; Razera, 2005).

A especulação de terras é uma força importante no desmatamento porque a maneira mais prática de garantir a posse de terras é desmatar para pastagem. Na época da hiperinflação, o valor da terra na Amazônia aumentou a taxas maiores do que a inflação, e o aumento no valor da terra poderia render muito mais lucro do que a criação de gado ou outras atividades realizadas durante o período em que o especulador possuiu o imóvel (Hecht, 1985, 1993). Os valores das terras na Amazônia e as taxas de desmatamento caíram pela metade após o Plano Real, fornecendo uma indicação de quão forte a especulação era como fator na mudança do uso da terra. A especulação fundiária ainda continua sendo um componente importante na lucratividade da pecuária extensiva (Bowman et al., 2012). Com o declínio depois do pico de 1995, as taxas de desmatamento aumentaram até atingir um novo pico de 27.772 km² por ano em 2004, graças ao fortalecimento da economia e ao aumento dos preços das commodities. A partir de 2005 houve um grande declínio nas taxas de desmatamento, até chegar em 4.571 km² por ano em 2012 (INPE, 2020a). Na primeira parte da queda, até 2007 (cerca de 70% do total), as taxas de desmatamento diminuíram em paralelo com os preços de venda de soja e carne no Brasil (dados de: Assunção et al., 2015).

Os preços em reais recebidos por commodities exportadas nesse período foram fortemente influenciados pelo câmbio do dólar, que caiu quase pela metade. Sendo que todos os custos de produção são pagos em reais brasileiros e o que as vendas do produto exportado são em dólares americanos, o lucro é muito menor se os dólares recebidos valem a metade no Brasil. Embora também houvesse alguma influência das medidas de repressão do governo no período 2004-2007, essas medidas se tornaram mais eficazes no período de 2008 a 2012, quando a queda continuou, apesar da recuperação dos preços das commodities (West et al., 2019; West e Fearnside, 2021). Desde 2012 a taxa aumentou (com oscilações), e houve um enorme surto de desmatamento desde o início do mandato presidencial de Jair Bolsonaro, em janeiro de 2019, que se explica pelo efeito no comportamento dos desmatadores da retórica antiambiental do governo federal (Ferrante e Fearnside, 2019). Em 2019 a taxa foi de 10.129 km² por ano (INPE, 2020a), fato que o governo tentou negar (Fearnside, 2019a, 2019b). A taxa em 2020 também supera 10 mil km² por ano, baseado em dados de DETER (Gonzales, 2020).

Commodities e governança

Compreender as causas do declínio das taxas de desmatamento entre 2005 e 2012 é essencial para as lições de política que podem ser extraídas dessa experiência (West et al., 2019; West e Fearnside, 2021). O governo brasileiro repetiu inúmeras vezes que essa queda é resultado da ação governamental de fiscalizar e multar quem desmata ilegalmente. No entanto, embora o declínio represente a soma de uma variedade de fatores (incluindo medidas de governança), são outros fatores além das medidas governamentais que explicam a maior parte do declínio. O declínio ocorreu em duas fases, a primeira de 2005 a 2007, e a segunda, de 2008 a 2012. Durante o período até 2007, as taxas de desmatamento acompanharam os preços de commodities de exportação, como soja e carne bovina, tornando-os os principais motores durante este período (Assunção et al., 2015; ver também Arima et al., 2014; Hargrave e Kis-Katos, 2013). Para o período 1995-2007, mais de 75% do desmatamento é explicado pelos preços (com uma demora) da soja e da carne bovina (Arima et al., 2014). A maior parte (70%) do declínio total de 2005-2012 ocorreu até 2007.

De 2008 em diante, os preços das commodities se recuperaram, enquanto o desmatamento continuou caindo até 2012, indicando que algo havia mudado. Um evento em 2008 que coincide com a mudança é uma resolução do Banco Central do Brasil (BACEN 3545/2008), que bloqueou empréstimos de bancos públicos para a agricultura e pecuária em propriedades com multas pendentes nos órgãos ambientais (Börner et al., 2015; Fearnside, 2015b). As próprias multas têm pouco efeito, uma vez que podem ser recorridas quase indefinidamente e raramente são pagas (por exemplo, Lima et al., 2009). Em contraste, o bloqueio aos empréstimos tem efeito imediato e não tem recurso; também tem seu maior impacto sobre os maiores atores. Outro evento importante em 2008 foi o órgão ambiental federal Instituto Brasileiro do Meio Ambiente e dos Recursos Naturais Renováveis (Ibama) iniciar uma "lista suja" de municípios com alto desmatamento. Os municípios na lista negra tiveram uma redução significativamente maior no desmatamento, em comparação com os municípios não na lista negra, no período de 2009-2011 (Arima et al., 2014), uma tendência que continuou até 2012 (Cisneros et al., 2015). Municípios na lista negra tiveram requisitos adicionais para a obtenção de licenças para desmatamento legal, tiveram mais esforço de fiscalização focado neles pelo Ibama, sofreram restrições ao crédito agrícola e tiveram ímpeto adicional para acelerar a implantação do Cadastro Ambiental Rural (CAR) devido ao aumento da assistência de ONGs para registrar propriedades e pelo desejo local de evitar custos de reputação (Cisneros et al., 2015).

A força das medidas de governança varia com os ciclos eleitorais, com uma tendência para a aplicação das regulamentações ambientais ser relaxada antes das principais eleições, produzindo uma relação significativa entre as taxas de desmatamento e as eleições (Rodrigues-Filho et al., 2015). A mera antecipação de tal relaxamento pode estimular o desmatamento, conforme sugerido por um aumento dramático no desmatamento em Mato Grosso em 2002 nos meses anteriores à eleição do maior produtor de soja do Brasil como governador do estado, reduzindo assim o programa de controle do desmatamento do governo estadual (por exemplo, Fearnside, 2005). O aumento do desmatamento nos meses anteriores à eleição de Jair Bolsonaro em 2018 também ilustra este fenômeno de antecipação (Angelo, 2018).

Incentivos fiscais e posse de terra

Incentivos fiscais

Nas décadas de 1970 e 1980, os incentivos fiscais oferecidos pelo governo brasileiro foram um dos principais fatores que motivaram o desmatamento por grandes pecuaristas (Binswanger, 1991; Mahar, 1979). Os incentivos incluíam o direito de investir em fazendas amazônicas aprovadas o dinheiro que as empresas, de outra forma, pagariam como imposto sobre os lucros das suas atividades em outras partes do país. Também foram oferecidos empréstimos generosos a taxas de juros muito abaixo da taxa de inflação e isenção de impostos sobre a sua renda na Amazônia.

O desmatamento da floresta foi principalmente um meio de obter acesso a esses subsídios, em vez de ser motivado pela expectativa de renda com a produção de carne bovina. O efeito dos incentivos continuou muito depois que o discurso oficial passou a alegar que o programa de incentivos havia terminado. Um decreto de 1991 suspendeu a aprovação de novos projetos, mas os projetos já aprovados continuam a receber os incentivos fiscais (Fearnside, 2005a). Ao longo dos anos, o número de beneficiários diminuiu por meio da falência de empresas, reduzindo o impacto dos incentivos ao reduzir o número de fazendas elegíveis.

Posse de terra

Um dos motivos mais difundidos para o desmatamento é o estabelecimento e manutenção da posse da terra (Fearnside, 1979, 2020a). Muitas das terras da Amazônia brasileira são de domínio público. Além de distribuições de terras para pequenos agricultores em programas oficiais de assentamento (como os da Rodovia Transamazônica) e para grandes fazendeiros em áreas vendidas por meio de licitação (como o Distrito Agropecuário da Zona Franca de Manaus), terras entram no domínio privado após serem primeiramente invadidas por pequenos posseiros ou por grandes grileiros, e mais tarde o governo reconhece as posses e concede o título.

A grilagem de terras públicas está acontecendo em ritmo acelerado sob o governo do Presidente Jair Bolsonaro, alimentado por sinalizações de possível legalização em massa de terras e pela sucessão de "leis da grilagem" facilitando a legalização dessas áreas (Fearnside 2020b; Greenpeace Brasil, 2020a, 2020b). A chave para a conquista do título é realizar uma "benfeitoria" na terra, o que significa desmatar e plantar, sendo a pastagem a opção com custo por hectare mais barato. Mesmo que a pessoa tenha o título de propriedade, se for deixada em floresta, o proprietário pode esperar perdê-la, seja por invasão por posseiros ou grileiros, seja por desapropriação para um projeto de assentamento do governo.

A questão de quem está desmatando é fundamental para a formulação de políticas que sejam eficazes na contenção do processo. O desmatamento é feito por diferentes motivos e por diferentes atores em diferentes partes da região e em diferentes períodos históricos em qualquer dado local. Por exemplo, ao longo da Rodovia Belém-Brasília (BR-010), que foi construída no final da década de 1950 e início da década de 1960, terras foram ocupadas inicialmente por pequenos posseiros que, mais tarde, foram expulsos (muitas vezes de forma violenta) e substituídos por grandes fazendeiros (Foweraker, 1981; Valverde e Dias, 1967). Eventos seguindo este padrão ocorreram em grande parte do sul do Pará no início da década de 1970 (Schmink e Wood, 1992). A Rodovia Transamazônica (BR-230), construída no início dos anos 1970, foi o local de projetos de colonização do governo onde pequenos agricultores receberam lotes de 100 ha (Moran, 1981; Smith, 1982). Muitos desses lotes foram posteriormente adquiridos por atores mais ricos, que os concentraram em fazendas de maior porte (Fearnside, 1986a). Um processo semelhante ocorreu ao longo da Rodovia Cuiabá-Porto Velho (BR-364), em Rondônia (Fearnside, 1987a). Ao longo das décadas seguintes mais de três mil assentamentos de diferentes tipos foram estabelecidos pelo governo, principalmente para acomodar migrantes que vieram para a Amazônia de outras regiões do país (Yanai et al., 2017).

Na Amazônia como um todo, atores de grande e médio porte têm sido predominantes no desmatamento (Fearnside, 1995, 2008a). A desaceleração do desmatamento de 2005 a 2012 afetou desproporcionalmente os atores maiores (Godar et al., 2014), e a importância relativa dos pequenos agricultores aumentou nesse período, conforme indicado pelo tamanho médio decrescente de novas clareiras (Rosa et al., 2012). Desde 2013 a taxa anual de desmatamento vem aumentando, e atores médios e grandes têm tido um papel importante nisso, mesmo dentro dos assentamentos que foram estabelecidos para beneficiar pequenos agricultores (Carrero e Fearnside, 2020; Yanai et al., 2020). Os pequenos agricultores têm demonstrado maior potencial para estabilizar o uso da terra em um mosaico de agricultura, pastagem e floresta natural. Evitar a consolidação de pequenas propriedades em grandes fazendas representa uma medida benéfica do ponto de vista de minimização do desmatamento (Campos e Nepstad, 2006; Godar et al., 2012).

Lavagem de dinheiro, exploração madeireira e mineração

Dinheiro de fontes como tráfico de drogas, roubo de carga de caminhões, corrupção governamental e renda não declarada às autoridades fiscais podem ser investidos no desmatamento amazônico com risco mínimo. Se os mesmos recursos fossem investidos na bolsa de valores ou em imóveis urbanos, a inconsistência com a receita declarada logo seria descoberta pelo fisco. O dinheiro ilegal forma uma espécie de nuvem sobre a Amazônia que afeta o que acontece no chão, muitas vezes desafiando a lógica econômica tradicional. A "terra do meio", uma área no Pará do tamanho da Suíça, esteve essencialmente fora do controle do governo brasileiro por muitos anos (por exemplo, Greenpeace, 2003; Taravella, 2011).

A área terra do meio tem sido dominada por traficantes de drogas, grileiros e outros atores ilegais (Escada et al., 2005; Fearnside, 2008b; Greenpeace, 2003; ISA, 2016; Schönenberg, 2002). Em 2005, após o assassinato de Dorothy Stang (defensora das causas sociais e ambientais amazônicas), foi criado um "mosaico" de áreas protegidas na terra do meio, mas os órgãos ambientais ainda não estabeleceram uma base física na área, planejada desde 2002. Um exemplo de desmatamento inexplicável pela lógica econômica tradicional é fornecido por uma clareira de 6.239 hectares (conhecida como o "revólver" por causa da sua forma), que apareceu repentinamente em 2003 na terra do meio (Venturieri et al., 2004). O local ficava longe de qualquer estrada e tinha sido classificado como um dos locais menos promissores em toda a Amazônia em termos do lucro esperado da pecuária, com base no cálculo do preço da carne bovina na porteira da fazenda (Arima et al., 2005a, p. 50).

Exploração madeireira

A exploração madeireira é um importante impulsionador do desmatamento, embora seu efeito seja retardado e difícil de demonstrar estatisticamente porque as áreas com exploração madeireira ativa têm pouco desmatamento, enquanto aquelas onde o desmatamento está em pleno andamento não têm mais madeira disponível para exploração. A venda da madeira também fornece grande parte do dinheiro que paga pelo próprio desmatamento, tanto no caso de grandes como de pequenos atores (por exemplo, Veríssimo et al., 2002).

A extração de madeira facilita o desmatamento ao fornecer estradas clandestinas "endógenas" que são subsequentemente usadas para a entrada de desmatadores (Arima et al., 2005b). Um exemplo é fornecido pelo desmatamento na região da hidrelétrica de Tucuruí feito por pessoas que aproveitaram estradas endógenas ilegais feitas para exploração de mogno (ver Fearnside, 2015c). A exploração madeireira vem rapidamente proliferando na terra do meio, inclusive em terras indígenas e unidades de conservação, formando vetores de pressão que levariam a esse processo (Doblas, 2015; ISA, 2016). O início de um processo pode estar começando agora na região da rodovia BR-319 (Manaus-Porto Velho), com o surgimento de ramais ilegais para exploração de madeira (Fearnside et al., 2020a).

Mineração

A mineração é outro fator de desmatamento (Fearnside, 2019c). Os garimpeiros atraídos por áreas com depósitos aluviais podem mais tarde permanecer como posseiros ou podem investir os rendimentos em terras ou em desmatamento (por exemplo, MacMillan, 1995). A mineração de ferro na área de Carajás justificou um grande programa governamental para promover a agricultura e a pecuária na região e também alimenta fundições de ferro-gusa que extraem madeira da região circunvizinha para carvão (Fearnside, 1986b, 1988a). A mineração de bauxita, além dos próprios locais de mina, alimenta uma indústria de fundição de alumínio que gera os impactos maciços provocados sobretudo pelas barragens hidrelétricas construídas para abastecer essa indústria (Fearnside, 2015d), pois as barragens estão associadas ao aumento do desmatamento em suas áreas vizinhas (Barreto et al., 2011, 2014; Fearnside, 2015e).

Estradas

As estradas são o motor mais poderoso do desmatamento (Kirby et al., 2006; Laurance et al., 2001; Pfaff, 1999; Pfaff et al., 2007; Soares-Filho et al., 2006). A construção ou melhoria de uma estrada aumenta a migração para a área de acesso, aumenta a lucratividade da agricultura e da pecuária e aumenta muito o valor da terra, com consequente desmatamento especulativo e rotatividade de proprietários de terra em favor de atores mais ricos, que desmatam mais rapidamente do que os proprietários anteriores (Fearnside, 1987b, 1988b). O desmatamento segue as estradas, e a presença do desmatamento tem um efeito contagioso, levando a uma maior aceleração do desmatamento ao longo dessas rotas (Rosa et al., 2013, 2014). Aproximadamente 80% da perda florestal na Amazônia brasileira ocorreu no "arco do desmatamento", uma faixa em forma de crescente ao longo das bordas sul e leste da floresta.

Novas rodovias estão trazendo a atividade de desmatamento para o coração da Amazônia. O caso mais crítico é a reconstrução planejada da rodovia abandonada Manaus-Porto Velho (BR-319), que conectaria o arco do desmatamento com a Amazônia central, trazendo os atores e processos de Rondônia para grandes áreas no Amazonas e Roraima que possuem estradas dando acesso a partir de Manaus, bem como a abertura do grande bloco de floresta intacta na porção oeste do Estado do Amazonas por meio de estradas planejadas, como a AM-366 (Fearnside, 2020c; Fearnside et al., 2020b). A primeira versão do Estudo de Impacto Ambiental (EIA) (UFAM, 2009, p. 205) para a BR-319 até mesmo apresentou o Parque Nacional de Yellowstone como o cenário esperado para o desmatamento, com turistas passeando de carro pela área em uma "estrada-parque" sem cortar uma única árvore (Fearnside, 2015f; Fearnside e Graça, 2009).

A natureza irreal desse retrato de uma fronteira amazônica seria difícil de exagerar. Em uma vida passada, este autor foi funcionário do Serviço Nacional de Parques dos Estados Unidos em um parque não muito distante de Yellowstone, e lhe foi possível testemunhar que o cenário de Yellowstone representa um mundo completamente diferente do caos de uma fronteira amazônica como a da rodovia BR-319. A ilustração reveladora de Yellowstone desapareceu do EIA atual (DNIT, 2020), mas o EIA ainda afirma que a BR-319 será uma "estrada-parque" onde a governança prevalecerá. Embora os políticos de Manaus afirmem que "não há impacto na BR-319" (Diário do Amazonas, 2015) e que a rodovia será "um exemplo sustentável para o mundo" (Amazonas em Tempo, 2020), essas descrições não guardam nenhuma relação para a realidade. Um sinal disso é a discussão que já dura anos sobre quem vai pagar pelos dois postos de fiscalização que o Ibama exigiu como pré-condição para o licenciamento, com um posto a ser implantado em cada ponta do "trecho do meio" da rodovia. Nem o governo federal nem o estadual querem pagar, e a proposta mais recente sugerida pelo Departamento Nacional de Estradas de Rodagem (DNIT) em reunião do Fórum da BR-319 é pedir aos governos dos municípios ao longo da rodovia que paguem.

Se os governos não estão dispostos a pagar por dois simples postos de fiscalização, a ideia de que um programa massivo de governança será implantado para proteger as dezenas de unidades de conservação e terras indígenas que seriam impactadas (Ferrante et al., 2020) é obviamente uma ficção. "Cenários de governança" irrealistas, como o do EIA, servem como desculpas para justificar o licenciamento de rodovias que implicam em impactos muito reais.

Soja

A soja tem sido uma grande força do desmatamento em Mato Grosso, com avanços mais recentes em algumas partes do Pará, principalmente na área de Santarém. Os chineses tiveram um papel fundamental na conversão da floresta e do cerrado, principalmente pelo efeito das suas importações (Fearnside and Figueiredo, 2016a). O dinheiro das exportações para China, além de motivar a expansão da soja na Amazônia, é a razão da grande influência dos ruralistas na política brasileira, com muitas consequências favorecendo o desmatamento. A China também está financiando ou prometendo financiar diversas obras para transporte de soja, como ferrovias, rodovias e portos, o que leva a mais desmatamento tanto pela expansão da soja como pelo efeito das obras sobre outros atores nos processos de desmatamento.

Além da conversão direta de floresta em soja, essa cultura tem um impacto "indireto" muito importante. O avanço da soja em pastagens no cerrado (bem como em áreas florestais no norte do Mato Grosso) tem um papel proeminente em impulsionar o aumento do investimento no desmatamento para pecuária nas áreas da floresta amazônica no Pará (Arima et al., 2011; Richards et al., 2014). Pecuaristas que vendem as suas terras para plantadores de soja em Mato Grosso usam o dinheiro dessas vendas para comparar áreas muito maiores de terra barata no Pará, onde desmatam para estabelecer novas fazendas. A influência chinesa ocorre principalmente por meio das exportações, mas também por meio da compra de terras e do financiamento da infraestrutura de transporte. A infraestrutura de transporte é a principal limitação no avanço da soja a partir das áreas atualmente mais lucrativas em Mato Grosso, particularmente para o oeste em Rondônia e Acre, bem como nas porções do norte de Mato Grosso ainda dominadas por pastagens (por exemplo, Vera-Diaz et al., 2008). A infraestrutura construída para transportar soja aos portos para exportação leva a desmatamento massivo por outros atores que não os plantadores de soja (Fearnside, 2002a, 2007).

As finanças internacionais têm um papel significativo na aceleração do avanço da soja. Em 2002 e 2003, a International Finance Corporation (IFC), braço do Banco Mundial para o financiamento de empresas privadas, concedeu ao Grupo André Maggi (maior empresa de soja do Brasil) dois empréstimos de US$ 30 milhões. O IFC classificou os empréstimos como "Categoria B" (baixo risco ambiental), não exigindo, portanto, qualquer avaliação de impacto ambiental ou posterior monitoramento dos impactos. Esta classificação da IFC permitiu ao Rabobank (da Holanda) conceder a Maggi dois empréstimos totalizando US$ 330 milhões (Greenpeace, 2006a: 18). O financiamento do Banco Nacional de Desenvolvimento Econômico e Social (BNDES), do governo brasileiro, também tem sido uma grande força no avanço da soja. A perda de serviços ambientais com a transformação de floresta em soja é praticamente total.

Deve-se notar que o produto interno bruto (PIB) não é um bom preditor de desmatamento. As declarações que associam o PIB ao desmatamento dão a falsa impressão de que o desmatamento é uma consequência inevitável do progresso econômico. A fração da economia brasileira que é contribuída pelo novo desmatamento na fronteira amazônica é mínima, embora as grandes áreas de soja em áreas previamente desmatadas sejam um contribuinte significativo. A natureza questionável do vínculo com o PIB é mostrada pelo "desacoplamento" das taxas de desmatamento da produção agrícola durante a desaceleração do desmatamento de 2005-2012 (por exemplo, Lapola et al., 2014; Nepstad et al., 2013, 2014).

A soja agora ameaça as terras indígenas devido à influência dos ruralistas sobre o governo que iniciou em janeiro de 2019 (Ferrante e Fearnside,

2019). A intenção do governo de abrir as terras indígenas para arrendamento a plantadores de soja (Gonzales, 2019) está próxima concretização com o avanço do projeto de lei 191/2020 no Congresso Nacional.

Pecuária

A produção de gado (distinto de motivos ocultos para pecuária) está se tornando mais proeminente na mistura de motivos de desmatamento na Amazônia. Este é um comportamento que segue a lógica econômica tradicional, onde os atores desmatam para obter lucros com a venda de produtos da agricultura e da pecuária (e.g. Faminow, 1998; Margulis, 2004; Mattos e Uhl, 1994; Mertens et al., 2002). A conservação da floresta requer, em última análise, abordar os "fundamentos da própria economia pecuária" (Walker et al., 2002). A pecuária está se acelerando até mesmo nas reservas extrativistas que foram criadas para manter as florestas por meio do apoio a populações tradicionais de seringueiros e coletores de castanha-do-pará; a pecuária se proliferou nessas áreas e está substituindo a economia baseada em produtos florestais não madeireiros (Fearnside et al., 2018). A extração da borracha não é economicamente viável sem subsídios (Jaramillo-Giraldo et al., 2017).

A exportação em geral está se tornando mais proeminente como um preditor de desmatamento ao nível de município (Faria e Almeida, 2016). O aumento das exportações de carne bovina é especialmente significativo devido ao seu grande potencial de expansão (McAlpine et al., 2009). As exportações brasileiras de carne bovina congelada foram barradas em praticamente todos os mercados internacionais até anos recentes devido à presença da febre aftosa (Fearnside, 1988b). A Amazônia brasileira ficou assim protegida da "conexão do hambúrguer" (Myers, 1981) que tem impulsionado grande parte do desmatamento na América Central, uma área livre da doença. A partir de 1998, os estados do Brasil foram sucessivamente certificados como livres da febre aftosa, começando pelos estados não amazônicos do sul do país (Kaimowitz et al., 2004). Isso criou um impacto indireto na Amazônia, pois a carne produzida no sul do Brasil poderia ser exportada, enquanto os paulistas, por exemplo, poderiam comer carne do Pará. Desde 2015 todos os nove estados da Amazônia brasileira foram classificados como de risco máximo "médio", além de não apresentarem casos clínicos da doença, mas Amazonas, Roraima e Amapá não foram classificados como "livres de doença" para permitir exportações diretas desses estados (Pithan e Silva, 2016).

O Brasil é o maior exportador mundial de carne bovina, e parte é até exportada como gado vivo. Em 2015 e 2016, acordos com Rússia, Estados Unidos e China abriram esses mercados para a carne bovina brasileira. A abertura total do mercado chinês é particularmente significativa, pois sua escala potencial é essencialmente infinita na perspectiva dos produtores brasileiros. Além de dominar as exportações de carne bovina para a China, o Brasil também é o principal fornecedor de couro da China, e a China é o maior fabricante mundial de calçados. Em 2008, o valor das exportações de couro do Brasil totalizou US$ 1,9 bilhão, em comparação com US$ 5,1 bilhões para carne bovina (Greenpeace, 2009, p. 61).

Os generosos subsídios para a pecuária nas décadas de 1970 e 1980 vieram do governo brasileiro durante o período do "milagre econômico", e sua restrição posterior coincidiu com uma severa recessão no início dos anos 1990. Como no caso da soja, as finanças internacionais têm contribuído para acelerar o atual período "moderno" da produção e processamento da pecuária. Em março de 2007, o IFC (o braço do Banco Mundial para financiamento de empresas privadas) fez um empréstimo de US$ 90 milhões para a Bertin (maior abatedouro do Brasil na época, posteriormente comprada pela JBS), que fornecia carne bovina para o Burger King, entre muitos outros estabelecimentos (Rich, 2013). O financiamento do governo brasileiro do BNDES também foi importante para o avanço da pecuária moderna na Amazônia.

A pecuária está acelerando a transformação de assentamentos criados pelo governo para pequenos agricultores em áreas dominadas por pecuaristas maiores (Carrero e Fearnside, 2020; Carrero et al., 2020). A venda dos lotes pelos assentados originais para os lotes que resultam em fazendas maiores neutraliza o papel social dos assentamentos e também acelera o desmatamento, tanto nos lotes comprados como nas novas fronteiras para onde os que venderam seus lotes tendem a migrar (Fearnside, 1987a; Yanai et al., 2020).

Crescimento populacional e dinâmica doméstica

O aumento da população tem um efeito significativo no desmatamento da Amazônia brasileira (Laurance et al., 2002). No entanto, interpretar essa relação é mais complicado do que se possa imaginar. Estudos que examinam unidades políticas como países, estados ou municípios, ou unidades geográficas arbitrárias, como células de grade, encontrarão resultados sobre mudanças populacionais e taxa de desmatamento que vão em ambas as direções e concluirão que não há relação entre essas duas variáveis.

O primeiro passo para dar sentido a esses dados é remover a população urbana da análise. Embora a população urbana tenha um efeito, é muito diferente do efeito dos atores diretos do desmatamento. Em seguida, deve haver um desdobramento pelos diferentes atores rurais que estão presentes antes e depois da transformação do uso da terra em estudo, como o desmatamento em um determinado período. Esses dados não existem para o Brasil. A única solução é obter informações detalhadas de estudos de caso em locais específicos. É importante que os locais escolhidos sejam "típicos" de grandes áreas de desmatamento.

Os locais sendo convertidos em pastagens para pecuária na Amazônia brasileira representam uma prioridade óbvia. Duas questões-chave que afetam a relação entre população e desmatamento são: (1) quem são os atores, como fazendeiros versus pequenos agricultores, e (2) qual população e uso da terra estão sendo substituído. Se a situação for de pequenos agricultores substituindo floresta "desocupada", então uma população maior (de pequenos agricultores) se traduz em mais desmatamento. Se forem fazendeiros substituindo a floresta "desocupada", então a mesma relação se aplica, embora o número de pessoas seja menor e a quantidade de desmatamento per capita seja muito maior. Se a situação for de pecuaristas substituindo pequenos agricultores, a população humana diminuirá e a taxa de desmatamento per capita aumentará, resultando em uma relação negativa entre mudança populacional e taxa de desmatamento.

Uma hipótese sobre a população é que o aumento da migração rural-urbana resultará no abandono de grandes áreas que atualmente são usadas para agricultura e pecuária, levando ao estabelecimento de florestas secundárias e recuperação da biodiversidade (Wright e Muller-Landau, 2006). Infelizmente, além da existência de migração rural-urbana significativa (Parry et al., 2010), esta teoria tem pouca semelhança com os eventos na Amazônia (Fearnside, 2008c). Quem migra para as cidades geralmente são ribeirinhos ou outros habitantes ao longo dos rios amazônicos que desmatam muito pouco. Se os atores maiores desistissem de suas operações e se mudassem para as cidades, suas terras seriam vendidas a outros que continuariam a usar as áreas desmatadas (às vezes com intervalos em sucessão secundária). A pastagem requer muito pouco trabalho uma vez estabelecida e uma pequena população pode ocupar uma área muito grande.

Dinâmica doméstica

Os processos familiares entre os pequenos agricultores resultam em desmatamento, e os usos da terra nas áreas desmatadas mudam seguindo padrões previsíveis na medida em que progride o ciclo-de-vida desde jovens casais com filhos pequenos até fases subsequentes (Perz, 2001; Perz e Walker, 2002; Walker et al., 2000). Estes efeitos são, em grande parte, independentes de motivos de busca de lucro que podem ser usados como alavancas por programas de incentivo para mudar o comportamento de desmatamento. Estes incluem mudanças demográficas do agregado familiar e as circunstâncias econômicas de cada família (Caldas et al., 2007). No estágio do ciclo-de-vida familiar em que a capacidade de trabalho está no máximo, bem como a demanda de consumo para sustentar os dependentes, o desmatamento avança na velocidade máxima e é improvável que seja influenciado por intervenções políticas externas. A minimização dos riscos tem precedência sobre a maximização dos lucros (Walker et al., 2002).

Degradação extrema

A floresta pode ser convertida em não floresta (ou seja, desmatada) por degradação extrema ao invés de corte raso. A degradação está se tornando cada vez mais prevalente na Amazônia brasileira e não foi afetada pelas forças que diminuíram as taxas de desmatamento entre 2004 e 2012 (Souza et al., 2013). A extração de madeira é um fator importante que, mesmo antes da "desaceleração" do desmatamento, afetava uma área maior a cada ano do que o corte raso anual (Asner et al., 2005). A exploração madeireira aumentou após o início da desaceleração, ao invés de diminuir em paralelo com o desmatamento (por exemplo, Silvestrini et al., 2011), tornando a área no período desde 2012 sujeita à exploração madeireira a cada ano muito maior do que o que é totalmente desmatado.

A extração de madeira torna as florestas mais suscetíveis à entrada de fogo, pois deixa árvores cortadas e mortas não intencionalmente na floresta para servirem de combustível, além de abrir brechas no dossel que permitem a entrada de luz solar e vento, acelerando assim a secagem da madeira morta (Cochrane et al., 1999; Nepstad et al., 1999; Uhl e Buschbacher, 1985). Isso desencadeia um processo de retroalimentação positiva que degrada sucessivamente a floresta pela entrada repetida de fogo (Barlow e Peres, 2006; Berenguer et al., 2014; Nepstad et al., 2001). O perigo deste processo se aplica tanto às áreas de exploração madeireira ilegal como às áreas de manejo florestal legal. As secas são os principais fatores para facilitar os incêndios florestais na Amazônia, com ou sem exploração madeireira (Alencar et al., 2006; Aragão e Shimabukuro, 2010; Barbosa e Fearnside, 1999; Barlow e Peres, 2008; Barlow et al., 2003; Brando et al., 2014; Vasconcelos et al., 2013; Xaud et al., 2013). As secas também degradam a floresta matando árvores por falta de água, mesmo na ausência de fogo (Lewis et al., 2011; Nepstad et al., 2007; Phillips et al., 2009). As secas severas estão se tornando mais frequentes na Amazônia por várias razões (Marengo e Espinoza, 2016), e as projeções de mudanças climáticas indicam a probabilidade de aumento futuro substancial desses eventos (por exemplo, Malhi et al., 2008).

A perda de biodiversidade causada por distúrbios antropogênicos pode até dobrar as perdas causadas pelo próprio desmatamento, conforme mostrado por um estudo no Pará que encontrou perdas medianas por perturbação maiores do que aquelas por desmatamento em três das cinco áreas de endemismo nesse estado (Barlow et al., 2016). A degradação aumenta muito as emissões de gases de efeito estufa da Amazônia, acima daquilo que é emitido na região por corte raso (Aragão et al., 2018; Assis et al., 2020; Matricardi et al., 2020; Walker et al., 2020). Além da degradação por extração de madeira e fogo, a caça ameaça a vida selvagem (Antunes et al., 2016) e remove animais essenciais para a reprodução e dispersão de árvores (Peres et al., 2016).

O aumento do desmatamento pós-desaceleração

Após o pico de desmatamento de 27.772 km^2 por ano em 2004, a taxa caiu 84% ao longo dos oito anos seguidos, chegando a 4.571 km^2 por ano em 2012. Isso gerou uma ilusão perigosa em Brasília de que o desmatamento estava sobre controle e que o governo poderia, portanto, construir estradas, represas e outras infraestruturas sem colocar a floresta em risco. Infelizmente, esse nunca foi o caso. As taxas de desmatamento têm tendência de alta desde 2012, chegando a 11.088 km^2 por ano em 2020, ou 243% acima da taxa de 2012.

As forças subjacentes ao desmatamento aumentam a cada ano, com cada vez mais população, investimento e estradas que dão aos desmatadores um acesso à floresta. Mais mercados internacionais se abriram para a carne brasileira durante este período, e as exportações se expandiram. A reversão da queda do desmatamento em 2012 coincidiu com a promulgação de um grande enfraquecimento do Código Florestal do Brasil, reduzindo as restrições para desmatamento próximo a rios e em encostas íngremes e perdoando vastas áreas de desmatamento ilegal feito até 2008, com consequências ambientais e sociais significativas (Metzger et al., 2010; Soares-Filho et al., 2014). Mais importante ainda, isso demonstrou a extraordinária influência do bloco "ruralista" (representantes de grandes proprietários de terras) e criou uma antecipação de futuras "anistias".

O Código Florestal de 1965 (Lei 4.771/1965), um pacote de regulamentações do desmatamento, foi substituído pela Lei 12.651/2012. Em 2011, a votação inicial na Câmara dos Deputados, onde a representação é proporcional à população, aprovou a revisão por uma proporção de sete para um. Como a população brasileira é 85% urbana, a grande maioria do eleitorado não tem interesse financeiro em poder desmatar mais, especialmente em locais sujeitos a risco. As pesquisas de opinião mostraram que 80% da população brasileira se opuseram a qualquer mudança no Código

Florestal (Lopes, 2011). Acredita-se que o poder do dinheiro da soja e de outros interesses do agronegócio seja a explicação mais lógica para o resultado (Fearnside e Figueiredo, 2016b). Uma série de eventos políticos afetou o aumento do desmatamento desde o fim da desaceleração. Uma delas foi a incerteza política durante e após o impeachment da ex-presidente Dilma Rousseff, que foi forçada a se afastar do cargo quando seu julgamento começou em março de 2016, culminando em seu impeachment formal em agosto de 2016. A incerteza em 2016 ofereceu uma oportunidade para o rápido avanço de iniciativas legislativas para remover as restrições ambientais, e isso continuou após a transferência formal dos poderes presidenciais para Michel Temer (Fearnside, 2017a).

Outros fatores podem ter contribuído. O valor do real em relação ao dólar norte-americano diminuiu 12% de janeiro a maio de 2016 (período em que as decisões sobre o desmatamento são normalmente tomadas), aumentando a atratividade da exportação de soja e carne bovina. Os preços da carne bovina aumentaram 5% e os da soja 12,5%. O preço da soja em maio de 2016 ficou 18% acima da média de maio dos cinco anos anteriores. Esses fatores econômicos teriam contribuído para o aumento de 29% do desmatamento em 2016, mas a magnitude do aumento sugere que ele também teve raízes no aumento espetacular do poder político dos ruralistas, que começou bem antes do final da administração presidencial anterior (Fearnside, 2016a).

A eleição de Jair Bolsonaro, que assumiu a presidência do Brasil em janeiro de 2019, provocou um aumento dramático no desmatamento. Nos quatro meses anteriores à eleição de outubro de 2018, quando as pesquisas apontaram a vitória de Bolsonaro como altamente provável, o desmatamento aumentou 36% em relação às taxas dos mesmos meses do ano anterior, aparentemente em antecipação ao relaxamento dos controles prometido pelo candidato (Angelo, 2018). O ano de 2019 do programa de monitoramento Prodes, do INPE, de julho de 2018 a junho de 2019, inclui este período e apresentou um aumento de 34,4% em relação ao ano Prodes anterior. A taxa de 2020 aumentou mais 9,5%. Os incêndios também aumentaram em 2019 e 2020, chocando o mundo (Barlow et al., 2019). As ondas de desmatamento e de queimadas durante o governo Bolsonaro foram resultados tanto de ações concretas do governo, que essencialmente desmantelaram o Ibama e outros órgãos ambientais, quanto da constante retórica antiambiental do presidente e seu ministro do Meio Ambiente (Ferrante e Fearnside, 2019; Fearnside, 2019d, 2019e, 2019f). Uma tentativa de controlar a situação em 2020, colocando as operações ambientais sob controle militar e decretando uma moratória de 120 dias sobre as queimadas, não teve quase nenhum efeito, com a derrubada e a queima mantendo-se em níveis recordes (Ferrante e Fearnside, 2020; OC, 2020). A postura antiambiental do governo e a alta probabilidade de quaisquer penalidades por violações ambientais serem posteriormente "anistiadas" eram bem conhecidas das pessoas realmente envolvidas no desmatamento e queimadas.

Controle por meio da repressão

A fiscalização e a punição do desmatamento ilegal são partes importantes de qualquer esforço de controle do processo, pois a falta dessa forma de ação fomenta o pressuposto da impunidade, com consequências de longo alcance. Capacidades de monitoramento são importantes para esses esforços, e o advento do programa DETER em 2004 forneceu uma ferramenta essencial para permitir a reação em um período de tempo mais curto (Assunção et al., 2013a). As melhorias em 2015 e 2019 aumentaram a resolução da imagem e a eficácia do programa.

O desmatamento amazônico pode ser controlado, mas a noção infundada de que ele já estava sob controle mostrou-se perigosa. A queda dos preços das commodities, em vez de medidas de governança, era responsável por quase toda a redução nas taxas de desmatamento entre 2005 e 2007, o que representava 70% do total até 2012, quando a tendência de queda terminou.

As taxas de desmatamento não diminuíram depois de 2012, apesar de um longo período de declarações oficiais afirmando que o declínio continuava. O aumento do desmatamento em 2019 sob a administração de Jair Bolsonaro foi negado (Fearnside, 2019b, 2019d). O aumento adicional em 2020 (Silva Junior et al., 2021) também resultou em esforços para convencer o mundo de que a Amazônia está intacta (Moreira, 2020). As capacidades e ações de Ibama para controlar o desmatamento têm sido reduzidas ao longo do governo Bolsonaro, e a entrega de responsabilidades para a área militar tem diminuído ainda mais a eficácia das ações (Ferrante e Fearnside, 2020). O efeito do programa de repressão desde 2008 repousa sobre uma base frágil: a resolução do Banco Central de 2008 (Resolução BACEN 3.545 de 23/06/2008) vinculando os empréstimos para agropecuária dos bancos do governo à ausência de multas pendentes. Isto tem tido um efeito importante, especialmente sobre pecuaristas de maior porte (Assunção et al., 2013b, 2016; CPI, 2013; Fearnside, 2015b). A proteção é frágil porque a bancada "ruralista" tem enorme influência no Congresso Nacional, e a revogação dessa resolução do Banco Central é uma de suas prioridades. A eficácia do programa de repressão poderia ser literalmente removida com uma canetada.

Um exemplo do potencial de repressão ao desmatamento nas taxas de desmatamento é fornecido por um programa do governo estadual de Mato Grosso de 1999 a 2001 (Fearnside, 2003a). Enquanto o desmatamento estava aumentando na Amazônia como um todo, as tendências mudaram de aumentos para diminuições em Mato Grosso em municípios que tinham quantidades significativas de floresta ainda disponíveis para desmatamento (o desmatamento tenderá a zero independente de qualquer programa de repressão em municípios com pouca floresta remanescente para derrubar). No entanto, após a eleição do maior empresário de soja do Brasil como governador em 2002, o programa foi destruído e entrou em uma fase de "subversão institucional" (Rajão et al., 2012).

É um fato importante que as medidas diretas de controle do desmatamento, como multar os proprietários que desmatam sem licenciamento e restringir o crédito em municípios que estão na "lista negra" para desmatamento ilegal, podem ter um efeito significativo (por exemplo, Tasker e Arima, 2016). A longa oposição do Ministério das Relações Exteriores brasileiro a qualquer forma de pagamento internacional para evitar o desmatamento foi baseada na crença de indivíduos-chave de que controlar o desmatamento era impossível (Fearnside, 2012a). De fato, na época, a sucessão de "pacotes" de medidas de controle implementados após cada aumento nas taxas de compensação parecia não surtir efeito. O Brasil só mudou de posição em 2007, depois que a "desaceleração" do desmatamento já estava bem avançada. De 2003 a 2020 o programa de comando e controle do Brasil estava sob o Plano de Ação para Prevenção e Controle do Desmatamento na Amazônia Legal (MMA, 2013). O programa teve efeitos mensuráveis, especialmente depois de 2008 (Arima et al., 2014; West e Fearnside, 2021; West et al., 2019).

Remover ou redirecionar subsídios

Os subsídios assumem muitas formas, além dos notórios e maciços incentivos fiscais para grandes fazendas de gado nas décadas de 1970 e 1980. Empréstimos a juros baixos são fornecidos para atores de vários tamanhos, incluindo pequenos agricultores. Um grande subsídio que muitas vezes não é reconhecido resulta de "anistias" periódicas, perdoando dívidas de agricultores grandes e pequenos cujas safras falharam devido a eventos climáticos ou outros infortúnios gerais, transferindo assim o risco dessas atividades agrícolas para os contribuintes (por exemplo, Fearnside, 2001a). A pecuária e os frigoríficos são fortemente subsidiados, tanto pela IFC (International Finance Corporation), do Banco Mundial (Hofmeister, 2020a), quanto pelos contribuintes brasileiros (Hofmeister, 2020b). Além disso, é claro que uma ampla gama de outras despesas do governo fornece infraestrutura de transporte e outros serviços em locais remotos, geralmente com um retorno insignificante para o governo na forma de impostos.

No caso dos pequenos agricultores, uma fração substancial das parcelas economicamente desfavorecidas da população rural brasileira depende de "bolsas" do governo, como o programa Bolsa Família, e da aposentadoria rural para familiares idosos (Lui e Molina, 2013). Este subsídio mantém as famílias nas atividades agrícolas, mesmo quando essas atividades não são lucrativas por si mesmas. Embora o programa Bolsa Família esteja intimamente ligado à política eleitoral (de Moura, 2007; Simoni Junior, 2017), este programa de redistribuição de renda é baseado em objetivos de redução da pobreza que se aplicam a residentes rurais e urbanos em todo o país como questão de justiça social (Novaes, 2015). O efeito da assistência financeira do governo na manutenção de "sem-terra" (grupos organizados de trabalhadores rurais sem-terra) é uma questão de debate (Puls, 2007). Particularmente durante os governos do Partido dos Trabalhadores, de 2003 a 2016, cestas básicas de alimentos e a bolsa família foram entregues a sem-terra acampados (Scolese e Constantino, 2006). No entanto, o efeito neste caso pode ter sido benéfico para o meio ambiente porque o programa Bolsa Família foi creditado com a redução da disposição dos sem-terra de iniciar novas invasões de terra (Arruda, 2008; *O Tempo*, 2011). Esses atores têm um papel fundamental no estabelecimento de assentamentos e desmatamento na Amazônia (Simmons et al., 2010).

Os projetos de assentamento do governo são fortemente subsidiados (Peres e Schneider, 2012). Mesmo com os baixos níveis de desmatamento dos pequenos agricultores, os residentes rurais emitem muito mais gases de efeito estufa do que os residentes urbanos, e o impacto de atores maiores é muito maior (Fearnside, 2001b). A prevenção da migração rural-urbana é vista como socialmente desejável, tanto pela população rural que deseja permanecer onde está, quanto pelos residentes urbanos que temem o impacto social do crescimento das cidades. No entanto, os dados em nível municipal na Amazônia indicam um efeito positivo da urbanização sobre o bem-estar medido pelo índice de desenvolvimento humano (Caviglia-Harris et al., 2016). São extremamente delicadas as questões de quanto subsídio rural é apropriado e de quais tipos.

Remover motivos ocultos

A especulação imobiliária é um motivo de desmatamento que essencialmente não traz nenhum benefício para o país e que leva a consideráveis danos ambientais. Ela precisa ser interrompido por ações do governo, como impostos e multas. O atual sistema de regularização fundiária, baseado no desmatamento, deve acabar. O Brasil ainda não fez a transição do costume secular de "regularização" da posse de fato de reivindicações de terras ilegais para um em que a população presume como algo natural que a ocupação ilegal de terras não resultará em um título de propriedade. Um retrocesso significativo ocorreu em 2009, com a Medida Provisória 158, criando o programa "terra legal", que legaliza reivindicações de até 1.500 ha (o que dificilmente pode ser considerado uma pequena propriedade). Essa medida provisória tornou-se a Lei 11.952, a primeira "lei da grilagem". A segunda foi a Lei 13.465, de 2017. A floresta agora está ameaçada por uma terceira "lei da grilagem". Esteve em vigor por 120 dias no final de 2019 e 2020 como Medida Provisória 910, mas caducou e foi convertida no projeto de Lei 2.633/2020 (Fearnside, 2020b). O presidente da Câmara dos Deputados (Rodrigo Maia) não permitiu que o projeto de lei fosse levado a votação em plenário, mas em fevereiro de 2021 o controle das duas casas do Congresso Nacional foi conquistado pela coalizão de partidos políticos "Centrão" que apoia o presidente Bolsonaro.

Os presidentes de ambas as casas receberam instruções explícitas de Bolsonaro para priorizar a aprovação da terceira "lei da grilagem" (Ferrante e Fearnside, 2021). Cada uma dessas leis tem facilitado progressivamente a legalização de terras griladas e, ao avançar sucessivamente no ano de corte por ter ocupado a terra, tem enviado a mensagem clara de que quaisquer reivindicações ilegais de terras também serão legalizadas. Grandes reivindicações ilegais são frequentemente subdivididas entre os vários membros de uma família extensa para obter o título legal dentro dos limites do programa. A quantidade total de terras potencialmente legalizáveis é de 67 milhões de hectares, ou metade do tamanho do estado do Pará (ver Fearnside, 2013a). Mais pernicioso, o programa leva à suposição lógica dos grileiros e posseiros atuais e futuros em toda a região de que suas reivindicações acabarão sendo legalizadas por programas de regularização subsequentes.

Alcançar a meta de tornar a Amazônia uma paisagem com posse de terra definida e segura é essencial por muitos motivos, incluindo o incentivo a um comportamento mais sustentável dos proprietários e a garantia dos direitos de exclusão que devem estar subjacentes a qualquer programa de pagamento por serviços ambientais, mas ainda não foi encontrado um caminho para alcançar este objetivo sem provocar a suposição perversa de uma "linha na areia" que se move eternamente. O "fechamento da fronteira" em 1890 no oeste dos Estados Unidos (Turner, 1893) ainda não teve seu paralelo na Amazônia brasileira, e deve ser encontrada uma maneira de alcançá-lo por outros meios do que simplesmente esgotar toda a terra (Fearnside e Graça, 2006).

O estabelecimento da posse da terra é administrado pelo Instituto Nacional de Colonização e Reforma Agrária (INCRA), que nos últimos anos tem agido quase inteiramente de forma reativa, reassentando posseiros individuais e "sem-terra" (membros de movimentos organizados de agricultores sem-terra) em áreas de assentamento oficial (por exemplo, Fearnside, 2001a). Os assentamentos representaram 13,5% de todo o desmatamento até 2011 nos 1.911 assentamentos incluídos em um estudo por Schneider e Peres (2015). Em um estudo por Yanai e colaboradores (2017) abrangendo 3.325 assentamentos, os assentamentos foram responsáveis por 21% do desmatamento até 2013. Esse processo não tem ponto de parada natural, pois o número de agricultores sem-terra no país ultrapassa a capacidade de toda a região amazônica, caso ela fosse distribuída em áreas de assentamentos (Fearnside, 1989a). Caldas e colaboradores (2010) expressaram as implicações de forma mais eloquente: "É hora de reconhecer os erros do passado e adaptar a política fundiária à nova realidade da Amazônia que leva em consideração os problemas ambientais que as leis atuais estão causando. Se não agirmos agora, o futuro dos pobres da região não mudará; e os mesmos processos cíclicos de ocupação e degradação da terra ocorrerão até que nenhuma floresta permaneça para sustentar a vida na região".

A moratória da soja

A Moratória da Soja resultou de uma vigorosa campanha do Greenpeace que incluiu a publicaçao do relatório amplamente divulgado "Comendo Amazônia" (Greenpeace, 2006a), ações diretas como o bloqueio do porto da Cargill em Santarém (Greenpeace Brasil, 2006) e boicote a grandes empresas internacionais que vendem produtos derivados da soja brasileira, como McDonalds (Greenpeace, 2006b). Em 24 de julho de 2006, três meses após o relatório "Comendo Amazônia", a Cargill e outros grandes exportadores de soja foram convencidos a assinar uma "Moratória da Soja", comprometendo-se a não comprar soja cultivada na Amazônia em terras desmatadas após 2006 (em 2013 este limite foi relaxado para

2008). A moratória foi sucessivamente renovada e, em 2016, tornou-se permanente. Teve um efeito mensurável na redução de novos desmatamentos para soja (Adario, 2016; Gibbs et al., 2015; Heilmayr et al., 2020).

No entanto, à Moratória da Soja não pode ser creditado todo o declínio geral nas taxas de desmatamento na Amazônia de 2004 a 2012, como às vezes é sugerido. O afastamento das taxas gerais de desmatamento daquilo que é explicado pelos preços das commodities só começou em 2008, não em 2006 (Assunção et al., 2012). As conversões diretas afetadas pela moratória são apenas uma parte do impacto da soja. A moratória não inclui o cerrado, onde a expansão da soja continua sem restrições. A região de "Matopiba", uma área de cerrado englobando partes de Maranhão, Tocantins, Piauí e Bahia, tem recebido muito da expansão de soja pós-2006.

Outro efeito da soja não evitado pela Moratória é o desmatamento deslocado de pastagens convertidas em soja (seja no cerrado ou na floresta amazônica), fator importante no crescente desmatamento da floresta amazônica para pastagem (Arima et al., 2011; Richards et al., 2014). Esse deslocamento não só se dá por meio da "mão invisível" da economia, com fazendeiros respondendo aos sinais de preços, mas também diretamente pela migração dos próprios fazendeiros para áreas de floresta tropical. Quando uma área se torna mais lucrativa para uso como soja do que como pasto, por exemplo, em Mato Grosso, os pecuaristas não passam a se tornar plantadores de soja. Em vez disso, os fazendeiros, que configuram um grupo cultural distinto na Amazônia (Hoelle, 2015), vendem suas terras para um comprador com histórico de plantio de soja (muitas vezes vindo de estados não amazônicos, como o Rio Grande do Sul) e usa o produto da venda para comprar uma área muito maior de terras baratas no Pará, para estabelecer uma nova fazenda.

Compradores na Europa tem insistido na aderência à Moratória da Soja (Greenpeace Brasil, 2019). No entanto, uma limitação é que existem mercados significativos para as empresas exportadoras que não participam da moratória. Desde 2013, o principal destino da soja brasileira tem sido a China, onde as compras são pouco influenciadas pela preocupação com os impactos ambientais em outras partes do mundo. Existem também mercados domésticos, incluindo o mercado de óleo de soja no programa de biodiesel do Brasil (Fearnside, 2009a).

O Acordo da Carne

Em junho de 2009, o Greenpeace divulgou um relatório intitulado "Abatendo a Amazônia" (Greenpeace, 2009), e quatro meses depois o "acordo da carne" foi assinado pelos grandes frigoríficos: JBS (Friboi), Bertin, Minerva e Marfrig. Na verdade, foram dois acordos: em julho de 2009 foi assinado um "termo de ajuste de conduta" (TAC) e, em outubro de 2009, um "acordo de desmatamento zero" (G4). Os acordos teriam tido um efeito na redução do desmatamento, apesar dos problemas com a "lavagem" de gado (Gibbs et al., 2016). A "lavagem" de gado ocorre quando uma fazenda não participante transfere seu gado para uma fazenda participante, de onde o gado é vendido para um dos matadouros signatários. A produção por hectare de pasto é um sinal de que uma fazenda esteja atuando como intermediária. Essa é uma "prática comum e aceita" e não é proibida pelo acordo da carne (Gibbs et al., 2016, p. 8). O sistema de monitoramento rastreia apenas propriedades, não animais individualmente (que precisariam ser identificadas por etiquetas de orelha, por exemplo).

O acordo da carne é mais relevante para a exportação de carne bovina para outros países, embora a adesão da maior rede de supermercados do Brasil (Pão de Açucar) em 2016 seja um marco importante no mercado interno (Charoux, 2016). Antes de Pão de Açúcar aderir, 35 cadeias de supermercados brasileiras haviam interrompido as suas compras de carne bovina de frigoríficos infratores, e compromissos semelhantes foram feitos por alguns dos compradores de couro (Arima et al., 2014, p. 467). Assim como acontece com a soja, o fato de a China ser o principal destino da carne bovina mina qualquer possibilidade de pressão dos consumidores de lá afetando a adesão. A evasão do acordo é generalizada. Uma análise dos registros de vacinação de 2014 em Novo Progresso, na rodovia BR-163, no Pará, indica que mais da metade do gado vacinado estava em propriedades que tiveram desmatamento em violação ao acordo, mas quase todo esse gado foi vendido com sucesso para frigoríficos signatários do acordo (Klingler et al., 2018). Os autores concluem que centenas de milhares de bovinos são criados e vendidos em violação ao acordo no sudoeste do Pará.

Um exemplo dos problemas com o acordo de gado é dado pela JBS (João Batista Sobrinho), que, incluindo a fusão da Friboi e da Bertin em

27 de outubro de 2009, é a maior processadora do mundo de produtos pecuários. Pouco antes do acordo de gado, o Greenpeace relatou um grande número de compras de gado pelo Bertin de fazendas que haviam sido embargadas (Greenpeace, 2009). Após o acordo de gado, o Ministério Público Federal encontrou um padrão semelhante de violação por parte da JBS (Greenpeace, 2011); em 2012, a JBS voltou a se comprometer com o acordo de pecuária (Miller, 2012). Grandes empresas de processamento de carne, como a JBS, continuaram a comprar parte do gado abatido de fazendas que desmataram em violação ao acordo de gado (Campos e Barros, 2020a,b). O gado ilegal vendido para os frigoríficos JBS e Marfig incluía animais de fazendeiros que usavam terras em Terras Indígenas. A resposta das empresas (JBS e Marfig, 2020) a um relatório dessas violações foi refutada (Campos e Barros, 2020a).

Um dos mecanismos para contornar o acordo é a triangulação, em que gado de diferentes propriedades com o mesmo dono é vendido para o matadouro, mesmo que algumas das propriedades de onde provêm o gado violem o acordo. Isso é facilitado pelo uso fraudulento do Cadastro Ambiental Rural (CAR), onde uma única propriedade é dividida em duas ou mais partes para cadastramento no CAR, o que, por ser o CAR autodeclarado, é fácil de fazer, apesar de proibido pelos regulamentos do CAR. O gado das partes da propriedade com desmatamento ativo pode então ser vendido por meio da parte que não está desmatando. A JBS respondeu às denúncias dessas irregularidades (JBS, 2020), e a resposta foi contestada, citando exemplos específicos (Campos e Barros, 2020b).

Em julho de 2020, uma modificação no acordo entrou em vigor estabelecendo um teto para o número de animais que qualquer determinada propriedade poderia vender para os frigoríficos com base na área de pasto da propriedade (Campos e Barros, 2020b). Ainda há maneiras de contornar esse regulamento, e o que é necessário é rastrear o gado individualmente, em vez de rastrear apenas as propriedades. Um dos problemas é que, antes de serem vendidos para matadouros, os animais são transferidos entre propriedades no curso normal da produção e apenas a última propriedade de onde o animal vem é considerada no julgamento do cumprimento do acordo da carne. Existem três fases no processo: cria, recria e engorda.

Embora tudo isso possa ser feito na mesma propriedade, muitas vezes não o é, e as fazendas que executam as duas primeiras etapas são "invisíveis" ao acordo da carne (Câmara, 2017).

Áreas protegidas

A criação e defesa de áreas protegidas é um componente importante de qualquer estratégia para conter o desmatamento. As "áreas protegidas" no Brasil incluem tanto Terras Indígenas, que estão sob a responsabilidade da Fundação Nacional do Índio (Funai), e Unidades de Conservação, que estão sob o Ministério do Meio Ambiente se federais, ou sob a responsabilidade dos órgãos equivalentes ao nível estadual se criadas pelos governos estaduais. Desde o advento do Sistema Nacional de Unidades de Conservação (SNUC) em 2000, as Unidades de Conservação são classificadas nas categorias de "proteção integral" e "uso sustentável" (MMA, 2015).

A primeira categoria inclui vários tipos de parques e reservas que excluem residentes humanos, enquanto a segunda categoria inclui florestas para manejo florestal, "reservas extrativistas" para seringueiros e outros coletores de produtos florestais não madeireiros e "reservas de desenvolvimento sustentável", com ribeirinhos e outros residentes tradicionais. A sobreposição às vezes ocorre entre Territórios Indígenas e Unidades de Conservação, levando a conflitos entre órgãos governamentais e entre as populações residentes e os órgãos. Um caso em questão é uma floresta nacional (para manejo florestal) que foi criada no rio Tapajós sem considerar os moradores indígenas Munduruku, que lutam para ter a área declarada como Terra Indígena (Fearnside, 2016b).

As áreas protegidas têm um efeito significativo na prevenção do desmatamento (Ferreira et al., 2005; Ricketts et al., 2010; Veríssimo et al., 2011; Walker et al., 2009). A localização em relação ao arco de desmatamento é importante neste efeito (Nolte et al., 2013), e a defensibilidade dos locais escolhidos deve ser um critério essencial na seleção de áreas (Peres e Terborgh, 1995). A categoria de uma área protegida, juntamente com o seu nível estadual ou federal, afeta a eficácia da reserva na prevenção do desmatamento (Vitel et al., 2009). Efeitos de localização e pressões políticas podem obscurecer essas diferenças (Pfaff et al., 2015). As Terras Indígenas têm o melhor histórico de exclusão do desmatamento (Nepstad et al., 2006). No caso do Programa de Áreas Protegidas da Amazônia (ARPA), que criou e fortificou uma série de unidades de conservação a partir de 2002 para cumprir o objetivo de proteger 600.000 km² da floresta amazônica, foi mostrado que as reservas implicam em uma redução do desmatamento (Nepstad et al., 2006; Soares-Filho et al., 2010).

Os locais podem ser selecionados para criar barreiras a fim de bloquear o avanço do desmatamento. Por exemplo, em 2004, um "mosaico" de 30.000 km² de áreas protegidas foi criado pelo Estado do Amazonas para bloquear a entrada do desmatamento a partir de Mato Grosso. Outro exemplo é a "zona blindada" ao longo da rodovia BR-319 (Manaus-Porto Velho). Supõe-se que as áreas protegidas nesta zona atuem de maneira semelhante à blindagem de um tanque de guerra para evitar que o desmatamento perfure a barreira de reservas paralela à rodovia. Embora as próprias reservas possam resistir ao desmatamento, estradas laterais planejadas cortando-as simplesmente levariam os desmatadores a áreas desprotegidas para além da linha de "blindagem" (Fearnside et al., 2009). As reservas são necessárias na grande área que estaria exposta a essa migração ao oeste do rio Purus. Da mesma forma, novas reservas são necessárias em Roraima em áreas que receberiam migrantes do arco do desmatamento como resultado da abertura da BR-319 (Barni et al., 2018).

A criação de áreas protegidas é, em muitos casos, uma questão de "agora ou nunca mais". Depois que a população se desloca para uma área e reivindica a posse das terras, torna-se politicamente impossível criar áreas protegidas. Uma das escolhas que sempre precisa ser feita é entre priorizar a criação de áreas na categoria de proteção integral versus a de uso sustentável. Por ser muito mais fácil obter apoio político e local para a criação de áreas de uso sustentável, muitas vezes elas atendem melhor ao objetivo de obter grandes áreas de floresta protegida dentro de um prazo que evita a perda da opção de criar uma Unidade de Conservação (Fearnside, 2011). Dependendo das circunstâncias, a criação de Unidades de Conservação de proteção integral também pode causar injustiças sociais.

No entanto, também é possível ir longe demais na direção da proteção reduzida para angariar apoio. O SNUC inclui como um de seus tipos de área protegida a Área de Proteção Ambiental (APA). Esse tipo, na prática, quase não possui restrições de uso, mesmo incluindo áreas urbanas. A criação de APAs resulta em mapas com grandes áreas coloridas em verde, mas faz pouco para realmente proteger a floresta. Em vez disso, oferece uma fuga fácil para grupos de interesse que pretendem evitar as restrições de uma área protegida, uma vez que eles sempre podem exigir que uma área protegida proposta seja uma APA em vez de um dos tipos com mais proteção verdadeira (por exemplo, Câmara, 2000; Pádua, 2011).

A redução de área, redução de categoria e extinção de áreas protegidas é um fenômeno mundial (Bernard et al., 2014; de Marques e Peres, 2015), e essa ameaça é especialmente evidente no Brasil (Pack et al., 2016; Mascia e Pailler, 2011). Exemplos na Amazônia incluem uma proposta (Projeto de Lei 6.024/2019) para rebaixamento do Parque Nacional da Serra do Divisor a Área de Proteção Ambiental (APA) e a redução do tamanho da Reserva Extrativista Chico Mendes (Rodrigues, 2020). Outro exemplo é o Parque Nacional Nascentes do Lago Jari, na rodovia BR-319 (Manaus-Porto Velho), por onde passaria a planejada rodovia AM-366, abrindo para a invasão a vasta região do Trans-Purus (Fearnside et al., 2020b). Assim como a construção da ferrovia FerroGrão através da Floresta Nacional do Jamanxim (Chagas, 2017). O "massacre de motosserra" de 2018 em áreas protegidas em Rondônia ilustra a magnitude de tais ameaças às áreas protegidas (Fearnside e Cruz, 2018). O governo Bolsonaro tem uma lista de 67 áreas protegidas que são alvos para redução (Borges, 2019).

Áreas protegidas e mitigação do clima

As áreas protegidas não são tão protegidas como geralmente se supõe. O desmatamento ocorre dentro dessas áreas, incluindo áreas indígenas (por exemplo, Fearnside, 2005b; Nogueira et al., 2018). Também há uma tendência do governo de rebaixar ou reduzir as reservas existentes, ou mesmo revogá-las completamente (Bernard et al., 2014; de Marques e Peres, 2015). Um exemplo é fornecido por áreas protegidas que seriam afetadas por barragens planejadas na bacia do rio Tapajós (Fearnside, 2015g). Outra é a redução em abril de 2021 de uma reserva extrativista e um parque estadual em Rondônia por decisão da Assembleia Legislativa daquele Estado (Gomes, 2021). Como os recursos humanos e financeiros são sempre muito limitados para as áreas protegidas, um dos dilemas perenes é entre dar prioridade à criação de novas áreas ou investir na formação de pessoal e na defesa das áreas existentes. Na situação atual da Amazônia, a melhor opção é maximizar a criação de novas áreas, mesmo que sejam apenas "parques de papel", com apenas uma presença simbólica do governo. Isso é necessário para obter áreas maiores antes que as oportunidades sejam excluídas. Mesmo os "parques de papel" têm um efeito significativo na inibição do desmatamento porque seu status legal torna muito menos provável que invasores em potencial tenham sucesso em obter um futuro título de terra, em comparação com a opção de invadir floresta em uma área que não é legalmente protegida.

Dependendo se uma área protegida está perto ou longe da fronteira de desmatamento, seu efeito sobre o desmatamento será imediato ou retardado. A prioridade para a criação de reservas dependerá dos objetivos que motivam a decisão. Costuma-se dizer que aqueles que se preocupam principalmente em manter a biodiversidade e aqueles que se preocupam principalmente em evitar as mudanças climáticas compartilham uma aliança natural no sentido de que a proteção da floresta tropical atinge ambos os objetivos. No entanto, essa identidade de interesses pode ser quebrada quando as escolhas devem ser feitas. Se a prioridade é proteger a biodiversidade, o objetivo provavelmente será visto em termos de uma medida como o número de espécies que serão mantidas em longo prazo, teoricamente de forma permanente, tornando a criação de grandes reservas baratas longe da fronteira a melhor escolha (Fearnside, 2021a; Fearnside e Ferraz, 2021). Em termos de mudança climática, é provável que a prioridade seja medida em termos de redução das emissões em um curto período, tornando as reservas mais próximas da fronteira a melhor escolha. Os custos financeiros e outros obstáculos a cada distância da fronteira determinarão a localização ideal, que provavelmente não estará em nenhum dos extremos em termos de distância da fronteira. Na prática, o tipo de área protegida está associado à distância da fronteira, com áreas de uso sustentável mais prováveis a serem localizadas mais próximas da fronteira do que áreas de proteção integral, dando às primeiras um maior efeito em curto prazo para evitar o desmatamento (Pfaff et al., 2014).

Os acordos de Paris de 2015 mudaram fundamentalmente os critérios de escolha com base nos benefícios do clima: o objetivo do acordo é expressamente evitar que a temperatura média global suba acima de um valor "bem abaixo" da referência de 2 °C acima da média pré-industrial, enquanto antes do objetivo foi expresso nos termos do Artigo 2 da Convenção do Clima. A convenção define que o objetivo é buscar a "estabilização" das concentrações de gases de efeito estufa em um nível que evite "interferência perigosa no sistema climático global". Como a estabilização pode levar muitos anos, até séculos, a escala de tempo é totalmente diferente.

Supondo que diplomatas e tomadores de decisão levem a sério o cumprimento dos acordos de Paris, o que conta é o que acontecerá nos próximos 20 anos. Em termos de áreas protegidas, os benefícios relevantes virão daqueles próximos à fronteira. O fato de muitas áreas protegidas estarem longe da fronteira significa que seu benefício climático é diminuído pelo acordo de Paris em comparação com outras formas de mitigação com retornos mais rápidos.

Vazamento de benefícios climáticos de áreas protegidas

Um fator que diminui a importância das áreas protegidas na mitigação do aquecimento global é o efeito de "vazamento", ou seja, o deslocamento dos impactos para além dos limites de um projeto de mitigação, neste caso a atividade de desmatamento sendo transferida para locais fora da área protegida. O vazamento da criação da reserva é de dois tipos: vazamento "de dentro para fora", quando os desmatadores deixam a área para continuar a derrubar a floresta em outros lugares, e vazamento "de fora para fora", onde grileiros e outros invasores em potencial escolhem áreas para invadir em outras partes da floresta porque a reserva diminui suas chances de ganhar o título. O vazamento "de dentro para fora" tem sido o assunto da maioria das discussões de vazamento de áreas protegidas (por exemplo, Ewers e Rodrigues, 2008), mas é improvável que este tipo de vazamento se aplique à maioria das áreas protegidas na Amazônia brasileira. De fato, nenhuma evidência tem sido encontrada que ele esteja ocorrendo (Soares-Filho et al., 2010).

No caso das terras indígenas, os povos ficam em seus territórios e não desmatam fora desses limites. No caso das unidades de conservação de "uso sustentável", os residentes anteriores podem permanecer e continuar sua agricultura de pequena escala, e no caso das unidades de conservação de "proteção integral" na Amazônia, os residentes anteriores também não são expulsos (como, por exemplo, no caso do Parque Nacional da Serra do Divisor, no Acre). O segundo tipo de vazamento é, sem dúvida, uma característica da Amazônia brasileira, e a maneira como ele é considerado na contabilização dos benefícios de carbono terá um efeito substancial sobre áreas protegidas opção de mitigação do clima. Os grileiros evitarão reivindicar e desmatar terras em uma área protegida e, em vez disso, escolherão um local em outro lugar nas áreas vastas na Amazônia de "terras públicas não designadas", conhecidas como "terras devolutas". Esses grileiros são empresários ilegais que se movem livremente entre os estados e certamente não têm nenhum apego especial a qualquer local específico.

As terras que reivindicam ilegalmente passam por um processo de "regularização" e acabam se tornando um cenário de fazendas privadas. Não é necessário presumir que, se uma área protegida deixe de existir, a área seria invadida por grileiros, mas sim que tenderia a se tornar semelhante à paisagem observada ao redor da reserva. No entanto, em outras partes da Amazônia brasileira (nem necessariamente no mesmo Estado da área protegida), uma área de floresta equivalente à área protegida é convertida em uma paisagem de fazendas de pecuária, em vez de essa conversão ocorrer no local da área protegida. A vasta área de terras não designadas na Amazônia (por exemplo, Azevedo-Ramos et al., 2020; IPAM, 2019) significa que este processo não é limitado pela disponibilidade de terras, mas sim por outros fatores.

Se uma determinada área protegida não existisse, a conversão para pastagem teria sido o destino da floresta ali, seja por grilagem, invasão de sem-terra, assentamento organizado pelo governo ou outros processos, mas tendo a reserva, o desmatamento deslocado pelo vazamento continuará até esgotar a floresta disponível fora da reserva, após o qual o benefício climático que foi perdido pelo vazamento será recuperado, presumindo que a reserva é eficaz na exclusão dos desmatadores (Fearnside, 2009b). O impacto do vazamento na diminuição do valor climático de uma reserva aumenta com o crescimento do valor atribuído ao tempo, expresso, por exemplo, por meio de uma taxa de desconto.

O Acordo de Paris exige que o aumento da temperatura média do planeta seja limitado "bem abaixo" de 2 °C acima da média que existia antes da revolução industrial, e que os países têm que "fazer esforços" para que a temperatura não ultrapasse 1,5 °C acima do marco pré-industrial. Sendo que o vazamento faz com que o grosso do benefício das reservas seja longe no futuro, isso diminua a atratividade de áreas protegidas como opção de mitigação. Em contraste, outras opções, como abster-se de construir barragens hidrelétricas, têm impactos muito maiores quando os limites do Acordo de Paris são considerados, pois barragens têm volumes de emissão iniciais muito altos e emitem metano, um gás de vida curta com alto impacto enquanto permanece na atmosfera (Fearnside, 2015h, 2019g).

Refrear projetos de infraestrutura

Uma parte essencial de qualquer plano para conter o desmatamento na Amazônia é a limitação de novos projetos de infraestrutura, como estradas e barragens. Isso geralmente não é mencionado em planos para limitar o desmatamento, como o PPCDAm (MMA, 2013) e o Plano Nacional de Mudanças Climáticas (CIMC, 2008). Vastos planos para novas infraestruturas implicam em mais, não menos, desmatamento: não se pode esperar que o desmatamento diminua se novos projetos forem adiante, independentemente dos impactos. O padrão de supor que cenários de governança irrealistas vão se concretizar na prática é uma fórmula para desastres ambientais (por exemplo, Fearnside, 2021b; Fearnside e Graça, 2009). As decisões sobre novas infraestruturas representam um elemento-chave que está no controle do governo. A decisão de construir uma estrada, por exemplo, é tomada por um punhado de autoridades governamentais, em contraste com as decisões individuais dos milhares de atores que determinarão as consequências do desmatamento assim que a estrada for construída. O processo de tomada de decisão para projetos de infraestrutura é, portanto, crítico.

A tomada de decisão é diferente do licenciamento, embora o licenciamento também seja importante. Atualmente, o licenciamento ambiental no Brasil é essencialmente limitado a sugerir pequenas mudanças na concepção do projeto ou nas medidas de compensação, sem questionar a própria existência ou não do projeto de infraestrutura em questão. Este autor há muito argumenta a necessidade de reformar este sistema de forma que os custos e benefícios ambientais e sociais sejam avaliados de forma transparente e debatidos democraticamente antes que a decisão real de construir um projeto seja tomada (por exemplo, Fearnside, 2015i). Entre as mudanças necessárias para se ter um sistema de tomada de decisão mais racional está a remoção das causas subjacentes do viés atual para grandes projetos caros, independentemente dos impactos. Isso requer mudanças na regulamentação e controle das contribuições para campanhas políticas, incluindo "contribuições" ilegais (Fearnside, 2015d, 2017b). Também exige a revogação das leis de "suspensão de segurança" decorrentes do período da ditadura militar no Brasil que permitem que qualquer decisão judicial seja anulada no interesse da "economia pública" (Fearnside, 2015g).

Apesar de seus problemas, o sistema de licenciamento ambiental do Brasil é muito melhor do que a prática antes de esse sistema ser implementado em 1986; entretanto, o licenciamento ambiental enfrenta uma série de ameaças imediatas que podem resultar na sua efetiva abolição pelo Congresso Nacional (Fearnside, 2021c; Ferreira et al., 2014). Esse risco aumentou substancialmente desde a conquista das presidências de ambas as casas do Congresso Nacional em fevereiro de 2021 pela coalizão de partidos políticos que apoia as posições do presidente Bolsonaro sobre o meio ambiente (Ferrante e Fearnside, 2021). O projeto de lei 3.729/2004, aprovado pela Câmara dos Deputados em 13 de maio de 2021, é desastroso para o meio ambiente no País. Este projeto de lei agora segue para o Senado. Ele permite que qualquer empreendimento, como rodovias e grandes barragens, seja construído sob um tipo de autolicenciamento por meio de uma mera "declaração de adesão e compromisso" do proponente afirmando a sua intenção de cumprir com os requisitos estabelecidos pela autoridade de licenciamento (de Souza, 2021).

O projeto de lei essencialmente elimina a participação pública no processo, bem como as funções de órgãos como o Instituto Chico Mendes de Conservação da Biodiversidade (ICMBio) e a Fundação Nacional do Índio (Funai). Um dos primeiros projetos de infraestrutura na Amazônia com probabilidade de ser beneficiado é a reconstrução planejada da ambientalmente desastrosa rodovia BR-319, que, juntamente com suas estradas vicinais planejadas, abriria uma vasta área da Amazônia ao desmatamento (por exemplo, Fearnside, 2020c).

Abandone os mitos que desviam esforços da contenção do desmatamento

Vários mitos tendem a desviar os esforços para controlar a perda florestal, levando em direções que não conseguem atingir esse objetivo ou que são contraproducentes. Uma é a ideia de que "manejo florestal sustentável" motivará a manutenção da floresta em longo prazo. É simplesmente presumido que aquilo que é chamado de "sustentável" é realmente sustentável (por exemplo, MMA/MCTI, 2014). No entanto, contradições fundamentais resultam no comportamento dos gestores não ser sustentável, não importando quais sejam seus discursos ou promessas (Fearnside, 1989b, 2003b). Isso ocorre porque as árvores nas florestas tropicais crescem a taxas limitadas pela biologia e não têm relação com as taxas de ganho econômico em investimentos alternativos.

Na prática, as árvores estão competindo com uma ampla gama de outros investimentos possíveis (incluindo projetos de manejo florestal de primeiro ciclo em outros lugares), e é mais lucrativo para o gerente explorar o recurso potencialmente renovável o mais rápido possível e investir os rendimentos em uma opção com um retorno mais célere em outro lugar (por exemplo, Clark, 1973, 1976). O primeiro ciclo, que está em curso em praticamente todos os projetos de manejo florestal na Amazônia brasileira, é inerentemente mais lucrativo do que os ciclos subsequentes porque estão lá, podendo ser simplesmente colhidas as grandes árvores da floresta que crescerem durante séculos sem nenhum custo para o dono do projeto de manejo, mas a situação mudará quando chegar a um equilíbrio futuro onde o gestor só poderá colher o que cresceu enquanto a área de manejo estiver sendo defendida e mantida. Além disso, com base na biologia populacional das árvores, é improvável que as regras atuais para projetos de manejo no Brasil mantenham a floresta indefinidamente, mesmo se seguidas como teoricamente previsto (Kageyama, 2000).

Além disso, o ciclo teórico de 30 anos em florestas de terra firme tem sido subvertido pela inclusão de lacunas que implicam em uma probabilidade praticamente zero de continuação após o primeiro ciclo. Um exemplo é fornecido por um projeto no Acre gerenciando 12.000 hectares (Fearnside, 2015j). Em vez de dividir a área em 30 parcelas, uma para ser colhida a cada ano do ciclo, o gestor obteve permissão para colher toda a área em apenas seis anos. Teoricamente, a terra ficaria sem uso durante 24 anos antes de iniciar um segundo ciclo. As chances de que isso aconteça são obviamente mínimas, e ainda menores visto que a área foi posteriormente vendida para um projeto de assentamento. As chances são ainda menores no caso de pequenos projetos de manejo (até 100 hectare sob manejo) no Estado do Amazonas, que permitem que toda a área seja colhida no primeiro ano, teoricamente seguido de uma espera de 29 anos para outro ciclo.

Outro mito que desvia os esforços para conter o desmatamento é a noção de que a intensificação da agricultura e da pecuária fará com que os atores parem de desmatar. Existem boas razões para a intensificação, mas evitar desmatamento por meio de "economia de terras" (*land sparing* na literatura internacional) não é uma delas. Os subsídios e as vantagens mercadológicas que podem ser extraídos desse discurso representam atrativos para endossar esse caminho, mas vai contra a lógica econômica. A ideia de que as ambições das pessoas são limitadas por um efeito de "estômago cheio", onde se para de expandir a produção quando os requisitos mínimos estejam atendidos, não se aplica a indivíduos que estão integrados às economias modernas, como quase todos os atores do desmatamento amazônico. A preservação de terras por meio da intensificação tem sido proposta por uma série de autores (Sánchez et al., Strassburg et al., 2014; 1982; Zarin et al., 2016), mas as perspectivas dessa estratégia ter o resultado ambiental desejado são baixas (Fearnside, 1987c). Infelizmente, não há evidências de que a resposta a um aumento de produtividade seria a restauração da floresta.

Se o pasto produzisse mais, os pecuaristas simplesmente exportariam esse excedente – não manteriam constante a produção total de suas propriedades por meio de redução de suas áreas de pasto. Na verdade, uma vez que as pastagens mais produtivas seriam, presumivelmente, mais lucrativas do que as atuais, a tendência seria fazer exatamente o oposto – expandir a área de pastagem por meio de mais desmatamento (Fearnside, 2002b; Kaimowitz e Angelsen, 2008). A área de pastagem no Brasil não é restringida por um desejo limitado dos fazendeiros de ganhar mais dinheiro, nem pelos mercados globais de carne bovina. Outro desvio de esforços para conter o desmatamento amazônico é o investimento em subsidiar a recuperação de áreas degradadas, ou seja, restaurar a cobertura arbórea de áreas não produtivas já desmatadas. Isso não deveria ser uma prioridade hoje porque, nas condições atuais na Amazônia, é muito mais caro recuperar um hectare de floresta do que evitar um hectare de desmatamento, enquanto os benefícios em termos de carbono e biodiversidade são muito menores (Fearnside, 2003b).

Limites severos restringem a recuperação de terras degradadas por meio de usos sustentáveis como sistemas agroflorestais (Fearnside, 1998). Um é a diferença de escala entre a extensão das pastagens degradadas na Amazônia e a capacidade dos mercados e fontes de insumos para apoiar sistemas agroflorestais. Outra é a lógica do ponto de vista de um agricultor que toma decisões sobre a implantação desses sistemas: se um hectare for plantado em uma pastagem degradada, produzirá muito pouco em comparação com o que produziria se outro hectare de floresta fosse derrubado e plantado.

Em busca de alternativas

Não basta proibir o desmatamento e punir as violações – devem ser oferecidas alternativas de apoio aos pequenos agricultores que se sustentam com o desmatamento, tanto para a subsistência quanto para a produção comercial. No entanto, não há necessidade de fornecer alternativas para os investidores (Fearnside, 1989c). Esses operadores maiores podem muito bem se defender sozinhos, mudando para outros tipos de investimento, sem a necessidade de subsídios com fundos destinados a fins ambientais.

A economia atual da Amazônia rural é quase inteiramente baseada na destruição da floresta: venda de madeira e substituição da floresta por plantações ou pastagens. Nas últimas três décadas, este autor tem defendido o aproveitamento do valor dos serviços ambientais da floresta como uma base alternativa para a economia rural. Os serviços ambientais, como evitar o aquecimento global, reciclar água e manter a biodiversidade, valem muito mais para a sociedade humana do que o dinheiro ganho com a destruição da floresta. No entanto, faltam mecanismos institucionais para transformar esses serviços em um fluxo monetário e usar esse fluxo para apoiar a população rural sem provocar efeitos sociais perversos.

Algum progresso foi feito em direção ao objetivo de obter fluxos monetários por meio de negociações internacionais no âmbito da Convenção do Clima, mas o lado social desse mecanismo – como o dinheiro seria usado depois de obtido – está quase completamente sem solução. O pagamento por serviços ambientais (PSA) é visto como a forma mais direta de fornecer incentivos de conservação e evitar efeitos perversos sobre o patrimônio líquido (Börner et al., 2010; Ferraro e Kiss, 2002). A necessidade de regularização fundiária é um pré-requisito inevitável para o funcionamento do PSA (Wunder et al., 2009), o que cria perigos (Fearnside, 2020a; 2020b) e novas oportunidades para induzir conformidade ambiental (Duchelle et al., 2014). Em termos de custo-efetividade, comando e controle ainda é a opção mais barata para reduzir o desmatamento na Amazônia brasileira, mas o PSA, se direcionado a pequenos atores, oferece uma forma de reduzir ou evitar impactos sociais negativos (Börner et al., 2015).

Mas não se pode simplesmente pagar as pessoas por não fazerem nada ou distribuir dinheiro e bens às comunidades locais sem criar conflitos e destruir culturas. O recente caso desastroso de distribuições de compensação para comunidades indígenas afetadas pela barragem de Belo Monte oferece um exemplo concreto (por exemplo, Fearnside, 2019h; Heurich, 2013). Subsidiar compras de produtos florestais não madeireiros de reservas extrativistas foi sugerido como um possível mecanismo de apoio (Fearnside, 1992). As discussões atuais de REDD+ (Redução de Emissões do Desmatamento e Degradação) envolvem uma série de controvérsias, incluindo questões de como a contabilização dos benefícios de carbono é feita, tanto na fase de proposta quanto nas fases posteriores de verificação e pagamento (Fearnside, 2012a, 2012b, 2013b; Yanai et al., 2012).

A resolução das várias questões em aberto sobre a quantificação e os mecanismos institucionais para recompensar os serviços ambientais das florestas amazônicas, incluindo seus benefícios de carbono (Fearnside, 2013b), continua a ser uma prioridade para a criação de uma alternativa ao desmatamento na escala e dentro do prazo em que estas medidas são necessárias.

Referências bibliográficas

Adario, P. 2016. *The Soy Moratorium, 10 Years on: How One Commitment is Stopping Amazon Destruction.* Greenpeace International, Amsterdam, 24 de julho de 2016.

Alencar, A.A., Nepstad, D.C. e Diaz, M.C.V. 2006. Forest Understory Fire in the Brazilian Amazon in ENSO and non-ENSO Years: Area Burned and Committed Carbon Emissions. *Earth Interactions*, 10(6), p. 1-17.

Amazonas em Tempo. 2020. BR-310 Será Exemplo Sustentável para o Mundo, dizem Deputados. *Amazonas em Tempo*, 22 de setembro de 2020.

Angelo, M. 2018. Aumento de 268% no Desmatamento, Saída do Acordo de Paris, Mineração e Grandes Obras: A Amazônia no Governo Bolsonaro. INSEC, 19 de outubro de 2018.

Antunes, A.P., Fewster, R.M., Venticinque, E.M., Peres, C.A., Levi, T., Rohe, F. e Shepard Jr, G.H. 2016. Empty Forest or Empty Rivers? A Century of Commercial Hunting in Amazonia. *Science Advances*, 2, e1600936.

Aragão, L.E.O.C. e Shimabukuro, Y.E. 2010. The Incidence of Fire in Amazonian Forests with Implications for REDD. *Science*, p. 328, 1275-1278.

Aragão, L.E.O.C., Anderson, L.O., Fonseca, M.G., Rosan, T.M., Vedovato, L.B., Wagner, F.H., Silva, C.V.J., Junior, C.H.L.S., Arai, E., Aguiar, A.P., Barlow, J., Berenguer, E., Deeter, M.N., Domingues, L.G., Gatti,

L., Gloor, M., Malhi, Y., Marengo, J.A., Miller, J.B., Phillips, O.L. e Saatchi, S. 2018. 21st Century Drought-related Fires Counteract the Decline of Amazon Deforestation Carbon Emissions. *Nature Communications*, 9, p. 536.

Arima, E., Barreto, P. e Brito, M. 2005(a). *Pecuária na Amazônia: Tendências e Implicações para a Conserva Ambiental*. IMAZON: Belém.

Arima, E.Y., Walker, R., Perz, S.G. e Caldas, M. 2005(b). Loggers and Forest Fragmentation: Behavioral Models of Road Building in the Amazon Basin. *Annals of the Association of American Geographers*, 95, p. 525-541.

Arima, E.Y., Richards, P., Walker, R. e Caldas, M.M. 2011. Statistical Confirmation of Indirect Land Use Change in the Brazilian Amazon. *Environmental Research Letters*, 6, 024010.

Arima, E.Y., Barreto, P., Araujo, E. e Soares-Filho, B. 2014. Public Policies Can Reduce Tropical Deforestation: Lessons and Challenges from Brazil. *Land Use Policy*, 41, p. 465-473.

Arruda, R. 2008. Bolsa-Família Enfraquece o MST. *O Estado de São Paulo*, 26 de abril de 2008.

Asner, G., Knapp, D., Broadbent, E., Oliveira, P., Keller, M. e Silva, J. 2005. Selective Logging in the Brazilian Amazon. *Science*, 310, p. 480-482.

Assis, T.O., Aguiar, A.P.D., von Randow, C., Gomes, D.M.P., Kury, J.N., Ometto, J.P.H.B. e Nobre, C.A. 2020. CO2 Emissions from Forest Degradation in Brazilian Amazonia. *Environmental Research Letters*, 15(10), 104035.

Assunção, J., Gandour, C.C. e Rocha, R. 2012. *Deforestation Slowdown in the Legal Amazon: Prices or Policies?* Climate Policy Initiative (CPI) Pontífica Universidade Católica: Rio de Janeiro.

Assunção, J., Gandour, C. e Rocha, R. 2013(a). *DETERing Deforestation in the Amazon: Environmental Monitoring and Law Enforcement*. NAPC/PUC-Rio: Rio de Janeiro.

Assunção, J., Gandour, C. e Rocha, R. 2013(b). *Crédito Afeta Desmatamento? Evidência de uma Política de Crédito Rural na Amazônia*. NAPC/PUC-Rio: Rio de Janeiro.

Assunção, J., Gandour, CC. e Rocha, R. 2015. Deforestation Slowdown in the Legal Amazon: Prices or Policies? *Environment and Development Economics*, 20(6), p. 697-722.

Assunção, J., Gandour, C. e Rocha, R. 2016. *The Effect of Rural Credit on Deforestation: Evidence from the Brazilian Amazon*. NAPC/PUC-Rio: Rio de Janeiro.

Azevedo-Ramos, C., Moutinho, P., Arruda, V.L.S., Stabile, M.C.C., Alencar, A., Castro, I. e Ribeiro, J.P. 2020. Lawless Land in no Man's Land: The Undesignated Public Forests in the Brazilian Amazon. *Land Use Policy*, 99, 104863.

Barbosa, R.I. e Fearnside, P.M. 1999. Incêndios na Amazônia Brasileira: Estimativa da Emissão de Gases do Efeito Estufa pela Queima de Diferentes Ecossistemas de Roraima na Passagem do Evento "El Niño" (1997/98). *Acta Amazonica*, 29(4), p. 513-534.

Barlow, J. e Peres, C.A. 2006. Consequences of Cryptic and Recurring Fire Disturbances for Ecosystem Structure and Biodiversity in Amazonian forests. In: *Emerging Threats to Tropical Forests*, Laurance, W.F. e Peres, C.A. (eds.). University of Chicago Press, Chicago: Illinois, p. 225-240.

Barlow, J. e Peres, C.A. 2008. Fire-mediated Dieback and Compositional Cascade in an Amazonian Forest. *Philosophical Transactions of the Royal Society B*, 363, 1787-1794.

Barlow, J., Peres, C.A., Lagan, B.O. e Haugaasen, T. 2003. Large Tree Mortality and the Decline of Forest Biomass following Amazonian Wildfires. *Ecology Letters*, 6(1), p. 6-8.

Barlow, J., Lennox, G.D., Ferreira, J., Berenguer, E., Lees, A.C., Nally, R.M., Thomson, J.R., Ferraz, S.F. de B., Louzada, J., Oliveira, V.H.F., Parry, L., Solar, R.R.C., Vieira, I.C.G., Aragão, L.E.O.C., Begotti, R.A., Braga, R.F., Cardoso, T.M., Oliveira Jr, R.C. de, Souza Jr, C.M., Moura, N.G., Nunes, S.S., Siqueira, J.V., Pardini, R., Silveira, J.M., Vaz-de-Mello, F.Z., Veiga, R.C.S., Venturieri, A. e Gardner, T.A., 2016. Anthropogenic Disturbance in Tropical Forests can Double Biodiversity Loss from Deforestation. *Nature*, 535, p. 144-147.

Barlow, J., Berenguer, E., Carmenta, R. e França, F. 2019. Clarifying Amazonia's Burning Crisis. *Global Change Biology*, 26, p. 1-3.

Barni, P.E., Fearnside, P.M. e Graça, P.M.L.A. 2018. Simulando Desmatamento e Perda de Carbono na Amazônia: Impactos no Estado de Roraima Devido à Reconstrução da BR-319 (Manaus-Porto Velho). In: *Roraima: Biodiversidade e Diversidades*, Oliveira, S.K.S. e Falcão, M.T. (eds.). UERR: Boa Vista, p. 154-173.

Barreto, P., Brandão Jr., A., Martins, H., Silva, D., Souza Jr., C., Sales, M. e Feitosa, T. 2011. *Risco de Desmatamento Associado à Hidrelétrica de Belo Monte*. IMAZON: Belém.

Barreto, P., Brandão Jr., A., Silva, S.B. e Souza Jr., C. 2014. O Risco de Desmatamento Associado a Doze Hidrelétricas na Amazônia. In: *Tapajós: Hidrelétricas, Infraestrutura e Caos: Elementos para a Governança da Sustentabilidade em uma Região Singular*, de Sousa Júnior, W.C. (ed.). ITA/CTA: São José dos Campos, p. 147-173.

Berenguer, E., Ferreira, J., Gardner, T.A., Aragão, L.E.O.C., de Camargo, P.B., Cerri, C.E., Durigan, M., Oliveira, R.C.D., Vieira, I.C.G. e Barlow, J. 2014. A Large-scale Field Assessment of Carbon Stocks in Human-modified Tropical Forests. *Global Change Biology*, 20, 3713-3726.

Bernard, E., Penna, L.A.O. e Araújo, E. 2014. Downgrading, Downsizing, Degazettement, and Reclassification of Protected Areas in Brazil. *Conservation Biology*, 28, p. 939-950.

Binswanger, H.P. 1991. Brazilian Policies that Encourage Deforestation in the Amazon. *World Development*, 19(7), p. 821-829.

Borges, A. 2019. Confira a Lista das 67 Unidades de Conservação que o Governo Federal quer Reduzir. *O Estado de São Paulo*, 12 de junho de 2019.

Börner, J., Wunder, S., Wertz-Kanounnikoff, S., Tito, M.R., Pereira, L. e Nascimento, N. 2010. Direct Conservation Payments in the Brazilian Amazon: Scope and Equity implications. *Ecological Economics*, 69, p. 1272-1282.

Börner, J., Kis-Katos, K., Hargrave, J. e König, K. 2015. Post-crackdown Effectiveness of Field-based Forest Law Enforcement in the Brazilian Amazon. *PLoS ONE*, 10(4), e0121544.

Bowman, M.S., Soares-Filho, B.S., Merry, F.D., Nepstad, D.C., Rodrigues, H. e Almeida, O.T. 2012. Persistence of Cattle Ranching in the Brazilian Amazon: A Spatial Analysis of the Rationale for Beef Production. *Land Use Policy*, 29(3), p. 558-568.

Brando, P.M., Balch, J.K., Nepstad, D.C., Morton, D.C., Putz, F.E., Coe, M.T., Silvério, D., Macedo, M.N., Davidson, E.A., Nóbrega, C.C., Alencar, A. e Soares-Filho, B.S. 2014. Abrupt Increases in Amazonian Tree Mortality due to Drought–fire Interactions. *Proceedings of the National Academy of Science of the USA*, 111, 6347-6352.

Brasil. 2015. *Intended Nationally Determined Contribution towards Achieving the Objective of the United Nations Framework Convention on Climate Change*. Brasília.

Brown, S. e Zarin, D. 2013. What does Zero Deforestation Mean. *Science* 342, p. 805-807.

Caldas, M.M., Walker, R., Arima, E., Perz, S., Aldrich, S. e Simmons, C. 2007. Theorizing Land Cover and Land Use Change: The Peasant Economy of Amazonian Deforestation. *Annals of the Association of American Geographers*, 97(1), p. 86-110.

Caldas, M.M., Simmons, C., Walker, R., Perz, S., Aldrich, S., Pereira, R., Leite, F. e Arima, E. 2010. Settlement Formation and Land Cover and Land Use Change: A Case Study in the Brazilian Amazon. *Journal of Latin American Geography*, 9(1), p. 125-144.

Câmara, B. 2017. O Drible do Gado: A Parte Invisível da Cadeia da Pecuária. *OEco*, 25 de julho de 2017.

Câmara, I. 2000. Para que Servem as APAs? *O Globo*, 05 de dezembro de 2000.

Campos, A. e Barros, C.J. 2020(a). O 'Boi Pirata' Criado em Terra Indígena e a Conexão com os Frigoríficos Marfrig, Frigol e Mercúrio. *Reporter Brasil*, 08 de junho de 2020.

Campos, A. e Barros, C.J. 2020(b). Amazon: How Cattle Ranchers Circumvent Agreement Signed with Prosecutors and Encourage Deforestation. *Reporter Brasil*, 12 de junho de 2020.

Campos, M.T. e Nepstad, D.C. 2006. Smallholders, the Amazon's New Conservationists. *Conservation Biology*, 20, p. 1553-1556.

Cardoso, D., J. Ribeiro, R., Salomão A., Fonseca e C. Souza Jr. 2017. *Degradação Florestal no Estado do Pará (agosto de 2015 a julho de 2016)*. IMAZON: Belém.

Carrero, G.C. e Fearnside, P.M. 2011. Forest Clearing Dynamics and the Expansion of Land Holdings in Apuí, a Deforestation Hotspot on Brazil's Transamazon Highway. *Ecology and Society*, 16(2), p. 26.

Carrero, G.C. e Fearnside, P.M. 2020. Dinâmica de Uso da Terra e a Expansão de Propriedades Rurais em Apuí, um Hotspot do Desmatamento na Rodovia Transamazônica. In: *Destruição e Conservação da Floresta Amazônica*, Fearnside, P.M. (ed.). INPA: Manaus, p. 339-355.

Carrero, G.C., Fearnside, P.M., do Valle, D.R. e Alves, C.S. 2020. Dinâmica de Uso da Terra e a Expansão de Propriedades Rurais em Apuí, um Hotspot do Desmatamento na Rodovia Transamazônica. In: *Destruição e Conservação da Floresta Amazônica*, Fearnside, P.M. (ed.). INPA: Manaus, p. 339-355.

Caviglia-Harris, J., Sills, E., Bell, A., Harris, D., Mullan, K. e Roberts, D. 2016. Busting the Boom–bust Pattern of Development in the Brazilian Amazon. *World Development*, 79, p. 82-96.

Chagas, V.C. 2017. Após Veto, Governo Envia ao Congresso Novo Projeto que Reduz Floresta no Pará. *Agência Brasil*, 15 de julho de 2017.

Charoux, A. 2016. *The Cattle Battle: How Brazil's Largest Supermarket is Stepping up to Stop Amazon Destruction for Beef.* Greenpeace: Washington DC, 04 de abril de 2016.

CIMC (Comitê Interministerial sobre Mudança do Clima). 2008. *Plano Nacional sobre Mudança do Clima – PNMC – Brasil.* MMA: Brasília.

Cisneros, E., Zhou, S.L. e Börner, J. 2015. Naming and Shaming for Conservation: Evidence from the Brazilian Amazon. *PLoS ONE*, 10(9), e0136402.

Clark, C.W. 1973. The Economics of Overexploitation. *Science*, 181, p. 630-634.

Clark, C.W. 1976. *Mathematical Bioeconomics: The Optimal Management of Renewable Resources*. Wiley-Interscience: New York.

Cochrane, M.A., Alencar, A., Schulze, M.D., Souza, C.M., Nepstad, D.C., Lefebvre, P. e Davidson, E.A. 1999. Positive Feedbacks in the Fire Dynamic of Closed Canopy Tropical Forests. *Science*, 284, 1832-1835.

CPI (Climate Policy Initiative). 2013. *Mudança na Legislação de Crédito Contribui para Redução do Desmatamento na Amazônia em 15%.* NAPC/PUC-Rio: Rio de Janeiro.

de Marques, A.A.B. e Peres, C.A. 2015. Pervasive Legal Threats to Protected Areas in Brazil. *Oryx*, 49, p. 25-29.

de Moura, P.G.M. 2007. Bolsa Família: Projeto Social ou Marketing Político? *Revista Katálysis*, 10(1), p. 115-122.

de Souza, O.B. 2021. Câmara Aprova Texto Principal de Projeto que Praticamente Acaba com Licenciamento Ambiental. *Instituto Socioambiental*, 13 de maio de 2021.

Diário do Amazonas. 2015. Parlamentares dizem que não há impacto ambiental na BR-319. *Diário do Amazonas*, 29 de outubro de 2015.

Diniz, C.G., Souza, A.A.D.A., Santos, D.C., Dias, M.C., da Luz, N.C., de Moraes. D.R.V., Maia, J.S.A., Gomes, A.R., Narvaes, I.D.S., Valeriano, D.M., Maurano, L.E. e Adami, M.. 2015. DETER-B: The New Amazon Near Real-Time Deforestation Detection System. *IEEE Journal of Selected Topics in Applied Earth Observations and Remote Sensing*, 8(7), 3619-3628.

DNIT (Departamento Nacional de Infraestrutura de Transportes). 2020. *BR-319/AM: EIA – Estudo de Impacto Ambiental Segmento do km 250,00 ao km 655,70*. DNIT: Brasília.

Doblas, J. 2015. *Rotas do Saque: Violações e Ameaças à Integridade Territorial da Terra do Meio (PA)*. ISA: São Paulo.

DW (Deutsche Welle). 2020. Governo Bolsonaro Exonera Chefe de Monitoramento do Inpe. *Deutsche Welle*, 13 de julho de 2020.

Duchelle, A.E., Cromberg, M., Gebara, M.F., Guerra, R., Melo, T., Larson, A., Cronkleton, P., Börner, J., Sills, E., Wunder, S., Bauch, S., May, P., Selaya, G e Sunderlin, W.D.. 2014. Linking Forest Tenure Reform, Environmental Compliance, and Incentives: Lessons from REDD+ Initiatives in the Brazilian Amazon. *World Development*, 55, p. 53-67.

Escada, M.I.S., Vieira, I.C.G., Amaral, S., Araújo, R., da Veiga, J.B, Aguiar, A.P.D., Veiga, I., Oliveira, M., Gavina, J., Carneiro Filho, A., Fearnside, P.M., Venturieri, A., Carrielo, F., Thales, M., Carneiro, T.S., Monteiro, A.M.V. e Câmara, G. 2005. Padrões e Processos de Ocupação nas Novas Fronteiras da Amazônia: O Interflúvio do Xingu/Iriri. *Estudos Avançados*, 19(54), p. 9-23.

Ewers, R.M. e Rodrigues, A.S.L. 2008. Estimates of Reserve Effectiveness are Confounded by Leakage. *Trends in Ecology and Evolution*, 23, p. 113-116.

Faminow, M.D. 1998. *Cattle, Deforestation, and Development in the Amazon, An Economic, Agronomic, and Environmental Perspective*. CAB International: Wallingford.

FAO (Food and Agriculture Organization of the United Nations). 2012. *FRA 2015 Terms and Definitions*. Forest Resources Assessment Working Paper 180. FAO: Roma.

Faria, W.R. e Almeida, A.N. 2016. Relationship between Openness to Trade and Deforestation: Empirical Evidence from the Brazilian Amazon. *Ecological Economics*, 121, p. 85-97.

Fearnside, P.M. 1979. Desenvolvimento da Floresta Amazônica: Problemas Prioritários para a Formulação de Diretrizes. *Acta Amazonica*, 9(4-supl.), p. 123-129.

Fearnside, P.M. 1986(a). *Human Carrying Capacity of the Brazilian Rainforest*. Columbia University Press: New York.

Fearnside, P.M. 1986(b). Os Planos Agrícolas: Desenvolvimento para Quem e por Quanto Tempo? In: *Carajás: Desafio Político, Ecologia e Desenvolvimento*, de Almeida Jr., J.M.G. (ed.). Editora Brasiliense, São Paulo, p. 362-418.

Fearnside, P.M. 1987(a). Derrubada da Floresta e Roçagem de Crescimento Secundário em Projetos de Colonização na Amazônia Brasileira e a sua Relação à Capacidade de Suporte Humano. *Acta Amazonica*, 17(4- supl), p. 123-141.

Fearnside, P.M. 1987(b). Deforestation and international economic development projects in Brazilian Amazonia. *Conservation Biology*, 1(3), p. 214-221.

Fearnside, P.M. 1987(c). Rethinking Continuous Cultivation in Amazonia. *BioScience*, 37(3), p. 209-214.

Fearnside, P.M. 1988(a). O Carvão do Carajás. *Ciência Hoje*, 8(48), p. 17-21.

Fearnside, P.M. 1988(b). Causas de Desmatamento na Amazônia Brasileira. *Pará Desenvolvimento*, 23, p. 24-33.

Fearnside, P.M. 1989(a). Agricultura na Amazônia. Tipos de Agricultura: Padrão e Tendências. *Cadernos NAEA*, 10, p. 197-252.

Fearnside, P.M. 1989(b). Forest Management in Amazonia: The Need for New Criteria in Evaluating Development Options. *Forest Ecology and Management*, 27(1), p. 61-79.

Fearnside, P.M. 1989(c). Deforestation in the Amazon. *Environment: Science and Policy for Sustainable Development*, 31(7), p. 4-5.

Fearnside, P.M. 1990. The Rate and Extent of Deforestation in Brazilian Amazonia. *Environmental Conservation*, 17(3), p. 213-226.

Fearnside, P.M. 1992. Reservas Extrativistas: Uma Estratégia de Uso Sustentado. *Ciência Hoje*, 14(81), p. 14-18.

Fearnside, P.M. 1995. Quem Desmata a Amazônia: Os Pobres ou os Ricos? *Ciência Hoje*, 19(113), p. 26-33.

Fearnside, P.M. 1997(a). Environmental Services as a Strategy for Sustainable Development in Rural Amazonia. *Ecological Economics*, 20(1), p. 53-70.

Fearnside, P.M. 1997(b). Monitoring Needs to Transform Amazonian Forest Maintenance into a Global Warming Mitigation Option. *Mitigation and Adaptation Strategies for Global Change*, 2(2-3), p. 285-302.

Fearnside, P.M. 1998. Agro-silvicultura na Política de Desenvolvimento na Amazônia Brasileira: A Importância e os Limites de seu Uso em Áreas Degradadas. In: *Floresta Amazônica: Dinâmica, Regeneração e Manejo*, Gascon, C. e Moutinho, P. (eds.). Instituto Nacional de Pesquisas da Amazônia (INPA): Manaus, p. 293-312.

Fearnside, P.M. 1999. Biodiversity as an Environmental Service in Brazil's Amazonian Forests: Risks, Value and Conservation. *Environmental Conservation*, 26(4), p. 305-321.

Fearnside, P.M. 2000. Global Warming and Tropical Land-use Change: Greenhouse Gas Emissions from Biomass Burning, Decomposition and Soils in Forest Conversion, Shifting Cultivation and Secondary Vegetation. *Climatic Change*, 46(1-2), p. 115-158.

Fearnside, P.M. 2001(a). Land-tenure Issues as Factors in Environmental Destruction in Brazilian Amazonia: The Case of Southern Pará. *World Development*, 29(8), p. 1361-1372.

Fearnside, P.M. 2001(b). Effects of Land Use and Forest Management on the Carbon Cycle in the Brazilian Amazon. *Journal of Sustainable Forestry*, 12(1-2), p. 79-97.

Fearnside, P.M. 2002(a). Avança Brasil: Environmental and Social Consequences of Brazil's Planned Infrastructure in Amazonia. *Environmental Management*, 30(6), p. 748-763.

Fearnside, P.M. 2002(b). Can Pasture Intensification Discourage Deforestation in the Amazon and Pantanal Regions of Brazil? In: *Deforestation and Land Use in the Amazon*, Wood, C.H. e Porro, R. (eds.). University Press of Florida, Gainesville FL, p. 299-314.

Fearnside, P.M. 2003(a). Deforestation Control in Mato Grosso: A New Model for Slowing the Loss of Brazil's Amazon Forest. *Ambio*, 32(5), p. 343-345.

Fearnside, P.M. 2003(b). Conservation Policy in Brazilian Amazonia: Understanding the Dilemmas. *World Development*, 31(5), p. 757-779.

Fearnside, P.M. 2005(a). Deforestation in Brazilian Amazonia: History, Rates and Consequences. *Conservation Biology*, 19(3), p. 680-688.

Fearnside, P.M. 2005(b). Indigenous Peoples as Providers of Environmental Services in Amazonia: Warning Signs from Mato Grosso. In: *Global Impact, Local Action: New Environmental Policy in Latin America*, Hall, A. (ed.). Institute for the Study of the Americas: Londres, p. 187-198.

Fearnside, P.M. 2007. Brazil's Cuiabá-Santarém (BR-163) Highway: The Environmental Cost of Paving a Soybean Corridor through the Amazon. *Environmental Management*, 39(5), p. 601-614.

Fearnside, P.M. 2008(a). Amazon Forest Maintenance as a Source of Environmental Services. *Anais da Academia Brasileira de Ciências*, 80(1), p. 101-114.

Fearnside, P.M. 2008(b). The Roles and Movements of Actors in the Deforestation of Brazilian Amazonia. *Ecology and Society*, 13(1), p. 23.

Fearnside, P.M. 2008(c). Will Urbanization Cause Deforested Areas to be Abandoned in Brazilian Amazonia? *Environmental Conservation*, 35(3), p. 197-199.

Fearnside, P.M. 2009(a). Potential Benefits and Impacts of Biofuel Production in the Brazilian Amazon. In: *Biofuels and Neotropical Forests: Trends, Implications, and Emerging Alternatives*, Garen, E.J., e Mateo-Vega, J. (eds.). STRI: Ciudad Panamá, p. 29-36.

Fearnside, P.M. 2009(b). Carbon Benefits from Amazonian Forest Reserves: Leakage Accounting and the Value of Time. *Mitigation and Adaptation Strategies for Global Change*, 14(6), p. 557-567.

Fearnside, P.M. 2011. Strategies for Social and Environmental Conservation in Conservation Units. In: *The Amazonian Várzea: The Decade Past and the Decade Ahead*, Pinedo-Vasquez, M., Ruffino, M.L., Padoch, C. e Brondizio, E. (eds.). Springer: New York, p. 233-239.

Fearnside, P.M. 2012(a). Brazil's Amazon Forest in Mitigating Global Warming: Unresolved Controversies. *Climate Policy*, 12(1), p. 70-81.

Fearnside, P.M. 2012(b). The Theoretical Battlefield: Accounting for the Climate Benefits of Maintaining Brazil's Amazon Forest. *Carbon Management*, 3(2), p. 145-148.

Fearnside, P.M. 2013(a). The Evolving Context of Brazil's Environmental Policies in Amazonia. *Novos Cadernos NAEA*, 16(2), p. 9-25.

Fearnside, P.M. 2013(b). What is at Stake for Brazilian Amazonia in the Climate Negotiations. *Climatic Change*, 118(3), p. 509-519.

Fearnside, P.M. 2015(a). Rios Voadores e a Água de São Paulo. *Amazônia Real*, 09 de fevereiro – 09 de março de 2015.

Fearnside, P. M. 2015(b). Natural Riches of Amazonia, Deforestation and its Consequences. *Global Land Project News*, 12, p. 22-25.

Fearnside, P.M. 2015(c). Impactos Sociais da Barragem de Tucuruí. In: *Hidrelétricas na Amazônia: Impactos Ambientais e Sociais na Tomada de Decisões sobre Grandes Obras*, Fearnside, P.M. (ed.). INPA: Manaus, p. 37 -52.

Fearnside, P.M. 2015(d). Impactos Ambientais e Sociais de Barragens Hidrelétricas na Amazônia Brasileira: As Implicações para a Indústria de Alumínio. In: *Hidrelétricas na Amazônia: Impactos Ambientais e Sociais na Tomada de Decisões sobre Grandes Obras*, Fearnside, P.M. (ed.). INPA: Manaus, p. 261-288.

Fearnside, P.M. 2015(e). Impactos das Barragens do Rio Madeira: Lições não Aprendidas para o Desenvolvimento Hidrelétrico na Amazônia. In: *Hidrelétricas na Amazônia: Impactos Ambientais e Sociais na Tomada de Decisões sobre Grandes Obras*, Fearnside, P.M. (ed.). INPA: Manaus, p. 137-151.

Fearnside, P.M. 2015(f). Highway Construction as a Force in Destruction of the Amazon Forest. In: *Handbook of Road Ecology*, van der Ree, R., Smith, D.J. e Grilo, C. (eds.). John Wiley: Oxford, p. 414-424.

Fearnside, P.M. 2015(g). Hidrelétricas e Hidrovias na Amazônia: Os Planos do Governo Brasileiro para a Bacia do Tapajós. In: *Hidrelétricas na Amazônia: Impactos Ambientais e Sociais na Tomada de Decisões sobre Grandes Obras, Vol. 2*, Fearnside, P.M. (ed.). INPA: Manaus, p. 85-98.

Fearnside, P.M. 2015(h). Emissões das Hidrelétricas Tropicais e o IPCC. In: *Hidrelétricas na Amazônia: Impactos Ambientais e Sociais na Tomada de Decisões sobre Grandes Obras, Vol. 2*, Fearnside, P.M. (ed.). INPA: Manaus, p. 239-258.

Fearnside, P.M. 2015(i). As Barragens do Rio Madeira: Um Revés para a Política Ambiental no Desenvolvimento da Amazônia Brasileira. In: *Hidrelétricas na Amazônia: Impactos Ambientais e Sociais na Tomada de Decisões sobre Grandes Obras. Vol. 1*, Fearnside, P.M. (ed.). INPA: Manaus, p. 167-179.

Fearnside, P.M. 2015(j). Pesquisa sobre Conservação na Amazônia Brasileira e a sua Contribuição para a Manutenção da Biodiversidade e Uso Sustentável das Florestas Tropicais. In: *Amazônia em Tempo: Estudos Climáticos e Socioambientais*, Vieira, I.C.G., Jardim, M.A.G. e Rocha, E.J.P. (eds.). Universidade Federal do Pará, Museu Paraense Emílio Goeldi e Embrapa Amazônia Oriental: Belém, p. 21-49.

Fearnside, P.M. 2016(a). Brazilian Politics Threaten Environmental Policies. *Science*, 353, p. 746-748.

Fearnside, P.M. 2016(b). A Hidrelétrica de São Luiz do Tapajós. *Amazônia Real*, 18 de julho de 2016.

Fearnside, P.M. 2017(a). Como Sempre, os Negócios: O Ressurgimento do Desmatamento na Amazônia Brasileira. *Yale Environment 360*, 18 de abril de 2017.

Fearnside, P.M. 2017(b). Belo Monte – Atores e Argumentos: 4 – A Corrupção Confessada. *Amazônia Real*, 11 de setembro de 2017.

Fearnside, P.M. 2018. Brazil's Amazonian Forest Carbon: The Key to Southern Amazonia's Significance for Global Climate. *Regional Environmental Change*, 18, p. 47-61.

Fearnside, P.M. 2019(a). Os Números do Desmatamento são Reais Apesar da Negação do Presidente Bolsonaro. *Amazônia Real*, 02 de agosto de 2019.

Fearnside, P.M. 2019(b). Desmatamento na Amazônia: O Governo Ataca o Mensageiro. *Amazônia Real*, 05 de agosto de 2019.

Fearnside, P.M. 2019(c). Exploração Mineral na Amazônia Brasileira: O Custo Ambiental. In: *Dossiê Desastres da Mineração em Barcarena: Disputas no Território e Comunidades Atingidas*, Castro, E. e do Carmo, E.D. (eds.). NAEA: Belém, p. 36-43.

Fearnside, P.M. 2019(d). Os Novos Números de Desmatamento Confirmam o "Efeito Bolsonaro", Apesar das Negações. *Amazônia Real*, 20 de novembro de 2019.

Fearnside, P.M. 2019(e). Retrocessos sob o Presidente Bolsonaro: Um Desafio à Sustentabilidade na Amazônia. *Sustentabilidade International Science Journal*, 1(1), p. 38-52.

Fearnside, P.M. 2019(f). Desmonte da Legislação Ambiental Brasileira. In: *Movimentos Socioambientais: Lutas – Avanços – Conquistas – Retrocessos – Esperanças*, Weiss, J.S. (ed.). Xapuri Socioambiental: Formosa, p. 317-381.

Fearnside, P.M. 2019(g). Barragens com Grandes Reservatórios: Os Planos do Brasil Ameaçam o Acordo de Paris. In: *Hidrelétricas na Amazônia: Impactos Ambientais e Sociais na Tomada de Decisões sobre Grandes Obras, Vol. 3,* Fearnside, P.M. (ed.). INPA: Manaus, p. 91-93.

Fearnside, P.M. 2019(h). Belo Monte: Atores e Argumentos na Luta sobre a Barragem Amazônica mais Controversa do Brasil. In: *Hidrelétricas na Amazônia: Impactos Ambientais e Sociais na Tomada de Decisões sobre Grandes Obras*, Fearnside, P.M. (ed.). INPA: Manaus, p. 23-36.

Fearnside, P.M. 2020(a). Questões de Posse da Terra como Fatores na Destruição Ambiental na Amazônia Brasileira: O Caso do Sul do Pará. In: *Destruição e Conservação da Floresta Amazônica*, Fearnside, P.M. (ed.). INPA, Manaus, p. 39-54.

Fearnside, P.M. 2020(b). O Perigo da "Lei da Grilagem". *Amazônia Real*, 22 de maio de 2020.

Fearnside, P.M. 2020(c). BR-319 – O Começo do Fim para a Floresta Amazônica Brasileira. *Amazônia Real*, 06 de outubro de 2020.

Fearnside, P.M. 2021(a). Política de Conservação na Amazônia Brasileira: Entendendo os Dilemas. In: *Destruição e Conservação da Floresta Amazônica, Vol. 1,* Fearnside, P.M. (ed.). INPA: Manaus, p. 219-243.

Fearnside, P.M. 2021(b). BR-163: A Rodovia Santarém-Cuiabá e o Custo Ambiental de Asfaltar um Corredor de Soja na Amazônia. In: *Destruição e Conservação da Floresta Amazônica, Vol. 1*, Fearnside, P.M. (ed.). INPA: Manaus, p. 245-263.

Fearnside, P.M. 2021(c). A Política Brasileira Ameaça às Políticas Públicas Ambientais. In: *Destruição e Conservação da Floresta Amazônica, Vol. 1*, Fearnside, P.M. (ed.). INPA, Manaus, p. 357-362.

Fearnside, P.M. e Barbosa, R.I. 2004. Accelerating Deforestation in Brazilian Amazonia: Towards Answering Open Questions. *Environmental Conservation*, 31(1), p. 7-10.

Fearnside, P.M. e Cruz, P.V. 2018. Massacre de Motosserra para Áreas Protegidas em Rondônia. *Amazônia Real*, 28 de outubro de 2018.

Fearnside, P.M. e Ferraz, J. 2021. Uma Análise de Lacunas de Conservação da Vegetação da Amazônia. In: *Destruição e Conservação da Floresta Amazônica, Vol. 1*, Fearnside, P.M. (ed.). INPA: Manaus, p. 199-218.

Fearnside, P.M. e Figueiredo, A.M.R. 2016(a). Deforestación de la Amazonía Brasileña Influenciada por la China: El Caso de Mato Grosso. In: *China en América Latina. Lecciones para la Cooperación Sur-Sur y el Desarrollo Sostenible*, Ray, R., Gallangher, K., López, A. e Sanborn, C. (eds.). Universidad del Pacífico: Lima, p. 271-310.

Fearnside, P.M. e Figueiredo, A.M.R. 2016(b). China's Influence on Deforestation in Brazilian Amazonia: A Growing Force in the State of Mato Grosso. In: *China and Sustainable Development in Latin America: The Social and Environmental Dimension*, Ray, R., Gallagher, K., López, A. e Sanborn, C. (eds.). Anthem Press: New York, p. 229-265.

Fearnside, P.M. e Graça, P.M.L.A. 2006. BR-319: Brazil's Manaus-Porto Velho Highway and the Potential Impact of Linking the Arc of Deforestation to Central Amazonia. *Environmental Management*, 38(5), p. 705-716.

Fearnside, P.M. e Graça, P.M.L.A. 2009. BR-319: A Rodovia Manaus-Porto Velho e o Impacto Potencial de Conectar o Arco de Desmatamento à Amazônia Central. *Novos Cadernos NAEA*, 12(1), p. 19-50.

Fearnside, P.M., Graça, P.M.L.A., Keizer, E.W.H., Maldonado, F.D., Barbosa, R.I.e Nogueira, E.M.. 2009. Modelagem de Desmatamento e Emissões de Gases de Efeito Estufa na Região sob Influência da Rodovia Manaus-Porto Velho (BR-319). *Revista Brasileira de Meteorologia*, 24(2), p. 208-233.

Fearnside, P.M., Nogueira, E.M. e Yanai, A.M. 2018. Maintaining Carbon Stocks in Extractive Reserves in Brazilian Amazonia. *Desenvolvimento e Meio Ambiente*, 48, p. 446-476.

Fearnside, P.M., Ferrante, L. e de Andrade, M.B.T.. 2020. Ramal Ilegal a Partir da Rodovia BR-319 Invade Reserva Extrativista e Ameaça Terra Indígena. *Amazônia Real*, 09 de março de 2020.

Fearnside, P.M., Ferrante, L., Yanai, A.M. e Isaac Jr, M.A. 2020(b). Região Trans-Purus, a Última Floresta Intacta. *Amazônia Real*, 24 de agosto de 2020.

Ferrante, L. e Fearnside, P.M. 2019. O Novo Presidente do Brasil e "Ruralistas" Ameaçam o Meio Ambiente, Povos Tradicionais da Amazônia e o Clima Global. *Amazônia Real*, 30 de julho de 2019.

Ferrante, L. e Fearnside, P.M. 2020. Forças Militares e Covid-19 como Cortinas de Fumaça para a Destruição da Amazônia e Violação dos Direitos Indígenas. *Amazônia Real*, 16 de dezembro de 2020.

Ferrante, L. e Fearnside, P.M. 2021. Reviravolta no Congresso Nacional Ameaça Amazônia. *Amazônia Real*, 09 de março de 2021.

Ferrante, L., Gomes, M.P. e Fearnside, P.M. 2020. BR-319 Ameaça Povos Indígenas. *Amazônia Real*, 02 de abril de 2020.

Ferraro, P.J. e Kiss, A. 2002. Direct Payments to Conserve Biodiversity. *Science*, 298, p. 1718-1719.

Ferreira, L.V., Venticinque, E. e de Almeida, S.S. 2005. O Desmatamento na Amazônia e a Importância das Áreas Protegidas. *Estudos Avançados*, 19(53), p. 1-10.

Ferreira, J., Aragão, L.E O.C., Barlow, J., Barreto, P., Berenguer, E., Bustamante, M., Gardner, T.A., Lees, A.C., Lima, A., Louzada, J., Pardini, R., Parry, L., Peres, C.A., Pompeu, P.S., Tabarelli, M. e Zuanon, J. 2014. Brazil's Environmental Leadership at Risk. *Science*, 346, p. 706-707.

Foweraker, J. 1981. *The Struggle for Land: A Political Economy of the Pioneer Frontier in Brazil, 1930 to the Present*. Cambridge University Press: Cambridge.

Gibbs, H.K., Rausch, L., Munger, J., Schelly, I., Morton, D.C., Noojipady, P., Soares- Filho, B., Barreto, P., Micol, L. e Walker, N.F. 2015. Brazil's Soy Moratorium. *Science*, 347, p. 377-378.

Gibbs, H.K., Munger, J., L'Roe, J., Barreto, P., Pereira, R., Christie, M., Amaral, T. e Walker, N.F. 2016. Did Ranchers and Slaughterhouses Respond to Zero-deforestation Agreements in the Brazilian Amazon? *Conservation Letters*, 9(1), p. 32-42.

Godar, J., Gardner, T.A, Tizado, E.J. e Pacheco, P. 2014. Actor-specific Contributions to the Deforestation Slowdown in the Brazilian Amazon. *Proceedings of the National Academy of Science of the USA*, 111(43), 15, p. 591-596.

Godar, J., Tizado, E.J. e Pokorny, B. 2012. Who is Responsible for Deforestation in the Amazon? A Spatially Explicit Analysis along the Transamazon Highway in Brazil. *Forest Ecology and Management*, 267, p. 58-73.

Gomes, A.K. 2021. ALE-RO Aprova Projeto de Lei que Altera Limites de Reserva Extrativista e Parque Estadual. *G1 RO*, 21 de abril de 2021.

Gonzales, J. 2019. Brazil Wants to Legalize Agribusiness Leasing of Indigenous Lands. *Mongabay*, 21 de fevereiro de 2019.

Gonzales, J. 2020. As Amazon Tree Loss Worsens, Political Pressure Grows, and Brazil Hedges: Critics. *Mongabay*, 10 de agosto de 2020.

Greenpeace. 2003. *State of Conflict: An Investigation into the Landgrabbers, Loggers and Lawless Frontiers in Pará State, Amazon*. Greenpeace International: Amsterdam.

Greenpeace. 2006(a). *Eating up the Amazon*. Greenpeace International: Amsterdam.

Greenpeace. 2006(b). *We're Trashin' it: How McDonald's is Eating up the Amazon*. Greenpeace International: Amsterdam.

Greenpeace. 2009. *Slaughtering the Amazon*. Greenpeace International: Amsterdam.

Greenpeace. 2011. *Broken Promises: How the Cattle Industry in the Amazon is Still Connected to Deforestation, Slave Labour and Invasion of Indigenous Land*. Greenpeace International: Amsterdam.

Greenpeace Brasil. 2006. Greenpeace Bloqueia Carregamento de Soja da Cargill e é Atacado pela Empresa e por Sojeiros. *Greenpeace Brasil*, 18 de maio de 2006.

Greenpeace Brasil. 2019. Empresas Globais e Investidores Defendem a Moratória da Soja. *Greenpeace Brasil*, 06 de dezembro de 2019.

Greenpeace Brasil. 2020(a). Amazônia e sua Biodiversidade Sofrem com a Falta de Proteção de Florestas Públicas no Pará. *Greenpeace Brasil*, novembro de 2020.

Greenpeace Brasil. 2020(b). Áreas sem Destinação no Entorno da BR-163 na Mira da Grilagem. *Greenpeace Brasil*, novembro de 2020.

Hargrave, J. e Kis-Katos, K. 2013. Economic Causes of Deforestation in the Brazilian Amazon: A Panel Data Analysis for the 2000s. *Environmental Resource Economics*, 54(4), p. 471-494.

Hecht, S.B. 1985. Environment, Development and Politics: Capital Accumulation in the Livestock Sector in Eastern Amazonia. *World Development*, 13, p. 663-684.

Hecht, S.B. 1993. The Logic of Livestock and Deforestation in Amazonia. *Bioscience*, 43(10), p. 687-695.

Heilmayr, R.B., Rausch, L.L., Munger, J. e Gibbs, H.K. 2020. Brazil's Amazon Soy Moratorium Reduced Deforestation. *Nature Food*, 1, p. 801-810.

Heurich, G.O. 2013. *A Barragem e a Canoa de Jawitï*. Instituto Socioambiental: Brasília.

Hoelle, J. 2015. *Rainforest Cowboys: The Rise of Ranching and Cattle Culture in Western Amazonia*. University of Texas Press: Austin.

Hofmeister, N. 2020(a). Frigorífico Cresce com Ajuda do Banco Mundial, mas Falha em Reduzir Impacto na Amazônia. *Mongabay*, 08 de julho de 2020.

Hofmeister, N. 2020(b). Bife Brasileiro Custa Caro aos Cofres e ao Meio Ambiente. *Mongabay*, 02 de abril de 2020.

Hubbell, S.P., F. He, R. Condit, L. Borda-de-Água, J. Kellnert e H. ter Steege. 2008. How Many Tree Species are There in the Amazon and How Many of them Will go Extinct? *Proceedings of the National Academy of Science of the USA*, 105, 11, p. 498-504.

IBGE (Instituto Brasileiro de Geografia e Estatística). 2012. *Manual Técnico da Vegetação Brasileira: Sistema Fitogeográfico, Inventário das Formações Florestais e Campestres*. 2a ed. IBGE: Rio de Janeiro.

IMAZON (Instituto do Homem e Meio Ambiente da Amazônia). 2019. *Entenda o Sistema de Monitoramento de IMAZON*. IMAZON: Belém.

INPE (Instituto Nacional de Pesquisas Espaciais). 2017. *Sistema DEGRAD*. INPE: São José dos Campos.

INPE (Instituto Nacional de Pesquisas Espaciais). 2019. *Metodologia Utilizada nos Projetos PRODES e DETER*. INPE: São José dos Campos.

INPE (Instituto Nacional de Pesquisas Espaciais). 2019(b). *DETER*. INPE: São José dos Campos.

INPE (Instituto Nacional de Pesquisas Espaciais). 2020(a). *Projeto PRODES: Monitoramento da Floresta Amazônica Brasileira por Satélite*. INPE: São José dos Campos.

INPE (Instituto Nacional de Pesquisas Espaciais). 2020(b). Sistema DETER. INPE: São José dos Campos.

INPE (Instituto Nacional de Pesquisas Espaciais). 2020(c). *DETER Intenso*. INPE: São José dos Campos.

IPAM (Instituto de Pesquisas Ambientais da Amazônia). 2019. *As Públicas não Destinadas e Grilagem*. IPAM: Belém.

IPCC (Intergovernmental Panel on Climate Change). 2006. *IPCC Guidelines for National Greenhouse Gas Inventories*. Vol. 4: Agriculture, Forestry and Other Land Use. Eggleston, H.S., Buendia, L., Miwa, K., Ngara, T. e Tanabe, K. (eds.). IGES: Kanagawa.

ISA (Instituto Socioambiental). 2016. Madeireiros Avançam Impunemente sobre os Territórios Indígenas e Ribeirinhos, Indicadores de Desmatamento Aumentam de Novo. *De Olho na Terra do Meio*, 1(1), p. 1-4.

Jaramillo-Giraldo, C., Soares Filho, B., Ribeiro, S.M. e Gonçalves, R.C. 2017. Is it Possible to Make Rubber Extraction Ecologically and Economically Viable in the Amazon? The Southern Acre and Chico Mendes Reserve Case Study. *Ecological Economics*, 134, p. 186-197.

JBS. 2020. Íntegra da Resposta para a Reportagem sobre como Criadores de Gado Incentivam Desmatamento. *Reporter Brasil*, 12 de junho de 2020.

JBS e Marfig. 2020. Íntegra das Respostas para a Reportagem sobre Gado Criado em Terra Indígena. *Reporter Brasil*, 08 de junho de 2020.

Kageyama, P. 2000. Uso e Conservação de Florestas Tropicais: Qual paradigma? In: *Anais do V Simpósio de Ecossistemas Brasileiros: Conservação*, 10 a 15 de outubro de 2000, UFES: Vitória, ES. ACIESP: São Paulo, p. 72-82.

Kaimowitz, D., Mertens, B., Wunder, S. e Pacheco, P. 2004. *Hamburger Connection Fuels Amazon Destruction: Cattle Ranching and Deforestation in Brazil's Amazon*. CIFOR: Bogor.

Kaimowitz, D. e Angelsen, A. 2008. Will Livestock Intensification Help Save Latin America's Tropical Forests? *Journal of Sustainable Forestry*, 27, p. 6-24.

Kirby, K.R., Laurance, W.F., Albernaz, A.K., Schroth, G., Fearnside, P.M., Bergen, S., Venticinque, E.M. e da Costa, C. 2006. The Future of Deforestation in the Brazilian Amazon. *Futures*, 38, p. 432-453.

Klingler, M., Richards, P.D. e Ossner, R. 2018. Cattle Vaccination Records Question the Impact of Recent Zero-deforestation Agreements in the Amazon. *Regional Environmental Change*, 18, p. 33-46.

Lapola, D.M., Martinelli, L.A., Peres, C.A., Ometto, J.P.H.B., Ferreira, M.E., Nobre, C.A., Aguiar, A.P.D., Bustamante, M.M.C., Cardoso, M.F., Costa, M.H., Joly, C.A., Leite, C.C., Moutinho, P., Sampaio, G., Strassburg, B.B.N. e Vieira, I.C.G. 2014. Pervasive Transition of the Brazilian Land-use System. *Nature Climate Change*, 4, p. 27-35.

Laurance, W.F., Cochrane, M.A., Bergen, S., Fearnside, P.M., Delamônica, P., Barber, C., D'Angelo, S. e Fernandes, T. 2001. The Future of the Brazilian Amazon. *Science*, 291, p. 438-439.

Laurance, W.F., Albernaz, A.K.M., Schroth, G., Fearnside, P.M., Bergen, S., Venticinque, E.M. e da Costa, C. 2002. Predictors of Deforestation in the Brazilian Amazon. *Journal of Biogeography*, 29, p. 737-748.

Lewis, S.L., Brando, P.M., Phillips, O.L., van der Heijden, G.M.F. e Nepstad, D.C. 2011. The 2010 Amazon Drought. *Science*, 331, p. 554.

Lima, A., Capobianco, J.P.R. e Moutinho, P. 2009. Desmatamento na Amazônia: Medidas e Efeitos do Decreto Federal 6.321/07. IPAM: Belém.

Lopes, R.J. 2011. Datafolha Indica que 80% Rejeitam Corte de Proteção a Matas. *Folha de S. Paulo*, 13 de junho de 2011.

Lui, G.H. e Molina, S.M.G. 2013. Benefícios Sociais e Transição de Modos de Vida Rurais: Uma Análise do Bolsa Família e da Aposentadoria Rural entre Pequenos Produtores na Amazônia. *Revista de Ciências Sociais*, 38, p. 137-155.

MacMillan, G. 1995. *At the End of the Rainbow? Gold, Land and People in the Brazilian Amazon*. Columbia University Press: New York.

Mahar, D.J. 1979. *Frontier Development Policy in Brazil: A Study of Amazonia*. Praeger: New York.

Malhi, Y., Roberts, J.T., Betts, R.A., Killeen, T.J., Li, W. e Nobre, C.A. 2008. Climate Change, Deforestation e the Fate of the Amazon. *Science*, 319, p. 169-172.

Marengo, J.A. e Espinoza, J.C. 2016. Extreme Seasonal Droughts and Floods in Amazonia: Causes, Trends and Impacts. *International Journal of Climatology*, 36, p. 1033-1050.

Margulis, S. 2004. *Causes of Deforestation in the Brazilian Amazon*. World Bank Working Paper No. 22. World Bank: Washington DC.

Mascia, M.B. e Pailler, S. 2011. Protected Area Downgrading, Downsizing, and Degazettement (PADDD) and its Conservation Implications. *Conservation Letters*, 4, p. 9-20.

Matricardi, E.A.T., Skole, D.L., Costa, O.B., Pedlowski, M.A., Samek, J.H. e Miguel, E.P. 2020. Long-term Forest Degradation Surpasses Deforestation in the Brazilian Amazon. *Science*, 369, p. 1378-1382.

Mattos, M.M. e Uhl, C. 1994. Economic and Ecological Perspectives on Ranching in the Eastern Amazon. *World Development*, 22, p. 145-158.

McAlpine, C.A., Etter, A., Fearnside, P.M., Seabrook, L. e Laurance, W.F. 2009. Increasing World Consumption of Beef as a Driver of Regional and Global Change: A Call for Policy Action Based on Evidence from Queensland (Australia), Colombia and Brazil. *Global Environmental Change*, 19, p. 21-33.

Mertens, B., Poccard-Chapuis, R., Piketty, M.-G., Laques, A.-E. e Venturieri, A. 2002. Crossing Spatial Analyses and Livestock Economics to Understand Deforestation Processes in the Brazilian Amazon: The Case of Sao Felix do Xingu in South Pará. *Agricultural Economics*, 27, p. 269-294.

Metzger, J.-P., Lewinsohn, T., Joly, C.A., Verdade, L.M. e Rodrigues, R.R. 2010. Brazilian Law: Full Speed in Reverse. *Science*, 329, p. 276-277.

Michalski, F. e Peres, C.A. 2005. Anthropogenic Determinants of Primate and Carnivore Local Extinctions in a Fragmented Forest Landscape of Southern Amazonia. *Biological Conservation*, 124, p. 383-396.

Miller, J. 2012. *JBS Recommits to Cattle Agreement in the Amazon*. Greenpeace: Washington DC, 19 de dezembro de 2012.

MMA (Ministério do Meio Ambiente). 2013. *Plano de Ação para Prevenção e Controle do Desmatamento na Amazônia Legal – PPCDAm 3ª Fase (2012-2015)*. MMA: Brasília.

MMA (Ministério do Meio Ambiente)/MCTI (Ministério de Ciência, Tecnologia e Inovação). 2014. *Brazil's Submission of a Forest Reference Emission Level (FREL) for Reducing Emissions from Deforestation in the Amazonia Biome for REDD+ Results-based Payments under the UNFCCC*. MMA: Brasília.

MMA (Ministério do Meio Ambiente). 2015. *Cadastro Nacional de Unidades de Conservação*. MMA: Brasília.

Moran, E.F. 1981. *Developing the Amazon: The Social and Ecological Consequences of Government-Directed Colonization along Brazil's Transamazon Highway*. Indiana University Press: Bloomington.

Moreira, M.S. 2020. Brasil Leva Diplomatas a Sobrevoar Amazónia, mas Evita Áreas Ardidas. *Plataforma*, 05 de novembro de 2020.

Moura, N.G., Lees, A.C., Aleixo, A., Barlow, J., Dantas, S.M., Ferreira, J., Lima, M.D.F.C. e Gardner, T.A. 2014. Two Hundred Years of Local Avian Extinctions in Eastern Amazonia. *Conservation Biology*, 28, p. 1271-1281.

Myers, N. 1981. The Hamburger Connection: How Central America's Forests Became North America's Hamburgers. *Ambio*, 10, p. 3-8.

Nepstad, D.C., Verissimo, A., Alencar, A., Nobre, C., Lima, E., Lefebvre, P., Schlesinger, P., Potter, C., Moutinho, P., Mendoza, E., Cochrane, M. e Brooks, V. 1999. Large-scale Impoverishment of Amazonian Forests by Logging and Fire. *Nature*, 398, p. 505-508.

Nepstad, D.C., Carvalho, G., Barros, A.C., Alencar, A., Capobianco, J.P., Bishop, J., Moutinho, P., Lefebvre, P., Silva Jr, U.L. e Prins, E. 2001. Road Paving, Fire Regime Feedbacks, and the Future of Amazon Forests. *Forest Ecology and Management*, 154(3), p. 395-407.

Nepstad, D.C., Schwartzman, S., Bamberger, B., Santilli, M., Ray, D., Schlesinger, P., Lefebvre, R., Alencar, A., Prinz, E., Fiske, G. e Rolla, A. 2006. Inhibition of Amazon Deforestation and Fire by Parks and Indigenous Lands. *Conservation Biology*, 20, p. 65-73.

Nepstad, D.C., Tohver, I.M., Ray, D., Moutinho, P. e Cardinot, G. 2007. Mortality of Large Trees and Lianas following Experimental Drought in an Amazon Forest. *Ecology*, 88(9), p. 2259-2269.

Nepstad, D.C. et al. 2013. More Food, More Forests, Fewer Emissions, Better Livelihoods: Linking REDD+, Sustainable Supply Chains and Domestic Policy in Brazil, Indonesia and Colombia. *Carbon Management*, 4(6), p. 639-658.

Nepstad, D.C., McGrath, D., Stickler, C., Alencar, A., Azevedo, A., Swette, B., Bezerra, T., DiGiano, M., Shimada, J., da Motta, R.S., Armijo, E., Castello, L., Brando, P., Hansen, M.C., McGrath-Horn, M., Carvalho, O. e Hess, L. 2014. Slowing Amazon Deforestation through Public Policy and Interventions in Beef and Soy Supply Chains. *Science*, 344, p. 1118-1123.

Nogueira, E.M., A.M. Yanai, F.O.R. Fonseca e Fearnside, P.M. 2015. Carbon Stock Loss from Deforestation through 2013 in Brazilian Amazonia. *Global Change Biology*, 21, p. 1271-1292.

Nogueira E.M., Yanai, A.M., Vasconcelos, S.S., Graça, P.M.L.A. e Fearnside, P.M. 2018. Carbon Stocks and Losses to Deforestation in Protected Areas in Brazilian Amazonia. *Regional Environmental Change*, 18(1), p. 261-270.

Nolte, C., Agrawal, A., Silvius K.M. e Soares-Filho, B.S. 2013. Governance Regime and Location Influence Avoided Deforestation Success of Protected Areas in the Brazilian Amazon. *Proceedings of the National Academy of Sciences of the USA*, 110(13), p. 4956-4961.

Novaes, F.S. 2015. O Bolsa Família no Contexto das Políticas Públicas. *Associação Nacional de Pós-Graduação e Pesquisa em Administração (ANPAD), Maringá, PR.* Art. Enapg165.

Nunes, S., Gardner, T., Barlow, J., Martins, H., Salomão, R., Monteiro, D. e Souza Jr, C. 2016. Compensating for Past Deforestation: Assessing the Legal Forest Surplus and Deficit of the State of Pará, Eastern Amazonia. *Land Use Policy*, 57, p. 749-758.

O Tempo. 2011. MST Reconhece que Bolsa Família Ajudou a Reduzir Acampamentos. *O Tempo*, 07 de abril de 2011.

OC (Observatório do Clima). 2020. Queimadas em Agosto Confirmam que Exército Fracassou na Amazônia. *Observatório do Clima*, 01 de setembro de 2020.

Pack, S.M., Ferreira, M.N., Krithivasan, R., Murrow, J., Bernard, E. e Mascia, M.B. 2016. Protected Area Downgrading, Downsizing, and Degazettement (PADDD) in the Amazon. *Biological Conservation*, 197, p. 32-39.

Pádua, M.T.J. 2011. Do Sistema Nacional de Unidades de Conservação. In: *Dez Anos do Sistema Nacional de Unidades de Conservação da Natureza Lições do Passado, Realizações Presentes e Perspectivas para o Futuro*, Medeiros, R. e Araújo, F.S. (eds.). MMA: Brasília, p. 21-36.

Parry, L., Day, B., Amaral, S. e Peres, C.A. 2010. Drivers of Rural Exodus from Amazonian Headwaters. *Population and Environment*, 32(2), p. 137-176.

Peres, C.A. e Schneider, M. 2012. Subsidized Agricultural Resettlements as Drivers of Tropical Deforestation. *Biological Conservation*, 151, p. 65-68.

Peres, C.A. e Terborgh, J.W. 1995. Amazonian Nature Reserves: An Analysis of the Defensibility Status of Existing Conservation Units and Design Criteria for the Future. *Conservation Biology*, 9, p. 34-46.

Peres, C.A., Emilio, T., Schietti, J., Desmoulière, S.J.M. e Levi, T. 2016. Dispersal Limitation Induces Long-term Biomass Collapse in Overhunted Amazonian Forests. *Proceedings of the National Academy of Science USA*, 113, p. 892-897.

Perz, S.G. 2001. Household Demographic Factors as Life Cycle Determinants of Land Use in the Amazon. *Population Research and Policy Review*, 20, p. 159-186.

Perz, S.G. e Walker, R.T. 2002. Household Life Cycles and Secondary Forest Cover among Small Farm Colonists in the Amazon. *World Development*, 30(6), p. 1009-1027.

Pfaff, A.S.P. 1999. What Drives Deforestation in the Brazilian Amazon? *Journal of Environmental Economics and Management*, 37(1), p. 26-43.

Pfaff, A.S.P., Robalino, J., Walker, R., Aldrich, S., Reis, E., Perz, S., Bohrer, C., Arima, E., Laurance, W. e Kirby, W. 2007. Road Investments, Spatial Spillovers, and Deforestation in the Brazilian Amazon. *Journal of Regional Science*, 47(1), p. 109-123.

Pfaff, A., Robalino, J., Lima, E., Sandoval, C. e Herrera, L.D. 2014. Governance, Location and Avoided Deforestation from Protected Areas: Greater Restrictions Can Have Lower Impact, Due to Differences in Location. *World Development*, 55, p. 7-20.

Pfaff, A., Robalino, J., Sandoval, C. e Herrera, D. 2015. Protected Area Types, Strategies and Impacts in Brazil's Amazon: Public Protected Area Strategies do not Yield a Consistent Ranking of Protected Area Types by Impact. *Philosophical Transactions of the Royal Society of London B*, 370(1681), 20140273.

Phillips, O.L. et al. 2009. Drought Sensitivity of the Amazon Rainforest. *Science*, 323, p. 1344-1347.

Pithan e Silva, R.O. 2016. Situação da Febre Aftosa no Brasil. *Beef World*, 22 de junho de 2016.

Puls, M. 2007. Bolsa Família Esvazia MST, dizem Analistas. *Folha de S. Paulo*, 04 de novembro de 2007.

Rajão, R., Azevedo, A. e Stabile, M.C.C. 2012. Institutional Subversion and Deforestation: Learning Lessons from the System for the Environmental Licencing of Rural Properties in Mato Grosso. *Public Administration and Development*, 32, p. 229-244.

Razera, A. 2005. *Dinâmica do Desmatamento em uma nova Fronteira do Sul do Amazonas: Análise da Pecuária de Corte no Município do Apuí*. Dissertação de Mestrado. INPA/UFAM: Manaus.

Rich, B. 2013. *Foreclosing the Future: The World Bank and the Politics of Environmental Destruction*. Island Press: Washington DC.

Richards, P.D., Walker, R.T. e Arima, E.Y. 2014. Spatially Complex Land change: The Indirect Effect of Brazil's Agricultural Sector on Land Use in Amazonia. *Global Environmental Change*, 29, p. 1-9.

Ricketts, T.H., Soares-Filho, B., da Fonseca, G.A.B., Nepstad, D., Petsonk, A., Anderson, A., Boucher, D., Cattaneo, A., Conte, M., Creighton, K., Linden, L., Maretti, C., Moutinho, P., Ullman, R. e Victurine, R. 2010. Indigenous Lands, Protected Areas, and Slowing Climate Change. *PLoS Biology*, 8, e1000331.

Rodrigues, I. 2020. PL quer Tirar Proteção Integral da Serra do Divisor e Reduzir Quase 8 mil Hectares de Resex no Acre. *G1*, 27 de janeiro de 2020.

Rodrigues-Filho, S., Verburg, R., Bursztyn, M., Lindoso, D., Debortoli N. e Vilhena, A.M.G.. 2015. Election-driven Weakening of Deforestation Control in the Brazilian Amazon. *Land Use Policy*, 43, p. 111-118.

Rosa, I.M.D., Souza, C. e Ewers, R.M. 2012. Changes in Size of Deforested Patches in the Brazilian Amazon. *Conservation Biology*, 26, p. 932-937.

Rosa, I.M.D., Purves, D., Souza Jr., C. e Ewers, R.M. 2013. Predictive Modelling of Contagious Deforestation in the Brazilian Amazon. *PLoS ONE*, 8(10), e77231.

Rosa, I.M.D., Purves, D., Carreiras, J.M.B. e Ewers, R.M.. 2014. Modelling Land Cover Change in the Brazilian Amazon: Temporal Changes in Drivers and Calibration Issues. *Regional Environmental Change*, 15, p. 123-137.

Sánchez, P.A., Bandy, D.E., Villachica, J.H. e Nicholaides III, J.J. 1982. Amazon Basin Soils: Management for Continuous Crop Production. *Science*, 216, p. 821-827.

Strassburg, B.N., Latawiec, A.E., Barioni, L.G., Nobre, C.A., Silva, V.P., Valentim, J.F., Vianna, M. e Assad, E.D. 2014. When Enough Should be Enough: Improving the Use of Current Agricultural Lands Could Meet Production Demands and Spare Natural Habitats in Brazil. *Global Environmental Change*, 28, p. 84-97.

Schmink, M. e Wood, C.H. 1992. *Contested Frontiers in Amazonia*. Columbia University Press: New York.

Schneider. M. e Peres, C.A. 2015. Environmental Cost of Government-sponsored Agrarian Settlements in Brazilian Amazonia. *PLoS ONE*, 10(8), e0134016.

Schönenberg, R. 2002. Drug Trafficking in the Brazilian Amazon. In: *Globalisation, Drugs and Criminalisation: Final Research Report from Brazil, China, India and Mexico*, Geffray, C., Fabre, G. e Shiray, M. (eds.). UNESCO: Paris, p. 172-207.

Scolese, E. e Constantino, L. 2006. Governo Planeja Conceder Bolsa-Família a Acampados. *Folha de São Paulo*, 30 de maio de 2006.

Silva Junior, C.H. L., Pessôa, A.C.M., de Carvalho, N.S., dos Reis, J.B.C., Anderson, L.O. e Aragão, L.E.O.C. 2021. The Brazilian Amazon Deforestation Rate in 2020 is the Greatest of the Decade. *Nature Ecology e Evolution*, 5, p. 144-145.

Silvestrini, R.A., Soares-Filho, B.S., Nepstad, D., Coe, M., Rodrigues, H. e Assunção, R. 2011. Simulating Fire Regimes in the Amazon in Response to Climate Change and Deforestation. *Ecological Applications*, 21, p. 1573-1590.

Simmons, C.S., Walker, R., Perz, S., Aldrich, S., Caldas, M., Pereira, R., Fernandes, C. e Arima, R. 2010. Doing it for Themselves: Direct Action Land Reform in the Brazilian Amazon. *World Development*, 38, p. 429-444.

Simoni Junior, S. 2017. *Política Distributiva e Competição Presidencial no Brasil: Programa Bolsa-Família e a Tese do Realinhamento Eleitoral*. Tese de Doutorado. Universidade de São Paulo: São Paulo.

Smith, N.J.H. 1982. *Rainforest Corridors: The Transamazon Colonization Scheme*. University of California Press, Berkeley.

Soares-Filho, B.S., Nepstad, D.C., Curran, L.M., Cerqueira, G.C., Garcia, R.A., Ramos, C.A., Voll, E., Mcdonald, A., Lefebvre, P. e Schlesinger, P. 2006. Modeling Conservation in the Amazon Basin. *Nature*, 440(23), p. 520-523.

Soares-Filho, B.S., Moutinho, P., Nepstad, D., Anderson, A., Rodrigues, H., Garcia, R., Dietzsch, L., Merry, F., Bowman, M., Hissa, L., Silvestrini, R. e Maretti, C. 2010. Role of Brazilian Amazon Protected Areas in Climate Change Mitigation. *Proceedings of the National Academy of Sciences USA*, 107(24), 10, p. 821-826.

Soares-Filho, B.S., Rajão, R., Macedo, M., Carneiro, A., Costa, W., Coe, M., Rodrigues, H. e Alencar, A. 2014. Cracking Brazil's Forest Code. *Science*, 344, p. 363-364.

Souza, Jr., C., J. Siqueira, M. Sales, A. Fonseca, J. Ribeiro, I. Numata, M. Cochrane, C. Barber, D. Roberts e J. Barlow. 2013. Ten-year Landsat Classification of Deforestation and Forest Degradation in the Brazilian Amazon. *Remote Sensing*, 5(11), p. 5493-5513.

Taravella, R. 2011. *Les Rouages Contemporains de la Déforestation en Amazonie Orientale. Le Cas de la Terra do Meio (Parà, Brésil). Analyses*, 2/11.

Tasker, K.A. e Arima, E.Y. 2016. Fire Regimes in Amazonia: The Relative Roles of Policy and Precipitation. *Anthropocene*, 14, p. 46-57.

Turner, F.J. 1893. The Significance of the Frontier in American History. *Proceedings of the American Historical Association for 1893*, p. 199-222.

UFAM. 2009. *Estudo de Impacto Ambiental – EIA: Obras de Reconstrução/ Pavimentação da Rodovia BR-319/AM, no Segmento entre os km 250,0 e km 655,7.* UFAM: Manaus.

Uhl, C. e Buschbacher, R. 1985. A Disturbing Synergism between Cattle--ranch Burning Practices and Selective Tree Harvesting in the Eastern Amazon. *Biotropica*, 17(4), p. 265-268.

Valverde, O. e Dias, C.V. 1967. *A Rodovia Belém-Brasília: Estudo de Geografia Regional.* IBGE: Rio de Janeiro.

Vasconcelos, S.S., Fearnside, P.M., Graça, P.M.L.A., Nogueira, E.M., de Oliveira, L.C. e Figueiredo, E.O. 2013. Forestfires in Southwestern Brazilian Amazonia: Estimates of Area and Potential Carbon Emissions. *Forest Ecology and Management*, 291, p. 199-208.

Venturieri, A., Aguiar, A.P.D., Monteiro, A.M.V., Carneiro, A., Alves, D., Câmara, G., Vieira, I.C., Veiga, I., Escada, I., Veiga, J., Gavina, J., Thales, M., Oliveira, M., Fearnside, P., Araújo, R., Kampel, S.A. e Carneiro, T.G. 2004. *Sumário Executivo da Missão de Campo na Região de São Félix do Xingu/Iriri, 13 a 18 de outubro de 2004.* MCT: Brasília.

Vera-Diaz, M.C., Kaufmann, R.K., Nepstad, D.C. e Schlesinger, P. 2008. An Interdisciplinary Model of Soybean Yield in the Amazon Basin: The Climatic, Edaphic, and Economic Determinants. *Ecological Economics*, 65, p. 420-431.

Veríssimo, A., Uhl, C., Mattos, M., Brandino, Z. e Vieira, I. 2002. Impactos Sociais, Econômicos e Ecológicos da Exploração Seletiva de Madeiras numa Região de Fronteira na Amazônia Oriental: O Caso de Tailândia. In: *A Expansão Madeireira na Amazônia: Impactos e Perspectivas para o Desenvolvimento Sustentável no Pará*, Barros, A.C. e Veríssimo, A. (eds.). 2ª ed. IMAZON: Belém, p. 1-39.

Veríssimo, A., Rolla, A., Vedoveto M. e Futada, S.M. (eds.). 2011. *Protected Areas in the Brazilian Amazon: Challenges e Opportunities.* IMAZON: Belém e ISA: Brasília.

Vitel, C.S.M.N., Fearnside, P.M. e Graça, P.M.L.A. 2009. Análise da Inibição do Desmatamento pelas Áreas Protegidas na Parte Sudoeste do

Arco de Desmatamento. In: *Anais XIV Simpósio Brasileiro de Sensoriamento Remoto, Natal, Brasil 2009*, Epiphanio, J.C.N. e Galvão, L.S. (eds.). INPE: São José dos Campos-São Paulo, p. 6377-6384.

Walker, R.T., Moran, E. e Anselin, L. 2000. Deforestation and Cattle Ranching in the Brazilian Amazon: External Capital and Household Processes. *World Development*, 28, p. 683-699.

Walker, R., Perz, S., Caldas, M. e Silva, L.G.T. 2002. Land Use and Land Cover Change in Forest Frontiers: The Role of Household Life Cycles. *International Regional Science Review*, 25(2), p. 169-199.

Walker, R., Moore, N.J., Arima, E., Perz, S., Simmons, C., Caldas, M., Vergara, D. e Böhrer, C. 2009. Protecting the Amazon with Protected Areas. *Proceedings of the National Academy of Sciences of the USA*, 106, 10, p. 582-586.

Walker, W.S., Gorelik, S.R., Baccini, A., Aragon-Osejo, J.L., Josse, C., Meyer, C., Macedo, M.N., Augusto, C., Rios, S., Katan, T., de Souza, A.A., Cuellar, S., Llanos, A., Zager, I., Mirabal, G.D., Solvik, K.K., Farina, M.K., Moutinho, P. e Schwartzman, S. 2020. The Role of Forest Conversion, Degradation, and Disturbance in the Carbon Dynamics of Amazon Indigenous Territories and Protected Areas. *Proceedings of the National Academy of Sciences USA*, 117, p. 3015-3025.

West, T.A.P., Börner, J. e Fearnside, P.M. 2019. Climatic Benefits from the 2006–2017 Avoided Deforestation in Amazonian Brazil. *Frontiers in Forests and Global Change* 2, p. 52.

West, T.A.P. e Fearnside, P.M. 2021. Brazil's Conservation Reform and the Reduction of Deforestation in Amazonia. *Land Use Policy*, 100, 105072.

Weterman, D. e J. Linder. 2019. Governo Vai Adotar Novo Modelo de Monitoramento de Desmatamento, diz Salles. *O Estado de São Paulo*, 01 de agosto de 2019.

Wright, S.J. e Muller-Landau, H.C. 2006. The Future of Tropical Species. *Biotropica*, 38, p. 287-301.

Wunder, S., Börner, J., Tito, M.R. e Pereira, L. 2009. *Pagamentos por Serviços Ambientais Perspectivas para a Amazônia Legal*. 2ª ed. MMA: Brasília.

Xaud, H.A.M., Martins, F.S.R. e Santos, J.R. 2013. Tropical Forest Degradation by Megafires in the Northern Brazilian Amazon. *Forest Ecology and Management*, 294, p. 97-106.

Yanai, A.M., Fearnside, P.M., Graça, P.M.L.A. e Nogueira, E.M. 2012. Avoided Deforestation in Brazilian Amazonia: Simulating the Effect of the Juma Sustainable Development Reserve. *Forest Ecology and Management*, 282, p. 78-91.

Yanai, A.M., Nogueira, E.M, Graça, P.M.L.A. e Fearnside, P.M. 2017. Deforestation and Carbon-stock Loss in Brazil's Amazonian Settlements. *Environmental Management*, 59(3), p. 393-409.

Yanai, A.M., Graça, P.M.L.A., Escada, M.I.S., Ziccardi, L.G. e Fearnside, P.M. 2020. Deforestation Dynamics in Brazil's Amazonian Settlements: Effects of Land-tenure Concentration. *Journal of Environmental Management*, 268, 110555.

Zarin, D.J., Harris, N.L., Baccini, A., Aksenov, D., Hansen, M.C., Azevedo-Ramos, C., Azevedo, T., Margono, B.A., Alencar, A.C., Gabris, C., Allegretti, A., Potapov, P., Farina, M., Walker, W.S., Shevade, V.S., Loboda, T.V., Turubanova, S. e Tyukavina, A. 2016. Can Carbon Emissions from Tropical Deforestation Drop by 50% in Five Years? *Global Change Biology*, 22(4), p. 1336-1347.

SITUAÇÕES DE FRONTEIRA E PROTAGONISMO INDÍGENA: UMA CHAVE ANALÍTICA PARA REPENSAR O PROCESSO DE FORMAÇÃO NACIONAL

João Pacheco de Oliveira e Tomas Paoliello

A formação nacional e a *outrificação* dos indígenas

A unidade de análise social a que chamamos de nação, com todos os bens culturais que a exaltam e dignificam, está assentada em processos violentos de submissão das diferenças e na erradicação, sistemática e rotineira, de heterogeneidades e autonomias. Os fatos e personagens destes processos são objeto de um forte controle social, e apresentam-se para as gerações seguintes de forma ritualizada, sempre institucionalizados em certas formas de percepção e narratividade. Paralelamente as memórias edificadas são acompanhadas por formas de esquecimento. Estas penetram na mente dos cidadãos pelas mais variadas e diáfanas formas, ainda que jamais tenham sido conscientemente aprendidas.

A construção de uma identidade nacional flui dessa forma, caracterizando determinadas regiões como fronteiras aparentemente naturais, instituindo a certos grupos sociais como os seus "outros", reelaborando o passado com a sistemática exclusão e re-semantização dos fatos históricos, que são transformados em algo bem distinto do que efetivamente foram para os seus protagonistas.

Na elaboração da primeira história sistemática do Brasil, escrita por Francisco Adolpho de Varnhagen em 1854, foram assentadas as bases para pensar a relação entre a nação e as suas populações indígenas (Varnhagen, 1978). Ali o Brasil foi pensado como um projeto e uma criação puramente portuguesa (Cezar, 2002). A preocupação central de Varnhagen era destacar os elementos de continuidade com as instituições, doutrinas e significados encontrados na vida metropolitana. Era a herança portuguesa que explicava a unidade política, geográfica e cultural do país, assim como a forma de governo que se seguiu à independência e presidiu à construção das principais instituições nacionais.

A violência da ação colonial foi omitida ou minimizada e sempre justificada (explícita ou implicitamente). Os indígenas eram descritos de forma negativa – como cruéis, primitivos, belicosos e improdutivos – e suas ações narradas como desprovidas de racionalidade e moralidade. Na reconstituição que Varnhagen empreendeu da história pregressa do Brasil (350 anos), apoiando-se em documentos oficiais e fontes administrativas, os índios constituíam tão somente um obstáculo à criação da colônia. Nos relatos ali contidos eram invariavelmente eles que atacavam as fazendas e cidades, matando aos colonos e destruindo os bens e riquezas que estes haviam criado. A destruição das aldeias, o extermínio de coletividades inteiras, a escravização e o deslocamento compulsório de outras, eram vistos como componentes inexoráveis da colonização, sendo enfatizados e refletidos os seus aspectos pedagógicos e religiosos (a catequese e civilização).

Tal viés ideológico não se refletiu apenas no relacionamento entre os europeus e os indígenas, afetou muitos outros aspectos na compreensão da formação econômico-social. Como, por exemplo, a pouco investigada complexidade do tecido social da colônia, que além de portugueses e indígenas incluía também diferentes categorias de mistura (mamelucos, cafuzos, caborés e curibocas). Ou as enormes diferenças no potencial econômico das regiões, o que resultou em formas bem distintas de incorporação dos indígenas, e não numa homogeneidade de tratamento, com a sucessão de modos de produção, de práticas e identidades sociais contrastantes, que muito mal se acomodaram no interior de uma história nacional unilinear. Igualmente os constantes motins, rebeliões e tentativas de secessão, nas quais indígenas e outros segmentos da população estiveram implicados, foram abordados de maneira superficial e simplificadora, como meras curiosidades e exotismos.

Em sua pesquisa documental e na redação do seu trabalho, Varnhagen seguiu as diretivas delineadas pelo naturalista Carl Friedrich Philipp von Martius, cuja monografia foi a vencedora do concurso intitulado "como se deve escrever a história do Brasil", promovido em 1840 pelo Instituto Histórico e Geográfico do Brasil (Von Martius, 1845). Embora a recomendação ali contida fosse de que a nação devia ser descrita como o resultado do cruzamento de três raças – o europeu, os negros e os indígenas, jamais existiu igualdade no tratamento dado a elas, seja na atenção quanto apresentação e registro de dados, seja na interpretação dos fatos.

Índios e negros, através de artifícios narrativos e imagens estigmatizantes, foram sempre considerados de forma abusiva e preconceituosa. Os indígenas tão somente enquanto parte de uma fronteira em expansão, cujos habitantes por princípio estavam desprovidos de direitos, à semelhança de povos inimigos; os que sobrevivessem deveriam ser mantidos sob vigilância e tutela. Os afrodescendentes porque viviam na condição jurídica de escravos e eram equiparados legalmente a mercadorias.

Para esclarecer melhor alguns dos muitos paradoxos que a história nacional nos apresenta precisamos incorporar nos objetos de investigação as populações autóctones e seus impactos na configuração das jovens nações. Ou seja, deixar de reproduzir um relato ingênuo e etnocêntrico sobre a expansão da Europa e de suas instituições e crenças, tratando os mundos coloniais como se fossem apenas uma extensão das metrópoles, um capítulo da história "universal" do ocidente. A narrativa resultante somente refletiu a perspectiva daqueles que se colocam como os colonizadores e seus herdeiros, nunca dos autóctones e dos que foram transformados em subalternos.

Imagens do país e de suas bordas

As autorrepresentações nacionais expressam os modos de pensar correntes no jovem país quanto à configuração de suas regiões e aos tipos sociais que ali podem ser encontrados, imagens que deveremos tratar de forma analítica e crítica. Tais autorrepresentações têm um enorme impacto na conformação de padrões de cidadania e moralidade, bem como no desempenho das atividades culturais e artísticas (Sommer, 1993), inclusive na configuração do futuro *métier* de historiadores, geógrafos e antropólogos nesses países.

A conhecida pintura de Victor Meirelles, *A primeira missa no Brasil*, baseada na carta do escrivão da frota portuguesa, Pero Vaz de Caminha, retrata a chegada no Novo Mundo. Foi pintada em Paris e recebida em 1861 com grande pompa e satisfação. Muito celebrada no segundo reinado, logo transformou-se na imagem oficial do surgimento do país, sendo repetidamente reproduzida em diferentes meios, desde livros didáticos até cédulas monetárias. É a mais forte autorrepresentação do Brasil, produzida pela elite escravocrata e monarquista, mas que conviveu tranquilamente com outros modelos políticos e econômicos, e continua sendo inculcada pela escola e naturalizada por toda a população letrada.

Imagem 1: Victor Meirelles, *A primeira missa no Brasil* (1861)

Nela os indígenas não são protagonistas da História, no máximo testemunhas inconscientes, tal como as árvores e os animais. Tão pouco manifestam qualquer preocupação quanto ao seu próprio destino. Na sugestão da pintura parecem fundir-se com a natureza, perdendo lentamente seus contornos, esvaindo-se como um rio composto por uma massa humana de corpos que se vão tornando disformes à medida que afluem do interior distante.

Para o público a conclusão é óbvia e molda certezas profundas – a nação brasileira foi efetivamente construída pelos europeus e somente por eles, que irão implantar igrejas, fortificações e prédios públicos, cidades, fazendas, caminhos e feiras. Alguns anos mais tarde, já no século XX e na República, esta tela será saudada por Capistrano de Abreu (1976), destacado historiador e intelectual influente, como a legítima "certidão de nascimento do Brasil".

Nada de semelhante ocorrerá com a construção imagética da Amazônia. A tentativa de criar através da pintura uma imagem celebratória da conquista da Amazonas levou um governador do Pará, na primeira década do século XX, a encomendar ao consagrado artista fluminense Antônio Parreiras uma obra comemorativa. O resultado foi uma impactante e enorme tela, bastante celebrada em termos estéticos (ocupa um lugar de destaque no Museu Histórico do Estado do Pará).

Imagem 2: Antônio Parreira, *A conquista do Amazonas* (1908)

Embora também se reporte a uma cena histórica, das primeiras explorações no rio Amazonas, a pintura não expressou uma imagem idealizada da colonização com a qual a elite regional se identificaria. Sutilmente o foco de luz incidia na imagem desnuda de uma mulher indígena, para a qual os olhares dos brancos se dirigiam vorazmente. O que o pintor sugeria ao seu público, longe da celebração de um pacto para a formação de uma colônia ou de uma nação, era a explicitação da fragilidade e das finalidades predatórias e particulares que moviam os agentes da colonização.

A pintura de Antônio Parreiras é, ao contrário das intenções do governador e da elite regional, uma monumental metáfora da colonização da Amazônia e, por extensão, da natureza da própria fronteira. É a antítese dos elevados ideais da conversão religiosa e do projeto político imperial que se expressava na tela na imagem tão difundida da primeira missa, revelando um cenário de conflitos, exploração e rapina. Ele aponta a dimensão egoística, predatória de qualquer fronteira, aqui materializada na floresta amazônica.

Contra as autorrepresentações caudatárias da crença em um protagonismo exclusivo do homem branco e que engendraram as narrativas e imagens idealizadoras, solo no qual se assentam os discursos das elites e o imaginário nacional sobre a fronteira, o investigador atual precisa remontar de outra maneira ao passado. Cabe aos historiadores, cientistas sociais e geógrafos buscar compreender o surgimento das estruturas de geração de riqueza baseadas na desigualdade e na expansão territorial.

A escravidão indígena (vide Monteiro, 2001), que precede a importação de escravos africanos e continua a existir por mais três séculos, revela-se como fundamental para o estabelecimento dessa colônia de exploração portuguesa na América Meridional, associando íntima e inexoravelmente a produção de riquezas ao genocídio, à expropriação territorial, à destruição dos recursos ambientais, a modalidades variadas de coerção ao trabalho (escravidão temporária, patronagem e tutela).

Se formos buscar nos arquivos coloniais imagens mais aproximadas do que poderia ser um tal "nascimento", certamente a gravura de Jean-Baptiste Debret, intitulada *Família Guarani capturada por caçadores de escravos*, colocada na capa de livro recente (Pacheco de Oliveira, 2016), poderia ser muito mais sugestiva. A transformação da população autóctone, antes livre e autônoma, em subalterna, ato fundacional indissociavelmente violento e arbitrário, respondeu aos interesses econômicos dominantes.

Como ocorreu com a apropriação da terra habitada pelos indígenas e a obtenção compulsória de mão de obra, isso articulando-se com a formação (multiétnica) da família brasileira, a consolidação da classe dirigente e de uma estrutura de governo. Ela não prescindiu jamais de um processo de genocídio – chamado de forma eufemística de "pacificação" – que correspondia à fabricação de um permanente estado de guerra, uma economia que se assentava na conquista de novas fronteiras e que exigia a completa negação de quaisquer direitos à população autóctone.

Figura 3 - Jean-Baptiste Debret, *Família Guarani capturada por caçadores de escravos*

As situações de fronteira

É importante lembrar que no Brasil a formação nacional não foi realizada através de estruturas homogeneizadoras de uma república, mas sim da criação de um Império que articula grandes heterogeneidades regionais, coexistindo ainda um longo período com a escravidão e com uma forte presença do clero na política e na administração. Tudo isso deu ao jovem país uma conformação bastante conservadora e autoritária, tal como era concebido o próprio Iluminismo em Portugal, algo que em nada lembrava o jacobinismo republicano.

Imensas regiões que hoje fazem parte do mapa político do país estavam, quatro séculos após a descoberta, bastante afastadas da vida econômica e sociocultural da nação. Isoladas entre si, foram transformadas pelo governo imperial em potenciais fronteiras, colônias interiores, que em diferentes tempos viriam a ser objeto de formas distintas de exploração. Embora historiadores e sociólogos do passado acompanhem as representações da elite dirigente, que pensou tais regiões como "vazios demográficos", as pesquisas atuais dos antropólogos evidenciam que ali habitavam em caráter regular e permanente extensos e distintos povos indígenas, que mantinham um controle sobre tais territórios e continuavam a desenvolver as suas práticas culturais em condições de relativa autonomia.

Assim ocorria nas províncias do sul, com os índios Kaingang; no norte de Minas Gerais, com os Botocudos e Xacriabás; no sul da Bahia, com os Pataxós e Tupinambás; no Centro-Oeste, com os povos de língua Jê; nos limites com a região do Chaco, com os Terenas, Kadiwéus e Guaranis; em Mato Grosso sobressaiam os Apiakás e Parecis; e por fim no imenso vale do Amazonas dezenas de povos formavam um mosaico de línguas e culturas, com algumas áreas de mais forte resistência no Amazonas, Mato Grosso, Maranhão e Roraima, como aquelas habitadas respectivamente pelos Muras, Mundurukus, Crichanás, Xavantes, Teneteharas e Makuxis.

Quadro 1. Situações de fronteira no Brasil

Localização	Atividades Econômicas	Povos Indígenas Atingidos	Período
Guerra dos Bárbaros (da Bahia ao Maranhão)	Pecuária e agricultura	Tapuias (Janduis, Paiacus, Caripus, Icós, Tatarius) e Kariris	1650-1720
Bahia, Pernambuco, Ceará, Piauí	Pecuária extensiva	Tupinambás, Tabajaras, Pimenteiras, Akroás, Sapuyás, Payayás, Umãs, Kariris, Gueguês etc.	1550-1750

Minas Gerais, Goiás, Mato Grosso e Bahia	Metais preciosos (ouro e diamante)	Puris, Coroados, Cataguazes, Bororos, Kayapós, Xavante, Canoeiros, etc.	1650-1800
Norte de Minas Gerais e Espírito Santo	Projetos de colonização agrícola	Botocudos, Kakriabá, Krenak, Maxakali	1808–1815
Campos de Guarapuava (Paraná)	Projetos de colonização agrícola	Kaingangs	1808–1815
Rio de Janeiro, Sul de Minas Gerais, e São Paulo	Produção de café	Puris, Coroados, Goitacases e Kaingangs	1870–1930
Sul de Mato Grosso, Mato Grosso do Sul e Oeste de São Paulo	Produção de erva mate e pecuária	Guaranis, Terenas, Otis e Kadiwéus	1870–1920
Vale do Amazonas (Amazonas, Pará, Rondônia, Acre, Roraima)	Produção de borracha	Ticunas, Kashinawás, Muras, Mundurukus, Kayabis, etc.	1870–1920
Campos no Maranhão, Goiás e Piauí	Pecuária	Timbiras, Guajajaras e Gamellas	1890–1940
Sul da Bahia	Produção de cacau	Tupinambás, Pataxós e Camacães	1890–1950
Oeste de São Paulo, Paraná, Santa Catarina, Rio Grande do Sul	Colônias agrícolas (imigrantes)	Kaingangs e Xoklengs	1910–1940
Região Central (Goiás, Mato Grosso, Pará)	Pecuária e agricultura	Karajás, Xavantes, índios do Xingu e Kayapós	1940–1960

Região da Amazônia Legal (Pará, Amazonas, Rondônia, Acre)	Projetos de colonização, hidrelétricas, estradas e megaprojetos	Kayapós, Assurinis, Gaviões, Nanbiquaras, Parecis, Bororos, Apurinãs, Mundurukus, Xikrins, Waimiri-Atroaris, Kararaôs, Sateré-Mawés etc.	1970–...
Região do São Francisco	Hidrelétricas, transposição, agricultura	Tuxás, Pankararus, Pankararés	1950-...

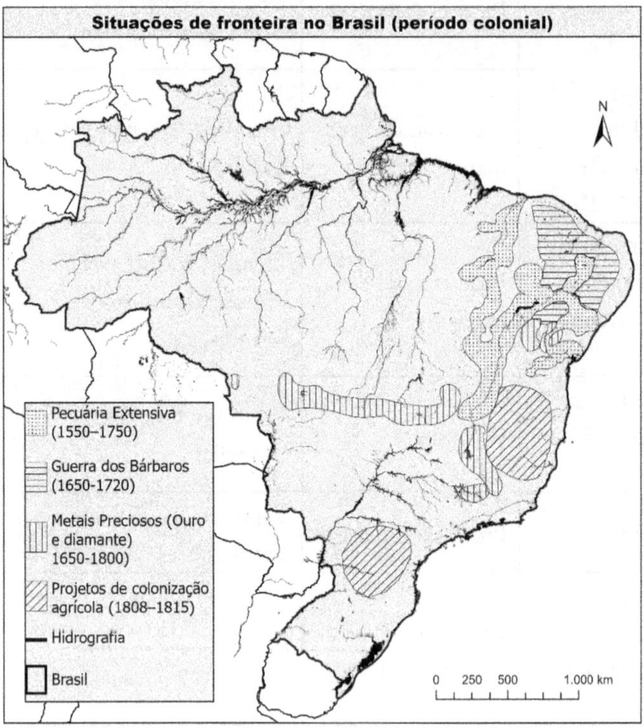

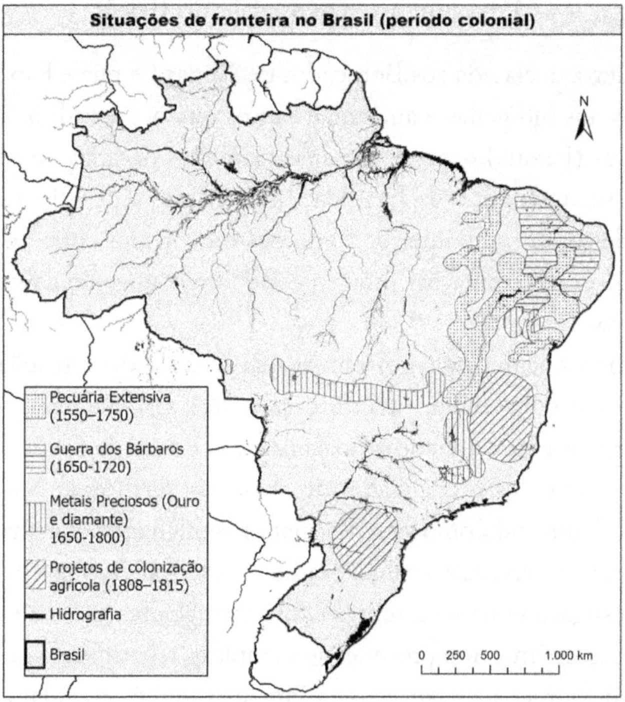

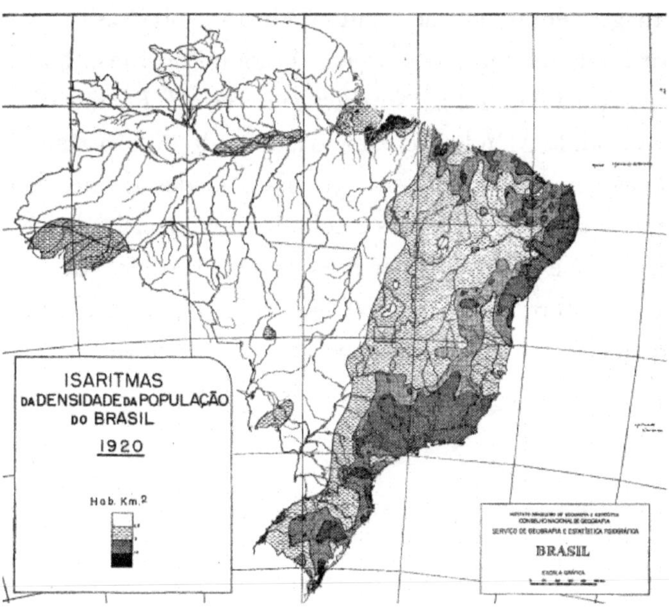

Fonte: Serviço de Geografia e Estatística Fisiográfica

Povoamento e ocupação do Brasil

A guerra declarada aos Botocudos de Minas Gerais e Espírito Santo bem como aos indígenas Kaingang e outros que ocupavam os campos de Guarapuava (Paraná) ocorreu nas duas primeiras décadas do século XIX, iniciando-se ainda antes da Independência. Muito antes disso uma longa sucessão de conflitos no interior do nordeste, ocorridos entre 1650 e 1720, dizimou diversas populações indígenas, no fato conhecido como a "guerra dos bárbaros".

Os mapas acima, que mostram as mais conhecidas situações de fronteira registradas na colônia atlântica da América Portuguesa, constituem apenas uma primeira aproximação, com a finalidade de ajudar na visualização das diferentes modalidades de ocupação territorial. Não pretende de modo algum, tal como os dois mapas semelhantes construídos para períodos posteriores, possuir uma exatidão cartográfica, o que exigiria uma longa investigação histórica sobre as fontes existentes para cada uma dessas situações, assim como proceder ao complexo rebatimento dessas informações em coordenadas espaciais. A intenção aqui é de ajudar a visualizar uma abordagem em termos de fronteira à história do Brasil.

O ritmo de ocupação das regiões interiores do Brasil foi bem lento – e não apenas na Amazônia. No *Atlas do Império do Brazil*, elaborado em 1868 por Candido Mendes de Almeida, o estado de São Paulo é constituído por 16 comarcas, sendo em 15 delas cuidadosamente identificadas a sede municipal, vilas, paróquias e colônias nelas localizadas. Na última, Itapeva, a 16ª, que se estendia por mais da metade da área do estado, uma legenda dizia: "Terrenos ocupados pelos indígenas ferozes". Isso em São Paulo, província vizinha à Corte e apenas 150 anos atrás!

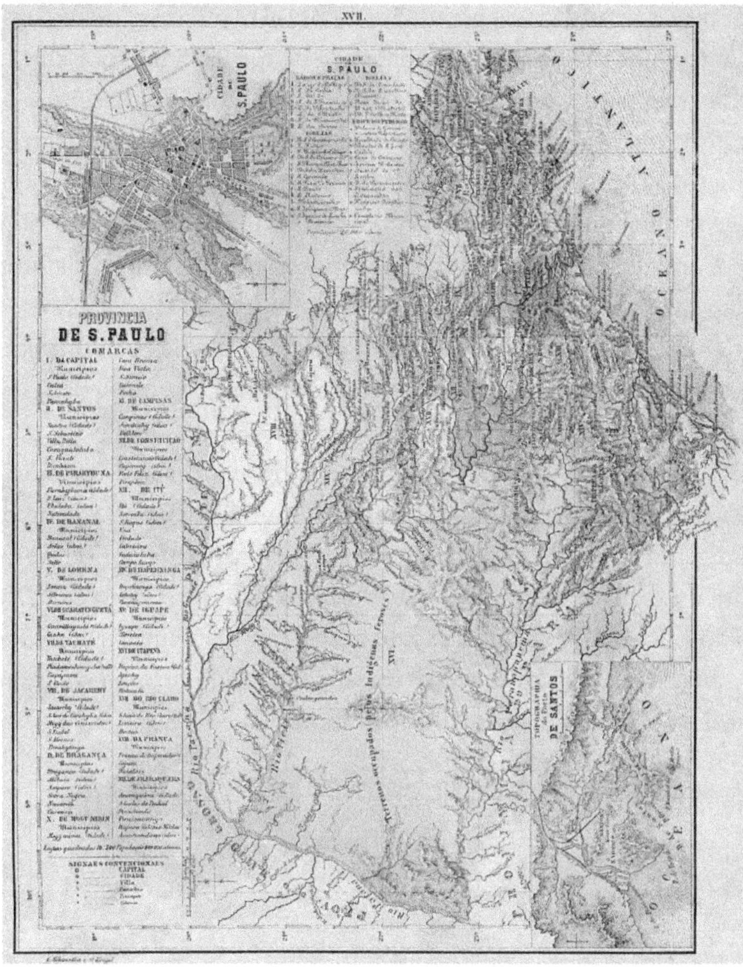

As missões religiosas implantadas na segunda metade do século XIX em diversas regiões do país (AM, MA, BA, MG, PR) foram as pontas de lança da tomada por colonos e grileiros de territórios indígenas. As ações de extermínio no sul contra os Kaingang e Xokleng, realizadas por "bugreiros" (caçadores de índios) remunerados por fazendeiros e colonos, se estendeu até as primeiras décadas do século XX, como também ocorreu no Mato Grosso com Terenas e Guaranis.

O cartograma das isaritmas de densidade populacional (vide abaixo), elaborado pelo Instituto Brasileiro de Geografia e Estatística (IBGE), mostra que em 1920, cem anos após a Independência, afastando-se da faixa litorânea, a densidade da população do Brasil manteve-se extremamente baixa, na grande maioria do interior sendo de 0,5 habitante por km².

Em virtude dessa grande dispersão espacial (sul, leste, centro-oeste, nordeste e Amazônia), extrema diversidade ecológica e cultural, bem como da dimensão continental da jovem nação, os processos de conquista ocorreram em diferentes momentos da história, realizados nem sempre pelos mesmos interesses econômicos e mediante formas políticas distintas. É por isso que não consideramos possível nem significativo escrever uma história dos índios no Brasil, mas sim descrever e refletir analiticamente sobre a multiplicidade de formas e temporalidades que essa relação entre indígenas e sociedade brasileira veio a assumir.

A conquista do vale amazônico, chegando as áreas mais isoladas, habitadas por "índios bravos", implicou no extermínio de povos e comunidades indígenas em número desconhecido. Ela foi realizada por seringueiros durante a expansão da produção de borracha nos finais do século XIX e início do XX (sobretudo entre 1872 e 1911), com a ausência quase total do estado brasileiro, em um processo social comandado pelo mercado internacional e os bancos alemães, ingleses e norte-americanos.

Situações de fronteira no Brasil (1870-1950)

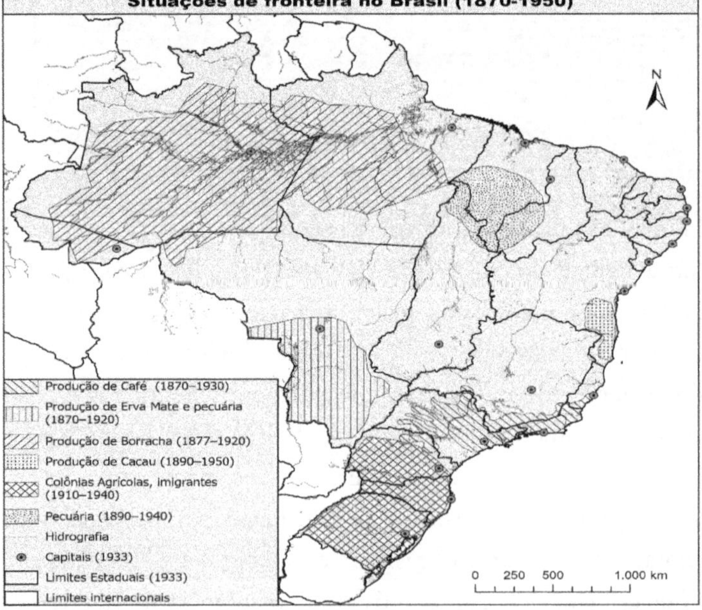

O fato comum porém é que todos estes conflitos jamais foram considerados episódios importantes da vida da nação, mas sim acontecimentos estritamente locais, supostamente desprovidos de maiores repercussões políticas ou econômicas. Os relatos eram sempre sobre a "surpresa" dos viajantes e exploradores em encontrar *ainda* "índios selvagens" no interior da nação. Na maioria dos casos as autoridades provinciais agiam de maneira "pragmática", considerando aos indígenas, à semelhança de alguns antigos cronistas coloniais, como parte integrante das "pragas" que "infestavam os sertões". Equiparados assim as cobras, mosquitos e variadas doenças que ali eram endêmicas, os índios deveriam ser rápida e silenciosamente exterminados, removidos do caminho do "progresso".

No século XX a intervenção estatal era realizada por uma agência federal específica (o SPI/Serviço de Proteção aos Índios e depois a Funai/ Fundação Nacional do Índio), movida por uma ideologia protecionista e humanitária. O lema de Rondon, fundador do SPI, era, nas "pacificações" de indígenas, "morrer se preciso for, matar nunca". As pacificações realizadas pelo SPI, com grande destaque na imprensa e no ambiente cultural e político da República, ocorreram sobretudo em Mato Grosso e Rondônia nas duas primeiras décadas do século XX, afetando os territórios ocupados por Bororos, Parecis e Nambiquaras.

Muito embora representasse a política oficial no que concerne aos indígenas, a presença efetiva do SPI só ocorreu em casos muito especiais, em que os conflitos com os indígenas chegaram a ser reiteradamente registrados pela imprensa e adquiriram grande visibilidade na opinião pública. Por sua vez os povos e territórios indígenas da região do Alto Xingu e de partes do Brasil Central só foram incorporados de fato à vida econômica do país nas décadas de 1940 e 1950, bem como várias outras regiões do Mato Grosso, Pará e Rondônia. Muitos povos indígenas do Pará, Maranhão, Rondônia, Acre e Amazônia só vieram a ser contatados e sedentarizados pela Funai nas décadas de 1970 e 1980, em ações mitigadoras face a grandes deslocamentos populacionais e intervenções ambientais resultantes da abertura de estradas (Belém-Brasília, Marabá-Santarém, Manaus-Porto Velho, Cuiabá- Rio Branco), da instalação de hidrelétricas e linhas de transmissão, bem como de atividades de garimpo, mineração e extração de madeiras.

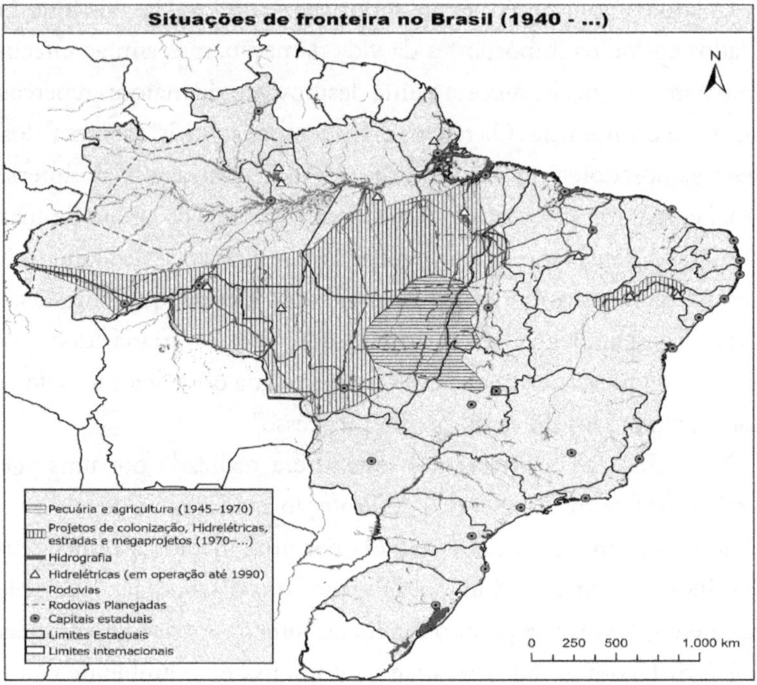

O regime tutelar: o modelo e sua flexibilização

A política indigenista brasileira não pode ser descrita apenas segundo as autorrepresentações de indigenistas e funcionários de governo, nem exclusivamente através da legislação ou das ações administrativas, mas precisa ser abordada de maneira etnográfica, enquanto fenômeno sociológico.[1] O exercício da tutela constitui-se na realidade em uma mediação coercitiva que, apoiado nas leis mas sobretudo nos usos e costumes, engendra e reproduz, frequentemente de forma preconceituosa e racista, um "outro in-

1 Vide, entre outros, João Pacheco de Oliveira, *O Nosso Governo: Os Ticuna e o Regime Tutelar* Marco Zero/MCT-CNPq: São Paulo/Brasília, 1988; Antônio Carlos de Souza Lima, *Um Grande Cerco de Paz: Poder Tutelar, Indianidade e Formação do Estado no Brasil*, Vozes: Petrópolis, 1995; João Pacheco de Oliveira (org.), *Indigenismo e Territorialização: Poderes, Rotinas e Saberes Coloniais no Brasil Contemporâneo*, Contra Capa: Rio de Janeiro, 1998; João Pacheco de Oliveira, *O Nascimento do Brasil e Outros Ensaios*, Contra Capa: Rio de Janeiro, 2016.

terno". As mais variadas formas de trabalho compulsório e variados modos de confinamento de populações, assim como múltiplas formas de trabalho compulsório, de sujeição política e de constrições culturais estão associadas ao regime tutelar e aos modos de construção de grupos sociais pensados como "outros internos" (que, por suposto, não são tratados como portadores de direitos reconhecidos genericamente aos cidadãos).

A posição de tutor não propicia apenas ações de proteção e assistência, mas também atos de restrição de interesses e direitos, ações repressivas facilmente explicáveis por intenções pedagógicas e de exemplaridade ética. A condição tutelar instaura um espaço social legitimado para jogos econômicos e políticos em que a atuação do tutor oscilará entre o seu mandato legal de proteção ao tutelado e os interesses contrários manifestados por terceiros. Em decorrência da diversidade de formas de produção e de agentes econômicos interessados nos territórios indígenas, bem como da multiplicidade de usos que poderiam ser dados ao trabalho indígena, o exercício da tutela assumirá formas bem distintas nas muitas regiões que compõem o país. A expansão das fronteiras econômicas, no interior do país, não implicou em atividades desordenadas e contraditórias, mas em diferentes experiências adaptativas que se associam não de forma automática, mas através de intermediações políticas e ideológicas.

Dado ao importante papel que o indianismo desempenhou na construção de uma identidade nacional e pela ideologia republicana da proteção fraternal aos indígenas, a expansão das fronteiras não poderia acontecer de forma análoga ao que sucedeu em muitas partes da América (como Estados Unidos, Argentina e Chile, por exemplo). Não foram empreendidas guerras e campanhas militares contra os indígenas, os militares e outros agentes públicos não participaram diretamente de iniciativas oficiais que implicaram no extermínio de povos indígenas.

No entanto a completa omissão das autoridades governamentais permitiu que fossem exterminados mais de cinquenta povos indígenas na primeira metade do século XX. Embora considerasse aos indígenas como tutelados, a ocupação de algumas fronteiras se registrou sem qualquer presença do Estado, as práticas de extermínio sendo livremente conduzidas por particulares. Assim ocorreu por exemplo no vale amazônico, com as "correrias" realizadas nos seringais (atividade inserida numa rede financeira internacional de produção de borracha nativa para a indústria norte americana) e no sul do país com companhias colonizadoras e imigrantes europeus.

Em outras regiões, onde as potencialidades de exploração se revelavam muito inferiores ou ainda onde outros usos (sobretudo geopolíticos, em áreas de fronteira internacional) foram atribuídos aos indígenas, predominou a política de pacificar e tutelar através de uma agência do estado.

O significado das fronteiras

A geração de riquezas na colônia, assim como no Império e na República, nunca se baseou em um sistema econômico fechado, com recursos limitados e com papéis complementares (ainda que antagônicos) no processo de produção. A mais valia não é de forma alguma o único fator de geração de riquezas nessa sociedade, onde os detentores do poder político jamais abandonaram as chamadas "formas primitivas de acumulação",[2] transformando em rotina a apropriação de recursos que constituem a base do modo de vida de populações autóctones.

O estabelecimento de fronteiras, seja por atos administrativos ou simplesmente por práticas sociais, permitiu decretar como "livres" terras que eram ocupadas por coletividades preexistentes, considerar como "rudimentares" usos sociais vigentes, qualificar como "criminosos" os que se lhe opuseram, adotar e propagar argumentos que justificam a construção de um "outro interno", aos quais são inaplicáveis as regras que norteiam a convivência entre os demais cidadãos.

Uma fronteira é criada cada vez que grupos poderosos de uma nação se associam para abolir os direitos de outro sobre as riquezas que possuem e que utilizam para a sua reprodução e continuidade sociocultural. Inexiste uma fronteira natural. As fronteiras são criações políticas resultantes de

2 Ver Meillassoux (1973) e, mais recentemente, Dorre (2010) e Mezzadra (2011) para pensar a acumulação primitiva não como um fato histórico circunscrito, mas como uma forma secundária de exploração, integrada com a reprodução econômica e social de uma formação social.

potencialidades econômicas ativadas por jogos de escala e estruturas assimétricas de poder. Abordar uma nação do ponto de vista da fronteira não é identificar modos de produção sucessivos no tempo, é buscar compreender o complexo processo de negação de direitos, de construção de alteridades e de exercício de tutela que concorreram para a sua formação e individualidade nas mais diversas manifestações da vida social.[3]

Considerações finais

Uma grande parte do público universitário e até dos cientistas sociais brasileiros ainda pensam o indígena como um segmento da população sem expressão demográfica nem maiores implicações econômicas e políticas. Não se dão conta da importância que o indígena teve e tem na história recente do país, enquanto habitante das situações de fronteira nas quais a economia brasileira veio a exibir seus maiores índices de crescimento. Este é o caso atual do agronegócio e da produção de riquezas para exportação (soja, carnes e derivados) que consideram as terras indígenas e as áreas de quilombolas e de populações tradicionais como o principal obstáculo ao desenvolvimento nacional.

O que queríamos propor aqui é uma outra leitura do lugar dos indígenas e da fronteira na história do Brasil, buscando escrever uma espécie de "história à contrapelo" (Benjamin), que ajude a implodir uma estrutura narrativa viciada, incapaz de fugir as autorrepresentações das elites e a uma história meramente jurídico-administrativa. Há um imenso trabalho a ser feito pela nova geração de historiadores, geógrafos e antropólogos. Temos que reler as fontes e os historiadores do passado não como se fossem hologramas, mas como narrativas engendradas por atores sociais de seu próprio tempo, uma vez que os autores (como nos lembra Pierre Bourdieu) sempre escreveram para os seus contemporâneos. É fundamental investigar como se consolidam em "verdades históricas" versões apenas parciais e fragmentárias, cuja circulação e valorização é cuidadosamente triada por

3 Um exemplo recente dessa abordagem foi realizado com a atuação dos governos militares na criação de uma fronteira intitulada "Amazônia Legal" (vide Pacheco de Oliveira, 2021).

redes hierarquizadas (embora algumas vezes contraditórias) de instituições e poderes.

Também não podemos ser apenas etnógrafos no sentido "clássico", isto é, limitarmos nossos instrumentos de investigação ao perfil de uma antropologia feita em um contexto colonial e com o deliberado apagamento de suas condições de existência. Tal projeto cognitivo engendrou uma forma peculiar de existência sociocultural, encontrada nos museus e na literatura etnológica, relativizadora mas congelada e arbitrária, que podia ser comodamente apreendida fora da história, tal como criticada por Fabian (1982). O mapa de um país precisa ser tratado como uma construção cognitiva articulada com interesses múltiplos, sobretudo de setores econômica e politicamente dominantes, implicando paralelamente na exclusão de outros olhares e projetos.[4] Os tradicionais "arquivos coloniais", cheios de lacunas e paradoxos, são suscetíveis de leituras radicalmente novas, bem como precisam estar expostos aos registros de memória das próprias populações subalternizadas bem como ao seu crivo político atual.

Referências bibliográficas

Benjamin, Walter. 1986. Sobre o Conceito de História. In: *Obras Escolhidas: Magia e Técnica, Arte e Política*, 2ª ed. Editora Brasiliense: São Paulo, p. 222-232.

Bensa, Alban. 2006. *Sur l'Exotisme: Essais d'Anthropologie Critique*. Toulouse: Anacharsis.

Bourdieu, Pierre. 1982. *Ce que Parler Veut Dire.* Fayard: Paris.

Capistrano de Abreu, J. 1976. *Ensaios e Estudos: Crítica e História.* 2ª ed. Civilização Brasileira: Rio de Janeiro.

Carneiro da Cunha, M. (org.). 1992. *História dos Índios no Brasil.* Companhia das Letras: São Paulo.

4 Um exemplo para essa abordagem historicamente enraizada da formação de uma ciência é a recente tese de doutoramento de Tomas Paoliello (2017) sobre a formação do IBGE, permitindo contextualizar melhor o próprio surgimento da geografia como disciplina universitária.

Castro, Sílvio. (org.). 1985. *A Carta de Pero Vaz de Caminha. Descobrimento do Brasil.* L&PM: Porto Alegre.

Cezar, Temistocles. 2002. *L'Écriture de l'Histoire au Brésil au XIXe Siècle. Essai sur une Rhétorique de la Nationalité.* Le Cas Varnhagen. PhD thesis. École des Hautes Études en Sciences Sociales: Paris.

Dorre, Klaus. 2010. Social Classes in the Process of Capitalist Landnahme: On the Relevance of Secondary Exploitation. *Socialist studies/ Études socialistes*, 6(2), p. 43-74.

Fabian, Johan. 1983. *Time and the Other: How Anthropology Makes its Objects.* Columbia University Press: New York.

Hemming, John. 1978. *Red Gold: The Conquest of the Brazilians Indians.* Macmillan: London.

L'Etoile, Benoit; Neiburg, Federico; Sigaud, Lygia Sigaud. 2005. *Empires, Nations, and Natives. Anthropology and State-Making.* Duke University Press: Duham and London.

Lowenhaupt Tsing, Anna. 2005. *Friction: An Ethnography of Global Connections.* Princeton University Press: Princeton.

Meillassoux, Claude. 1975. *Femmes, Gréniers e Capitaux.* Maspero: Paris.

Mendes de Almeida, Candido. 1868. *Atlas do Império do Brazil: Comprehendendo as Respectivas Divisões Administrativas, Ecclesiasticas, Eleitoraes e Judiciárias.* Typographia do Instituto Philomatico: Rio de Janeiro.

Mezzadra, Sandro. 2011. The Topicality of Prehistory: A New Reading of Marx's Analysis of "So-called Primitive Accumulation". *Rethinking Marxism: A Journal of Economics, Culture e Society*, 23(3), 302-321.

Monteiro, John. 2001. *Tupis, Tapuias e Historiadores. Estudos de História Indígena e do Indigenismo.* Tese de Livre Docência. Universidade Estadual de Campinas: Campinas.

Neiva, A.H. 2001. Aspectos Geográficos da Imigração e Colonização do Brasil. *Revista Brasileira de Geografia*, 2, p. 249-270.

Pacheco de Oliveira, João. 1988. *O Nosso Governo: Os Ticuna e o Regime Tutelar.* Marco Zero/MCT-CNPq: São Paulo/Brasília.

Pacheco de Oliveira, J. (org.). 1998. *Indigenismo e Territorialização: Poderes, Rotinas e Saberes Coloniais no Brasil Contemporâneo*. Contra Capa: Rio de Janeiro.

Pacheco de Oliveira, João. 2016. *O Nascimento do Brasil e Outros Ensaios*. Contra Capa: Rio de Janeiro.

Paoliello, Tomas. 2017. *Desbravar, Mapear e Integrar os Sertões: Discursos Geográficos sobre o Nordeste Brasileiro (1939-1964)*. Tese de doutorado em Geografia, Universidade Federal do Rio de Janeiro: Rio de Janeiro.

Raminelli, Ronald. 1996. *Imagens da Colonização: A Representação do Índio de Caminha a Vieira*. Jorge Zahar: Rio de Janeiro.

Schwartz, Stuart B. 1988. *Segredos Internos: Engenhos e Escravos na Sociedade Colonial (1550/1835)*. Companhia das Letras: São Paulo.

Smith, Anthony D. 1986. *The Ethnic Origins of Nations*. Alan Sutton Publishing: Gloucester.

Sommer, Doris W. 1993. *Foundational Fictions. The National Romances of Latin America*. University of California Press: Berkeley.

Souza Lima, Antônio C. 1994. *Um Grande Cerco de Paz: Poder Tutelar, Indianidade e Formação de Estado no Brasil*. Vozes: Petrópolis.

Stocking Jr., George W. 1991. *Colonial Situations. Knowledge Essays on the Contextualization of Ethnographic Knowledge*. University of Wisconsin: Madison.

Varnhagen, Francisco Adolfo A. 1978 [1854]. *História Geral do Brasil Antes de sua Separação e Independência de Portugal*. Melhoramentos: São Paulo.

Von Martius, Karl Friedich P.F.P. 1845. Como se Deve Escrever a História do Brasil. *Revista Trimensal do Instituto Histórico e Geográfico Brasileiro*, 24(6), p. 381-403.

INTEGRAÇÃO FORÇADA E EXTERMÍNIO

Márcio Souza

A maioria dos povos indígenas do Brasil atualmente vive na Amazônia. Falando cerca de 155 línguas diferentes, a população indígena do Brasil pode ser, de forma heurística, agrupada em quatro categorias distintas, considerando o nível e o grau de contato com a sociedade nacional abrangente, a saber:

1. Grupos isolados – são aqueles povos que conseguiram escapar do contato com a sociedade envolvente, habitantes de regiões de acesso difícil. São pouco numerosos, vivem plenamente o seu modo de produção, mas representam o elo mais frágil, já que um contato mínimo pode levá-los ao extermínio.

2. Grupos em contato intermitente – são aqueles que estabeleceram uma certa distância das frentes de penetração, mantém contatos esparsos, não comerciam ou dependem da sociedade envolvente e continuam a proceder segundo o modo de produção tribal.

3. Grupos em contato permanente – neste grupo estão representados a grande maioria dos povos indígenas do Brasil. São os grupos que ao longo da história estabeleceram diversas relações com a sociedade envolvente. Estas relações colidiram com o curso autônomo desses povos, romperam o equilíbrio do modo de produção tribal e criaram vigorosos laços de subordinação e dependência em relação à sociedade abrangente. Os povos em

contato permanente vivem em constante conflito. Conflito de sua cultura original com a cultura da sociedade de classes. Conflito de seu modo de produção sem propriedade privada com o modo de produção capitalista. Conflito por verem o desabamento de seu mundo em troca de sua entrada na escala mais baixa da sociedade envolvente.

4. Integrados – é uma categoria discutível, mas representa aqueles povos que tiveram o seu modo de produção inteiramente quebrado e hoje vendem a sua força de trabalho como qualquer camponês ou operário. O fator étnico torna o problema da integração mais dilacerante, pois esses povos vão rapidamente desaparecendo, não por estarem assimilados à sociedade envolvente, mas porque desapareceram literalmente enquanto nação, enquanto cultura e até enquanto criaturas humanas. Na verdade não existe integração possível, o que há é extermínio, genocídio, assassinatos em massa.

Por esses motivos é que a consequência mais terrível das políticas autoritárias de desenvolvimento é a transformação em trabalhadores indígenas superexplorados e o extrativismo ilegal de suas posses e glebas, bem como a invasão e integração forçada das etnias que a frente econômica encontra pelo caminho. Milhares de famílias foram tiradas de seus lares e empurradas para a degradação. Os conflitos de terra aumentaram de intensidade a partir de 1970, gerando fotos críticos como a região do "Bico do Papagaio", no sul do Pará, ou os estados de Rondônia e Acre. Mesmo passando décadas desde a democratização do Brasil, a situação das etnias é de permanente luta para garantir a posse de seus territórios tradicionais, que estão sendo invadidos com a expansão da frente econômica para o sul da Amazônia. Principais vítimas dos grileiros, pecuaristas e projetos agroindustriais, sem esquecer dos gigantescos projetos hidrelétricos, os povos indígenas e seus aliados consideram que a luta pela terra é a luta fundamental para garantir sua própria sobrevivência.

Enumerar caso por caso as agressões aos territórios indígenas seria impossível nos limites desse capítulo. De qualquer modo, é preciso destacar alguns dos casos mais rumorosos e escandalosos, ressaltando os inimigos dos povos indígenas. Assim, vamos descobrir que os inimigos dos povos indígenas são os mesmos dos trabalhadores. Esses inimigos são o próprio governo brasileiro, em suas instâncias municipais, estaduais e federal, o grande capital financeiro, o latifúndio, as grandes empresas madeireiras, as grandes fazendas agropecuárias, as hidrelétricas, as empresas de mineração e as estradas. O crescimento da organização desses trabalhadores mereceu um reforço do sistema repressivo, com ameaças, prisões, deportações e, finalmente, o assassinato puro e simples com a conveniência da polícia. Centenas de líderes camponeses tombaram sob as balas de jagunços, como foram os casos dos sindicalistas Wilson Pinheiro e Chico Mentes, no Acre. Além dos trabalhadores, os povos indígenas sofreram inúmeras agressões e violências. Os Parakanã, por exemplo, perderam seu território para a Transamazônica e para a hidrelétrica de Tucuruí.

Vejamos tantos outros exemplos. Mais de 10.000 indígenas, pertencentes a 16 grupos diferentes: Gorotire, Kuben-Kran-Ken, Menkronotire, Karrao, Assurini, Araueté, Waimi-atroari, Tuxá, Kaigang, Guarani, Xokleng, Gaviões, além dos Paracanã, perderam terras e foram expulsos de suas aldeias devido à construção de hidrelétricas pelo governo federal para enorme quantidade de energia para alimentar grandes empresas multinacionais. O drama dos Parakanã, tal qual as etnias que sofreram na calha do Rio Madeira, é representativo das consequências das hidrelétricas para os povos indígenas. Povo seminômade da região entre os rios Tocantins e Xingu, os Parakanã se mantiveram relativamente isolados até o momento em que a Transamazônica desabou sobre eles como um inferno. Mais de 200 indígenas foram mortos, e em abril de 1979, 94% dos Parakanã do Lontra estavam atacados por uma violenta epidemia de gripe, em consequência dos contatos com os operários e demais invasores.

A Funai penetrou na área para "proteger os índios", mas em 1971 o médico Antônio Madeiros, visitando a aldeia Parakanã do Lontra, descobre que dois agentes da Funai tinham contagiado 35 mulheres com sífilis. Como consequência, nasceram oito crianças completamente cegas. Além da gripe e da sífilis, muitas outras enfermidades foram introduzidas e provocaram mortes. Os fazendeiros também deram a sua contribuição "civilizadora", envenenando dezenas de pessoas no rio Cajazeiras. Em 1976, mais de uma dezena de indígenas morreram de malária, em 1977, seis morreram de poliomielite e outros 16 foram sumariamente assassinados.

A situação era tão grave entre os Parakanã que representantes da Aborigines' Rights Protection Society (ARPS), entidade formada por renomados cientistas, com sede em Londres, após visitarem a aldeia Parakanã em 1972, concluíram que esse povo estava em acelerado processo de extinção. Para que a construção da hidrelétrica de Tucuruí acontecesse, os Parakanã foram transferidos quatro vezes para áreas diferentes, facilitando o trabalho das empreiteiras. No Maranhão e norte do Tocantins, empresas multinacionais, com a Swift, Mineração Badin, Agropecuária América do Sul, entre outras, invadiram territórios indígenas. Em janeiro de 1979, os fazendeiros envenenaram um cacho de bananas matando cinco Guajás. Açúcar envenenado, roupas contaminadas, produtos químicos desfolhantes e tóxicos, eram algumas das técnicas para eliminar os povos indígenas, segundo denúncia da regional maranhense do Conselho Indigenista Missionário (CIMI).

Durante a Assembleia Geral do CIMI, realizada em junho de 1979, em Goiânia, o bispo paraguaio dom Alejo Obellar, depois de ouvir as atrocidades cometidas na região do Acre por agentes das empresas Copersucar, Manasa, Panacre, Colonizadora Itapiranga e outras, exclamou:

— Não é possível. Isso é um genocídio.

A invasão das fronteiras sul da Amazônia por grileiros sulistas, especialmente paranaenses, que já haviam destruído a cobertura florestal daquele estado, formava a grande frente de combate a serviço do grande latifúndio, apoiado pela Ditadura Militar e até mesmo pelos políticos da "oposição". Com o apoio explícito dos órgãos governamentais, como a SUDAM, a Funai e o aparato de segurança, invadiram as terras indígenas, expropriando-as pela violência e gerando conflitos tão ferozes que em muito empalideceram a própria história dos Estados Unidos no episódio da Conquista do Oeste. Em Mato Grosso, empresas agropecuárias, como Tapiraguai S.A., Bodoquena S.A. e Xavantina S.A., tomaram pela violência as terras dos Xavante, Bororó, Tapirapé e Karajá. Na mesma época, os Araweté e aos Assurini foram ameaçados pelo complexo hidrelétrico de Altamira. Em toda a Amazônia, os povos indígenas sofreram enormes abusos por parte do Estado brasileiro, tendo esses anos de desenvolvimento econômico durante e após a ditadura representado o ocaso para diversas culturas.

Outro tipo de assalto contra os povos indígenas foi perpetrado pelo regime militar através do modelo de ensino implantado pela Funai. Tratava-se de uma educação colonizadoras, arrogante, que não se preocupava com o ensino bilíngue, nem mesmo com algum tipo de dosificação do uso da língua originária na sala de aula. Ministradas em português, as aulas seguiam um modelo de ensino que era o mesmo das grandes cidades brasileiras. Na verdade, o currículo era aquele do sul do país, com exemplos que nada tinham a ver com a realidade das crianças indígenas. As mesmas matérias, os mesmos livros didáticos, a intromissão de conceitos etnocentristas e preconceituosos nas aulas de "moral e cívica". O objetivo dessa "escola" era converter o índio, destribalizá-lo, torná-lo num zumbi espiritual. Tal escola, onde chegou a funcionar, era uma fábrica macabra de caricatura de "civilizados", que acabavam iludidos e migravam para as cidades, onde integravam o contingente de mão de obra barata e acabavam marginalizados. Nos anos 1970, de acordo com pesquisa de professores da Universidade Federal do Amazonas, existiam cerca de 10 mil índios na triste situação de destribalizados, sem casa, sem família, sem língua, desmemoriados, verdadeiros zumbis.

Na gestão do coronel Nobre da Veiga, um dos criminosos que estiveram à frente da política indigenista da Ditadura Militar, a Funai recebeu centenas de agentes do malfadado Serviço Nacional de Informações (SNI), órgão de espionagem e repressão, que não estavam ali para saber se a coisa pública estava sendo bem administrada, mas para levantar e acompanhar a ação das nascentes lideranças indígenas e isolar os movimentos de resistência das forças políticas que os apoiavam. Esses agentes faziam rotineiramente trabalho de desinformação e intriga, além de listar os nomes dos líderes considerados mais perigosos. Esses, em geral eram presos, torturados e assassinados. No entanto, a política de desinformação e calúnias não era menos importante. Contra a atuação do CIMI, os "arapongas" do SNI espalharam rumores que os missionários tinham obrigação de dar assistência material, construir ambulatórios, resolver necessidades que a omissão deliberada do poder público nunca solucionava, quando o trabalho do CIMI era bem outro, um trabalho difícil de fazer, e em defesa e apoio das populações indígenas, feito sem paternalismo, sem imediatismo, no respeito à peculiaridade das nações indígenas.

O mais grave é que no caso da educação imposta aos índios era compartilhada por segmentos retóricos da sociedade civil, como as diversas missões evangélicas, na sua maioria norte americana, que escondiam seus interesses escusos em nome da evangelização. Em 1974, o sertanista Porfirio Carvalho, então chefe do posto da Funai no Acre, decolou um monomotor de Rio Branco com a missão de resgatar um jovem índio que estava muito doente numa fazenda da fronteira com a Bolívia. Pousando numa clareira próxima à sede da fazenda, viu o doente ser trazido numa rede por dois homens, sendo que o líder do pequeno cortejo era um norte-americano, ainda na casa dos vinte anos, descabelado e desdentado, missionário da News Tribes Mission. Esse homem entregou o doente, um adolescente, informando que o caso era perdido, pois se tratava de uma possessão diabólica. O corpo do índio estava ocupado por sete demônios e que ele havia passado a noite exorcizando o mesmo sem sucesso. Como método de exorcismo, açoitava a vítima durante horas, quase levando o doente a óbito. Chegando a Rio Branco, o sertanista internou o doente no hospital, onde os médicos, ao fazerem a autópsia, identificaram o demônio que possuía o infeliz índio: era uma hepatite. Pois bem, era esse tipo de gente que fazia a política educacional da Ditadura Militar.

A luta de resistência dos povos indígenas já dura quase meio milênio, mas foi durante a Ditatura que começaram a compreender a necessidade de se organizar para resistir à investida das frentes de expansão econômica que chegaram para roubar suas terras, separá-los de seus meios de produção e transformá-los em mão de obra barata, exterminando-os dessa forma como povos e arrasando sua identidade étnica. Em sua organização, guardando as especificidades históricas de cada povo, eles assimilam métodos de lutas e mobilização dos movimentos sociais dos trabalhadores e camponeses. Em abril de 1974, foi realizada a primeira assembleia plurinacional dos povos indígenas do Brasil, em Diamantina, Mato Grosso, a primeira grande vitória na defesa dos povos originários. Mas a sétima assembleia, realizada em Surumu, estado de Roraima, foi dissolvida pela Polícia Federal a mando da Funai, dando início a um clima de repressão crescente contra a unidade e a organização dos indígenas. O líder da nação Pareci, Daniel Matenho Cabixi, falando a respeito das "assembleias como armas de luta", destacou que elas estavam servindo como instrumento para a apresentação dos problemas e a busca de alternativas para resolvê-los, além de permitirem a comunicação entre as diversas nações, criando condições para analisar a atuação da Funai e dos missionários.

Mesmo com a redemocratização do país, os povos indígenas continuam na prática sendo tratados como símbolos do atraso e empecilhos para o progresso. Com a conivência do governo federal, preparam-se mudanças nas regras para a demarcação de terras indígenas; no Congresso Nacional, os ruralistas querem retirar do Executivo essa prerrogativa. Enquanto isso, os conflitos se intensificam, como no caso de Humaitá, Amazonas, a 675 km de Manaus, onde fica a reserva Tenharim. Em apenas um momento de tensão, um índio foi morto, três moradores estavam desaparecidos e a sede da Funai foi incendiada. Tudo por causa de um pedágio cobrado pelos índios na rodovia que corta a reserva.

Ao jornal *Correio Braziliense*, o líder indígena Marcos Terena fez duras críticas: "O governo não sabe o que está acontecendo, só toma conhecimento depois que explode o conflito". Segundo ele, a Funai está acéfala, virou obsoleta e não há interlocutores preparados para lidar com conflitos. "Em Humaitá, quem é o negociador? O ministro da Justiça mandou a polícia. A questão indígena virou caso de polícia! É a política que o Chile adotou contra os índios Mapuche. O governo brasileiro está usando a mesma metodologia". Terena concedeu a entrevista por telefone, da aldeia Terena de Aquidauana, em Mato Grosso do Sul, onde nasceu há várias décadas. Entrou na Funai como piloto. Foi fundador da União das Nações Indígenas. Na Eco-92, organizou a Conferência Mundial dos Povos Indígenas sobre Território, Meio Ambiente e Desenvolvimento. E foi o idealizador dos Jogos dos Povos Indígenas e do Festival das Tradições Indígenas. "A gente precisa analisar a questão por três ângulos", afirma Marcos Terena, "um é o do colonizador clássico, que é conservador e continua retrógrado em relação ao índio do novo milênio; outra, é a visão assistencialista e paternalista do governo brasileiro, que também é conservadora; a terceira, é a dinâmica natural e progressiva dos povos indígenas, que é quase invisível".

Diante das circunstâncias, o índio tem transformado as invasões culturais e econômicas – como hidrovias, hidrelétricas, novas cidades etc. –, que representam uma catástrofe étnica, em nova perspectiva de luta e sobrevivência. Esse processo está sendo digerido pelos líderes tradicionais, que chamamos de autoridades, e que o sistema colonizador transformou na figura caricata dos caciques. Tanto a questão dos índios, quanto os conflitos fundiários, indicam que o modelo de desenvolvimento foi direcionado deliberadamente para uma ocupação territorial por parte de proprietários não residentes na região, além de representarem a tendência de os projetos agropecuários predominarem sobre os industriais, o que significa a negação da Amazônia aos seus próprios habitantes. No final, esse esforço governamental demonstrou ser apenas um espasmo capitalista e não contribuiu para mitigar a crise da indústria nacional a partir de 1981.

As práticas brutais contra os povos indígenas não são parte exclusiva do processo de conquista e colonização dos primeiros europeus. No alvorecer do século XX explodiu na região um dos maiores escândalos envolvendo grandes empresários locais e internacionais. A revelação da natureza dos negócios de Julio Cesar Araña no rio Putumayo, envolvendo diversas figuras dos meios financeiros de Londres, inclusive membros da Câmara dos Comuns.

Walt Hardenburg, de Illinois, Estados Unidos, estava com 21 anos quando decidiu se aventurar pela selva amazônica, acompanhado de um amigo. Quando descia o rio Putumayo, foi apanhado por um destacamento policial peruano, recebendo conselho de se afastar daquela área. Hardenburg seguiu o conselho como pôde, atravessando para o Napo, até se ver envolvido na disputa de fronteira entre colombianos e peruanos. Ao ficar alguns dias na localidade de El Encanto, uma das sedes da Companhia Peruana do Amazonas, o jovem aventureiro teve a oportunidade de conhecer o tratamento desumano dispensado aos índios Uitoto que trabalhavam na coleta de seringa: torturas, fuzilamentos, castigos corporais brutais, privação de alimentos, prostituição infantil e violação de mulheres. Hardenburg sofreu agressões e ameaças de morte, mas teve a sorte de deixar o Putumayo, que ele batizou de "paraíso do demônio." Em Londres, publica sua denúncia no *Truth*, jornal que se tornara famoso por revelar as mazelas da sociedade eduardiana.

O outono de 1909 é ocupado pelo escândalo amazônico. As denúncias de Hardenburg, ainda que contra-atacadas pelo poderio econômico de Julio Cesar Araña, abala os ingleses. A Companhia Peruana do Amazonas tinha muitos empresários ilustres entre seus investidores na Inglaterra, e a comprovação de que praticava atrocidades contra indefesos indígenas atingiria reputações em Londres, Lima e Manaus. Deixaria em maus lençóis o ministro britânico do Exterior, Sir Edward Grey, baixaria uma sombra de suspeita sobre a Câmara dos Comuns e provocaria quedas na Bolsa de Londres. A sociedade europeia encontraria no escândalo do Putamayo um excelente artigo de consciência, trazendo para a arena a Sociedade Antiescravagista e de Proteção dos Aborígenes, ainda sob a direção legendária do reverendo John Harris, que oito anos antes divulgara a monstruosa atuação do rei Leopoldo da Bélgica em seu feudo na África Central. O governo britânico, para acalmar a crescente inquietação do público, nomeia o diplomata Sir Roger Casement, outra figura ligada às revelações da África Central, para investigar o caso de Putumayo.

Quando a história completa chegou ao conhecimento público, com todos os pavorosos detalhes colhidos por Casement, o governo peruano foi obrigado a tomar uma atitude, remetendo um navio de guerra ao Putumayo, com juízes a bordo, levando mais de duzentos mandados de prisão. A 5 de novembro de 1912, a Câmara dos Comuns deu o golpe final nos negócios de Araña e seus sócios, mandando apreender os arquivos da Companhia Peruana do Amazonas e abrindo um inquérito. A repercussão do escândalo do Putumayo provocou inúmeras reações. O duque de Norfolk estabeleceu um fundo, em Londres, para a criação de uma reserva indígena no Putumayo. Os alemães boicotaram a compra de borracha oriunda da região. O governo peruano criou um Serviço de Proteção aos Índios, nos moldes da experiência de Rondon, e o papa recomendou aos bispos da região que procurassem ajudar os povos indígenas e ampliassem o trabalho missionário. É importante assinalar, para comparação com outros casos semelhantes, que todas essas medidas serviram para dar celebridade ao duque de Norfolk, a Roger Casement, ao próprio Hardenburg, mas muito pouco influíram na vida dos índios do Putumayo.

A crescente preocupação com a expansão para a Amazônia da frente econômica nos anos 1970, que expôs as populações indígenas a doenças, sofrimento e morte, levou muitos cientistas sociais a publicar diversos estudos sobre a questão, responsabilizando os projetos da Ditadura Militar brasileira para a região. Um dos mais importantes foi o ensaio do antropólogo Shelton Davis, *As Vítimas do Milagre*, que não pôde ser editado no Brasil. A reação da ditadura foi proibir a entrada do autor em território nacional. O estudo de Davis, no entanto, marcou um momento da história da antropologia dos povos indígenas da América do Sul, ao expor a estreita cumplicidade entre órgãos do Estado e grupos econômicos multinacionais na composição do modelo de desenvolvimento aplicado na Amazônia, que expropriava sistematicamente recursos dos povos indígenas, que não eram os únicos, mas os mais fracos e desprotegidos. Os projetos megalomaníacos dos militares brasileiros vitimizaram as populações tradicionais da região, os migrantes pobres do nordeste e milhões de famintos e miseráveis das grandes cidades do sul do país. Os sofrimentos causados aos mais fracos e excluídos se agregaram ao começo das agressões ao mio ambiente, gerando a reação em cadeia que levaria ao inexorável processo de aquecimento global e mudanças climáticas catastróficas no planeta.

O certo é que em quase todas as partes da Amazônia os projetos de desenvolvimento baseados no regime de segurança nacional causaram danos irreparáveis aos povos indígenas, levando alguns à extinção. O mais grave é que os militares e tecnocratas, aliados aos grandes capitalistas, não foram os únicos responsáveis, mas também antropólogos e jornalistas frequentemente contribuíram para distorcer a realidade. Políticos e gestores públicos muitas vezes tomaram atitudes contra as populações indígenas, como ilustram os projetos de desenvolvimento, os quais demonstram seus posicionamentos ideológicos e a influência da Guerra Fria.

No Brasil, desde o final dos anos 50 que as acusações contra o Serviço de Proteção ao Índio apareciam na imprensa, mas nenhuma investigação era levada a efeito. A questão indígena era tratada com sensacionalismo, como o casamento de um sertanista com uma índia, Diacuí, ou as espetaculosas missões de "pacificação". Os escândalos e os rumores foram se acumulando, até que em 1967 o ministro do Interior, general Albuquerque Lima, ordena uma investigação. O resultado é um documento de 5.115 páginas, em vinte volumes, que afirma ter "encontrado evidências generalizadas de corrupção, sadismo, que ia desde o massacre de tribos inteiras por dinamite, metralhadora e pacotes de açúcar com arsênico, ao rapto de uma menina de 11 anos para servir de escrava sexual de um sertanista". O relatório fazia uma extensa descrição de como os latifundiários e sertanistas do SPI usaram armas convencionais para exterminar muitas aldeias, mas também praticaram guerra bacteriológica ao introduzirem entre as tribos da selva amazônica o sarampo, a gripe, a varíola e a tuberculose. O relatório revelava os métodos usados pelos latifundiários e os sertanistas para infectarem os índios: enviavam um mestiço doente para o meio das aldeias. Os povos indígenas por não terem imunidade para essas doenças morriam em grande número e rapidamente.

Surpreendeu a todos que um general da ditadura militar, num período de censura violenta, abrisse ao mundo o conteúdo de um relatório tão chocante. Mas o general Albuquerque Lima era uma exceção, pertencia ao núcleo nacionalista do Exército, não concordava com a total subserviência do país aos interesses internacionais, especialmente no caso da Amazônia. Por isso, não apenas divulgou amplamente o documento, como abriu as portas do Brasil para que comissões internacionais viessem ver com seus próprios olhos as medidas que estavam sendo tomadas para coibir os absurdos e dar boas condições de vida aos índios. E mais, extinguiu o SPI e criou a Funai; mandou punir com severidade todos os funcionários e seus cúmplices nos atos criminosos e convidou a Cruz Vermelha internacional para monitorar a situação. Infelizmente, em 1970, com a ascensão ao poder do novo ditador, Emílio Médici, a corrente nacionalista de Albuquerque Lima perdeu influência e em seu lugar entrou o coronel José Costa Cavalcanti, que declarou ter horror a coisa de índio, pois daria azar. Para provar que não estava brincando, decidiu gastar US$ 500 milhões na construção da rodovia Transamazônica. Desde os anos 1950, ainda no governo Vargas, os tecnocratas federais sonhavam em cortar a Amazônia com estradas de rodagem. Em seu discurso de lançamento da Transamazônica, o ditador Emílio Médici declarou que o problema da Amazônia é que ela precisaria ser conhecida. Para isso seria vital que a região fosse mais acessível e mais aberta. Assim, a política de seu governo visaria primariamente a realização de um gigantesco processo de integração com o duplo objetivo de colonização e exploração".

A construção da Transamazônica trouxe graves consequências para os povos indígenas, ao simbolizar a abertura da região para outras rodovias, símbolos da pujança do milagre econômico. Enquanto os planos dos tecnocratas e dos militares ganhavam contornos megalomaníacos, uma orgulhosa etnia vivia sua vida cotidiana de caça e pesca nas selvas do médio rio Negro, no estado do Amazonas. Eram os Uaimiri-Atroari, do ramo Caribe, que se estabeleceram no território que vai do rio Mapuera, no estado do Pará, aos rios Urubu, Jatapu e Uatumã, afluentes dos rios Negro e Amazonas. Povo orgulhoso de suas tradições, com uma cultura perfeitamente integrada ao mundo da floresta tropical, os Uaimiri-Atroari escreveram com bravura uma das mais belas páginas de resistência e perseverança de toda a história da Amazônia. Nenhuma etnia lutou tanto nos tempos recentes para defender seu território. Os embates sangrentos entre índios e brancos foram endêmicos no rio Negro. Os Uaimiri-Atroari repeliram sempre com violência os brancos que trespassavam sua terra e há um extenso registro de choques e mortes por quase todo o século XX.

Geralmente os embates se davam nos meses do final do ano, quando os brancos entravam para colher castanha, sangrar as seringueiras e caçar jacarés e onças. Em 1663, uma missão religiosa entra pelo rio Urubu e foi massacrada. Uma expedição punitiva, comandada por Pedro da Costa Favela, queimou 300 aldeias, assassinou 700 índios e aprisionou 400. Nos duzentos anos seguintes, os Uaimiri-Atroari, mesmo em desvantagem tecnológica e militar, conseguiram manter seu território e recusaram a presença de missionários. Em 1942, durante a Batalha da Borracha, mais uma vez o território foi invadido por seringueiros, com apoio do governo, como parte do esforço de guerra. O SPI abriu um posto no rio Camanaú e tentou atrair os Uaimiri-Atroari. A resposta foi um ataque fulminante ao posto, que não deixou sobreviventes. Em fevereiro de 1943, outra tentativa do SPI foi rechaçada, com mais de onze mortos. Impossibilitados de dobrar a vontade dos Uaimiri-Atroari, seguiram-se mais duas décadas sem maiores confrontos, apenas escaramuças com algum ribeirinho mais ousado, que se aventurava em busca de castanha e acabava encontrando pequenos grupos de índios, resultando em mortes anônimas que as densas florestas esconderam.

Até que a ditadura militar decidiu construir a estrada BR-174, atravessando por inteiro o território dos Uaimiri-Atroari. Tal qual a Transamazônica, que ia do nada a parte alguma, a BR-174 pretendia ligar Manaus à Venezuela, uma rota que mesmo hoje, décadas depois e apesar de todo o processo de globalização, é absolutamente sem interesse econômico. A estrada serve para transportar mercadoria para o estado de Roraima (a maior parte do comércio continua sendo feito pela rota do rio Negro e rio Branco, ou por via aérea), mas é muito utilizada por turistas que vão para as ilhas Margaratia. Apresentada à imprensa em 1968, desde o começo os militares do 6-BEC (batalhão de engenharia) estavam encarregados de executar a obra. O processo de atração e tentativa de pacificação dos Uaimiri-Atroari começou imediatamente, envolvendo diversos órgãos federais, como a Funai, INCRA, DNER, DER-AM, o Batalhão de Infantaria da Selva e a Igreja Católica através da prelazia de Roraima.

Os sertanistas da Funai avaliavam em 3.000 índios habitando a área, e com esse número trabalharam. Baseavam-se em levantamento realizado pelo sertanista Gilberto Pinto, que participou de uma festa entre os Uaimiri-Atroari e teve a pachorra de contar os participantes. O processo de atração não foi bem sucedido e resultou em tragédia. A expedição do padre João Calleri, missionário italiano, à época com 34 anos, foi massacrada em 1968, supostamente na maloca do cacique Maroaga. Em janeiro de 1973, quatro funcionários da Funai foram mortos em ataques dos Uaimiri-Atroari. No dia 18 de novembro de 1974, quatro operários que desmatavam um terreno foram atacados e mortos, numa ação dos Uaimiri-Atroari que ficou conhecida como o "massacre dos maranhenses". No dia 28 de dezembro, sob a liderança do cacique Maroaga e seu aliado, o cacique Comprido, os Uaimiri-Atroari atacam o posto do Alalau II e mataram o sertanista Gilberto Pinto. Seguiu-se um período de trégua, em que os índios desaparecem.

Àquela altura, o cacique Maroaga era uma celebridade na imprensa brasileira, chefe de um povo que usava armas rudimentares e desafiava o poder do Exército brasileiro. Maroaga era pintado como um assassino frio, possivelmente um homem branco, um bandido venezuelano que se refugiara no Brasil e ganhara a confiança dos índios. Na verdade, Maroaga era um Uaimiri-Atroari, um grande chefe, um homem sábio. Ainda cheio de vigor em seus 60 anos, Maroaga era de natureza afável, gostava de conversar sobre pescarias e caçadas, agia com paciência, controlava os mais arrebatados e preferia a diplomacia à ação. Negociou sempre com aqueles poucos brancos e quem confiava, mas jamais arredou pé. Nunca aceitou missionários religiosos em suas aldeias e sempre rechaçou a influência da civilização. Num dos momentos mais intensos dos combates dos Uaimiri-Atroari contra a construção da estrada, Maroaga chegou a atacar um subúrbio de Manaus. Depois da morte de Gilberto Pinto, nunca mais foi visto, e não se sabe as circunstâncias da sua morte. Também o cacique Comprido, que era jovem que Maroaga uns vinte anos, foi alvo de campanha difamatória e procurado como criminoso.

Para os militares, os Uaimiri-Atroari eram quistos a serem removidos do caminho do progresso. De acordo com a ideologia de segurança nacional, todos aqueles que tentassem impedir a consecução dos objetivos nacionais permanentes eram inimigos e deviam ser eliminados. Comprido não durou muito mais que Maroaga e provavelmente morreu numa das epidemias de sarampo que grassaram na área após a inauguração da estrada BR-174. Os Uaimiri-Atroari, que os sertanistas tinham estimado em 3.000 indivíduos, caíram para menos de 332 pessoas. Era a vitória da civilização contra aqueles bárbaros seminus. Após a série de ataques dos Uaimiri-Atroari, suas aldeias foram atacadas por aviões e helicópteros das forças armadas brasileiras, as populações foram trucidadas com metralhadoras de grosso calibre e granadas. As lideranças foram caçadas e eliminadas. Há suspeitas de que o padre Calleri tenha sido morto por agentes do Serviço Nacional de Informações, órgão de espionagem do governo brasileiro. E como se não bastassem os ataques aéreos e as ações isoladas que surpreendiam as aldeias, cuidou-se de completar o serviço negando aos Uaimiri-Atroari o tratamento adequado nos casos de epidemias. As autoridades médicas, tanto federais, quanto estaduais, negaram-se a atender aos apelos dos sertanistas da Funai, sob o pretexto de que não havia hospitais em Manaus para cuidar do grande número de doentes. Mais uma vez a guerra bacteriológica fazia seu trabalho junto a um grupo de indígenas do continente americano, aproveitando-se da deficiência imunológica desses povos quanto às moléstias de origem eurasiana.

Os trabalhadores da estrada trouxeram uma série de moléstias desconhecidas dos Uaimiri-Atroari, como a gripe, a tuberculose, o sarampo e as doenças venéreas. A partir de 1974 as epidemias começaram a dizimar em massa os índios, tomando desnecessários os ataques com armas de fogo. Em 1987, quando do levantamento da cota de inundação do reservatório da hidrelétrica de Balbina, os técnicos localizaram oito malocas em ruínas. Alguns índios que acompanhavam os técnicos disseram que todos haviam sido mortos pelo Exército. Nunca se apurou nada. Os Uaimiri-Atroari, contudo, ganharam a guerra. Sua reserva foi reconhecida e demarcada, a estrada só pode ser usada durante o dia e até hoje não aceitam missões religiosas. Há escolas nas aldeias e seu idioma é ensinado por professores nativos, em cartilhas e livros didáticos em Uaimiri-Atroari para crianças e jovens que saberão conviver pacificamente com a sociedade nacional.

Na mesma época e quase simultaneamente, os Ianomami, parentes dos Uaimiri-Atroari pelo ramo Caribe, estavam passando por um assalto que, se não era semelhante, resultou igualmente em morticínio. Em 1968 saiu nos Estados Unidos o livro de antropologia que se tornaria um grande *best-seller*, *Yanomamo: The Fierce People* de Napoleon Chagnon. O livro venderia quatro milhões de exemplares, tornando seu autor o antropólogo norte-americano mais famoso do mundo. O livro contava a vida em guerra permanente de um povo da idade da pedra, que bem podia ser o último representante de como era a humanidade na pré-história. Os povos Ianomami, definidos pelos relatos do antropólogo como sinônimo de agressividade, ganharam fama instantânea. Napoleon Chagnon era discípulo do grande geneticista James Neel, do departamento de Genética Humana da Universidade de Michigan. James Neel foi contratado no final dos anos 1960 pela Comissão de Energia Atômica dos Estados Unidos para comparar os genes mutantes dos sobreviventes de Hiroshima e Nagasaki, usando os Ianomami como grupo de controle.

A pesquisa buscava entender o desenvolvimento natural de genes mutantes em seres humanos, além de preencher as lacunas dos estudos em animais de laboratório e também em pessoas. Um dos resultados do programa foi o estabelecimento dos padrões de radiação nos Estados Unidos. Mas para conseguir seus objetivos era preciso retirar grandes quantidades de sangue dos Ianomami, em troca de pequenos objetos, como facas e panelas. Os cientistas estavam particularmente interessantes na reação do organismo Ianomami frente às pressões de doenças e de como estas e as guerras dizimavam as populações. O dinheiro abundante abriu as portas da Venezuela para os cientistas norte-americanos e, em 1968, os Ianomami experimentaram a primeira epidemia de sarampo da sua história. Coincidentemente, a epidemia começou exatamente após James Neel mandar inocular os índios com vacinas que, se eram aprovadas para aplicação em crianças americanas saudáveis, eram contraindicadas para pessoas imunocomprometidas e populações indígenas. O resultado foi a morte de 20% da população Ianomami da Venezuela. Na época a população Ianomami era de 25.000 habitantes.

Os Ianomami, do ramo linguístico Caribe, representam a maior sociedade aborígene ainda intacta do planeta, com uma hierarquia social tênue, nenhuma metalurgia e organizados em grandes casas comunitárias circulares, chamadas *shabono*. Quase não possuem objetos pessoais, plantam em terrenos que desmatam e queimam, mas a maior parte de sua subsistência vem da caça e da coleta, tal qual a humanidade fazia na pré-história. Vestem-se de forma sumária, as mulheres com uma cinta de algodão e os homens com um fio onde amarram o pênis. Seus costumes incluem a prática da guerra ritual que é única entre as demais etnias da Amazônia, mas o índice de homicídio é um dos mais baixos. Os Ianomami possuem um gene mutante exclusivo, não encontrado em nenhum outro grupo humano, além da ausência do fator Diego, o antígeno encontrado nos povos chamados Mongoloides, incluindo todos os povos indígenas das Américas. É bem provável que a origem dos Ianomami seja asiática, mas a pele é clara e os olhos cinzentos, o que já lhes deu o apelido de índios brancos. Uma das hipóteses diz que os Ianomami são descendentes dos primeiros caçadores paleolíticos que atravessaram o estreito de Behring há 15 mil anos atrás.

Na apresentação de seu livro, Chagnon classifica os Ianomami como "brutais, cruéis e traiçoeiros", gente cuja moral é a antítese dos ideais de civilização cristã e ocidental. Nas páginas do trabalho, o antropólogo acredita estar fazendo uma viagem no tempo, ao passado remoto da humanidade, afirmando que os Ianomami representavam o modelo primitivo de fazer guerra, estrutura econômica e competição sexual. Quanto Chagnon começou suas pesquisas em 1964, a região onde viviam os Ianomami era praticamente desconhecida, o que parecia atrair todo tipo de gente excêntrica, em busca de um povo único ainda não tocado pela (chamada) civilização. Um antropólogo alemão, do Instituto Max Planck, cometeu suicídio enquanto fazia trabalho de campo. O naturalista norte-americano Charles Brewer, que amava armas e brigas, aliou-se aos garimpeiros e organizou festas com celebridades do porte de um David Rockfeller e Margot Hemingway em meio a aldeias Ianomami. Um outro antropólogo, de nacionalidade francesa, teve de ser desarmado e amarrado, após um surto psicótico. Napoleon Chagnon, sob o efeito de alucinógenos, fez-se passar por um poderoso pajé, negociando uma mulher com um dos caciques Ianomami. E o discípulo de Claude Lévi-Strauss, Jacques Lizot, antropólogo da Universidade de Paris, após viver 30 anos entre os Ianomami, publicou ensaios revelando as inovações sexuais de alta sofisticação daquele povo altamente erótico. Na verde, era Lizot que cultivava uma intensa vida sexual entre os selvagens. O sofisticado francês era considerado um dos maiores conhecedores do idioma Ianomami, contribuiu também para enriquecer o léxico, pois em muitas aldeias a palavra para coito anal é *Lizo-mou*, ou seja, "fazer como o Lizot".

O impulso que gerou a chegada de Napoleon Chagnon às aldeias Ianomami partiu de uma convicção errônea do grande geneticista James Neel. Em 1938, Neel explicou como o cabelo ruivo era herdado, e logo ganhou fama internacional ao descobrir o gene da talassemia, uma forma fatal de anemia que ataca pessoas de descendência grega ou italiana. O aspecto brilhante de James Neel foi a constatação de que o gene era uma mutação positiva contra a malária, abrindo o campo de estudo para a dinâmica das doenças e seleção natural. Ele poderia ter recebido o prêmio Nobel, não fosse suas ideias eugênicas e racistas. Para ele, a sociedade democrática, ao conceder liberdade de reprodução, assistência aos fracos e desvalidos, viola a seleção natural. Em Michigan, fez campanha para abortar fetos com defeitos físicos, afirmando que impedir o nascimento de aleijados daria uma economia de US$ 75.000 por indivíduo ao Estado. Mesmo com pequenos defeitos, perfeitamente tratados pela atual medicina, deveriam ser abortados para não degradarem o patrimônio genético da humanidade. O mais curioso é que, enquanto os eugenistas viam como ápice da criação os brancos e louros europeus, os arianos, Neel considerava os povos indígenas como os verdadeiros representantes da raça pura.

Em 1957 ele visitou os Xavante, no Brasil Central, e concluiu que ali estavam aqueles que caracterizaram os ancestrais da humanidade, que haviam otimizado através de muitas gerações a seleção dos mais fortes e os mais aptos. A partir de então, passou a buscar na genética a resposta para as suas inquietações, perseguindo a ideia de isolar o "gene da liderança", ou seja, aquele que daria a base biológica da liderança. Cabia em sua teoria povos indígenas como os Ianomami, porque ele acreditava que seus líderes lutavam para controle do maior número de mulheres, e essas lutas selecionariam o gene dos mais aptos a sobreviver. Por isso, em populações tão pequenas, o gene da liderança tinha maiores chances de se reproduzir, tal qual entre certas espécies de macacos em que o macho alfa afasta os outros machos do seu harém. Como se pode ver, Napoleon Chagnon, que vinha de uma família muito pobre e lutou com dificuldade para fazer seus estudos, desenvolveu posições de extrema direita.

A teoria de Neel está ilustrada na antropologia de Chagnon. O lema dos anos 1960 era "faça amor, não faça guerra", mas para Neel e Chagnon os Ianomami provavam que para fazer amor era preciso fazer a guerra. Para esses apóstolos da Guerra Fria e do anticomunismo, os Ianomami formavam uma explicação perfeita para o caráter natural do comunismo. Os Ianomami, ao guerrearem por mulheres, provavam que mesmo numa sociedade sem propriedade privada havia hierarquia. Para completar o quadro, tal qual os Ianomami, os violentos comunistas iriam acabar vencendo caso a democracia continuasse tolerando que os jovens cabeludos se drogassem e evitassem lutar na Guerra do Vietnã. Obviamente, James Neel nunca conseguiu isolar o gene da liderança e Napoleon Chagnon foi completamente desmoralizado. Estudos posteriores mostraram que os Ianomami nem de longe são os povos mais agressivos da Amazônia, que os dados de Chagnon eram fabricações grosseiras e que suas conclusões eram distorcidas pela ânsia ideológica de provar que a estrutura populacional dos Ianomami era totalmente ditada pela seleção natural, numa sociedade dominada por agressivos e polígamos chefes, que raramente chegavam aos 50 anos, e que se constituiria num exemplo a ser seguido.

No final, Neel e Chagnon quase levaram seus modelos à extinção. Para provar que a salvação da humanidade estava nos cromossomos dos Ianomami, eles inocularam vacinas de sarampo do tipo Edmonston A e B. O sarampo era a doença perfeita para o experimento, já que é a mais universal das moléstias, tem sintomas uniformes muito fáceis de diagnosticar. Doença de massas, o sarampo ataca 100% da população nas áreas onde não é endêmico, conferindo depois imunidade para o resto da vida. Chagnon poderia ter utilizado a vacina que na época que estava sendo utilizada para uso em populações indígenas. O problema é que só a velha Edmonston trazia um vírus ativo, que se aproximava do vírus selvagem do sarampo em todos os sintomas. Centenas de Ianomami morreram em 1968, a epidemia seguindo os passos dos cientistas. Tal qual o regime nazista, Neel e Chagnon registraram todas as suas atividades, gravando, fotografando e filmando.

Os Ianomami foram a etnia mais filmada e fotografada dos anais da antropologia, mas em 1993 a juíza venezuelana Nilda Aguillera expulsou Chagnon e seus comparsas das terras Ianomami. O escândalo gerou círculos concêntricos, começando nos morticínios no meio da floresta até os altos escalões da política venezuelana. O levante militar intentado pelo tenente-coronel Hugo Chávez, que cercou o palácio do governo com tanques e teve seu quartel general atacado por aviões de combate, trazia entre os seus motivos o escândalo dos Ianomami.

Para concluir, podemos afirmar que não temos o direito de condenar os garimpeiros, os grileiros, o agronegócio, os militares, os missionários ou os governos da América do Sul, se não tivermos a coragem de olhar o papel de cada um de nós nesse inglório processo que já dura quinhentos anos.

VOZES 1

ESTEVÃO CIAVATTA (29 ABRIL 2021) – ENTREVISTA FEITA POR ANTÔNIO A. R. IORIS E RAFAEL IORIS

Como foi a primeira visita à Amazônia, as primeiras impressões e emoções?

Olha, minha primeira ida foi com 17 anos e eu fui para Belém e Ilha de Marajó. Peguei um ônibus Rio-Belém, 50 horas de viagem, atravessei o Brasil inteiro para chegar lá. Eu fui com uma turma de faculdade e lembro de chegar lá e dizer: "acho que estamos no lugar mais bonito onde eu já fui na vida". Tinha essa sensação muito forte. Eu sofri um pouco com os mosquitos, confesso, eu não estava muito sagaz nessa primeira viagem. Hoje eu vou com o mosquiteiro. Adoro dormir em rede, mas tem que ter o mosquiteiro. Naquela época, eu era garoto, levei somente a rede e fui trucidado pelos mosquitos... Aliás, tem uma frase muito boa, penso que do Jorge Mautner, que diz que o grande defensor da Amazônia, durante muito tempo, foi o mosquito da malária. Para mim a grande dificuldade na Amazônia é mosquito e carrapato, com o resto eu me viro muito bem, com calor, com precariedades de instalações, tudo isso eu tiro de letra. Minhas raízes estão na Amazônia, eu tenho parentes em Belém e no Maranhão, uma parte da família que é Amazônida.

E a experiência de ir à região correspondeu à imagem dada pelos parentes?

Foi até mais. Foi muito bom, mas acho que mais jovem eu não entendia direito a região. Não falo em relação à floresta, que é incrível, tem coisas maravilhosas, e algumas outras perigosas. Porém em relação à infraestrutura das cidades amazônicas, a conversa é outra. Têm os piores IDHs do Brasil, com uma precariedade evidente. À primeira vista, podem dar uma impressão de serem apenas feias. Com exceção das cidades mais tradicionais, antigas, e das comunidades ribeirinhas ao longo dos rios amazônicos que são maravilhosas. Não falo apenas da falta de dinheiro e tudo o mais, muitas cidades estão no meio do caminho, não são mais tradicionais, tampouco modernas. Mistura de tijolo com cimento, sujeira na rua, sem nenhuma urbanização decente, urubu no lixo largado no meio da rua... Se a pessoa não tem um entendimento de Brasil, e eu naquele tempo não tinha, pode ser muito difícil. Marajó, claro, quando eu fui para Joanes, que era uma vila, foi incrível, a comida, peixe com açaí. Mesmo Belém, as mangueiras, muito linda, mas em partes da cidade era difícil ver beleza. Você fica com uma perspectiva um pouco restrita, talvez pensando que a condição mais imediata da precariedade material se sobrepõe ao valor cultural, valor das pessoas, a tudo que ainda existe. A refeição mais incrível que eu já tive na vida, posso dizer, foi num lugar chamado Porto de Pedra, no Marajó, numa comunidade de andirobeiras, e o almoço era farinha de mandioca, camarão pequeno cozido e açaí. Eu nem sabia ainda comer açaí direito com comida salgada, adorei aquele almoço; era numa casa de madeira, lugar com muitos açaís, meio alagado. Foi uma experiência de muitos cheiros, sabores e visuais; a roupa das pessoas, as casas, uma mistura de simplicidade com sofisticação. Muita gente não entende o Brasil assim, mas eu mesmo na minha primeira ida tive dificuldade de perceber e dar valor a tantos detalhes. Agora que eu já viajei muito, posso dizer que tenho um olhar "curado", já vi muita coisa, já entendi e conheci muito. Sei o valor do conhecimento, da amabilidade, da gentileza, quem são próprios daquelas pessoas que vivem ali. São coisas que se sobrepõem à precariedade das instalações ou da infraestrutura.

Tendo em conta esse amadurecimento, essa acumulação de impressões e experiências, qual a sua opinião sobre a relação entre a Amazônia e o restante do país? Como é a visão um do outro? Um lado entende o outro?

A Amazônia é desconhecida da maior parte da população brasileira, ainda que a gente coma a carne, use a eletricidade, vista o algodão, pise na madeira e beba a água vinda de lá. Em termos científicos, das mais de 15 mil espécies de árvores que existem na Amazônia, conhecemos a biologia de 20% delas. Uma única universidade, a USP, tem mais doutores do que todas as universidades de uma região única no planeta.

Há uma visão romantizada do que é a Amazônia, ou seja, um lugar com um rio bonito, com uma vegetação incrível, pessoas com conhecimentos tradicionais profundos. Muita gente vai de São Paulo a Santarém passar o réveillon, daí é tudo lindo, casa lindas, com palhas de Paxiúba ou babaçu, tudo conforme a visão que se espera. E são lugares lindos mesmo, como Alter do Chão, um dos lugares mais bonitos do planeta, gosto muito de ir para lá, defendo o Tapajós, luto pelas populações tradicionais, populações indígenas que ali vivem. Esses lugares são fáceis de se gostar. Mas a população amazônica vive majoritariamente nas cidades. Quando se vai para, por exemplo, Rio Branco, que não tem uma arquitetura especialmente bonita, com poucos casarões, tem que se conhecer o Mercado da Baixaria onde tem, veja bem, mingau de tapioca, de carimã, coisas incríveis. Mesmo Santarém, que, apesar de aprazível, não é particularmente bonita e os serviços são precários, tem pessoas maravilhosas, uma comida deliciosa, tem o Mercadão 2000.

E tem também a questão indígena, tão mal compreendida. Uma vez eu perguntei a um amigo indígena: vocês querem o que, viver na floresta ou se integrar na sociedade? Eu vejo que vocês têm várias coisas da sociedade branca, qual é a de vocês? Ele respondeu: você não se veste da mesma forma que seu avô, e isso não diz que você não guarda a cultura da família. Não importa se eu não ando mais pelado e uso celular. Essa questão tá superada. O que importa é a água e a floresta, sem elas não temos nossa cultura, não temos identidade e, pior, perdemos nossa liberdade, nossa independência e ficamos dependentes do sistema. Então, eles precisam manter seus territórios para manter sua liberdade ainda que tenha integração na sociedade. A base dessa integração então tem que ser a partir da defesa da floresta e dos rios.

Quais têm sido seus trabalhos em relação à Amazônia e os planos futuros? Lembrando um pouco o meu histórico, depois dessa primeira viagem quando eu tinha 17 anos, fiquei muito tempo sem voltar à Amazônia e retornei uns 13 anos depois, mais ou menos, para a produção de um programa para o Canal Futura, chamado *Um Pé de Quê?* Eu fui para o Acre filmar seringueira, falar um pouco da criação do estado a partir dos seus seringais, falar também da castanha do Pará. Depois, em 2004, fizemos uma série só com espécies da Amazônia Legal, então falamos do cupuaçu, da árvore Amapá, da lixeira, do tucumã, do bacuri. Aí eu tive um conhecimento mais aprofundado da biodiversidade e passei a ir assiduamente à região. Em 2011, fui filmar Belo Monte, mas o documentário não ficou como eu gostaria, nada que valesse um filme. Em 2014, fiz uma série para o Fantástico e que acabou tendo grande repercussão, que me deu condições de compreender melhor os desafios, o lado político, dessa ideia de que a Amazônia deve deixar de ser Amazônia, ou deve ser algo que ela nunca foi, para de fato realizar o seu potencial. Essa é uma ideia do século XVI e que foi muito trabalhada depois no século XIX, inclusive pelos escritos de dois militares americanos que viajaram pela região, Herndon e Gibbon, com a noção de que a Amazônia era uma região com grande riqueza escondida e que precisava ser explorada para desenvolver o seu potencial. Essa é uma ideia que sempre pairou sobre a região, como se fosse um "deserto verde" o que afinal é uma grande balela, porque o deserto foi criado pela invasão dos europeus e a expulsão dos povos indígenas. Esse pensamento de que a Amazônia deve ser algo que ela nunca foi, que deve ser superada, acabou sendo muito forte também na ditadura militar, com a expansão que foi promovida, se perpetuou nos governos petistas e agora, com o Bolsonaro, isso está exacerbado.

Então, o meu trabalho hoje em dia é contra essa visão que prega que a Amazônia deve ser superada. Para mim, é o contrário, ela deve ser o que sempre foi, pelo menos nos últimos 14.000 anos com a presença humana, com toda a diversidade e intensa convivência entre os humanos e não--humanos, onde a interferência humana foi de criação e não de destruição, como nos últimos cinquenta anos com a exploração predatória e o desmatamento. Temos agora uma situação de caos, as cidades com os piores IDHs, um milhão de quilômetros quadrados desmatados, uma produtividade agrícola ridícula, baixíssima, onde de cada dez hectares desmatados, apenas um tem a produtividade agropecuária da média brasileira. Seis têm produtividade abaixo. E três hectares não produzem nada. Está se trocando a maior biodiversidade do planeta, que tem um potencial gigante para o nosso futuro e importância fundamental para o clima e a economia, como no caso do ciclo hidrológico, pelo nada. Lembra o que se vê no Sudeste do país, como no Rio de Janeiro ou Minas Gerais, com montanhas desmatadas, empobrecidas, sem gado, sem agricultura, sem nada. Minhas atividades são em função de defender a Amazônia como a terra da diversidade, onde se valorize os povos indígenas e tradicionais que têm um conhecimento gigante, que é fundamental.

Essa mesma ideia predatória foi utilizada em relação à Mata Atlântica, que eu vejo como um péssimo exemplo. A maior parte da população brasileira mora dentro da Mata Atlântica, mas ninguém sabe dizer dez frutos dessa floresta. O que se tenta fazer na Amazônia é reproduzir esse processo, que foi de matar os índios, expulsar todo mundo, extrair o que tem para extrair, e depois ver como que fica. Já temos 500 anos dessa experiência. Temos que pensar agora de um jeito diferente. Não podemos repetir a história de um modelo fracassado. Já temos conhecimento para isso e exemplos que mostram que isso é possível.

Na sua opinião, por que essa mensagem, que faz tanto sentido, não é compreendida pela população?

Acho que é compreendida, a questão não é essa. Claro que a Amazônia parece estar muito longe, mas as pessoas vão para Disney e não vão para lá, vão visitar o Catedral de Milão e não vão visitar a Sumaúma, que é a catedral da floresta, vão fazer safari na África e não vão para a Floresta do Tapajós, se pendurar em cipó, ou ver os botos cor-de-rosa do Rio Negro. As pesquisas mostram que 90% dos brasileiros querem a floresta em pé. Mas o grande problema é mesmo a questão política, já que você tem uma população que migrou para a região, se fixou lá e precisa viver, ganhar dinheiro, e o jeito mais fácil é buscar as riquezas imediatas. Desmatar, garimpar ouro, criar gado. Aqueles que têm vantagem com isso, muitos estão na política e querem que isso se perpetue. Por outro lado, Paragominas, conhecida no passado como "Paragobala", apostou na agricultura familiar e deu certo. Eu não vejo a agricultura como inimiga da floresta, ela pode ser uma aliada, como fonte de renda para as pessoas que vivem nas cidades. Mas o que se faz hoje em dia em grande parte da Amazônia não é realmente agricultura, o que se faz é grilagem de terra: se desmata, daí se coloca boi em cima com uma produtividade baixíssima, tenta-se legalizar a invasão e negocia-se a terra para uma agricultura mecanizada, realizando o lucro. É uma atividade para quem tem muito dinheiro e que assim consegue ganhar mais dinheiro. Não há um planejamento de soluções para a população das cidades que fuja desse caminho de dinheiro fácil e concentrado nas mãos de poucos. Isso tá muito arraigado com o poder político local. Enquanto tivermos uma política nacional que não incentive outros tipos de pensamento sobre a região, não digo que tenha que ser apenas um pensamento conservacionista, não vamos avançar. Gosto de falar de Paragominas, porque ali há uma cesta de diversidade, desde povos indígenas até pecuaristas com produção intensiva e agricultura familiar ligada à merenda escolar. São diversas soluções e que fogem do imediatismo de se explorar o que é mais fácil, o famoso "boom-colapso", uma produção rápida de riqueza que logo se esgota e o resultado já é conhecido: uma população pobre gigantesca, vivendo em cidades precárias e que vive de desmatar, garimpar, traficar animais, roubar terras públicas, prostituição etc. Essa situação serve basicamente para os grupos políticos que mandam na região e que hoje em dia estão muito empoderados.

Como avançar uma agenda mais construtiva para a Amazônia, ao invés da maneira destrutiva como vem sendo modificada e destruída?

A primeira coisa é chegar a lei e o Estado na Amazônia. Precisa de regularização fundiária sem dar vez aos grileiros, ladrões de terras públicas. Precisamos regularizar a grande massa de pequenos proprietários. Tem uma área gigantesca de florestas públicas brasileiras não destinadas e ela tem que continuar sendo de florestas, públicas e brasileiras: devem ser descriminadas como reservas extrativistas, unidades de conservação, Terras Indígenas, assentamentos, com algumas partes podendo ser até concessão florestal. Falando nisso, é fundamental unir as informações e fiscalizar todo o comércio de madeira. E temos que acabar com a pecuária extensiva e mudar para uma pecuária intensiva, diminuindo a pegada de carbono. Devemos trabalhar com agricultura regenerativa, sem agrotóxicos, em pequenas e grandes propriedades. Ou seja, investir em atividades econômicas que ajudem a preservar a floresta, e não a destruir, o que, já sabemos, é possível.

E temos que investir no que o Carlos Nobre chama de Amazônia 4.0, ou seja, a floresta em pé com melhoria dos atuais modelos de produção de produtos florestais e o uso da biotecnologia na indústria, onde os ativos da floresta rendam qualidade de vida para os povos que ali vivem. Os povos da Amazônia têm que ser os primeiros beneficiados das atividades econômicas locais, algo que não acontece hoje. A Amazônia é explorada em alta escala, mas quem se beneficia não vive lá. Por exemplo, as hidrelétricas gigantes que têm se feito lá, além do impacto, rendem ICMS onde se consome a energia, portanto sem nenhum benefício aos locais. E existe um mercado enorme inexplorado de produtos que a Amazônia já produz. O cacau, por exemplo, originário da Amazônia, tem um mercado global de US$ 9,3 bilhões ao ano e a Amazônia só participa com 0,02% da produção. O abacaxi, outra fruta originária da região, tem um mercado global de US$ 2,3 bilhões ao ano e a Amazônia só participa com 0,01% da produção.

O discurso dos grandes atores, fazendeiros é conhecido, assim como dos ecologistas e mesmo dos indígenas. Mas o que quer a grande maioria difusa da população que vive na Amazônia? O que é de fato a demanda da população marginalizada nas grandes cidades da Amazônia? Ou nem eles sabem?

Acho que eles querem é trabalho, qualidade de vida, educação, segurança etc. A questão é que a qualidade de vida na periferia das grandes cidades brasileiras e da Amazônia é péssima. Não tem sentido uma massa de pessoas concentradas nas favelas para trabalhar num mercado de trabalho que praticamente inexiste. As periferias das cidades deveriam ser locais de produção agrícola e/ou de ativos florestais. E a vida com acesso à terra é mais viável, mais fácil de se sustentar com poucos recursos, já que se pode ter acesso a comida, remédios e alguma renda. Uma vez o Nelson Sargento, sambista da Mangueira, me disse: eu era pobre, mas quando apareceu o rádio, eu fiquei mais pobre. Quando veio a televisão, eu fiquei ainda mais pobre, pois eu comecei a ver ainda mais as coisas que eu não poderia ter. E com a internet, você imagina...

Você é otimista? E o que é que não se entende da Amazônia e que se deveria entender?

Sou otimista, até porque é mais animado, instigante. É mais difícil, mas é mais legal. Mas também porque ainda há tempo para se fazer algo mesmo que os desafios não sejam fáceis. Ainda há tempo. Ainda tem muita floresta. Com relação ao que se deveria entender, uma das coisas é algo que só agora estamos começando a conhecer agora, que é como as árvores têm essa enorme capacidade de se comunicar, de sentir, de pensar, de imaginar. Elas podem não ter um centro nervoso central como o nosso, mas elas se comunicam, tem imaginação e se ajudam. Ou seja, há essa relação entre os seres da floresta que ainda tem que ser descoberta. Afinal, sem as florestas não estaríamos aqui. Não haveria grandes mamíferos sem as florestas. E as árvores são os maiores e mais longevos seres vivos da Terra. Qual é a estratégia de sobrevivência que elas têm? Quando vamos à Amazônia, então, estamos visitando a nossa história, o que a Terra tem sido há 50 milhões de anos. Essa potência daquele lugar é algo que ninguém entende ainda.

Como você, afinal, define a Amazônia?

Como o berço do Brasil! Ali que nasceram as culturas indígenas do Brasil. É também o berço da mandioca. Se nossa mãe é indígena, a avó é a mandioca. A Amazônia é onde o Brasil ainda pode se realizar em toda a sua potência cultural, espiritual, econômica e ambiental. E, internacionalmente, é o único assunto que nos dá relevância no cenário global. Por isso que a Amazônia é o nosso passado e inevitavelmente o nosso futuro.

Adendos incluídos em 26 de maio de 2021:

Hoje aconteceu mais um grave crime no Brasil. Um crime fratricida, entre indígenas Mundurukus. Um incêndio criminoso contra uma das mais importantes organizações indígenas, a Wokoburun, e sua líder, a guerreira Maria Leusa Kaba.

Um crime alimentado pela irresponsabilidade de um ministro investigado por crimes contra o Brasil na região: facilitação de contrabando de madeiras apreendidas pela Polícia Federal na foz do rio Tapajós e transporte de garimpeiros ilegais no avião da FAB do Alto Tapajós até Brasília.

Em 2014, filmei Maria Leusa para o meu filme Amazônia Sociedade Anônima. *Ela protestava contra a construção das barragens no rio Teles Pires e contra o crime que seria construir a hidrelétrica de São Luís do Tapajós. Mas o crime de hoje é outro, é motivado pela corrida do ouro. A terra é violada, violentada, sendo arrancado do seu seio um mineral de brilho áureo. O garimpo ilegal é um crime que alimenta na Amazônia outros crimes como o tráfico de drogas, o tráfico de animais, a grilagem de terras públicas e o desmatamento. Um crime que querem tornar legal através do Projeto de Lei 191, que tramita na Câmera dos Deputados.*

Não é de hoje que existem poucos indígenas envolvidos com ilícitos ambientais, o fato novo é a estrutura federal criada para defendê-los agora estar do lado dos criminosos. Alguém pode alegar que os indígenas devem ter a liberdade de explorar seu território (ainda que a Constituição Brasileira não os permita explorar seu subsolo). O que sabemos é que uma vez negociado a peso de ouro, o vil metal passa a mandar na economia local e estarão todos inexoravelmente presos a ele. Bem me disse meu amigo Rozeninho Saw Munduruku, quando me alertou que sem florestas e sem água os Mundurukus perdem sua identidade, sua cultura, seu modo de vida e, por fim, sua liberdade.

É triste pensar que enquanto Maria Leusa está privada de sua liberdade, estão livres aqueles que, para o proveito do seu pequeno grupo, comprometem a liberdade, a independência e a existência de todo o povo Mundurukus e sua cultura.

por Estêvão Ciavatta

COMUNICADO EMERGENCIAL DAS ORGANIZAÇÕES DE RESISTÊNCIA DO POVO MUNDURUKU

Povo Munduruku pede responsabilidade das forças de segurança do Estado para proteger o povo, lideranças e caciques que são contrários a invasão garimpeira na região.

Essa manhã manifestações a favor do garimpo, incentivada pela prefeitura do município de Jacareacanga, tiveram como alvo o contingente da Força Nacional e Polícia Federal que estão na região. Tentaram queimar os equipamentos e foram respondidos com bombas de gás. Não conseguindo atingir os policiais, os garimpeiros e seus grupos de indígenas cooptados, foram atacar as casas de nossas lideranças.

Foi aí que a violência contra nosso povo ultrapassou todos os limites. Nesta tarde, do dia 26 de maio de 2021, por volta de 12:30h, a aldeia Fazenda Tapajós, onde mora a coordenadora da associação Wakoborun, Maria Leusa Kaba, foi invadida por garimpeiros armados e atacada, atiraram contra as casas e pessoas. Duas casas foram incendiadas, casa da própria coordenadora e de sua mãe, cacica da aldeia. A informação é que ninguém foi ferido, mas todos estão em estado de choque.

A promessa agora é seguirem para aldeia de Ademir Kaba e Ana Poxo, lideranças de nosso povo e fazer o mesmo. Precisamos que as operações da polícia prendam os criminosos que estão nos atacando e mantenham nossas lideranças seguras para realizar seu trabalho e expulsar os invasores de nossas terras, se não isso nunca vai acabar.

É inaceitável que mesmo com a presença da Força Nacional na região a aldeia de uma das nossas principais lideranças tenha sido invadida por homens armados, portando galões de gasolina que incentivam o ódio contra todos nós. Tememos pela vida daqueles que lutam sem cansar para defender a vida do povo Munduruku e o futuro de todos nesse planeta.

Por defender o rio limpo e a floresta em pé estamos sendo vítimas da política de morte desse governo, que nos deixa à mercê de garimpeiros armados dentro do nosso próprio território.

Pedimos com urgência a presença da Polícia Federal para impedir mais violências, assassinatos e massacres decorrentes do incentivo à atividade garimpeira ilegal e da impunidade aos criminosos, como vemos acontecendo nos Yanomami e na Mundurukânia.

O nosso povo só quer VIVER EM PAZ e TER NOSSOS DIREITOS RESPEITADOS. Não somos nós que pedimos violência. Pedimos apenas a proteção das nossas terras e vidas indígenas pelo Estado, como manda a Constituição Federal. Clamamos por socorro.

ASSINAM: Movimento Munduruku Ipereg Ayu, Associação das Mulheres Munduruku Wakoborun, Associação Da'uk, Associação Arikico, Conselho Indígena Munduruku do Alto Tapaós (CIMAT).

PARTE II

A INTERNACIONALIZAÇÃO DA AMAZÔNIA NA TRAJETÓRIA DA MODERNIZAÇÃO CONSERVADORA BRASILEIRA

Rafael R. Ioris e Aaron Schneider

Introdução

A acelerada internacionalização da economia brasileira ao longo dos últimos vinte anos foi ancorada, de maneira central, na inserção do agronegócio nacional nas cadeias de exportação de commodities globais. A maior economia da América Latina dispõe hoje de um dos mais importantes setores do agronegócio mundial e a narrativa sobre esse processo se define, quase que exclusivamente, por um viés ufanista e tecnocrático que ignora importantes insuficiências sociais, ambientais e mesmo econômicas. De fato, ao passo que a expansão do agronegócio aprofundou as relações capitalistas no campo, em especial na Amazônia legal, consolidando assim a agricultura mecanizada em largas propriedades de monocultura de grãos e pecuária para a exportação, tais experiências se definiram também pela consolidação do domínio político local por parte das tradicionais oligarquias regionais, pela consagração da grande propriedade rural e associada expulsão de pequenos proprietários, pelo aprofundamento da dependência econômica na produção de pouquíssimas atividades, com associado empobrecimento ecológico, aumento da desigualdade social e destruição de comunidades e ecossistemas nativos.

A fim de examinar de maneira crítica tais dinâmicas, o presente capítulo se centra no caso da internacionalização das atividades do agronegócio no estado do Mato Grosso, em especial nas atividades ligadas à empresa JBS, tida como um dos casos de sucesso mais nítido desse processo. Nossa análise aponta que, embora inovações importantes tenham, de fato, ocorrido no setor, insuficiências sociais e ambientais históricas, ligadas ao padrão de inserção subordinada da economia brasileira nas dinâmicas econômicas globais, permanecem. Tais experiências confirmam a longa trajetória de modernização conservadora, excludente e insustentável do Brasil – desta vez, por meio de um processo de internacionalização visto, por muitos, como bem sucedido, embora, efetivamente, definido por uma racionalidade de exclusão e privilégios.

A Amazônia no histórico de desenvolvimento desigual do Brasil

Ao longo dos últimos cinco séculos, a economia brasileira sempre fez parte dos ciclos econômicos globais dada sua importância histórica na produção e exportação de commodities. Seu papel subordinado em todos esses ciclos sempre esteve presente, e assim sua dependência com relação aos fatores de produção, preços, demandas e pressões sobre os quais, primeiramente como colônia e, posteriormente, como país formalmente independente, nunca teve controle. Da produção inicial de chamado pau-brasil ao ciclos da cana de açúcar, ouro, café, borracha e, mais recentemente, minério, soja e carne, a modernização da economia brasileira, mesmo levando-se em consideração sua experiência de industrialização substitutiva parcialmente efetiva em meados do século XX, sempre esteve associada, e sempre foi fortemente dependente, dos padrões de consumo e lucro de uma economia de base primária exportadora, dependente mas sempre capaz de se reinventar dada a abundância e variedade de ecossistemas presentes em território tão vasto.

Ao longo desse longo padrão histórico de um desenvolvimento econômico dependente, socialmente desigual e ambientalmente extrativista, o processo de internacionalização da Amazônia se deu de forma episódica e fragmentada, mas não pouco importante. Desde a ocupação colonial, iniciada no século XVII e aprofundada no século XVIII, passando pela maior presença de empresas extrativistas locais e estrangeiras, ao longo do século XIX e passando pela chamada Guerra da Borracha e pelo Milagre Econômico da Ditadura Empresarial-Militar dos anos 1970, chegando às atuais renovadas alianças entre atores privados e públicos, domésticos e internacionais, em especial da mineração e do agronegócio, a inserção da região à economia global sempre esteve associada a ciclos econômicos definidos de maneira efetiva por atores e forças globais. E, assim, a integração econômica da Amazônia sempre foi pautada por dinâmicas históricas que ajudaram a definir a trajetória de desenvolvimento do país como um todo.

De maneira concreta, ecoando padrões similares de organização da produção em outras partes do território nacional, distintas modalidades de trabalho, inclusive escravo e de coerção em situação análoga à escravidão, sempre existiram (e ainda existem) em diversas partes da imensidão amazônica. Da mesma forma, embora muitas vezes narrada como à margem das dinâmicas centrais do país, ou mesmo da própria civilização, atividades extrativistas da região – inclusive a caça de braços indígenas para prestar serviços forçados nas atividades agrícolas na costa atlântica – sempre estiveram intrinsicamente integradas e foram de vital importância aos interesses e atividades econômicas, e estruturas socais correspondentes, existentes nas regiões centrais do país (Montero, 1994).

Essa lógica se aprofundou quando da primeira maior integração econômica da região aos ciclos econômicos globais, com a experiência do chamado Ciclo da Borracha na virada do século XX, processo guiado por uma narrativa grandiloquente de integração territorial, assim como por conotações racistas ligadas ao projeto de branqueamento e inclusão ao processo dito civilizatório das populações mestiças locais. Mas longe do proferido discurso de *laissez-faire* econômico desse período, o que ajudou a definir o passo de modernização da região amazônica sempre foi a coordenação das atividades de atores públicos e privados de grande porte. Começando com o discurso militarista de inclusão do *bon sauvage* ao projeto nacional de Rondon, no início do século XX, à Marcha para o Oeste dos anos 1940, à contraditória narrativa nacionalista de proteção territorial via concessões generosas dadas à empresas multinacionais pela ditadura empresarial-militar nos anos 1970, à modernização recente do agronegócio na região: a inserção maior da Amazônia nas redes das commodities globais sempre se deu por meio de alianças entre interesses estatais e de grandes interesses empresariais (Acker, 2017; Evans, 1979).

Aprofundando ainda mais essa lógica modernizadora de viés extrativista e concentrador de renda e poder, a constante expansão da chamada fronteira agrícola cada dia mais para dentro da Amazônia, ao longo dos últimos cinquenta anos, se deu como um processo sempre incentivado, apoiado, promovido e, ainda mais importante, financiado por generosas ações do Estado brasileiro. Isso se deu por meio de vários tipos de ações, entre as quais caberia citar: 1) empréstimos a juros baixos das agências de financiamento do governo federal, como o Banco Nacional de Desenvolvimento Econômico e Social (BNDES) e, em especial, o Banco do Brasil, 2) garantia de preços mínimos e controles cambiais que favoreceram a exportação da commodities, assim como 3) investimentos em projetos de infraestrutura, como rodovias, e 4) em pesquisa na área de sementes, fertilizantes e herbicidas, ecoando dinâmicas típicas de processos de desenvolvimento tardio (Gerschenkron, 1962; Hirschman, 1965).

De maneira mais ampla, e certamente mais questionável, esse processo também foi amplamente favorecido pela garantia, legal ou mesmo ilegal, da apropriação crescente, por parte de grandes grupos empresariais, locais e estrangeiros, de amplas propriedades rurais; assim como no fornecimento de instrumentos policiais e legitimação jurídica da repressão contra qualquer resistência organizada contra tais dinâmicas por partes de populações de trabalhadores rurais, campesinos e comunidades indígenas locais. Além disso, especialmente ao longos das últimas décadas, a narrativa ufanista e autointeressada da mídia em prol do agronegócio como vital ao bem-estar geral da nação, e o cerramento de fileiras em prol desses mesmos interesses no sistema político, especialmente na sua composição parlamentar sob o nome de bancada ruralista, fez com que fosse impensável, mesmo para governos de viés ideológico mais à esquerda, questionar tais dinâmicas e, portanto, a própria trajetória de inserção recente da Amazônia na economia global (Katz, 2015).

Intensificou-se assim a participação da economia brasileira nas redes de exportação de commodities globais, processo no qual grupos oligárquicos regionais encontraram formas inovadoras para se associar aos interesses de poderosos atores econômicos estrangeiros, mantendo assim seu poder econômico e influência política regional, assim como, de forma crescente, no nível nacional, ao passo que produtores locais médios e pequenos iam sendo postos à margem de tais processos. A classe capitalista brasileira, mesmo a de base local na Amazonia, não deve pois ser vista como passiva ou como sob controle de interesses de fora da região. Poderosos grupos econômicos domésticos, cada vez mais integrados a interesses e redes de atuação de atores empresariais internacionais, foram gradativamente capazes de se adaptar às novas estruturas de poder e fluxos econômicos de uma economia globalmente mais aberta e interconectada. Se tais desdobramentos produziram fortes ganhos locais para alguns, é fato também que ocorreram a custo da exclusão das atividades de produção tradicional para mercados locais frente a lógica crescente de uma agricultura fundada na monocultura exportadora de baixa mão-de-obra, alta dependência em insumos técnicos de alto custo e dependência estrutural em mercados estrangeiros.

O caso mais nítido e recente dessa trajetória pode ser facilmente vislumbrado no processo de expansão da fronteira agrícola no estado do Mato Grosso, ao longo dos últimos trinta anos. De fato, em desdobramento histórico que na superfície poderia até ser visto com uma das experiências mais bem sucedidas de modernização da economia brasileira, por meio de uma inserção maior de um de seus setores econômicos mais dinâmicos nas rotas comerciais globais, o que se viu foi um processo imerso em favores políticos patrimonialistas que reproduziu, quando não intensificou, injustiças socioeconômicas e ambientais profundas. Cabe mesmo ressaltar, como forma de antecipar nosso argumento central, que a internacionalização do agronegócio mato-grossense, mesmo que imersa em uma aura de empreendedorismo dos novos bandeirantes, de fato, se deu por meio do patrocínio direto do estado nacional e levou não ao florescimento de inovações locais e autonomia decisória, mas sim a um maior controle econômico local por interesses oligárquicos regionais e ainda maior dependência econômica em fatores produtivos estrangeiros (Barros, 2009).

Nesse sentido, a intensificação de uma lógica de produção destinada a suprir mercados internacionais, em detrimentos de demandas e necessidades locais do Mato Grosso, fez com que o estado se tornasse ainda mais frágil no que se refere ao controle dos seus ciclos produtivos. Da mesma forma, tais dinâmicas empobreceram a rica diversidade ecológica nativa local, ao mesmo tempo em que ajudou a aumentar os níveis de concentração de renda, aumentando, proporcionalmente, o peso das elites regionais no âmbito político mais amplo (Ioris, 2017). Reforçando o caráter dependente e concentrador de renda de tais dinâmicas, a influência política maior das elites do agronegócio tem em geral servido somente para perpetuar a lógica primária exportadora em curso no país, ajudando a aprofundar o processo de desindustrialização acelerado dos últimos anos. De fato, entre 2004 e 2019, o percentual das exportações composta por produtos manufaturados caiu de 52,6% para 31,5%, enquanto o peso das exportações das commodities subiu de 45,4% a 66,9%.[1] Em síntese, embora frequentemente aferido como um história de sucesso, a ampliação do agronegócio na região amazônica aprofundou a dependência econômica e as desigualdades socioambientais que ajudaram a definir a trajetória histórica da economia brasileira, cujos meandros serão detalhados nas seções seguintes.

A consolidação do poder do agronegócio

Dentro da trajetória histórica de um país que, a duras penas, tinha se consolidado, no final do século XX, como detentor do maior parque industrial da América Latina, a reinserção do agronegócio centro dinâmico da economia nacional e detentor do seu maior peso político é algo que merece ser mais bem compreendido (Ioris, 2014). E ainda que não seja possível apresentar uma análise exaustiva desse processo nas linhas que seguem, fica claro esse processo se acelerou muito ao longo dos últimos vinte e cinco anos, especialmente por meio da expansão da fronteira agrícola na região da Amazônia legal. Esse processo também se efetivou

1 World Bank, *World Development Indicators*, em https://databank.worldbank.org/source/world-development-indicators.

com base na versatilidade nefasta das elites do setor em combinar processos produtivos de ponta e inovação gerencial para se inserir de maneira eficiente em novas redes de consumo em escala global com formas de trabalho não capitalistas, práticas corruptas de obtenção de recursos públicos e acelerada destruição ambiental.

Em sua bizarra combinação de elementos modernos e retrógrados, cabe entender melhor também como foi possível ao agronegócio manter, e mesmo aumentar, sua relevância, doméstica e internacional, ao mesmo tempo em que o Brasil emergia, como economia e força política, no cenário dos países em desenvolvimento. Na presente seção, buscamos analisar os mecanismos pelos quais atores dos poderes Executivo e Legislativo trabalharam com elites centrais do agronegócio no sentido de permanecer como atores econômicos e políticos relevantes em um momento quando parecia que a inserção global do país poderia adquirir novas dimensões e formatos. O primeiro lócus de análise para se entender tais dinâmicas deve ser o Congresso Nacional. Por décadas, o agronegócio tem articulado a defesa de seus interesses por meio da chamada Bancada Ruralista, cujos membros se distribuem por inúmeros partidos, inclusive de distintas linhas ideológicas e com representação de quase todas as unidades federativas, mas que, não obstante, se aglutinam de maneira eficiente e continuada na promoção da pauta agroexportadora (Luuchese et al., 2018). Tais interesses, especialmente dos grandes donos de terras, têm uma longa tradição de influência no parlamento brasileiro, indo até mesmo aos primeiros anos do período pós independência, em meados do século XIX; com presença, inclusive em partidos que, de outro modo, não seriam forças políticas alinhadas, como a UDN e o PSD, no período democrático de meados do século XX.

No processo da redemocratização, em meados dos anos 1980, um grupo significativo de políticos, de ambos os partidos oficiais da ditadura, se aglutinaram na chamada União Democrática Ruralista (UDR) a fim de impedir que a agenda de reforma agrária, após o período autoritário, voltasse à tona com força derivada da mobilização de base de micro produtores rurais e camponeses expulsos pelas políticas de modernização conservadora dos militares. E embora a UDR tenha se dissolvido formalmente em 1993, seus membros se reconstituíram como bloco político, ou bancada, em 1995 sob o nome de Frente Parlamentar da Agricultura, que passou a se chamar Frente Parlamentar de Apoio à Agropecuária, em 2002, e, por fim, como Frente Parlamentar da Agropecuária (FPA), em 2008 (Perischetti, 2020). Assim, de maneira extremamente efetiva, com membros em diversos partidos e somando quase um terço dos membros do Congresso, a FPA, ou mais conhecida como Bancada Ruralista, seria uma força política suprapartidária ou transpartidária com uma composição entre 227 membros, em 2002, chegando a 327 em 2020, entre deputados e senadores (Macedo e Becker, 2018). E como se pode ver na Tabela 1 abaixo, os números têm crescido de maneira consistente ao longo dos últimos anos.

Total (Senadores/Deputados)	Ano
327	2020
282	2019
241	2015
221	2011
243	2009
227	2002

Tabela 1 – Bancada Ruralista
(baseada em Camargo, 2009 e Persichetti, 2020)

Além do poder dos números absolutos, membros da Bancada Ruralista passaram a controlar posições de liderança em ambas as casas legislativas. O deputado Evair Vieira de Melo (PP do Espírito Santo) e o deputado Neri Geller (PP do Mato Grosso) eram em 2020, respectivamente, o segundo vice-presidente e o vice-presidente da Câmara, enquanto o senador Zequinha Marinho (PSC do Pará) ocupava a vice-presidência do Senado Federal. Como mencionado acima, membros da FPA provêm de todos os estados da nação e no caso de seis estados, seus três representantes no Senado são membros da mesma bancada. Além disso, 22 dos atuais 24 partidos com representação no Congresso possuem pelo menos um membro da Frente Parlamentar da Agricultura.

Outra maneira chave de exercer influência tem sido a enorme capacidade da Bancada Ruralista em indicar nomes associados aos seus interesses para ministérios chave. Por exemplo, no governo Bolsonaro, a FPA conseguiu indicar nomes para os Ministério da Comunicações (Deputado Fábio Salustino Mesquita de Faria, PSD do Rio Grande do Norte), para o Ministério da Cidadania (Deputado João Inácio Ribeiro Roma Neto, do PRB da Bahia) e, é claro, o nome da Deputada Tereza Cristina (DEM do Mato Grosso do Sul) para o Ministério da Agricultura propriamente dito (Lucchese et al., 2018). Além disso, desde 1995, quase todos Ministros da Agricultura foram associados ou membros da Bancada Ruralista (conforme demonstrado na Tabela 2 abaixo).

Ministro	Anos	Partido
José Eduardo de Andrade Vieira	01/01/1995-02/05/1996	PTB
Arlindo Porto Neto	02/05/1996-04/04/1998	PTB
Francisco Sérgio Turra	01/01/1999 -19/07/1999	PP
Marcus Vinicius Pratini de Moraes	19/07/1999-31/12/2002	PDS
Roberto Rodrigues	01/01/2003-30/06/2006	PSDB
Reinhold Stephanes	27/03/2007-31/03/2010	PSD
Wagner Rossi	21/04/2010-18/08/2011	MDB
Mendes Ribeiro Filho	18/08/2011-15/03/2013	MDB
Antônio Eustáquio Andrade Ferreira	16/03/2013-17/03/2014	MDB
Neri Geller	17/03/2014-31/12/2014	PP
Kátia Abreu	01/01/2015-12/05/2016	PP
Blairo Maggi	12/05/2016- 31/12/2018	PP
Tereza Cristina Corrêa da Costa Dias	01/01/2019-	DEM

Tabela 2 – Associação dos Ministros da Agricultura com o Setor do Agronegócio (baseado em https://fpagropecuaria.org.br/)

Em termos formais de atuação, a FPA reproduz fielmente a lógica patrimonial amplamente identificada como expressão de práticas oligárquicas de poder. Um aspecto claro dessa lógica e forma de ação é a conexão direta entre poder econômico e político. Um dos líderes da Bancada Ruralista, Blairo Maggi, por exemplo, é membro da família dos maiores produtores de soja de mundo e foi governador do Mato Grosso quando do principal momento da expansão agrícola naquele estado (2003-2010), senador pelo mesmo estado entre 2011 e 2016 e, por fim, Ministro da Agricultura, Pecuária e Abastecimento de 2016 a 2019.

Entre os principais temas sempre pressionados pela FPA está a questão do acesso a áreas de proteção ambiental ou terras demarcadas como reservas indígenas ou quilombolas. O perene desejo ruralista de se apropriar dessas terras adquiriu uma intensidade ímpar sob a presidência de Jair Bolsonaro que declarou que "o índio não pode ficar na sua terra como um ser pré-histórico".[2] No mesmo sentido, no seu primeiro de governo, Bolsonaro assinou a Medida Provisória 870, que eliminou a existência do Ministério do Trabalho e transferiu a supervisão das terras indígenas da Funai para o Ministério da Agricultura, Pecuária e Abastecimento. Seria somente com a intervenção do Supremo Tribunal Federal, quase um ano após a decretação de tal medida, que a transferência dos poderes da Funai foi revertida, o que levou o deputado Sérgio Souza (MDB do Paraná) a defender que a Bancada Ruralista começasse a ter melhores relações com o Poder Judiciário a fim de evitar tais decisões no futuro.[3]

Outra área de interesse para o agronegócio é o da abertura de áreas para o capital internacional, a fim de atrair tecnologia e ativar e fortalecer ainda mais o setor na economia e política nacionais. Aqui o objetivo é o de uniformizar a legislação que hoje diferencia o acesso para atores domésticos e internacionais (Lei Federal 5.709/71 e Decreto No 74.965/74). Como reposta, o Senado aprovou o Projeto de Lei 2.963.19 em dezembro de 2020, a fim de permitir que estrangeiros possam comprar até 25% de todas as propriedades rurais no país.[4] Além disso, a Lei Federal 13.986/2020 estabeleceu formas alternativas de crédito independente da origem nacional do contratante do empréstimo.[5] Por fim, a Bancada Ruralista tem agido de forma coordenada e eficiente na liberalização do uso de herbicidas e pesticidas não permitidos em várias partes do mundo e até recentemente também restritos para o uso no Brasil. Isso começou já em 2002, com o Projeto de Lei 6299/2002, que alteraria a Lei Ambiental de 1989. Mas não

2 https://valor.globo.com/politica/noticia/2020/02/18/indio-nao-pode-ficar--na-sua-terra-como-ser-pre-historico-diz-bolsonaro.ghtml.

3 https://www.jota.info/legislativo/fpa-camara-presidencia-01122020.

4 https://www25.senado.leg.br/web/atividade/materias/-/materia/136853.

5 https://www.lexology.com/library/detail.aspx?g=80575df7-1edc-492e-ace5--a691c59fe983.

houve muito avanço então, em uma das poucas áreas em que os governos do Partido dos Trabalhadores não se alinharam aos interesses do setor do agronegócio. Assim, uma vez que a era desse partido no poder chegou ao fim, de forma dramática e trágica para o sistema democrático brasileiro, a Câmara dos Deputados alterou a lei, em 2018, em um processo coordenado e liderado pela FPA e, em sequência, o Ministério da Agricultura aprovou o uso de 450 pesticidas.[6]

Em síntese, agindo de forma continuada por meio de uma criativa combinação entre fatores de produção e atuação política modernos e retrógrados, o agronegócio brasileiro tem conseguido manter enorme influência sobre o processo de tomada de decisão relativo aos rumos políticos e econômicos do país. Entre seus principais meios de atuação destaca-se seu peso no Legislativo, onde detêm uma significativa bancada. Da mesma forma, o setor teve presença quase ininterrupta no Ministério da Agricultura, Pecuária e Abastecimento, além de enorme proximidade com os mandatários do Executivo, independentemente de partido ou alinhamento ideológico. De maneira especial, a Frente Parlamentar da Agricultura obteve resultados nos seus temas preferencias, como abertura de acesso a áreas protegidas, inclusive a atores internacionais, assim como na legislação ambiental. A fim de exemplificar de forma ainda mais clara como tais articulações da lógica de modernização conservadora se deram ao longo dos últimos anos, e de aferir seus impactos negativos na região da Amazônia legal, examinamos a seguir do caso da gigante empresarial JBS, representante mais claro do processo de internacionalização do agronegócio brasileiro.

6 https://www.reuters.com/article/us-brazil-agriculture-pesticides/brazil-clears-new-pesticides-as-government-aims-to-speed-approvals-idUSKBN1W22HQ.

JBS e o suposto sucesso da modernização oligárquica da Amazônia no século XXI

Apresentado como um dos casos mais bem sucedidos de internacionalização da economia brasileira – ao longo dos últimos anos, o lobby do agronegócio tem promovido uma verdadeira *blitzkrieg* midiática sob diferentes slogans, como *O Brasil que dá certo!*[7] e *Agro é pop, agro é tudo!*[8] – o que, de fato, se viu nesse processo foi a mais recente reiteração do padrão de modernização conservadora típico da história brasileira, onde os setores mais dinâmicos da base econômica são revigorados, com tecnologia e capitais, de dentro e de fora do país, a fim de suprir em maior escala as demandas dos mercados globais, enquanto a desigualdade estrutural da sociedade se consolida (Cardoso and Faletto, 1973; Fernandes, 1968, 1973, 1975; Ioris, 2014; Werneck Vianna, 1999).

Ao longo desse caminho de transformações contraditórias e desiguais, é importante frisar o quanto a narrativa da eficiência das forças do mercado, da tecnologia e do espírito empreendedor do capital privado ajudou a esconder o papel central da continuada ação das estruturas de governo na expansão do agronegócio nos últimos vinte anos. Para se dar uma ideia inicial desse fenômeno, bastaria apontar para o fato de que, enquanto subsídios federais a esse setor estavam em torno de R$ 15 bilhões em 1990, esses valores chegaram a R$ 156 bilhões em 2014 e R$ 222,7 bilhões em 2019.[9] Lembremos que isso ocorreu durante um período de crescimento intenso dos preços das commodities nos mercados globais e que, portanto, a nos valermos de maneira coerente da narrativa neoliberal associada a tais experiências, os empresários do setor deveriam, por si só, ter dado conta de atender tais demandas. Também ironicamente contraditórias, as expe-

7 https://fotografia.folha.uol.com.br/galerias/37065-o-brasil-que-da-certo--agronegocio.

8 https://noticias.r7.com/jornal-opcao/o-agro-e-tech-o-agro-e-pop-o-agro-e--tudo-08022019.

9 Crédito ao Setor Rural, *O Estado de São Paulo*, 20 maio 2014; Crédito Rural Aumenta na Pandemia mas Pequeno tem Dificuldade para Receber, *Folha de S. Paulo*, 30 agosto 2020.

riências de apoio governamental prioritário ao processo de globalização do agronegócio brasileiro se aprofundaram durante as administrações de centro-esquerda dos governos do Partido dos Trabalhadores (Santana e Nascimento, 2012).

De fato, embora historicamente tendo sido um dos principais proponentes da agenda de uma ampla reforma agrária no país, os governos do PT foram marcados pela presença de figuras chave do agronegócio no Ministério da Agricultura, como Roberto Rodrigues, Katia Abreu, e Blairo Maggi. O primeiro, um técnico do setor, talvez pudesse ser mais aceito, dentro da lógica tecnocrática típica da modernização brasileira, mas os outros dois claramente eram atores autointeressados no processo de modernização conversadora, de base primário-exportadora então implementada (Ianni, 1979; Martins, 1975; Oliveira, 1972). Da mesma forma, associações de defesa do interesse corporativo do setor, como a Confederação Nacional da Agricultura, como fortes empresas a ele associadas, como Sadia e JBS, foram extremamente eficientes em promover a narrativa de que seus interesses e sua alegada vantagem comparativa de produção para os mercados globais de commodities em expansão eram não só chave para o crescimento do país, como vitais à própria manutenção da viabilidade econômica do mesmo. Ao fazê-lo, os interesses corporativos do agronegócio construíram uma imagem de tal forma hegemônica que foram capazes de obter amplas vantagens de governos tidos como progressistas, mas que efetivamente continuaram a subsidiar de forma generosa o setor, inclusive tendo a figura do maior líder da história da esquerda brasileira se colocando como grande promotor da expansão da fronteira agrícola, especialmente na região legal ou fronteiriça da Amazônia.[10]

Dentro desses complexos desdobramentos, poucos conglomerados do agronegócio adquiram tanta importância dentro do processo de internacionalização da economia nacional por meio da expansão do setor na região amazônica, especialmente no estado do Mato Grosso, do que a empresa JBS: empresa familiar criada em Goiás em 1953, hoje um dos

10 https://www.cartacapital.com.br/politica/politica-agraria-do-governo-lula-valorizou-o-agronegocio.

maiores nomes do agronegócio mundial, que registrou o maior lucro nominal de qualquer empresa brasileira no ano de 2016 (no valor de R$ 116 bilhões), após ter desenvolvido boas relações com os governos petistas, e hoje mantendo bom relacionamento político com atual governo no país.[11] A trajetória dessa empresa oferece, pois, um estudo de caso importante das experiências desenvolvimentistas de internacionalização da economia brasileira ao longo dos últimos vinte e cinco anos. De fato, esse verdadeiro império do agronegócio global se constituiu, ao longo dos anos, ao combinar de maneira típica, mas claramente eficiente, os elementos mais avançados com os mais retrógrados do setor. Os primeiros se referem a inovações tecnológicas na esfera da produção, acesso sofisticado a fontes favoráveis de recursos financeiros e posicionamento estratégico em novos mercados em escala global. Os elementos retrógrados incluem a absorção de terras indígenas e em áreas de fronteira ecológica,[12] utilização de modalidades abusivas de mão-de-obra[13] e a dependência na articulação de recursos e subsídios públicos a fim de manter sua vantagem competitiva.

Chave para tudo isso foi o fato de que o Brasil dispõe hoje do maior rebanho bovino industrial do mundo, e a conjuntura econômica interna, em conjunção com um contexto de expansão do mercado global de proteína animal no início do século, ajudou muito no processo de globalização da JBS, cujo início se deu no final dos anos 1990, quando a companhia, ainda conhecida como Friboi, se beneficiou das vantagens do regime de câmbio alto então em voga no país para começar a absorver competidores. Esse processo acelerou-se quando, no início dos anos 2000, a empresa recebeu fundos do Banco do Brasil para adquirir também dois dos maiores produtores domésticos de carnes processadas (Anglo e Bordon), o último inclusive vendido pela empresa Bertin, que seria também adquirida pela

11 https://www1.folha.uol.com.br/mercado/2018/11/parceira-da-jbs-ministra-de-bolsonaro-deu-incentivos-fiscais-a-empresa-em-ms.shtml.

12 https://www.amnesty.org/en/latest/news/2020/07/brazil-cattle-illegally-grazed-in-the-amazon-found-in-supply-chain-of-leading-meat-packer-jbs.

13 https://www.reuters.com/article/us-brazil-trafficking-cattle/jbs-among-meat-firms-linked-to-slavery-tainted-ranches-in-brazil-idUSKBN29A2EW.

JBS em 2009.[14] Antes disso, em 2005, novamente com a ajuda de recursos públicos (nesse caso do BNDES), a JBS daria início a sua expansão em escala global, ao adquirir a renomada subsidiária da empresa Swift Armour na Argentina pelo valor de US$ 200 milhões.[15] No mesmo sentido, consolidando a trajetória de internacionalização de suas atividades, em 2007, novamente apoiada por recursos públicos, a JBS fez a abertura de seu capital na Bolsa de Valores de São Paulo, com a arrecadação de cerca de R$ 800 milhões, quando o BNDES adquiriu inicialmente cerca de 13 porcento das ações inicialmente ofertadas.[16]

Com esse novo afluxo de recursos, a empresa empreendeu a etapa mais ambiciosa do seu processo de quase monopolização do mercado de carnes mundial, ao adquirir, no mesmo ano, a gigante norte-americana SwiftFoods pelo valor de US$ 1,4 bilhão.[17] Posteriormente adquiriu controle total ou parcial de outras empresas ao redor do mundo – como Tyson (no Brasil e Mexico), Cargill Pork (nos EUA), Moy Park (no Reino Unido, Irlanda, França e Holanda) e Primo (na Australia) – para se tornar a maior empresa do setor no mundo. O processo de ascensão internacional da JBS se insere pois dentro da lógica inerente da economia global que favorece empresas que conseguem ampliar sua presença em termos geográficos, a fim de ter ganhos de escala, e obter acesso a formas múltiplas de fontes de capital em diversos mercados. Em muitos casos, e não só nos países em desenvolvimento, mas de forma majoritária nestes, isso requer fontes públicas de apoio, dado que tais firmas operam originalmente, em seus países de origem, em situações de mercado definidas por baixa tecnologia e inovação, assim como restrições na obtenção de amplas fontes de capital, uma vez que suas economias tendem a ser definidas por situações de oligopólio de empresas com baixa competitividade internacional, com raras exceções,

14 Informações baseadas em dados disponíveis em Serra (2017).

15 https://www.lanacion.com.ar/863117-otro-frigorifico-paso-a-manos-del--grupo-brasileno-jbs.

16 BNDES viria a adquirir 31% das ações da companhia.

17 https://www.wsj.com/articles/SB118044010182517037#:~:text=SAO%20PAULO%2C%20Brazil%20%2D%2D%20Leading,and%20pork%2C%20for%20%241.4%20billion.

realidades definidas por alguns autores como "capitalismo hierárquico" (Schneider, 2013).

Nesses casos, mesmo nos setores onde seria possível uma expansão em mercados internacionais, dado que isso não necessitaria grande inovação tecnológica (como no caso do setor da carne, conforme exemplificado pela experiência da JBS, sob análise aqui, ou no setor da construção evidenciado pelo caso da construtoras brasileiras que se internacionalizaram nos anos 2000, como a Odebrecht e OAS), recursos de financiamento público foram decisivos para permitir, especialmente no início do processo, a absorção de competidores locais e globais a fim de alcançar ganhos de escala necessários para garantir que a expansão no estrangeiro possa seguir e se consolidar. Mas mesmo enquanto a JBS se firmava como ator econômico em escala global, garantia acesso a novos mercados e novas formas de produção e, associados, ganhos de escala, o gigante da carne mundial mantinha muitas das suas características mais retrógradas, como destruição ambiental,[18] formas abusivas de trabalho e práticas corruptas de obtenção de favores políticos e legais.[19]

Lembremos que a lógica inerente à agropecuária industrial extensiva se baseia na absorção constante de novas áreas de pastagens para produção de mais cabeças de gado, especialmente áreas de baixo custo, portanto nas regiões da fronteira agrícola. No caso brasileiro, historicamente isso se deu nas margens da região Amazônica, áreas de proteção ambiental ou reservas indígenas, ou áreas de posse informal de pequenos agricultores, forçados a deixar suas glebas por pressão dos grandes fazendeiros, seus jagunços e corruptos amigos donos de cartório (braço local do Estado!) legitimadores do processo de grilhagem sempre presente nessas dinâmicas, em especial no estado do Mato Grosso. No mais das vezes, assim que a área nativa é limpa e o gado começa a ocupar a região, os preços da propriedade tendem a crescer, aguçando também os olhos dos especuladores que tendem a vender a terra para novos donos, em geral, produtores de grãos, no caso

18 https://www.theguardian.com/environment/2020/jul/27/revealed-new-evidence-links-brazil-meat-giant-jbs-to-amazon-deforestation.

19 https://www.bbc.com/news/world-latin-america-41222400.

do Mato Grosso, quase sempre de soja, também para exportação, fazendo com que o ciclo tenha de ter início novamente, com a aquisição, forçada ou legal, de áreas mais adentradas na floresta, expandindo a fronteira agrícola ainda mais e aprofundando de maneira retroalimentada a devastação ambiental e humana ao longo do caminho. De fato, a produção de soja no estado aumentou de 3 milhões para 26 milhões de toneladas entre 1990 e 2014 (Flexor e Leite, 2017, p. 395).

Esse processo fez também com que terras na Amazônia passassem cada vez mais a ser vistas como formas de investimento em uma escala verdadeiramente global, onde atores domésticos e internacionais passaram a competir, assim como a especular em cima de vastas extensões territoriais vistas cada vez mais não como fatores de produção, mas simplesmente como ativos especulativos (Wilkinson et al., 2012). Os resultados dessa dinâmica têm sido uma concentração ainda maior de terras em poucas mãos. De fato, entre 2003 e 2010, propriedades de grande escala de mais de 10 mil hectares subiram de 51,6% para 56,1% de todas as propriedades da região, enquanto propriedades pequenas (de menos que 50 hectares) reduziram sua presença em percentuais de 13,3% para 12,8% do total, e propriedades de menos de 10 hectares (que no resto do país representam metade de todas as propriedades rurais) estão somente entre 2,2% de todas as propriedades da Amazônia. Da mesma forma, propriedades com mais de 10 mil hectares chegam hoje a ocupar 14,8% da área produtiva do campo.[20]

Na mesma direção, entre 2006 e 2017, as propriedades de grande porte, mil hectares ou mais, cresceram de 45% a 47,5% da área total ocupada por agropecuária.[21] E o estado com maior concentração de propriedades desse porte é exatamente o Mato Grosso, onde se concentram as atividades da gigante JBS. Além disso, ainda que ancorada na grande propriedade rural de baixo custo, muitas vezes obtida por meios escusos e envolvendo forte processo de devastação ambiental, a lucratividade do agronegócio

20 https://www.brasildefato.com.br/2018/07/26/no-brasil-2-mil-latifundios-ocupam-area-maior-que-4-milhoes-de-propriedades-rurais.

21 https://www.sna.agr.br/ibge-grandes-propriedades-puxam-expansao-da-agropecuaria.

deriva também diretamente da hiperexploração do trabalho humano. De fato, de maneira consistente, "desde 2003, mais de 21 mil trabalhadores foram resgatados de condições de trabalho análogo à escravidão na região amazônica do Brasil, 70% destes em fazendas ligadas ao setor da pecuária industrial" (Greenpeace, 2015, p. 14). No mesmo sentido, diz ainda o mesmo relatório, "o trabalho escravo e a apropriação ilegal de terras, incluindo terras em mãos de comunidades indígenas, são elementos constitutivos de como a devastação na Amazônia ocorre" (Greenpeace, 2015, p. 12).

Cabe lembrar que JBS foi multada em mais de R$ 3 milhões pelo uso desse tipo de trabalho abusivo em uma de suas fazendas em Rondônia e em R$ 1 milhão em outra propriedade no estado do Mato Grosso. Além disso, a fazenda também foi multada por comprar cabeças de gado produzido por fornecedores que mantinham trabalhadores em condições de trabalho forçado.[22] E mais, ainda de acordo com investigações similares também realizadas pelo Greenpeace já em 2009, "a cadeia de fornecedores da JBS se estrutura ao longo de uma rede de fazendas na região amazônica envolvidas diretamente no processo de devastação da floresta" (Greenpeace, 2009, p. 97). Da mesma forma, mais de 750 mil quilômetros quadrados de floresta foram desmatados na Amazônia desde meados dos anos 1980, sendo 60% das áreas se tornaram fazendas extensivas de produção de gado comercial. O desmatamento vinculado à produção de gado na região é responsável pala destruição anual de 14% das matas nativas ao redor do mundo e 62% das emissões de gases de efeito estufa (Greenpeace, 2015, p. 12)".

Além disso, como apontado anteriormente, pelo menos parte da lucratividade das grandes empresas do agronegócio na Amazônia deriva de práticas de produção ilegais, relacionamentos políticos escusos e articulações de financiamento marcadas por acusações de corrupção. Na chamada Operação Carne Fraca, por exemplo, JBS e outras empresas do setor foram flagradas por terem pagado propinas a reguladores sanitários para autorizar a venda de produtos que não poderiam ter sido aprovados em

22 https://reporterbrasil.org.br/2017/06/jbs-comprou-de-fazendas-flagradas-com-trabalho-escravo-e-desmatamento-ilegal.

um controle de qualidade rigoroso.[23] As práticas consideradas ilícitas incluiriam, segundo relatado amplamente pela imprensa, doações ou suborno clandestino e chantagens recíprocas a líderes políticos de alto escalão, acusação que atingiu o próprio ex-presidente Michel Temer[24] e senadores da República, como Aécio Neves.[25] De maneira complementar a tais comportamentos, como vimos acima, a FPA dispõe de uma verdadeira tropa de choque, distribuída nos mais diversos partidos, a fim de defender os interesses do agronegócio, barrando legislações que ampliem as investigações sobre trabalho escravo na região,[26] liberem o uso de agrotóxicos banidos em outros países[27] e facilitem o acesso do agronegócio sobre as terras de comunidades indígenas.[28]

Fica claro, pois, que as ditas empresas modernas do agronegócio brasileiro, que eficientemente se internacionalizaram ao longo dos últimos anos, a JBS em particular, apresentam, sim, elementos dinâmicos e modernos em suas linhas de produção, estratégias de financiamento, marketing e ocupação do mercado global de proteína animal. Ao mesmo tempo, contudo, são empresas ainda definidas de maneira central, e vital, por práticas condenáveis de trabalho, aceleração do processo de devastação ambiental, especialmente na Amazônia, mas também em áreas nativas de Cerrado, destruição de comunidades nativas da região e articulações políticas com

23 Para ser ter uma ideia de tais práticas, basta lembrar que a JBS foi sentenciada por ter misturado carne podre e carne com substâncias carcinogênicas no seu processo de produção. Ver: https://www.bbc.com/news/world-latin-america-40377203.

24 https://oglobo.globo.com/brasil/dono-da-jbs-grava-temer-dando-aval-para-compra-de-silencio-de-cunha-21353935.

25 https://www1.folha.uol.com.br/poder/2017/05/1884947-senador-aecio-neves-psdb-mg-pediu-r-2-milhoes-a-joesley-diz-jbs.shtml.

26 https://amazonia.org.br/2014/02/bancada-ruralista-resiste-na-definicao-de-trabalho-escravo.

27 https://www.sul21.com.br/postsrascunho/2018/06/o-agro-nao-e-pop-como-a-bancada-ruralista-se-articula-para-aprovar-projeto-que-pretende-liberar-agrotoxicos.

28 https://www.justificando.com/2019/08/02/bancada-ruralista-a-maior-inimiga-dos-povos-indigenas-do-brasil.

autoridades legais locais (cartórios), estaduais e nacionais. Nesse sentido, embora a JBS tenha conseguido se posicionar de maneira eficiente no mercado global de proteína animal, isso claramente se deu por meio de um altíssimo grau de subvenções estatais que ocorreram ao longo de uma série de tratativas bastante questionáveis e relações patrimoniais ilegítimas. O agro poder até ser pop, mas certamente não é tão eficiente assim.

E ainda que tenha se tornado a maior empresa mundial do setor, por meio de ganhos em escala, inovações em sua linha de produção e práticas inovadoras de promoção de seus produtos, a gigante global JBS continua sendo uma típica empresa do agronegócio brasileiro. Uma empresa que abertamente continua sendo muito bem definida pela apropriação constante de áreas de produção de baixo custo, especialmente em zonas de fronteira ambiental de biomas frágeis, com alto impacto negativo sobre populações e ecossistemas nativos, a utilização em parte de sua cadeia de formas de trabalho muitas vezes consideradas análogas à escravidão e o recurso a financiamentos obtidos por intermediação política.

Sucesso para quem?
Ganhadores e perdedores e cenários alternativos

O presente capítulo buscou examinar, de uma maneira crítica e interdisciplinar, as transformações econômicas recentes na economia brasileira sob o prisma do processo de internacionalização da Amazônia, tomando como estudo de caso as experiências do agronegócio das zonas de fronteira da região, em suas dimensões não só econômicas, mas também política, legal, ambiental e humana. Conforme analisado, setores cada vez mais chave e poderosos do país foram capazes de se inserir de maneira efetiva e eficiente em importantes cadeias de produção e consumo da economia global. Mas embora esse processo tenha também se pautado, por vezes, por inovações e empreendedorismo, tais elementos não foram isentos de patrocínio político e práticas de produção eminentemente retrógradas, desumanas e ambientalmente insustentáveis, reproduzindo, assim, a lógica oligárquica do capitalismo tradicional e conservador que ainda definem a terra de Cabral.

De fato, ao passo que o país abriu mão dos ganhos arduamente obtidos no seu processo de industrialização de meados do século passado, voltando a ser uma economia definida pelo seu caráter primário exportador, as elites do agronegócio nacional modernizaram suas atividades nas áreas de tecnologia da produção e comercialização de seus produtos, inclusive por meio de maiores conexões com atores dos mercados globais, tornando-se assim atores decisivos do cenário político do país. Esse processo requereu uma expansão ainda maior da fronteira agrícola-pecuária do território nacional, nesse caso, de forma ainda mais decisiva e destrutiva sobre os múltiplos, complexos e frágeis ecossistemas naturais e sociais da Amazônia, com todos os custos naturais, econômicos, políticos e humanos apontados acima. Enquanto sua enorme influência econômica e política pode ser exercida sobre governos de orientação mais progressista, as oligarquias do agronegócio souberam muito bem se aliar com tais gestores. Mas quando a relevância do PT começou a diminuir, essas mesmas elites rapidamente se rearticularam, inclusive por meios não democráticos, a fim de manter seu peso, ou mesmo controle sobre os desígnios políticos e econômicos da nação, de maneira explícita ajudando a reverter possíveis ganhos sociais mínimos das populações mais desassistidas do país, em grande parte residentes da região amazônica. Retomou-se, assim, de forma ainda mais explícita, a lógica e o processo de modernização oligárquica do Brasil, com todos seus efeitos sociais, políticos, ambientais e humanos nefastos de sempre.[29]

Assim, embora ainda apresentado como uma história de sucesso da internacionalização da economia nacional, a inserção maior e mais articulada do agronegócio brasileiro nos mercados globais dos últimos trinta anos continua sendo uma dinâmica histórica eminentemente frágil e insustentável, dada sua continuada dependência de fatores de produção e mercado sobre os quais não detêm total controle, e associado a processos de destruição dos recursos naturais de produção. Sem falar da falácia da narrativa da eficiência de empresas inerentemente dependentes em subsídios estatais, apropriação de terras de baixo custo econômico e alto custo

---

29 https://www.terra.com.br/economia/bolsonaro-defende-agronegocio-locomotiva-da-economia,a05f8680eaf6917dd63fa29a45d53e3dyjh3mkpr.html.

social e cultural, e utilização de formas de trabalho de baixo custo econômicos e altíssimo custo humano.

Por fim, cabe apontar que a experiência de ganhos econômicos recentes do setor de exportação de commodities primárias e inserção nos mercados globais associados reflete dinâmicas mais amplas da América Latina e talvez mesmo de outras partes do mundo, onde conflitos similares de apropriação ilegal de mão-de-obra e devastação ambiental também podem ser encontrados. Em todo caso, a natureza tem se tornado, cada vez mais e de forma acelerada, um espaço para a implementação de padrões de desenvolvimento ambiental e social destrutivos, conforme reiteradamente evidenciado nas experiências predatórias do agronegócio nas regiões de fronteira da Amazônia brasileira.

Referências bibliográficas

Acker, A. 2017. *Volkswagen in the Amazon: The Tragedy of Global Development in Modern Brazil.* Cambridge University Press: Cambridge.

Barros, G. 2009. *Brazil as an Economic Superpower? Understanding Brazil's Changing Role in the Global Economy.* Brookings Institution Press: Washington DC.

Camargo, J.R. 2009. *Elite Política Brasileira e a Renegociação das Dívidas do Crédito Rural: O Caso da Bancada Ruralista.* Dissertação de Mestrado. Instituto de Filosofia e Ciências Humanas, Unicamp: Campinas.

Cardoso, F.H. e Faletto, E. 1973. *Dependência e Desenvolvimento na América Latina. Ensaio de Interpretação Sociológica.* Zahar: Rio de Janeiro.

Evans, P. 1979. *Dependent Development: The Alliance of Multinational, State and Local Capital in Brazil.* Princeton University Press: Princeton NJ.

Fernandes, F. 1968. *Sociedade de Classes e Subdesenvolvimento.* Zahar: Rio de Janeiro.

Fernandes, F. 1973. *Capitalismo Dependente e Classes Sociais na America Latina.* Zahar: Rio de Janeiro.

Fernandes, F. 1975. *A Revolução Burguesa no Brasil.* Zahar: Rio de Janeiro.

Flexor, G. and Leite, S.P. 2017. Land Market and Land Grabbing in Brazil during the Commodity Boom of the 2000s. *Contexto Internacional*, 39(2), p. 393-420.

Gerschenkron, A. 1962. *Economic Backwardness in Historical Perspective*. Belknap: Cambridge MA.

Greenpeace. 2009. *Slaughtering the Amazon*. Greenpeace: São Paulo.

Greenpeace. 2015. *Grilling Away the Amazon*. Greenpeace: São Paulo.

Hirschman, A.O. 1965. *The strategy of Economic Development*. Yale University Press: New Haven.

Ianni, O. 1979. *Colonização e Contrareforma Agrária na Amazônia*. Vozes: Petrópolis.

Ioris, R. 2014. *Transforming Brazil: A History of National Development in the Postwar Era*. Routledge: London and New York.

Ioris, A.A.R. 2017. Encroachment and Entrenchment of Agro-neoliberalism in the Centre- West of Brazil. *Journal of Rural Studies*, 51, p. 15-27.

Katz, C. 2015. Dualities of Latin America. *Latin American Perspectives*, 42(4), p. 10-42.

Lucchese, G.S., Oliveski, F.E. e Fernandes, S.B.V. 2018. A Bancada Ruralista e a Política Pública Ambiental Brasileira. *Observatório Economia Latinoamericana*. Disponível em: https://www.eumed.net/rev/oel/2018/09/bancada-ruralista-brasil.html.

Macedo, R. e Becker. S. 2018. Contornos das Biografias de Agentes Envolvidos no Tramite da PEC 215. *Nanduty*, 6(8), p. 60-90.

Martins, J.S. 1975. *Capitalismo e Tradicionalismo*. Pioneira: São Paulo.

Montero, J. 1994. *Negros da Terra*. Companhia das Letras: São Paulo.

Oliveira, F. 1972. *A Economia Brasileira: Critica à Razão Dualista*. Vozes: Petropolis.

Persichetti, S. 2020. O Brasil Agrário: O Conservadorismo e a Direita na Bancada Ruralista. *Em Tese*, 17(1), p. 7-32.

Santana, C.A.M. and Nascimento, J.R. 2012. *Public Policies and Agricultural Investment in Brazil.* Food and Agricultural Organization (FAO): Brasília.

Schneider, B.R. 2013. *Hierarchical Capitalism: Business, Labor and the Challenges of Equitable Development.* Cambridge University Press: New York.

Serra, J. 2017. *Global Champions are Made at Home: The Brazilian Development Bank and Domestic MNCs.* Paper Presented at American Political Science Association Annual Meeting, San Francisco.

Werneck Vianna, L. 1999. *Liberalismo e Sindicato no Brasil.* UFMG: Belo Horizonte.

Wilkinson, J., Reydon, B. and Di Sabbato, A. 2012. Concentration and Foreign Ownership of Land in Brazil in the Context of Global Land Grabbing. *Canadian Journal of Development Studies*, 33(4), p. 417-438.

A PRODUÇÃO DE EXPECTATIVAS DE DESENVOLVIMENTO E O RITMO DA EXPANSÃO DA SOJA NO NORTE DE MATO GROSSO

Cristiano Desconsi

Introdução[1]

Nas últimas décadas, a soja se tornou um dos produtos mais importantes dos mercados agroalimentares globais. O Brasil vem ampliando sua participação nesses mercados, sobretudo a partir da década de 2000, quando a soja se torna o produto com o maior volume nas exportações do país, passando, assim, a ocupar a maior parte de suas terras agricultáveis (Wesz Jr., 2014). Isso ocorreu não só devido ao aumento da produtividade, mas também pela expansão das lavouras mecanizadas sobre "terras novas" na região de Cerrado e da Amazônia brasileiras, incentivadas por inúmeras políticas de Estado (Heredia et al., 2010). O meio norte do Mato Grosso é uma das áreas que contribuiu muito para isso, especialmente após a década de 1990, quando viveu o grande *boom* de expansão das lavouras de soja (Almeida, 2013; Desconsi, 2011).

Conforme apontam vários estudos, a "lavoura" é desenvolvida predominantemente em grandes extensões agrícolas (Fernandez, 2007). No

1 Uma primeira versão deste texto foi publicada em inglês na *Revista Cadernos de Geografia*, 30(3), 2020, https://doi.org/10.5752/P.2318-2962.2020v30nesp3p418

entanto, nas áreas onde a expansão se encontra em pleno curso, é possível localizar uma diversidade maior de agentes – pequenos agricultores, posseiros, trabalhadores e assentados da Reforma Agrária – que se deslocam para esses "lugares novos" e participam do processo de transformação socioecológica movidos por expectativas pessoais e familiares de alcançar melhores condições de vida e que, por isso, contribuem ativamente no "movimento das terras".

No norte de Mato Grosso, um contingente desses agentes subalternos encontra-se nos inúmeros projetos de assentamentos de Reforma Agrária criados a partir de meados da década de 1990 e 2000[2] que deram continuidade ao processo de ocupação territorial e incorporação de terras agrícolas vigente há muitas décadas (Desconsi, 2011, p. 35-39). Nesse sentido, o objetivo deste capítulo é analisar como se produzem as expectativas sobre o desenvolvimento que orientam as práticas de uso da terra dos pequenos agricultores situados nas áreas de expansão agrícola no norte do estado do Mato Grosso. Para tal, a análise apresentada baseia-se em dados etnográficos obtidos em trabalhos de campo realizados entre 2013 e 2017 em áreas de expansão agrícola e também informações atualizadas por meio de contatos, redes sociais e mídias da região. Buscou-se, de maneira central, examinar os significados que ativam e/ou atualizam as expectativas desses agentes com relação às transformações socioecológicas em curso na região.

A região estudada situa-se nos limites daquilo que desde os governos militares se convencionou chamar de Amazônia Legal e que contém áreas tanto de floresta densa típicas de áreas secas do bioma Amazônico, áreas do bioma Cerrado e, por fim, áreas de transição (Joanoni Neto e Guimarães Neto, 2017, p. 147). Nos mais de treze assentamentos rurais estudados, cuja área corresponde a mais de 550 mil hectares – a soja ocupava, em 2015, en-

2 Segundo dados do Instituto Nacional de Colonização e Reforma Agrária (INCRA), entre 1992 e 2004, foram criados 38 projetos, com 8.080 lotes individuais, totalizando 554 mil hectares na abrangência de municípios do meio norte do Mato Grosso. Estima-se que, anteriormente, mais de 90% dessas terras estavam ocupadas pela vegetação nativa características do bioma Cerrado ou Amazônico.

tre 80% e 90% de todas as terras (Desconsi, 2017, p. 25). É nesse contexto que verificamos a existência de assentados participando da produção de soja em unidades produtivas que variavam entre 70 e 300 hectares em uma região onde a maioria dos estabelecimentos agrícolas é formado por fazendas com áreas superiores a 2.000 hectares (Fernandez, 2007).

Figura 1: Mapa de localização da área do estado de Mato Grosso e da área onde a pesquisa foi realizada (elaborado pelo autor a partir de mapas do IBGE)

Compreender as expectativas e as transformações em curso foi possível por meio do mapeamento de redes de indivíduos formadas no entorno das lavouras de soja e da abertura de terras, em especial, em Ipiranga do Norte – cujas terras encontravam-se totalmente ocupadas por lavoura de soja – e no assentamento Mercedes, no município de Tabaporã, onde "a soja estava entrando", a 140 km de distância. A partir da aproximação com alguns indivíduos instalados em Ipiranga do Norte – assentados ou membros de suas famílias –, tivemos condições de acompanhar as relações estabelecidas entre as "terras velhas" e "novas", não no sentido de uma lógica temporal, mas, sim, a partir de duas inscrições temporais sincrônicas, situadas em áreas geográficas distintas e, portanto, partes de um mesmo leque de relações (Desconsi, 2017, p. 23).

O capítulo está dividido em três seções, além da introdução e das considerações finais. A primeira enfatiza a existência de uma visão unilinear sobre o que se quer construir nas "terras novas", entendimento associado às experiências vividas pelos agentes nas "terras velhas". Destaca que as narrativas predominantes costumavam enaltecer as expectativas de "crescimento", assim como do aumento dos aglomerados urbanos, do ritmo do desmatamento, da construção de estradas, da movimentação de pessoas, da instalação de firmas e de novas áreas ocupadas pela soja. A segunda seção detalha as práticas de uso da terra segundo as percepções dos pequenos agricultores, onde os significados atribuídos à terra – nova e velha – associam-se ao tempo de uso, tomando como ponto de partida a vegetação nativa e o tempo de ocupação, segundo determinados padrões. Na terceira seção, sugere-se a existência de ativadores da velocidade da expansão agrícola por meio de dispositivos que emitem sinais que autorizam, motivam, legitimam (ou não) os pequenos agricultores a intensificar suas práticas de uso das terras.

Movimento de terras e movimento de gente: produzindo expectativas

No Brasil, diversos estudos demonstraram que há um contingente de camponeses e pequenos agricultores cujas estratégias de reprodução está associada à ocupação de novas terras. Em estudos anteriores realizados em áreas consolidadas no meio norte do Mato Grosso constatou-se que a dinâmica das "terras velhas" possuía relação direta com os processos em curso nas "terras novas" (Desconsi, 2011, p. 170). Mapear, acompanhar, conhecer os "lugares novos" ou, como aparece com frequência nas mídias locais e regionais, "nas novas fronteiras agrícolas" faz parte do cotidiano de qualquer pessoa que circula nestas terras. Avaliam-se constantemente os locais onde se está produzindo "movimento de terras e de gente" e as possibilidades que poderiam ser conferidas a cada indivíduo que se integre nesse contexto, segundo suas condições e possibilidades.

Para compreender o que está em jogo nesse processo de expansão agrícola é preciso examinar as percepções temporais dos diversos agentes que participam da ocupação dessas áreas. Do que decorre a necessidade de uma avaliação do ritmo das transformações socioecológicas das áreas definidas como "novas". Ferguson (1999) aponta o fato de a modernidade se conformar com um processo teleológico, ao longo de um movimento cujo ponto final seria a modernidade industrial. As expectativas da maior parte dos agentes da região confirmam essa lógica, pois trata-se de um território constituído por fazendas estruturadas para a produção de soja, milho e algodão ou a produção de gado que dá base para a constituição de aglomerados urbanos de médio porte, marcadas pela segmentação social e por uma economia baseada no armazenamento e transformação de baixo valor agregado (Almeida, 2013). Observa-se mesmo, como apontam Joanoni Neto e Guimarães Neto (2017), que se trata de um processo histórico de fabricação da modernidade na região Centro-Oeste e Norte que é atualizado espacialmente ao indicar a existência permanente de "novas fronteiras agrícolas".

No Mato Grosso, não é difícil observar que cidades como Sinop, Sorriso, Lucas do Rio Verde e Nova Mutum servem como modelos de desenvolvimento de "sociedades do agronegócio", inspirando as formas em que ocorre a expansão agrícola. Tais cidades são resultado de uma ocupação e expansão realizadas nas últimas quatro décadas e seu crescimento está vinculado ao que acontece em áreas mais afastadas, tendo em vista que se constituem como polos de serviços de cadeias produtivas que crescem com a expansão agrícola. O termo "sociedades do agronegócio" indica que não se trata de uma cidade a partir da perspectiva urbano e industrial que informa e engloba o espaço agrário. Pelo contrário, é o espaço das fazendas e das empresas agrícolas e suas relações que produzem as cidades e as relações sociais inscritas neste espaço. Estas, por sua vez, alinham-se, por meio de corporações internacionais e redes financeiras e econômicas, diretamente ao contexto internacional (Heredia et al., 2010, p. 170).

A expansão agrícola supõe a existência de "movimento da terra" e "movimento de gente", como relatou um agricultor. Associado a esses modelos, cada agente que deles participa carrega expectativas de melhorar sua posição social, contribuindo e usufruindo da dinâmica que se instaura nos lugares novos. As categorias nativas "parado", "devagar", "acelerado" ou "rápido", vinculadas a oposições do "novo" e do "velho", constituem categorias temporais mobilizadas pelos pequenos agricultores para se referir ao ritmo de um "lugar", como também são acionadas para qualificar experiências particulares dos indivíduos e de seus familiares no seu ciclo de vida, estratégias de investimento e de negócios (Desconsi, 2017, p. 25).

Nas "terras novas" é preciso identificar os sinais de tal processo de desenvolvimento, assim como perceber a velocidade com que ele pode ocorrer. Alguns deste sinais são: i) o aumento do número de residentes tomando posse da terra; ii) a execução de tarefas como desmatamento, queima da área, abertura de picadas, formação de pequenas roças; iii) a abertura de estradas; iv) a construção de casas e outras edificações; e v) o deslocamento de grandes fazendeiros e empresários de prestígio e seus investimentos no "lugar novo".

Esses sinais, dentre outros, denotam presença humana e são objetivações de movimento sobre a terra. Não por acaso, o olhar sobre o que está acontecendo sempre incorpora uma dimensão relacional, tanto em relação com o momento anterior, quanto em relação ao ritmo de transformação ocorrido em áreas onde a expansão ocorreu há algumas décadas. "Quando chegamos aqui, não tinha nada", relata um entrevistado. A referência a este ponto anterior é o que permite estabelecer os quadros cognitivos que são mobilizados para situar-se em um espaço compreendido como "novo", onde "tudo está por ser feito".

No contexto estudado, no Assentamento Mercedes (ver Figura 1) a expressão central era a que denotava o que se entendia como "terras novas". Nesse caso, a principal característica da paisagem era exatamente a abertura das terras que avançava em ritmo acelerado, com várias áreas já com lavouras de soja implantadas. Além disso, existia uma "vila" que foi projetada pelo Instituto Nacional de Colonização e Reforma Agrária (INCRA) a partir de traçados das principais ruas e avenidas, dos locais onde seriam as áreas comerciais e residenciais, os equipamentos públicos, etc. O crescimento dessa vila alimentava a expectativa de ela transformar-se em uma cidade de médio porte, na medida em que se ampliariam as terras transformadas em lavouras de soja.

As expectativas sobre a urbanização a ser construída a partir "do zero" implicam um movimento encadeado de investimento e valorização imobiliária incorporado às práticas dos agentes. Esse dispositivo não só orienta suas ações, no sentido de construir casas, melhorar seus terrenos, por exemplo, mas também produz uma pressão social sobre aqueles que não acompanham o ritmo e as práticas levadas a cabo pela maioria dos agentes, conforme o relato de um agricultor:

> Aí o que acontece, a pessoa que só comprou um terreno e não investe acha que ganhará dinheiro só esperando valorizar sem fazer nada, mas não ganha. Por que a cidade valoriza, como? Se tu é meu vizinho e faz uma construção bonita no lado da minha, eu fico feliz. Se tu vai levantar um prédio ali de dois pisos, a minha casinha ali do lado vai valorizar, lógico. E eu vou ter que fazer o quê? Tenho que melhorar a minha ou fazer outra coisa ali no lado. Se tu tens uma terra só com mato e eu transformo ela tudo em lavoura, bem rápido, tu vai ter que fazer o mesmo para ficar tranquilo. Assim a cidade fica valorizada e o lugar cresce (Ademir, agricultor, 27/10/2013).

O movimento definido por tais dinâmicas, caracterizado como "acelerado" pelos interlocutores, também pode diminuir abruptamente ou cessar. De fato, os sinais de otimismo constatados em 2013, no assentamento Mercedes, não se repetiram em 2014. Parecia consensual, entre as pessoas contactadas, que, no último ano, o assentamento "tinha dado uma parada", cuja expressão maior era a diminuição da abertura de terras e implantação de lavouras. Os sinais objetivos diminuíram devido ao fim da expectativa de emancipação provocada pela aprovação de uma lei federal que vetava a criação de novos municípios,[3] que diminuía a expectativa da formação de uma cidade naquele local, assim como, uma operação da Polícia Federal nos assentamentos da região com fins de controle do desmatamento de apropriação das terras. Esses dois dispositivos limitaram por um determinado tempo a velocidade da transformação da vegetação e o "movimento

3 Em 2013, estava em tramitação no Senado Federal o novo projeto de lei que versava sobre a criação de novos municípios no Brasil. Segundo as regras previstas, o distrito de Nova Fronteira (nome da vila do assentamento Mercedes) não poderia pleitear sua emancipação.

de gente" rumo àquelas terras. Observa-se que o desmatamento, a supressão das matas e brejos são compreendidos como condição básica para o desenvolvimento das "terras novas". Não se concebe mesmo, ao menos por parte dos agricultores estudados, outra forma de exercer o próprio trabalho e assegurar o sustento de suas famílias.

Terras novas e terras velhas: práticas de uso

A região estudada se situava, em 2014, nas zonas denominadas como de expansão agrícola, ainda que em diferentes intensidades e ritmos sobre novas áreas (Bernardes, 2005; Wesz Jr., 2011). O tempo de uso da terra ganha assim importância, pois é associado a ele que se estruturam práticas e percepções dos diversos agentes sociais. Os qualitativos atribuídos à terra – "nova" e "velha" – associam-se ao tempo de uso, tomando como ponto de partida a vegetação nativa, e ao tempo de ocupação, segundo determinados padrões definidos. Em regra, as terras localizadas em Tabaporã/MT (ver Figura 1) eram consideradas "terras novas", em 2013/14, pelos entrevistados, quando comparadas com Ipiranga do Norte, designados como de "terras velhas".

Nos assentamentos examinados, os produtos que compõem as lavouras eram a soja, o milho e o arroz, com predomínio dos dois primeiros. O arroz marcava sua presença nas "terras novas", geralmente como no primeiro e segundos anos de implantação de lavoura, seja após a abertura das áreas, seja após transformação das pastagens em lavoura. Na medida em que se reduziam as áreas nessa condição, reduziam-se as áreas cultivadas com esse produto e, efetivamente, ele não era encontrado nas "terras velhas". Quanto ao milho, este era cultivado na mesma área imediatamente após a colheita da soja, ainda que esse produto não ocupasse a totalidade das áreas disponíveis e muitas delas permanecessem sem um segundo cultivo, de modo particular nas "terras novas".

Ao considerarmos que a distinção entre "terras novas" em relação às "velhas" está relacionada ao conjunto de tarefas que compõem o que se chama de "abertura de áreas", cabe detalhar ao leitor as diversas atividades que caracterizam a mesma, conforme exposto no quadro seguinte:

Tarefas	Características
1. "Quebrar" (o Cerrado) ou "abrir a mata"	Realizada com dois tratores esteira posicionados a uma distância de 20m a 30m. Entre eles há uma corrente pesada ("correntão"). Os tratores movem-se juntos, e a corrente vai "quebrando" e derrubando a vegetação.
2. Queima da área	Consiste em queimar a vegetação existente objetivando a limpeza da área. Tarefa manual.
3. 1º enleiramento	Feita com tratores de pneus acoplados com um equipamento na dianteira chamado de "garfo". Consiste em amontoar troncos finos, galhos, raízes em grandes leiras. Essas "leiras" serão queimadas várias vezes até seu desaparecimento.
4. 1ª catação de raiz	Consiste em retirar da área todas as raízes que vão aparecendo após o enleiramento. Geralmente é feita por pessoas que "catam os paus" e amontoam nas leiras para depois serem queimados.
5. Gradagem	Operação de gradagem pesada sobre a área com o objetivo de remover todas as raízes que ainda estão na terra.
6. 2ª catação de raiz	Idem ao item 4.
7. 2º enleiramento	Idem ao item 3.
8. Gradagem	Idem ao item 5.
9. 3ª catação de raízes 3	Em geral, fazem-se de duas a três catações de raízes, sendo que, a cada uma delas, a quantidade diminui.
10. Aplicação calcário na área e adubos químicos	Após essa tarefa, o calcário é espalhado sobre o solo visando à correção da acidez. Em seguida, após nova gradagem a soja já pode ser cultivada.
11. Drenagem (nos brejos)	Realizada nas áreas de "brejo", a tarefa de abertura de valas profundas visando à drenagem da água.

Quadro 1: Abertura de áreas: tarefas e características

Para realizar a tarefa de "quebrar o Cerrado", geralmente, eram contratados prestadores de serviços especializados que atuam na região, que possuíam máquinas pesadas para essa finalidade. Em terras com "mata fechada" costuma-se derrubar as árvores mais grossas, tarefa muitas vezes feita por madeireiros. Para as demais atividades mecanizadas, utilizavam-se tratores velhos de pequeno e médio porte. Quanto mais lento fosse o processo de "abertura da área", menor era a necessidade de contratação de pessoal para essa tarefa. Um ou dois homens davam conta de fazer as tarefas mecanizadas. No caso da catação de raízes, geralmente, contratavam-se trabalhadores sazonais, ainda que existam muitos casos em que a "abertura de área" envolveu somente os membros da família, especialmente entre pequenos agricultores.

As informações do Quadro 1 ajudam a entender o que oficialmente se chama de desmatamento. Considerava-se que uma área estava desmatada quando a mesma passou pelas tarefas 1 e 2 do Quadro. Quando o objetivo era a criação de gado, depois dessas duas tarefas, eram lançadas sementes de capim após a queimada e construídas cercas no entorno da área. Observamos que nem sempre a semeadura de pastagem implicava no ato de criar gado sobre essa mesma área. Em um ano (sem pastoreio), o capim alcançava mais de um metro de altura, o que permitia maior agressividade do fogo por ocasião de uma nova queima a ser realizada na estação seca. Esse tipo de queima reduzia os restos da mata, efetivava a limpeza da área e acelerava a meta de amansar a terra.

Salientamos que nem sempre o processo de "abertura de áreas" era feito por completo como mostra o Quadro 1. Muitas áreas foram "quebradas" e queimadas e depois ficaram paradas por vários anos. Geralmente, nesses casos se usava "passar o fogo" uma vez ao ano, de modo a evitar a regeneração da vegetação nativa. Todas essas áreas que passaram pela tarefa 1 e 2 do quadro nos anos recentes passaram a ser chamadas de "áreas degradadas", especialmente por técnicos, e assim, justifica-se a implantação de lavouras de soja e milho como dispositivos para "recuperar" ou "produzir o solo".

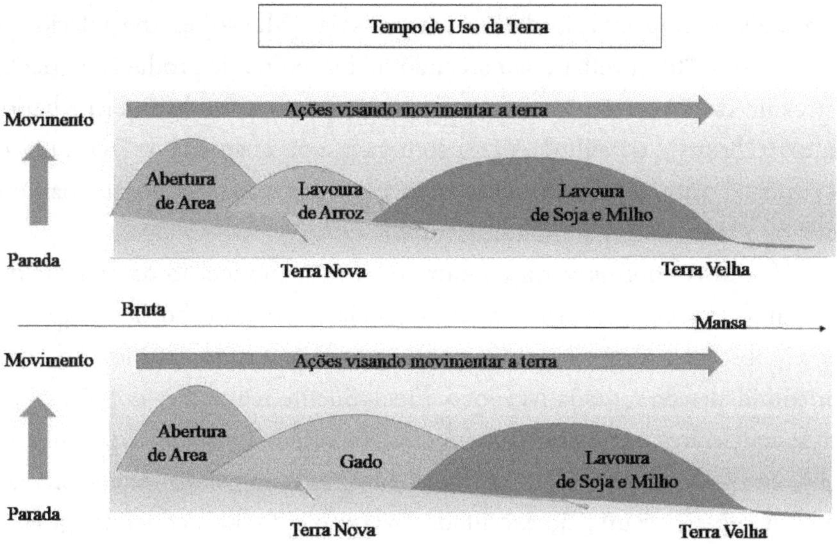

Figura 2: Tempo de uso da terra

A Figura 2 procura representar a percepções dos pequenos agricultores sobre a necessidade de "movimentar a terra" por meio de práticas de uso. As tarefas da abertura de áreas constituíam-se em ações que retiravam a terra de seu ponto natural ("parado"). Em seguida, estavam as atividades relacionadas aos ciclos agrícolas do arroz e, depois, das lavouras de soja e milho.

Em muitas áreas, o gado exercia esse papel de gerar movimento sobre a terra. Logo, o movimento em cada uma dessas etapas apresenta maior intensidade (cf. curva ascendente e, em seguida, decrescente) nos primeiros anos e depois esse movimento tende a diminuir e se estabilizar. De qualquer maneira, o ato designado pelos assentados como "plantar" era a forma de manter permanentemente a terra em movimento tanto nas terras novas como nas velhas.

"Terra bruta" era a designação utilizada para terras que já passaram por algum tipo de intervenção humana sobre a vegetação nativa, como, por exemplo: i) áreas onde foi passado fogo uma ou mais vezes; ii) áreas "quebradas", ou seja, onde foram feitas operações de derrubada da vegetação utilizando dois tratores com uma corrente; iii) áreas com pastagens formadas em meio a troncos derrubados e queimados. O adjetivo "bruto" trazia consigo o seu oposto, o "manso", para fazer referência a áreas com mais de dez anos de implantação de lavouras de soja. "Manso" estaria relacionado ao termo "terra velha", demarcando maior tempo de produção agrícola mecanizada. O termo "terra nova" considerava o período intermediário, entre o "bruto" e o "velho". A área começava a ser chamada de "terra nova" a partir do primeiro ano de cultivo agrícola ou criação de gado, até mais ou menos o sexto ano, quando ininterruptos.

Há uma enorme variação entre o ritmo de execução das tarefas de abertura de áreas por distintos atores sociais. No trabalho de campo de 2014, observou-se uma área com mata nativa, parte de uma fazenda nas proximidades da rodovia MT-010. Precisamente trinta dias depois, sobre toda aquela área havia uma lavoura de arroz recém-formada, o que sugeria que, em pouco menos de quatro semanas, todas as etapas mencionadas no Quadro 1 haviam sido executadas. Mas no caso dos pequenos agricultores, por mais que haja variações no ritmo e forma que as tarefas eram executadas, o processo de abertura de área levava entre dois e cinco anos. Geralmente, numa estação seca (de preferência entre abril-junho), era feita a tarefa de "quebrar o Cerrado", pois isso permitia que no final da estação seca (agosto-setembro) se realizasse a primeira "queima da área".

Na estação seca seguinte, davam-se prosseguimento às tarefas do enleiramento, as várias catações de raízes e gradagens, visando, em última instância, deixar a terra pronta para a semeadura do arroz nos primeiros meses da estação da chuva. Sendo a tarefa de "quebrar o Cerrado" ou "abrir a mata" feitas geralmente via contratação de serviços de terceiros, muitos agricultores realizaram essa tarefa de uma só vez em área maior. Nas áreas quebradas onde não era dada sequência nas tarefas de abertura, utilizava-se a prática da queima anual durante a estação seca, impedindo a regeneração da vegetação nativa. Tais diferenças estão relacionadas aos ritmos adotados e ao controle dos recursos disponíveis pelos pequenos agricultores. Isso significa que as diferenças estão menos vinculadas ao tipo e à sequência de tarefas e, sim, ao modo como cada agente conduzia com cada uma delas.

Ativadores da velocidade da expansão agrícola

Esta última seção analisa a existência de ativadores da velocidade da expansão agrícola por meio de dispositivos que emitem sinais que autorizam, motivam, legitimam ou não os agricultores a intensificar suas práticas de uso nas "terras novas". Programas governamentais, projetos de lei, discursos de líderes governamentais, estratégias de grandes empresas e fazendeiros, entre outros, são alguns exemplos desses ativadores. Na última década, os dois principais ativadores foram:

i) Mudanças na legislação ambiental: Ao longo da última década, a agenda dos produtores rurais, ambientalistas e sociedade em geral esteve centrada no tema do novo Código Florestal, cuja mudança se efetivou em 2012. Desde que o tema entrou em pauta em 2006, o projeto de lei que flexibilizaria as normas vigentes serviu para ativar o desmatamento, pois suas normas previam "anistia" aos agentes que desmataram biomas centrais em períodos anteriores. Entre 2007 e 2010, com a expectativa de uma "anistia ao desmatamento" realizado, produtores, assentados, madeireiros e posseiros se lançaram sobre as áreas com vegetação nativa e executaram as duas tarefas iniciais do processo de abertura de áreas. Assim, "todo mundo abria mais ou menos, passava uma correntão ou um trator, ou colocava fogo, e ficava tudo derrubado, mais ou menos."[4]

Nos anos seguintes, o que se via na paisagem era a execução das etapas seguintes para permitir a transformação definitiva das terras em grandes lavouras de soja. Eram áreas queimadas, com sinais de abertura, mas que também tinham um pouco de capim. Porém, grande parte delas não eram áreas de criação de gado, pois não existia cercas, nem presença de gado. Ao fim e ao cabo, tais áreas foram anistiadas das multas ambientais e da necessidade de reposição florestal, consistindo em áreas degradadas, ocupadas por lavouras de soja em larga escala. No dizer de um informante local, "agora o pessoal estaria mexendo nas terras que chamam de degradadas porque desmatar o mato mesmo não pode mais, mas o que não é mais mato, pode".[5]

---

4 Vilson, agricultor Ipiranga do Norte, 23/10/2013.

5 Idem anterior.

Um novo momento de "autorização" volta a aparecer após 2018, quanto entra em cena um processo de desestruturação das normas e mesmo das instituições estatais utilizadas para a regulação das Unidades de Conservação, Reservas Extrativistas e dos procedimentos exigidos para o licenciamento ambiental (de obras de infraestrutura, empreendimentos minerais e agropecuários). A partir de então, de maneira ostensiva, priorizou-se o dito "produtivo", e tudo que regula e impede a expansão do agronegócio deve ser eliminado, reativando ainda mais as expectativas com relação à expansão agrícola. O uso do fogo tem se tornado um dos principais recursos para acelerar o novo movimento de terras. Áreas devastadas pelo fogo, com pouca flora e fauna, perdem o principal ativo capaz de deslegitimar aqueles que buscam dar sequência as tarefas de abertura das terras. Como se diz, "já que não tem mais a mata, agora tem que transformar tudo em lavoura ou pasto para que essa terra tenha algum valor".[6]

ii) O discurso de rever a demarcação das terras indígenas: O governo federal empossado em 2019 vem realizando ações para rever todas as demarcações das Terras Indígenas feitas nos últimos anos. No Mato Grosso, especificadamente na região do Alto Araguaia, políticos vinculados aos ruralistas articulam para que a área da etnia Xavante Marãiwatsédé, antiga Gleba Suiá Missu, com área de 165 mil hectares, volte aos posseiros que estavam instalados antes da desintrusão realizada pelo governo federal no ano de 2012. Tratava-se de uma área que pertenceu a referida etnia indígena, mas que durante os governos militares (década de 1970) foi retomada pelo Governo Federal e destinada a empresários e produtores rurais. Desde a década de 1990, a área foi sendo ocupada por produtores, madeireiros e trabalhadores rurais, conformando uma ocupação oficialmente não autorizada, mas ao mesmo tempo, nunca impedida de acontecer.

A desintrusão afetou as expectativas de diversos agentes sociais. Frustrou os próprios agricultores dos assentamentos estudados, mesmo estes estando situados a quase 400 km de distância da Gleba Suiá Missu. Isto porque, naquele momento, a região nordeste do Mato Grosso se apresentava como a "nova fronteira agrícola" e, com efeito, havia muitas famílias

6 Relato de agricultor em 23/12/2015.

de diferentes estratos sociais que estavam se deslocando para aquela região em busca de "terras novas".

Paralelamente, a desintrusão da gleba foi compreendida como um sinal de alerta do que poderia ocorrer em outras áreas que estavam sendo requeridas por outros grupos indígenas no estado. Logo, adentrar novas terras, especialmente Terras Indígenas, implicava um grande risco de não ter assegurado, ao longo do tempo, o reconhecimento jurídico da posse. Observa-se que, historicamente, o princípio que orienta a ocupação das áreas de expansão supõe a instalação, sobre as terras, de alguma indicação da presença dos que reivindicavam as mesmas (desmatamento, construção de casas, movimentação da terra, residir no local etc.). A legitimidade da posse e do uso, desde muito tempo, não pode ser dissociada do reconhecimento da presença dos requerentes ou detentores considerada legítima pelo grupo social (Barrozo, 2010).

Contudo, é preciso considerar que a própria legitimidade jurídica no estado do Mato Grosso se constituiu historicamente a partir do reconhecimento da posse, com a presença dos requerentes, via moradia e cultivo por, no mínimo, um ano. Tal presença precisava ser reconhecida por algum grupo social local (vizinhos e pessoas influentes residentes na área onde se localizava a posse), como prova nos cartórios ou perante órgãos oficiais do Estado (Moreno, 2007, p. 204). A mudança governamental, a partir de 2018, traz um discurso avesso aos grupos indígenas e vêm servindo de ativador para que terras em disputa jurídica, requeridas por determinadas etnias ou mesmo reconhecidas, sejam "invadidas" por outros grupos sociais. Reitera-se que o governo pode até não efetivar seu projeto de rever as demarcações de terras, mas sua intenção, amplamente veiculada, serve de combustível para que famílias que estavam nos assentamentos estudados em 2013 e 2014 estejam hoje instaladas em "terras novas", em conflito com grupos étnicos que buscam assegurar o controle de seu território (Mueller, 2012).

Da mesma forma, o indicativo por parte de políticos influentes da possibilidade de rever as demarcações serviu de ativador para que assentados, pequenos posseiros e fazendeiros se lançassem sobre essas terras, tendo em vista que a prática histórica de ocupação territorial supõe o tomar posse, instalar-se sobre a área e iniciar o ciclo de abertura da área. Assim, mesmo antes de ocorrer qualquer alteração nas terras demarcadas, as ações governamentais geraram um novo movimento de pessoas que se instalam sobre terras indígenas, passando a transformar a vegetação nativa. Ao fazê-lo, dentre outras questões, contribuem para que aquele ambiente não propicie as mesmas condições de uso da terra que eram realizadas anteriormente. O que chama a atenção nos dois exemplos expostos é seu potencial de gerar expectativas nos agentes, particularmente entre os pequenos agricultores, quanto 'a continuidade e aceleração da expansão agrícola.

Considerações finais

Não é novidade a constatação de que mudanças normativo-jurídicas associadas ao uso da terra, florestas, água e minerais tem efeitos diretos nas transformações sócio-ecológicas da região do bioma Cerrado e Amazônia. Entretanto, quando se trata a produção de expectativas como princípio que orienta as ações dos agentes é preciso refletir e observar os efeitos decorrentes de um processo mais amplo que se materializa, no sentido prático, na maioria das situações, antes mesmo de que haja uma efetivação das intenções. Como exemplos disso, projetos de lei não aprovados ou ainda como intenções de políticos expressas em seus discursos públicos que ajudam a moldar os comportamentos dos agentes locais, mesmo sem terem se efetivado.

Conclui-se, assim, que a expansão agrícola não se limita a análise do crescimento da área plantada, mas compreende um movimento de transformação e produção do espaço sócio-ecológico, de formas específicas de ocupação e uso da terra e construção das relações sociais. O significado das categorias temporais de um grupo social específico permite problematizar a subjetividade dos agentes e identificar suas expectativas quanto ao que pretendem ver acontecer nas "terras novas", contribuindo para estabelecer o ritmo e a intensidade da expansão agrícola na região. Os diversos agentes que participam deste movimento estão atentos a movimentação da terra e de gente e seus sinais nutrem, ao mesmo tempo, as expectativas dos pequenos agricultores, tornando-os em agentes que atuam no desmatamento e da apropriação de terras na Amazônia.

A expectativa de desenvolvimento nos lugares novos e do fácil acesso a riqueza material alimenta o constante processo de deslocamento de pessoas que participam da expansão agrícola na região. Se ela não permite melhores condições de vida para todos, isso não significa a frustração das expectativas, conforme sugeriu Ferguson (1999). Pelo contrário, sob a lógica neoliberal, a frustração é assumida pelos indivíduos e seus grupos familiares e afins como uma espécie de erro de percurso a ser reparado por ele ou pelos seus descendentes em outro local onde o movimento inerente a expansão agrícola se apresentar. Assim, as frustrações enfrentadas acabam por nutrir a constante recriação de novas fronteiras, que são apresentadas aos agentes como "nova oportunidade" para os que deverão se consolidar como pioneiros, desbravadores de sucesso cujo poder tem como base a fazenda, unidade territorial estruturada para a produção de commodities agrícolas.

A expansão agrícola nunca deixou de ser inventada. É nesse processo inventivo que se produzem expectativas, mobilizam-se ativadores de seu movimento e se realizam as práticas de transformação socioecológicas descritas como uma espécie de itinerários mais ou menos conhecidos rumo à suposta modernidade. No caso do centro-oeste e norte brasileiros as imagens de uma forma de ocupação baseada nas fazendas "modernas" de soja ou gado funcionam como modelos de unidades sociais e territoriais que conformam o estilo de vida, a produção do espaço geográfico, a segmentação social e econômica assegurada em preceitos culturais e, por fim, o próprio tipo de urbanização a ser construído.

Referências bibliográficas

Almeida, L.S. 2013. *Gaúchos, Festas e Negócios: O Agronegócio da Soja no Meio-Norte Mato-grossense.* Tese de Doutorado. Programa de Pós-graduação em Sociologia e Antropologia, Instituto de Filosofia e Ciências Sociais da Universidade Federal do Rio de Janeiro: Rio de Janeiro.

Barrozo, J.C. 2010. A Questão Agrária no Mato Grosso: A Persistência da Grande Propriedade. In: *Mato Grosso: (Re)ocupação da Terra na Fronteira Amazônica (século XX)*, Barrozo, J.C. (ed.) EdUFMT: Cuiabá/ e Editora Unisinos: São Leopoldo, p. 11-27.

Bernardes, J. 2006. Circuitos Espaciais da Produção na Fronteira Agrícola Moderna. In: *Geografia da Soja: BR-163 Fronteiras em Mutação*, Bernardes, J. e Freire Filho, O.L. (eds.). Arquimedes Edições: Rio de Janeiro, p. 13-38.

Desconsi, C. 2011. *A Marcha dos Pequenos Proprietários Rurais: Trajetórias de Migrantes do Sul para o Mato Grosso*. Coleção Sociedade e Economia do Agronegócio I, E-Papers: Rio de Janeiro.

Desconsi, C. 2017. *O Controle da Lavoura: A Construção de Relações Sociais e a Produção de Soja entre Assentados do Meio Norte do Mato Grosso*. Tese de Doutorado. Programa de Pós-graduação em Ciências Humanas/ UFRJ: Rio de Janeiro.

Ferguson, J. 1999. *Expectations of Modernity: Myths and Meanings of Urban Life on the Zambian Copperbelt*. University of California Press: Berkeley CA.

Fernandez, A.J.C. 2007. *Do Cerrado à Amazônia: Das Estruturas Sociais da Economia da Soja em Mato Grosso*. Tese de Doutorado. Programa de Pós-graduação em Desenvolvimento Rural/UFRGS: Porto Alegre.

Heredia, B., Palmeira, M. e Leite, S. 2010. Sociedade e Economia do Agronegócio no Brasil. *Revista Brasileira de Ciências Sociais,* 25(74), p. 159-176.

Joanoni Neto, V. e Guimarães Neto, R. 2017. A Amazônia e a Política de Integração Nacional: O Discurso da Modernização entre o Passado e o Presente. Dossiê Amazônia, Modernização e Desenvolvimento. *Diálogos Latinoamericanos*, 26, p. 144-157.

Moreno, G. 2007. *Terra e Poder em Mato Grosso: Política e Mecanismos de Burla 1892-1992*. EdUFMT/Entrelinhas: Cuiabá.

Mueller, C.C. 2012. Regional Development and Agricultural Expansion in Brazil's Legal Amazon: The Case of the Mato Grosso Frontier. In: *The Regional Impact of National Policies: The Case of Brazil*, Bauer, W. (ed.). Edward Elgar: Cheltenham, p. 184-203.

Wesz Jr., V.J. 2011. *Dinâmicas e Estratégias das Agroindústrias de Soja no Brasil.* Coleção Sociedade e Economia do Agronegócio, E-Papers, Vol. IV: Rio de Janeiro.

Wesz Jr., V.J. 2014. *O Mercado da Soja e as Relações de Troca entre os Produtores Rurais e Empresas do Sudoeste do Mato Grosso.* Tese de Doutorado. Instituto de Ciências Humanas e Sociais, Universidade Federal Rural do Rio de Janeiro: Rio de Janeiro.

CONJUNTURAS CRÍTICAS: SEGURANÇA HÍDRICA E ALIMENTAR NA AMAZÔNIA BRASILEIRA FACE À PANDEMIA DE COVID-19

Matilde de Souza, Jéssica Rúbia Gonçalves,
Victor de Matos Nascimento, Bárbara Luana Pereira Pacheco
e Lauana Pereira Domingos Alves

Introdução[1]

O presente capítulo busca analisar efeitos de mudanças nas políticas ambientais brasileiras desde a posse do Presidente Jair Bolsonaro, em 2019, especialmente no que tange às questões ligadas aos temas de segurança hídrica e segurança alimentar junto a parcelas da população da Amazônia brasileira. Além das análises de cunho mais estrutural, são considerados também os desafios conjunturais trazidos pela pandemia da Covid-19[2] no

---

1 Trabalho realizado com apoio da Coordenação de Aperfeiçoamento de Pessoal de Nível Superior (CAPES), Código de Financiamento 001 e do CNPq. Os autores agradecem também à Fundação de Amparo à Pesquisa do Estado de Minas Gerais (FAPEMIG) pelo apoio financeiro no projeto Mudanças Climáticas e Segurança Hídrica: Análise do Papel da Agência Nacional de Águas na Internalização de Políticas Internacionais de Mitigação e Adaptação dos Efeitos das Mudanças Climáticas ao Modelo Brasileiro de Governança de Recursos Hídricos (Chamada 01/2016 - Demanda Universal).

2 A pandemia da Covid-19 é decorrente do coronavírus SARS-CoV-2, classificada pela OMS como pandemia em 11 de março de 2020. Até 10 de maio

que ser refere à manutenção dos direitos das populações de acesso a água de boa qualidade e à relação dessa garantia com as políticas de segurança alimentar. Nossa hipótese central é que a superposição de conjunturas de crise – instabilidade política e pandemia – tem ampliado a vulnerabilidade das populações mais pobres no que diz respeito ao acesso à água potável e a alimentos em quantidade e qualidade suficientes.

Para realizar a discussão e análise propostas, o trabalho inicia apresentando o modelo teórico-analítico dos múltiplos fluxos e das conjunturas críticas. Em seguida, analisamos os aspectos centrais da realidade brasileira, com foco nas políticas ambientais ligadas à garantia da segurança hídrica e da segurança alimentar dada sua estreita vinculação com as políticas ambientais mais amplas e dado que situações de insegurança tem um impacto direto nas condições sociais e econômicas da população mais vulnerável (De Souza e Versieux, 2021). Na seção final, analisamos o agravamento de tais realidades frente ao impacto da pandemia da Covid-19.

Múltiplos fluxos e conjunturas críticas

O modelo de *multiple-streams*, ou múltiplos fluxos (Kingdon, 2003), nos parece oferecer uma importante perspectiva analítica para o exame do processo de tomada de decisão em políticas públicas. Segundo esse enfoque existem três fluxos em tais processos: (1) um fluxo de problemas no qual dados informam um problema ou um conjunto de problemas (*problems*); (2) um fluxo de propostas ou alternativas (*policies*); (3) e, por fim, o fluxo da política que engloba eleições e oficiais eleitos (*politics*). Normalmente esses fluxos operam de forma independente, mas, havendo uma "janela de oportunidade", um empreendedor político pode aglutiná-los. Ademais, considera-se que o processo de tomada de decisão ocorre sob condições de ambiguidade, ou seja, reconhecendo que há muitas formas de pensar sobre determinado fenômeno ou circunstância (Kingdon, 2003; Zahariadis, 2007).

de 2021, tem-se notícia de que 158.399.258 pessoas foram contaminadas em todo mundo, e 3.294.614 morreram (banco de dados sobre Covid-19, Johns Hopkins University).

No fluxo de problemas, a atenção dos governos se dá em três esferas: (1) indicadores que informam a dimensão da situação; (2) ocorrência de eventos extremos/crises; e (3) um *feedback* sobre o orçamento, custos e gastos com o problema. A resposta dos formuladores de políticas depende de como interpretam a realidade expressa nessas esferas e o fluxo das propostas ou alternativas diz respeito às ideias em disputa para se tornarem políticas. Nem todas se tornam políticas, mas identifica-se que é comum, entre as escolhidas, os seguintes pontos: confiabilidade técnica; compatibilidade com valores vigentes na sociedade; e a capacidade de prever contingenciamentos futuros (Zahariadis, 2007). Já o fluxo da política leva em conta três esferas próprias: o clima emocional do país [*national mood*], que se refere à noção de que um conjunto significativo da sociedade compartilha determinados valores, o que pode ser favorável ao estabelecimento de uma agenda política; as forças políticas, que são grupos organizados exercendo pressão; e mudanças de governo (no executivo ou legislativo), que também podem influenciar a agenda, sobretudo quando um novo governo assume e traz consigo demandas que não estavam em voga previamente (Zahariadis, 2007).

Figura 1 - Modelo de múltiplos fluxos (baseado em Kingdon, 2003 e Zahariadis, 2007)

A Figura 1 sintetiza o modelo apresentado. Como está posto, os três fluxos operam de forma independente e possuem esferas específicas que devem ser consideradas. Os fluxos podem ser aglutinados por meio da "janela de oportunidade" a partir da ação de um empreendedor político, o que pode culminar no estabelecimento da política pública que será executada por um dado governo. A hipótese desse capítulo atribui centralidade à suposição de conjunturas de crise, nesse caso a instabilidade política e a pandemia. Para complementar o modelo de múltiplos fluxos, assume-se que conjunturas de crise, ou conjunturas críticas, são "um período de mudança significativa, que normalmente ocorre de maneiras distintas em diferentes países (ou em outras unidades de análise) e que se supõe produzir legados distintos" (Collier e Collier, 2002, p. 29, tradução nossa). Por sua vez, a análise baseada na lógica de conjunturas críticas deve considerar cinco elementos: (1) as condições anteriores que representam uma "linha de base" diferente da que se avalia na conjuntura crítica em seu legado; (2) a clivagem, ou a crise que emerge das condições anteriores e que, por sua vez, desencadearam a conjuntura crítica; (3) três componentes do legado: (i) mecanismos de produção do legado – passos que o originam; (ii) mecanismos de reprodução do legado – processos políticos e institucionais que o perpetuam; e (iii) estabilidade dos atributos centrais do legado – atributos originados da conjuntura crítica; (4) explicações rivais, onde se considera, por exemplo, manifestações que advoguem em favor de causas constantes para aquela crise; e (5) o eventual fim do legado, que deve ocorrer em algum momento (Collier e Collier, 2002).

Conjunturas críticas: repercussão para as políticas ambientais

A política ambiental brasileira é bastante complexa e vem sendo construída ao longo de aproximadamente quarenta anos. Desde a instituição da Lei 6.938/1981, um complexo sistema jurídico-político foi sendo desenvolvido e fortalecido com melhores e mais robustos recursos de governança em períodos mais recentes (Rochedo et al., 2018). Considerando o patrimônio ambiental do país, "a política ambiental brasileira é uma preocupação estratégica não só para o país, mas para o mundo" (Rochedo et al., 2018, p.

1692). E tendo em vista as coalizões que influenciam a "agenda verde" no Brasil (Capelari et al., 2020), a eleição do presidente Jair Bolsonaro em 2018 expressa, também no campo das políticas ambientais, a coalizão identificada como "Desenvolvimentistas Tradicionais", que "compartilham crenças, como antiesquerdismo, autoritarismo, redução da intervenção estatal e das políticas sociais e abertura de mercado" (Capelari et al., 2020, p. 1696). Essa coalizão pressiona por mudanças na regulamentação no sentido do seu enfraquecimento e sua atuação tem se tornado mais intensa desde 2008, sendo que a reforma do Código Florestal, instaurada pela Lei 12.651/2012, é um dos marcos de sua atuação. E a partir da metodologia utilizada por Capelari et al. (2020), a categoria "choque" é mobilizada para orientar a sistematização de mudanças nas políticas ambientais brasileiras, considerando os choques internos e os choques externos. Essa categoria expressa "*mudanças de grande escala*" e no caso estudado essas mudanças "foram iniciadas em 2019 no subsistema de política ambiental do país" (Capelari et al., 2020, p. 1693). O Quadro 1 sistematiza essa questão no Brasil.

Choques internos	**Choques externos**
I – Crescimento do recurso de poder dos desenvolvimentistas tradicionais (coalizão dominante): – Aumento do número de cadeiras controladas pela chamada Bancada Ruralista – 44% na Câmara dos Deputados e 39,5% do Senado. – Restauração da Comissão Especial do Congresso sobre Mudanças Climáticas, liderada por um presidente que nega a urgência do problema climático; – Novo presidente da república e vários de seus assessores críticos das políticas e instituições ambientais, assim como contrários à maior parte da regulamentação ambiental existente;	I – Mudanças importantes na orientação ideológica do Poder Executivo Federal – caracterizadas pelo autoritarismo e compromisso com a liberalização econômica e desprezo pelos impactos ambientais: – Privatização da gestão de parques nacionais; – Redução de multas ambientais; – Liberalização da atividade de mineração e agrícolas na região Amazônica e em Terras Indígenas; – Mudanças no marco regulatório do saneamento, com a permissão do controle do abastecimento de água e serviços de saneamento por parte de empresas privadas;

– Críticas à demarcação de terras indígenas e a criação de unidades de conservação; – Críticas ao INPE, com demissão do chefe do órgão por divergência quanto à validade dos dados do Sistema de Monitoramento do Desmatamento da Amazônia; – Declaração por parte do presidente Bolsonaro defendendo aumentar a exploração da Amazônia e ameaçando retirar o país do Acordo de Paris, abandonando o compromisso de hospedar a COP 25.	– Aumento de ameaças à biodiversidade; – Ações para desmobilizar e inibir a participação popular nas decisões em matéria ambiental; – Esforços para a restrição de participação de ONGs no processo político; – Redução da participação de membros da sociedade civil no Conselho Nacional do Meio Ambiente; – Extinção de diversos órgãos colegiados que atuam na gestão ambiental.
II – Falta de influência reputacional pela coalizão dominante: acesso a informações, recursos de poder e posições estratégicas em órgãos da política ambiental, mas perda de força da coalizão, por fortes questionamentos de suas ações do ponto de vista técnico: – Carta aberta de protesto sobre a deliberada desconstrução; – Distribuição das políticas ambientais, assinada por oito ex-ministros do meio ambiente.	II – Desastres ambientais ocorridos no Brasil em 2019: – Três desastres contribuíram para pressionar o subsistema da política ambiental: o rompimento da barragem de Brumadinho em Minas Gerais; desmatamento e queimadas na Amazônia; derramamento de óleo no litoral brasileiro.

Quadro 1 - Mudanças na política ambiental brasileira: síntese de choques internos e externos (elaborado a partir de Capelari et al., 2020 e Abessa et al., 2019)

Esses choques tiveram repercussões importantes nas políticas ambientais brasileiras: apoio do atual governo a projeto de lei que elimina ou reduz restrições de licença ambiental para obras de infraestrutura e outras atividades econômicas; mudanças no Código Florestal, datadas de 2012, mas que têm fortes repercussões no desmatamento, na redução da proteção legal dos biomas e nas taxas de desmatamento da Amazônia. Algumas iniciativas são mais antigas, como as que anotamos abaixo, no Quadro 2, mas que têm recebido franco apoio do atual governo (Abessa et al., 2019), com estímulos para acelerar a tomada de decisão no âmbito legislativo:

Iniciativa	Objetivo
Projeto de Lei 3729/2004	Eliminar ou reduzir restrições de licenças ambientais para novos projetos de infraestrutura e outras atividades econômicas.
Projeto de Lei 6299/2002	Estabelecer novas regras para venda e uso de pesticidas, enfraquecendo as regras existentes e transferindo o controle para o Ministério da Agricultura.
Projeto de Lei 6268/2016 e o Projeto de Lei 436/2014	Visam permitir a caça de animais silvestres para entretenimento, defesa da propriedade, das pessoas e da atividade agrícola.

Quadro 2 - Projetos de Lei cuja discussão voltou à pauta do Legislativo brasileiro (elaborado a partir de Abessa et al., 2019)

De fato, em 2019 o Presidente Bolsonaro assinou um ato transferindo o Serviço Florestal Brasileiro e a criação de terras indígenas para a responsabilidade do Ministério da Agricultura, o qual, historicamente, tem restrições e faz oposição às demandas da população indígena. Além disso, houve o desmembramento do Ministério do Meio Ambiente: dentre outras mudanças, a temática de florestas encontra-se inserida no Ministério da Agricultura, Pecuária e Abastecimento e a gestão das águas encontra-se alocada no Ministério do Desenvolvimento Regional. Essas mudanças, entre outras, não somente reduzem a relevância do Ministério do Meio Ambiente, como também são importantes retrocessos nas iniciativas anteriormente feitas de integração das políticas ambientais em uma única estrutura, compensando efeitos da setorialização dessas políticas na integração da sua gestão (De Souza, 2003). E ainda que, por vezes, tais iniciativas possam ter gerado algumas consequências positivas, como, por exemplo, um realinhamento entre coalizões com sinais de maior cooperação (Capelari et al., 2020), são muitos os efeitos adversos no que se refere ao processo de tomadas de decisões, onde há um aumento de conflitos entre atores interessados.

Caracterizadas as situações críticas, a próxima seção discute a interação entre os retrocessos que se verificam nas políticas ambientais, a crise provocada pela pandemia e seus efeitos nas condições de vulnerabilidade das populações mais pobres da Amazônia, no que se refere à segurança hídrica e alimentar.

Múltiplos fluxos e conjunturas críticas no Brasil face à pandemia

Consideradas as conjunturas críticas, retoma-se a hipótese que orienta este capítulo: assume-se que a superposição de fluxos e conjunturas de crise – instabilidade política e pandemia – ampliou a vulnerabilidade das populações mais pobres no que diz respeito ao acesso à água potável e a alimentos em quantidade e qualidade suficientes. Para desenvolvimento da argumentação, considera-se que existe segurança hídrica quando há: disponibilidade de água em quantidade e qualidade para os usos múltiplos; acesso à água potável; meios para a prevenção de desastres associados à água; proteção ao meio ambiente e aos ecossistemas aquáticos e das condições institucionais para redução de conflitos associados aos diversos usos da água (ONU, 2013). Quanto à segurança alimentar, não há uma definição universal do conceito. Geralmente cada país adota uma definição própria em sua legislação. Sistematizando a definição adotada no Brasil e que tem como referência o conceito da Organização das Nações Unidas para a Alimentação e Agricultura (FAO), de 1996, pode-se tomar como definição mínima de segurança alimentar o atendimento do direito de todos ao acesso regular e permanente a alimentos em quantidade suficiente e qualidade adequada (Brasil, 2006). Dadas tais considerações, a seguir, conjugamos a lógica dos múltiplos fluxos e das conjunturas críticas para compreender seu efeito na segurança hídrica e alimentar.

O fluxo dos problemas e as condições anteriores à crise

O primeiro fluxo é estruturado por dados que informam o problema e, complementando-o com a lógica das conjunturas críticas, há que se considerar também as condições que levaram a esse problema. A bacia Amazônica compreende oito países: Bolívia, Brasil, Colômbia, Guiana, Guiana Francesa, Peru, Suriname e Venezuela. No Brasil, se estende por sete estados da federação, todos eles na região Norte do país: Acre, Amapá, Amazonas, Pará, Rondônia, Roraima e Tocantins. A população desses sete estados é de 15.864.454 pessoas, 7,41% da população total do país (Cidades, s/d). Por sua vez, o primeiro caso de Covid-19 da América Latina e Caribe foi detectado no Brasil em 25 de fevereiro de 2020, e a primeira morte registrada data de 17 de março.

A partir de então, até 15 de maio de 2021, o Brasil registrou 15.586.534 de casos e 434.715 mortes confirmadas, caracterizando-se como o terceiro país com o maior número de casos – atrás dos Estados Unidos e da Índia, e segundo em quantidade de mortes – atrás dos Estados Unidos (banco de dados sobre Covid-19, Johns Hopkins University). É fato, pois, que a pandemia impactou diretamente a sociedade mundial e latino-americana, ampliando a pressão sobre os sistemas de saúde e afetando as esferas da economia, com a suspensão de atividades produtivas e aumento do desemprego. A Tabela 1 apresenta um recorte dos casos e mortes confirmados em decorrência da Covid-19 nos estados brasileiros da Bacia Amazônica até o dia 15 de maio de 2021.

Estado	**Casos Confirmados**	**Mortes Confirmadas**
Acre	80.177	1.608
Amapá	108.719	1.610
Amazonas	378.138	12.808
Pará	494.328	13.828
Rondônia	220.719	5.457
Roraima	99.459	1.568
Tocantins	167.684	2.704
Total	1.549.224	39.583

Tabela 1 - Covid-19 nos estados brasileiros da Bacia Amazônica (elaborada a partir do banco de dados sobre Covid-19, Johns Hopkins University)

O total de casos confirmados nos estados amazônicos corresponde a cerca de 9,93% do total de casos confirmados no país. Já o total de mortes corresponde a 9,10% do total de mortes registradas no país. Ressalta-se que no Brasil a região com mais casos e mortes confirmadas é a do estado de São Paulo. Essas porcentagens chamam a atenção pois o quantitativo de pessoas que vivem na região amazônica em relação à população brasileira não chega a 8% do total do país, mas o quantitativo de pessoas afetadas pela pandemia ultrapassa os 9% em quantidade de casos e mortes. Além dos dados sobre a pandemia, ressalta-se que no Brasil parcela da população abaixo da linha da pobreza saltou de 4% em 2017 para 12,8% em 2020 (SDG, 2021). Outro indicador que auxilia na contextualização desta conjuntura é o do desemprego que, saiu de 12,33% em 2018 para 13,5% em 2020 (IBGE, s/d). Evidencia-se, portanto, que, além de ser um dos países com maior número de casos e mortes, o aumento da pobreza e do desemprego mostra o impacto da pandemia sobre essas áreas.

Tendo como referência a bacia Amazônica e os problemas ali existentes, importa contextualizar os problemas transfronteiriços identificados para a região, que caracterizam desafios ambientais e sociais já existentes e que se somam aos efeitos provocados pela pandemia. Isso está posto no Quadro 3.

Problemas transfronteiriços prioritários regionais dos recursos hídricos na bacia do rio Amazonas
1 Contaminação das águas (uso de pesticidas e lançamento de esgotos)
2 Desmatamento
3 Perda da biodiversidade
4 Eventos hidroclimáticos extremos
5 Erosão, transportes de sedimentos e sedimentação
6 Mudança do uso da terra
7 Perda de geleiras
8 Impactos das grandes obras de infraestrutura
9 Insuficiente integração na gestão de recursos hídricos

Quadro 3 - Problemas transfronteiriços prioritários da Bacia Amazônica (Fonte: OTCA, 2018, p. 15)

Considerando-se o subcontinente latino-americano com um todo, tem-se que os impactos da pandemia foram, sobretudo, nas seguintes questões: diminuição da atividade econômica, queda dos preços de produtos primários, menor demanda de serviços de turismo e deterioração das condições financeiras das sociedades. Esses impactos, por sua vez, incidem na segurança alimentar da região. Como as pessoas tiveram que ficar mais em casa por conta de medidas de restrição de circulação nas cidades, ao longo de 2020 foram registrados momentos de maior demanda por alimentos e foram observadas dificuldades de distribuição em alguns países por conta de desafios logísticos devido à temporada de restrições (CEPAL-FAO, s/d). Já na região amazônica, há que se considerar que um quarto de sua população vive em espaços rurais ou territórios indígenas, afastados de centros urbanos. Além disso, a região possui índices de desenvolvimento humano baixos e infraestrutura deficitária para o atendimento de serviços básicos, sobretudo da população que não está nos centros urbanos (Ramalho et al., 2020). A pandemia vem afetando setores básicos do abastecimento, com implicações quanto à segurança hídrica e alimentar. O Quadro 4 sintetiza esses impactos:

	Aumento da medicalização e higienização	**(Re)localização das produções**
Efeitos na segurança hídrica e na segurança alimentar	- Aumento da demanda e deterioração da qualidade da água devido ao aumento do descarte de materiais hospitalares; - Poluição da terra arável e das fontes de água por resíduos biomédicos; - Necessidade de maior volume de água para tratamento de águas residuais e produção de energia.	- Maior demanda na produção local, ocasionando pressões nos recursos naturais locais; - Flutuações na oferta e na demanda de alimentos; - Mudanças e empobrecimento na dieta alimentar causados pelo aumento do preço dos alimentos; - Diminuição da mão de obra na agricultura em razão de trabalhadores doentes e/ou em quarentena.

Quadro 4 - Impactos da Covid-19 na segurança hídrica e alimentar (adaptado de Al-Saidi e Hussein, 2021)

A Região Amazônica enfrentou, pois, um desafio triplo diante da crise causada pela pandemia: (1) evitar que o vírus se espalhe em áreas urbanas densamente povoadas onde há fatores socioeconômicos de insegurança e condições sanitárias precárias; (2) controlar o efeito sobre populações rurais que vivem em condições de saúde precárias e com mobilidade limitada; e (3) reduzir o máximo possível o efeito sobre populações indígenas cuja vulnerabilidade ao vírus e suas consequências é ainda maior (Castro et al., 2020). Com relação ao primeiro ponto do desafio triplo, chama-se a atenção para a situação dos estados brasileiros do Amazonas e Pará. O Pará registrou mais casos do que o Amazonas, mas o número de mortos neste último foi expressivamente maior. Uma das causas desta situação foi a crise ocasionada pela falta de oxigênio nos hospitais da capital, Manaus, em janeiro de 2021, pois, de acordo com a Secretaria de Estado de Saúde, se antes a média de consumo diário era de 14 mil metros cúbicos, em janeiro a média saltou para 86 mil, e as empresas responsáveis pela produção não conseguiram acompanhar a demanda (G1, 2021).

Sobre o segundo ponto, considera-se que parte da população rural da bacia amazônica possui a crença de que a Covid-19 é uma "doença de cidade grande", o que atrapalha a contenção do vírus. Além disso, também é comum a essa população um senso de comunidade que dificulta a adoção de medidas como o isolamento social. E questões geográficas e climáticas também dificultam o acesso e a fixação de profissionais de saúde na região (Floss et al., 2020). Já no terceiro ponto, ressalta-se o efeito sobre a população indígena, já que, até 21 de dezembro de 2020, 37.747 indígenas haviam morrido nos oito países amazônicos, 25.931 no Brasil, 1º lugar dentre os oito países que compõem a Amazônia. Esse número contabiliza as mortes entre toda a população indígena desses países, e não apenas aquela da bacia amazônica (Mongabay Latam, 2021), mas, de todo modo, tem-se que, na Amazônia brasileira, nas regiões do Alto Rio Solimões e do Vale do Javari, Amazonas, e do Alto Rio Purus, Acre, a população indígena da região foi contaminada por médicos que viajaram até a região, registrando maior número de casos. Já no Parque do Tumucumaqui, na divisa do Pará com Amapá, foi o Exército que levou o vírus a um dos territórios mais ilhados e de difícil acesso do país (Comitê Nacional pela Vida e Memória Indígena,

2020). O Quadro 5 apresenta números sobre a insegurança alimentar no Brasil em 2020.

Brasil (milhões)	
Total da população (milhões)	211,7
População c/ algum grau de insegurança alimentar	116,8
População sem alimentos suficientes (considerada a população com algum grau de insegurança alimentar)	43,4
População que enfrenta situação de fome	19,0

Quadro 5 - Insegurança alimentar – Brasil, 2020 (elaborado a partir de Rede Penssan, 2021)

O Quadro 6 apresenta dados sobre a insegurança alimentar no Brasil em anos anteriores e em 2020, o que auxilia na compreensão de que a pandemia aumentou a vulnerabilidade de grande parcela da sociedade a esta situação.

2004	14,998
2009	11,292
2013	7,225
2018	10,284
2020	19,043

Quadro 6 - Brasileiros em situação de insegurança alimentar grave (milhões) (elaborado a partir de IBGE, 2018 e Rede Penssan, 2021)

No que tange à segurança alimentar, os indígenas da região amazônica enfrentam, por exemplo, impeditivos para adquirir alimentos em centros urbanos, além do risco que estão expostos quando se deslocam até as cidades para terem acesso aos auxílios disponibilizados pelo governo brasileiro. Ademais, há que se considerar a Lei Nº 14.021 de julho de 2020 que "dispõe sobre medidas de proteção social para prevenção do contágio e da disseminação da Covid-19 nos territórios indígenas" (Brasil, 2020). Ainda que trate de medidas associadas à segurança alimentar, a lei foi sancionada com veto a um ponto que tratava do acesso à água potável, mas isso foi derrubado pelo Congresso Nacional em agosto de novo (Comitê Nacional pela Vida e Memória Indígena, 2020).

De modo concreto, nos sete estados que compõem a região amazônica, cerca de 2.047.000 pessoas passaram algum grau de fome em 2018, número que equivalia a 19,8% do total de brasileiros nessa situação. No cálculo que considera os domicílios, 10,2% estavam em situação de fome no período analisado (IBGE, 2018). Ao final de 2020, de acordo com a Rede Penssan (2021), 18,1% dos domicílios da região Norte se encontravam em situação de fome (Rede Penssan 2021), o que evidencia um enorme aumento deste número no ano marcado pela pandemia. Cabe ressaltar também, no que tange à segurança alimentar, que, entre janeiro e abril de 2020, o preço do arroz subiu 7%, dos ovos, 14%, da batata, 38%, e das frutas, 8%. Ademais, registrou-se um aumento dos preços do leite e derivados e uma queda de 9,6% nas vendas de mercados varejistas de São Paulo. Como resposta, ampliaram-se programas alimentares escolares, ofertando uma renda aos estudantes da rede pública das escolas que não podiam ter aulas. Além disso, também se ofertou um programa de auxílio emergencial a muitas famílias (CEPAL-FAO, 2020).

Em um contexto mais amplo, o governo brasileiro tomou medidas de proteção social na pandemia em quatro áreas principais e que atingem, direta ou indiretamente, aspectos da segurança hídrica e alimentar. O Quadro 7 sintetiza essas medidas, que compreendem as seguintes áreas: 1) transferências de dinheiro, 2) transferências de alimentos, 3) garantia de serviços básicos e 4) outros:

Transferências de dinheiro	– Lei 13.982/2020: Auxílio Emergencial no valor de R$ 600,00; – Medida Provisória 927/2020: abono anual aos beneficiários da previdência social; – Medida Provisória 946/2020: saques em dinheiro de fundos previdenciários de beneficiários; – Pagamento Antecipado do 13° salário a aposentados e pensionistas.
Transferências de alimentos/ dinheiro para aquisição	– Medida Provisória 957/2020: R$ 500 milhões para serem utilizados na compra de produtos da agricultura familiar por meio do Programa de Aquisição de Alimentos (PAA); – Distribuição de mais de 275 mil cestas básicas; – Distribuição de mais de 418 mil cestas básicas à indígenas.

Garantia de serviços básicos	– Resolução no 963/2020: suspende, a pedido do tomador, até o mês de outubro de 2020, os pagamentos ao FGTS relativos ao principal e aos juros dos contratos de financiamento celebrados com a Caixa Econômica Federal, empresas mistas ou privadas que atuam no setor do saneamento básico por meio do Programa Saneamento para Todos.
Outros	– Portaria 443/2020: "prorroga" a Portaria 335 – que previa a suspensão dos bloqueios e cancelamentos de benefícios do programa de transferência de renda Bolsa Família – por mais 180 dias; – Medida Provisória 999/2020: libera recursos para a implementação do auxílio emergencial residual; – Medida Provisória 1.001/2020: crédito extraordinário com o objetivo de garantir o acesso à água nas escolas públicas rurais.

Quadro 7 - Medidas de proteção social adotadas pelo governo brasileiro (elaborado a partir de CEPAL, 2021)

Em síntese, seguindo a lógica do fluxo dos problemas, foram evidenciados os impactos da pandemia na segurança alimentar e na segurança hídrica na região amazônica brasileira. Além disso, destacou-se que o cenário anterior à crise já era composto por grandes desafios e que a pandemia da Covid-19, somada às respostas dos formuladores de políticas por vezes insuficientes ou ineficazes, teve um impacto forte na região da Amazônia brasileira.

O fluxo das propostas e a clivagem

No segundo fluxo do modelo de análise aqui utilizado, o de propostas e alternativas, observa-se que há uma constante crítica acerca da confiabilidade técnica das decisões tomadas no país em diversas áreas, como a ambiental, que registrou um aumento no desmonte de políticas de proteção ambiental, e nas áreas relacionadas à segurança alimentar e à segurança hídrica. Ademais, há que se considerar a clivagem proposta pelo modelo de conjunturas críticas, uma vez que, como visto, a crise emerge e assume tal dimensão devido a fatores novos como a pandemia, e outros anteriores a ela.

Lembremos que, durante sua campanha presidencial, Jair Bolsonaro afirmou que priorizaria políticas econômicas agressivas que prejudicariam o meio ambiente. Isso se concretizou em 2019, e seguiu pandemia adentro com, por exemplo, redução de restrições ao desmatamento, de fiscalizações ambientais e do orçamento de importantes órgãos ambientais. O Ministério do Meio Ambiente e entidades vinculadas, como o Ibama e o ICMBio, tiveram previsto, para o ano de 2021, o menor orçamento dos últimos 20 anos, caindo de 4,4 bilhões de reais em 2017 para 1,72 bilhões em 2021. Em relação ao orçamento para Fiscalização Ambiental e Incêndio Florestal, em 2021 houve uma redução de 34,5% em relação a 2019 (OEco, 2021).

Com relação ao debate sobre a confiabilidade técnica das medidas de combate à Covid-19, após propostas do governo brasileiro ou declarações do presidente Bolsonaro, ocorreram diversas reações de entidades e grupos da sociedade civil. Em março de 2021, por exemplo, mais de 500 economistas e banqueiros, dentre eles ex-ministros da Fazenda e ex-presidentes do Banco Central, enviaram uma carta aos três poderes alertando para a situação alarmante da pandemia, para as consequências como a falta de recursos para a saúde e o desemprego, e denunciando que o presidente "subutiliza ou utiliza mal os recursos de que dispõe, inclusive por ignorar ou negligenciar a evidência científica no desenho das ações para lidar com a pandemia" (Poder 360, 2021).

O fluxo da política

No que tange ao terceiro fluxo, o da política, consideram-se, como apontados anteriormente, três elementos chave: o clima nacional, forças políticas e as mudanças de governo. O clima nacional está relacionado ao compartilhamento de determinados valores por parte da sociedade que podem facilitar, ou não, o estabelecimento de uma agenda. Ele será abordado em consonância com o terceiro elemento, uma vez que as mudanças de governo estão diretamente relacionadas a esta questão. As Figuras 2 e 3 sistematizam uma pesquisa do Instituto de Pesquisas Datafolha realizada entre 15 e 16 de março sobre o desempenho do governo do presidente Jair Bolsonaro durante a pandemia.

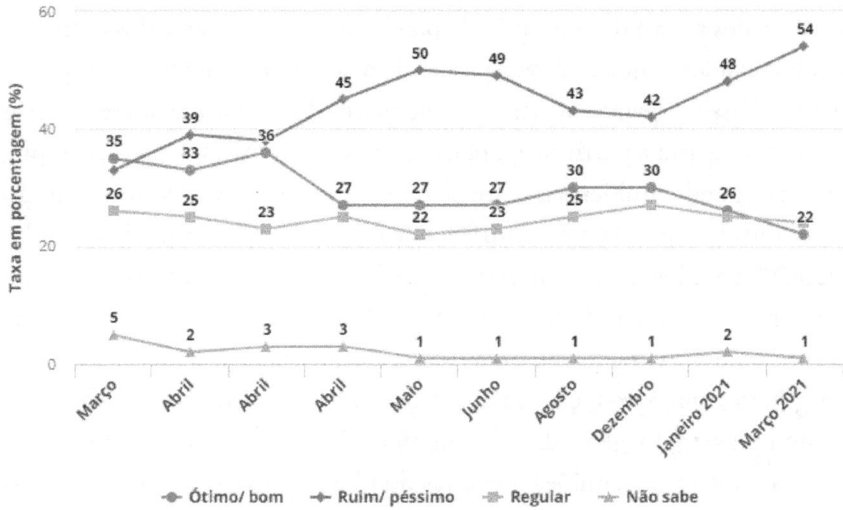

Figura 2 - Avaliação do desempenho de Bolsonaro na pandemia (Fonte: Instituto Datafolha, 2021)

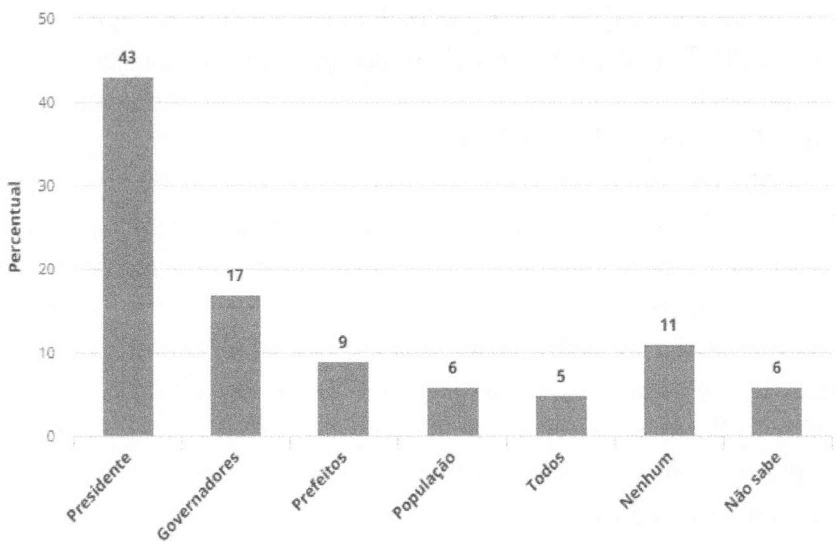

Figura 3 - Principal culpado pela situação atual da pandemia (Fonte: Instituto Datafolha, 2021)

Tais números apontam que ao longo da pandemia a gestão do presidente do Brasil foi sendo considerada cada vez pior pelos entrevistados. Ademais, tendo em vista uma série de debates sobre responsabilidades e autoridades acerca da condução da pandemia, a maior parte dos entrevistados considerou que a culpa pela situação do país em março era do presidente. E assim, quanto ao segundo elemento do terceiro fluxo, retoma-se o que se discutiu a partir de Capelari et. al. (2020). Nota-se, por exemplo, que na agenda ambiental, a força política/coalizão que tem orientado as medidas do governo é identificada como "Desenvolvimentistas tradicionais", cuja lógica é de desmonte de legislações ambientais e foco na economia (Capelari et al., 2020). Esse desmonte se expressa principalmente no esvaziamento de órgãos ambientais que compõem a estrutura de gestão, com a redução de recursos humanos e materiais. Apenas a título de exemplo, além de ter o número de câmaras técnicas reduzido, não há registro de reuniões plenárias do Conselho Nacional de Recursos Hídricos (CNRH) desde dezembro de 2018, embora haja uma convocatória de Assembleia em 2019, cujo objetivo é a indicação de participantes para compor o próprio conselho. Esses elementos podem ser conferidos no sítio do próprio CNRH (https://cnrh.mdr.gov.br/reunioes-plenarias/cnrh-2018). Em visitas ao sítio eletrônico pode-se verificar que toda a documentação das reuniões, anteriormente disponíveis, não se encontra mais a fácil acesso pelos interessados.

Tal como pressupõe Zahariadis (2007), nota-se que os três fluxos podem ser lidos de forma independente. Entretanto, é evidente a interligação que possuem, sobretudo quando se restringe a observação às áreas relacionadas à segurança hídrica e à segurança alimentar. Ademais, tendo em vista a lógica das conjunturas críticas (Collier e Collier, 2002), fica evidente como a pandemia impactou nessas áreas, bem como nos múltiplos fluxos ao apresentar problemas de natureza técnica e política em diversas esferas da vida social da população brasileira em geral e da Amazônia em particular.

Considerações finais

Este capítulo se propôs a analisar os efeitos de mudanças nas políticas ambientais brasileiras desde a posse do presidente Jair Bolsonaro sobre as condições de segurança hídrica e segurança alimentar de parcelas da população da Amazônia brasileira. Foram mobilizados os modelos teórico-analíticos dos múltiplos fluxos e das conjunturas críticas no intuito de sistematizar os diversos fluxos que compuseram o contexto analisado. Os modelos também auxiliaram na identificação de como a crise imposta pela pandemia da Covid-19, somada à orientação político-ideológica do governo Bolsonaro, têm implicado em expressivas mudanças nas políticas ambientais brasileiras e no aumento da exposição de parcelas da população amazônica a maiores graus de insegurança hídrica e alimentar.

O modelo de conjunturas críticas trabalha com as condições anteriores à crise, a clivagem – que pode ser também entendida como a superposição dos múltiplos fluxos, e os legados deixados pela crise. Acredita-se que os legados deixados pelo impacto da pandemia da Covid-19 corroboram a hipótese proposta em pelo menos três dimensões. Primeiro, as mudanças nas políticas ambientais brasileiras impactam diretamente sobre a preservação ambiental – controle do desmatamento e de queimadas–, e sobre as populações indígenas, como as que vivem na região amazônica. Segundo, ampliou-se a vulnerabilidade das populações mais pobres no que diz respeito às seguranças hídrica e alimentar. Na segurança hídrica, é evidente o aumento da dificuldade de acesso à água potável, pois, um exemplo, foi o aumento da demanda na produção local e a consequente pressão sobre os recursos naturais locais. Já na segurança alimentar, está clara a redução do acesso a alimentos em quantidade e qualidade suficientes, pois a insegurança alimentar no Brasil e na região aumentaram expressivamente.

A terceira dimensão que fica como legado é a da gestão da pandemia. Como visto, o Brasil empreendeu esforços por meio das medidas de proteção social apresentadas. No entanto, o comportamento do presidente Bolsonaro em relação ao combate à pandemia é desaprovado por uma expressiva parcela da população do país, uma vez que são evidentes os números de casos diários, de mortes, o aumento da pobreza, da fome, do desemprego, tudo isso somado à negligência com a proteção ambiental e o desmonte das políticas ambientais e de suas estruturas de gestão.

Referências bibliográficas

Abessa, D., Famá, A. e Baruaem, L. 2019. The Systematic Dismantling of Brazilian Environmental Laws Risks Losses on All Fronts. *Nature Ecology e Evolution*. DOI: 10.1038/s41559-019-0855-9. Acesso em: 05 maio 2021.

Al-Saidi, M. e Hussein, H. 2021. The Water-energy-food Nexus and Covid-19: Towards a Systematization of Impacts and Responses. *Science of The Total Environment*, 779, 146529.

Brasil. 2006. *Lei 11.346*, de 15 de setembro de 2006. *Cria o Sistema Nacional de Segurança Alimentar e Nutricional - SISAN com Vistas a Assegurar o Direito Humano à Alimentação Adequada e dá Outras Providências*. Senado Federal: Brasília.

Brasil. 2020. *Lei 14.021*, de 7 de junho de 2020. *Dispõe sobre Medidas de Proteção Social para Prevenção do Contágio e da Disseminação da Covid-19 nos Territórios Indígenas*. Senado Federal: Brasília.

Brasil. 2020. *Primeiro Boletim de Monitoramento do Plano Nacional de Segurança Hídrica*. Ministério do Desenvolvimento Regional: Brasília.

Capelari, M.G.M., Araújo, S.M.V.G., Calmon, P.C.P. e Borinelli, B. 2020. Mudança de Larga Escala na Política Ambiental: Análise da Realidade Brasileira. *Revista de Administração Pública*, 54(6), 1691-1710.

Castro, F., Lopes, G.R. e Brondizio, E.S. 2020. The Brazilian Amazon in Times of Covid-19: From Crisis to Transformation? *Revista Ambiente e Sociedade*, 23, p. 2-11.

CEPAL (Comissão Econômica para a América Latina e Caribe). 2021. *Covid-19 Observatory in Latin America and the Caribbean*. Disponível em: https://cepalstat-prod.cepal.org/forms/covid-countrysheet/index.html?country=BRAetheme=5. Acesso em: 13 maio 2021.

CEPAL-FAO. 2020. *Informe Covid-19 - Cómo Evitar que la Crisis del Covid-19 se Transforme en una Crisis Alimentaria: Acciones Urgentes Contra el Hambre en América Latina y el Caribe*. Disponível em: https://www.cepal.org/sites/default/files/publication/files/45702/S2000393_es.pdf. Acesso em: 25 março 2021.

Cidades. s/d. *Censo, Instituto Brasileiro de Geografia e Estatística - IBGE*. Disponível em: https://cidades.ibge.gov.br/. Acesso em: 24 março 2021.

Collier, R.B. e Collier, D. 2002. *Shaping the Political Arena: Critical Junctures, the Labor Movement, and Regime Dynamics in Latin America*. Notre Dame University Press: Notre Dame.

Comitê Nacional pela Vida e Memória Indígena. 2020. *Nossa Luta é pela Vida: Covid-19 e Povos Indígenas. O Enfrentamento das Violências Durante a Pandemia*. Disponível em: https://emergenciaindigena.apiboficial.org/files/2020/12/APIB_nossalutaepelavida_v7PT.pdf. Acesso em: 30 março 2021.

De Souza, M. 2003. *Solidariedade e Interesses na Gestão de Recursos Hídricos*. Tese de Doutorado. Universidade Federal de Minas Gerais: Belo Horizonte.

De Souza, M. e Versieux, B.H. 2021. Nexo entre Água, Energia e Alimento no Contexto das Mudanças do Clima: O Caso do Nordeste Brasileiro. *Estudos Internacionais: Revista De relações Internacionais Da PUC Minas*, 9(1), 112-130.

Floss, M., Franco, C.M., Malvezzi, C., Silva, K.V., Costa, B.R., Lima e Silva, V.X., Werreria, N.S. e Duarte, D.R. 2020. A Pandemia de Covid-19 em Territórios Rurais e Remotos: Perspectiva de Médicas e Médicos de Família e Comunidade sobre a Atenção Primária à Saúde. *Cadernos de Saúde Pública*, 36(7).

G1. 2021. *Crise do Oxigênio: Um Mês após Colapso em Hospitais, Manaus Ainda Depende de Doações do Insumo*. Disponível em: https://g1.globo.com/am/amazonas/noticia/2021/02/14/crise-do-oxigenio-um-mes-apos-colapso-em-hospitais-manaus-ainda-depende-de-doacoes-do-insumo.ghtml. Acesso em: 30 março 2021.

IBGE. 2018. *Pesquisa de Orçamentos Familiares 2017-2018*. Disponível em: https://www.ibge.gov.br/estatisticas/sociais/populacao/24786-pesquisa-de-orcamentos-familiares-2.html?edicao=28708et=downloads. Acesso em: 16 maio 2021.

IBGE. s/d. *Desemprego*. Disponível em: https://www.ibge.gov.br/explica/desemprego.php. Acesso em: 04 mai. 2021.

Instituto Datafolha. 2021. *Avaliação dos Governantes na Pandemia*. Disponível em: http://media.folha.uol.com.br/datafolha/2021/03/17/avbondmei6879812ac6be2a83138f6379ef5711cd.pdf. Acesso em: 11 maio 2021.

Johns Hopkins University. s/d. *Covid-19 Dashboard by the Center for Systems Science and Engineering (CSSE)*. Disponível em: https://gisanddata.maps.arcgis.com/apps/opsdashboard/index.html#/bda7594740fd40299423467b48e9ecf6. Acesso em: 16 maio 2021.

Kingdon, J.W. 2003. *Agendas, Alternativas and Public Policies*. 2a edição. University of Michigan: Ann Arbor.

Mongabay Latam. 2021. *El Covid-19 Golpeó Fuertemente los Pueblos Indígenas en el 2020*. Disponível em: https://es.mongabay.com/2021/01/pueblos-indigenas-pandemia-covid-19/. Acesso em: 30 mar. 2021.

OEco. 2021. *Ministério do Meio Ambiente tem Menor Orçamento das Últimas duas Décadas*. Disponível em: https://www.oeco.org.br/noticias/ministerio-do-meio-ambiente-tem-menor-orcamento-das-ultimas-duas-decadas/. Acesso: 10 maio 2021.

ONU (Organização das Nações Unidas). 2013. *What is Water Security? Infographic*. Disponível em: https://www.unwater.org/publications/water-security-infographic/ Acesso em: 09 mai. 2021.

OTCA. Organización del Tratado de Cooperación Amazónica. *Análisis diagnóstico Transfronterizo Regional de la Cuenca amazónica ADT*. 2018. Disponível em: http://www.otca-oficial.info/assets/documents/20181022/b36fbdac4773007a4021b7b269b49148.pdf. Acesso em: 16 maio 2021.

Poder 360. 2021. *Carta Aberta a à Sociedade Referente a Medidas de Combate à Pandemia. O País Exige Respeito; a Vida Necessita da Ciência e do Bom Governo*. Disponível em: https://static.poder360.com.br/2021/03/carta-aberta-medidas-de-combate-pandemia-com-assinaturas-21--mar-2021.pdf. Acesso em: 05 maio 2021.

Ramalho, E.E., Junqueira, I., Baccaro, F., Hill, A.L., Martins, M.I. F.P.O.; Barcelos, D.C.; Ferreira-Ferreira, J., Pereira, H.C., Corrêa, D.S.S., Chagas, H.C. e Nascimento Silva, A.C. 2020. Disseminação da Covid-19 em Cidades e Localidades Rurais da Amazônia Central. *Scielo Preprints*. Disponível em: https://preprints.scielo.org/index.php/scielo/preprint/view/406/version/415. Acesso em: 30 março 2021.

Rede Penssan (Rede Brasileira de Pesquisa em Soberania e Segurança Alimentar e Nutricional). 2021. *Inquérito Nacional Sobre Insegurança Alimentar no Contexto da Pandemia de Covid-19 no Brasil*. Disponível em: http://olheparaafome.com.br/VIGISAN_Inseguranca_alimentar.pdf. Acesso em 12 maio 2021.

Rochedo, P.R.R., Soares-Filho, B., Shaeffer, R., Viola, E., Szklo, A., Lucenal, A.F.P., Koberle, A., Davies, J.L., Rajão, R. e Rathman, R.R. 2018. The Threat of Political Bargaining to Climate Mitigation in Brazil. *Nature Climate Change*. Disponível em: https://doi.org/10.1038/s41558-018-0213-y. Acesso em: 04 maio 2021.

SDG (Sustainable Development Goals). 2021. *Indicators*. Disponível em: https://unstats.un.org/sdgs/indicators/database/. Acesso em: 04 maio 2021.

Zahariadis, N. 2007. The Multiple Streams Framework: Structure, Limitations, Prospects. In: *Theories of the Policy Process*, Sabatier, P.A. (ed.). Westview Press, Cambridge MA, p. 65-92.

A CONSTRUÇÃO DE HIDRELÉTRICAS NA AMAZÔNIA EM PERSPECTIVA HISTÓRICA

Nathalia Capellini

Introdução

A construção de usinas hidrelétricas na região amazônica é objeto de muitas controvérsias, suscitando conflitos, resistências e incertezas. Hoje na Amazônia brasileira existem em operação 44 barragens hidrelétricas e 137 pequenas centrais hidrelétricas, ou seja, aquelas que têm um potencial de geração até 30 MW (RAISG, 2021). Apesar dos conhecidos impactos desastrosos dessa infraestrutura em um meio ambiental e social tão complexo como o da Amazônia, a construção de novas barragens na região continua na pauta, alimentando o debate público no Brasil e no mundo, assim como a mobilização dos atingidos e de seus aliados.[1]

A hidroeletricidade desempenha um papel central na matriz energética do Brasil, sendo responsável pela maior parte da geração elétrica do país (Empresa de Pesquisa Energética, 2020). Durante o século XX,

1 Os trabalhos que apontam os diversos impactos dessas barragens na região são muito numerosos para serem citados sistematicamente, mas aponto algumas obras que podem introduzir o leitor à essa questão: Becker (2012); Fearnside (2015); Magalhães et al. (1996); Pinto (2002).

essa energia foi impulsionada como uma vantagem comparativa para a industrialização do país. Paralelamente, a Amazônia foi historicamente considerada como um trunfo para o desenvolvimento econômico do país, devido ao que era imaginado como seus amplos espaços vazios e abundantes recursos naturais. Não demoraria muito para que os rios amazônicos fossem imaginados como uma fonte potencial de energia, primeiro pelas elites locais e depois por grupos dirigentes no nível federal. No entanto, a primeira barragem hidrelétrica da Amazônia (a barragem de Coaracy Nunes no rio Araguari, no Amapá) só foi inaugurada, após décadas de debates e atrasos, em 1975, durante o regime militar (1964-1985), quando obras hidrelétricas se multiplicaram ao redor do país.

Esse capítulo busca trazer uma perspectiva histórica para questão das hidrelétricas na Amazônia tentando traçar as genealogias e os processos que dão origem às primeiras barragens da região construídas durante a ditadura militar. Como surgem os primeiros projetos hidrelétricos na Amazônia? Nesse contexto, quem defende e quem se opõe a sua hidroeletrificação? Quais dinâmicas permeiam a construção dessas estruturas? Essas são algumas das questões que guiam essa análise que percorre as primeiras campanhas por usinas hidrelétricas na região através da imprensa local e discussões no Congresso e Senado nacionais, os planos estatais de intervenção na região, estudos de potencial energético e documentos do setor elétrico.

A análise busca deslocar a reflexão sobre as barragens amazônicas centrada nos impactos, ou seja, sobre o que acontece uma vez que uma hidrelétrica é implantada, para as lógicas e condições concretas que permitem sua implantação. As barragens aparecem assim como objetos que questionam e revelam a longa história da relação entre o Estado e o capital privado com o território amazônico, em particular seus rios, onde as disputas e negociações entre diferentes visões sobre o progresso e o desenvolvimento regional são centrais.

A eletrificação e o progresso regional da Amazônia na primeira metade do XX

As cidades de Belém e Manaus tiveram uma eletrificação precoce, com a instalação de sistemas de iluminação pública antes mesmo da virada do século XX. Esse processo esteve intimamente ligado ao auge do ciclo de exploração da borracha na região, que ocorreu entre 1870 e 1913. Esse comércio, que floresceu às custas da exploração de milhares de seringueiros, resultou em uma concentração de capital nesses centros urbanos, enriquecendo algumas famílias e atraindo estrangeiros e brasileiros de outras regiões em busca de lucros. Naquele momento, a modernidade da *Belle Époque* parisiense fascinava as elites da borracha, que buscaram reproduzir o luxo e a arquitetura (mas também os costumes e tradições) do velho continente (Mesquita, 2009). Alimentadas com o dinheiro da borracha, as capitais regionais tornaram-se cidades sofisticadas, com ricas habitações, teatros, cafés, parques e passeios (Sarges, 2002; Tocantins, 1968).

Quando essas cidades foram eletrificadas, além da iluminação (pública e privada), foram implantados o telégrafo e o bonde. Fora desses dois centros urbanos, no entanto, os dados sobre o território amazônico são parcos. O censo econômico de 1920 registrou 68 cidades com algum tipo de iluminação pública, 12 das quais elétricas (Estatística, 1929, p. 66-89). Toda eletricidade usada na região vinha de pequenas usinas termelétricas que usavam o carvão vegetal de madeira como combustível (Lemos, 2010, p. 197). Em contraste, no começo do século, a maior parte da eletricidade do país era gerada por pequenas usinas hidrelétricas, que representavam, em 1920, 89% da produção elétrica (Centro da Memória da Eletricidade no Brasil, 1988). A maioria dessas instalações hidrelétricas, assim como as termelétricas, tinha sido construída, para abastecer indústrias, oficinas e minas, pela iniciativa de empresários (principalmente do setor cafeeiro) e industriais que tinham recursos para investir nesses projetos que necessitavam um alto capital inicial (Saes, 1986). A construção, operação e gestão de barragens hidrelétricas no Brasil permaneceu totalmente privada até os anos 1940, quando surgiram as primeiras companhias elétricas estatais.

A intervenção do Estado no setor elétrico começou depois da ascensão de Getúlio Vargas ao poder e a sua busca por uma política administrativa centralizadora e proativa de desenvolvimento. É comum lembrarmos do papel do governo Vargas na promoção do petróleo, mas foi também nesse período que a energia hidrelétrica, enquanto motor do desenvolvimento industrial no Brasil, encontrou respaldo no aparato estatal federal. Foi quando o Estado outorgou-se poder para planificar a expansão energética e controlar o setor (Corrêa, 2005), e o Brasil conhece seu primeiro ciclo de expansão hidrelétrica importante (Capellini, 2018).

Na década de 1940, aproximadamente 66% das cidades amazônicas tinham algum acesso à eletricidade, enquanto a média nacional era de 75% (IBGE, 1946, p. 347). Além disso, as cidades de Manaus e Belém sofriam de uma grande crise de abastecimento energético. Apesar de ser um território de rios abundantes, naquele momento, nenhum kW hidrelétrico era produzido na região amazônica. Como explicar a ausência de centrais hidrelétricas nessa região sendo que no resto do país essas estruturas se multiplicavam? A primeira explicação é a da falta de uma indústria local que almejasse (ou fosse capaz) de investir no setor, que até aquele momento era inteiramente financiado pela iniciativa privada. Na Amazônia, diferentemente da região Sudeste, o progresso material do início do século XX não foi impulsionado pelo desenvolvimento industrial, mas quase que exclusivamente pelo comércio de borracha. E embora os excedentes desse comércio tenham alimentado a modernização de algumas cidades, os lucros nunca foram consistentes ao longo do tempo, nem expressamente dirigidos para o estabelecimento de uma indústria local, como foi o caso no sudoeste do país (Cano, 1977).

Esse quadro, no entanto, resultou também de questões de ordem técnica e geográfica. Primeiramente, o potencial energético da região era apenas estimado, já que não havia dados sobre a capacidade de geração de seus rios. E entre as incertezas sobre a construção de barragens na região estava o fato que vários rios amazônicos eram considerados grandes demais para serem barrados. Além disso, a topografia da região era tida como plana demais, não oferecendo o desnível e a potência necessária para a geração de energia de acordo com tecnologia disponível, centrada em pequenas e médias quedas d'água. Por fim, a extensão e dispersão geográfica dos centros urbanos também complicava a tarefa de conectar a usina hidrelétrica ao seu centro de consumo. Em resumo, faltava experiência técnica e logística para a construção de grandes infraestruturas em zonas de floresta.[2]

---

2 As questões logísticas principais eram o transporte de equipamentos e a disponibilidade de mão de obra.

Durante o governo Vargas, os rios da Amazônia não haviam sido modificados para a produção de hidroeletricidade, permanecendo como vias de transporte e comunicações primordiais para as populações locais. De fato, desde pelo menos o século XVIII, a promoção de melhorias na navegação fluvial, seja por meio de obras (dragagem, por exemplo) ou pela introdução de tecnologias específicas (como a navegação a vapor), tinha sido uma das principais demandas dirigidas ao Estado central (colonial, imperial e depois nacional) pelas elites regionais amazônicas (Flores, 2009; Gregório, 2012). E os rios eram assim aclamados por seus muitos potenciais em termos de ocupação demográfica, crescimento econômico e desenvolvimento regional, desde que sua navegabilidade fosse melhorada.

Seria somente após a criação da a Superintendência do Plano de Desenvolvimento Econômico da Amazônia (SPVEA), em 1953, que as demandas por integração e "desenvolvimento" emanando das elites regionais finalmente se tornariam objeto de planos e ações do governo federal. Porém, se afastando da lógica fluvial, seriam privilegiados os investimentos na construção de estradas para o transporte de mercadorias e para a colonização da região. E assim, após dois séculos de debate sobre a navegação como motor do desenvolvimento econômico e da ocupação demográfica regional, seriam as estradas de rodagem, das quais a primeira foi a rodovia Belém-Brasília, inaugurada em 1960, que transformariam radicalmente o espaço e a vida no território amazônico.

Acompanhando as estradas, uma nova área de intervenção federal na região emergia e ganharia visibilidade: a eletrificação. O aumento da capacidade elétrica instalada e a melhoria de sua distribuição começavam a ser promovidos como sendo "a base da evolução industrial regional", da qual dependia seu desenvolvimento econômico (SPVEA, 1954, p. 28). A eletrificação – que até então tinha sido implantada na região apenas para a modernização das cidades – agora devia cumprir um papel na industrialização de toda a região. Dessa maneira, a eletricidade começava a tomar o lugar da navegação como vetor do desenvolvimento regional. Mas não obstante o apoio às usinas hidrelétricas, a SPVEA continuou por muito tempo a favorecer a opção termoelétrica – tida como solução mais rápida devido aos obstáculos técnicos já citados (SPVEA, 1954). Mas além dos planos estatais, quais eram as demandas ligadas à temática hidrelétrica nesse período do pós-guerra?

Dinâmicas da promoção da energia hidrelétrica na Amazônia: ascensão e declínio de projetos hidrelétricos antes do regime militar

A partir dos anos 1940, vários empreendimentos hidrelétricos foram promovidos pelas elites locais. Uma das primeiras campanhas para uma barragem hidrelétrica na região amazônica data do início da década, no rio Urubu, afluente do rio Amazonas, entre as cidades de Manaus e Itacoatiara. Esse projeto foi proposto como solução para a crise energética que enfrentava a cidade de Manaus, que sofria, então, com frequentes apagões e paralizações do seu serviço de bondes (Mello, 1983, p. 91). Tida pois como solução para uma emergência energética, a proposta surge na esteira de mais de vinte anos de planos de desenvolvimento para uma região que há muito se considerava como tendo "imensas possibilidades econômicas, até então negligenciadas" (Coelho, 1957, p. 69).

Mas antes que estudos técnicos confirmassem a viabilidade de uma usina hidrelétrica nesse rio, foi a existência de cachoeiras em seu curso que aludia à possibilidade de produção de eletricidade. Além disso, sua proximidade com a cidade de Manaus era considerada como um trunfo que simplificaria a transmissão. E assim, embora o primeiro levantamento técnico do seu potencial, em 1947, tenha apresentado conclusões negativas, ele foi imediatamente criticado pela imprensa e pelos políticos locais, que insistiam que os resultados eram baseados em apenas um rápido sobrevoo de avião, com técnicos que não eram especialistas dos rios da região e, por isso, não teriam levado em consideração as variações sazonais (*A Noite*, 1947, p. 5; *Jornal do Commercio*, 1947, p. 4).

E depois de um acidente fatal de avião durante uma seguinte expedição técnica, o governador do estado, Leopoldo Amorim da Silva Neves, ordenou um novo estudo, em 1949, no intuito de que, dessa vez, houvesse uma conclusão positiva quanto à possibilidade de uso das águas do rio Urubu como fonte de energia. A nova comissão exploratória foi composta por um topógrafo e um nivelador da Comissão de Estradas e Rodagens, tendo sido conduzida por barco por um pescador local "profundo conhecedor da região" (Uchôa, 1955, p. 9). Por fim, tais técnicos concluem que havia um potencial gerador de 1.030 HP e que projeto era, portanto, viável (ver Figura 1). Mas apesar de uma campanha do Estado do Amazonas para obter um financiamento federal a execução do projeto, o mesmo não saiu do papel.

Figura 1 - Proposições de barragens anteriores ao regime militar (Fonte: elaboração própria sobre KMUSSER, "Amazonriverbasin_basemap", CC BY-SA 3.0, Wikicommons, 8 set. 2008)

Seria somente no estado do Amapá que tomaria forma o projeto daquela que viria a ser a primeira hidrelétrica construída na Amazônia, a barragem de Coaracy Nunes. O projeto surge no contexto da descoberta de um grande depósito de manganês, minério usado na preparação de ligas ferrosas e não ferrosas, principalmente na produção de aço, na primeira metade da década de 1940, perto do município de Serra do Navio (Drummond e Pereira, 2007). Sob o impulso do então governador Janary Gentil Nunes, esse território federal recém-criado encontrou na mineração em escala industrial uma justificativa econômica e política para sua existência, bem como um meio de garantir seu desenvolvimento futuro. E após um intenso debate sobre a concessão da exploração do manganês (Cunha, 1962), que ocorreu em 1947, quem, por fim, obteve os direitos de exploração foi a empresa brasileira ICOMI, sediada em Minas Gerais. Dois anos depois, contudo, a empresa se associou com a Bethlehem Steel Corporation, segunda maior produtora de aço e navios dos Estados Unidos. A partir desse momento, grande parte do manganês coletado foi exportado diretamente para os Estados Unidos para uso nas indústrias siderúrgicas da sócia estrangeira.

Nesse contexto, surge a ideia da produção de eletricidade local, combinada com a mineração de manganês. Esperava-se que combinação de mineração e geração de energia inauguraria uma "nova era para a industrialização do vale do Amazonas" que, por sua vez, transformaria Macapá, a modesta capital do estado, em uma "cidade industrial", como proclamava a imprensa (Lima, 1953, p. 5; *Correio da Manhã*, 1952, p. 65). Três opções foram consideradas para a implantação hidrelétrica: a cachoeira de Santo Antônio, no rio Jari, a cachoeira de Grand Roche, no Oiapoque, e a cachoeira do Paredão, no Araguari. Como no caso da proposta no rio Urubu, essas alternativas foram selecionadas pois essas cachoeiras eram conhecidas e não porque existissem dados sobre a viabilidade hidrelétrica dessas localidades. Como as duas primeiras opções eram localizadas muito próximas das fronteiras territoriais do Amapá, Paredão foi escolhida por sua proximidade geográfica com a capital do estado. Em 1947, o governador Nunes decidiu liderar ele mesmo uma expedição de reconhecimento no Araguari, que concluiu pela viabilidade do projeto (*Jornal do Brasil*, 1947, p. 5).

Com base nesses resultados, a questão voltava a ser como financiar a barragem. O estado do Amapá solicitou primeiro um empréstimo ao Banco Nacional de Desenvolvimento Econômico, que foi recusado. Nunes decidiu então continuar o projeto usando os *royalties* de mineração de manganês, que foram fixados na época em 5% do valor do minério exportado. Para levar o projeto a cabo foi também criada uma empresa pública de energia elétrica para o estado, a Companhia Energética do Amapá (CEA). A empresa receberia os *royalties* até o ano de 1980, mas a expectativa era que até 1965, o valor obtido fosse suficiente para cobrir metade dos custos previstos para a construção da hidrelétrica.

Ainda assim, o Amapá não possuía fundos suficientes para tocar sozinho a construção da usina e continuou, pois, a buscar financiamento junto ao governo federal. Para isso ele precisava demonstrar a adequação entre a oferta e a demanda da eletricidade projetada. O governo do Amapá teria mesmo agido no sentido de influenciar a empresa paulista responsável pela realização de estudos para a construção de Paredão, a Companhia Brasileira de Energia Elétrica (CBEE), a superestimar a demanda local (Lemos, 2010, p. 220-21). As promissoras estimativas apontadas pela CBEE fizeram com que a SPVEA acabasse alocando um orçamento para estudos sobre a hidrelétrica (SPVEA, 1954). E a garantia de recursos para a construção de Coaracy Nunes foi a primeira vitória do *lobby* hidrelétrico regional. Um dos mais fervorosos apoiadores do projeto no Congresso Nacional foi o deputado federal do Amapá Coaracy Nunes, irmão do governador, que deu nome a barragem. A construção de Paredão seria interrompida diversas vezes por causa de dificuldades técnicas e financeiras e só foi retomada em 1971, já durante o regime militar e após uma intensa campanha de políticos locais.

No final da década de 1950, seria o rio Tocantins que se tornaria alvo do setor elétrico, primeiramente com a intenção de gerar energia para o Estado de Goiás. Após as Centrais Elétricas de Goiás (CELG), uma empresa pública regional fundada em 1956, ter construído a barragem de Cachoeira Dourada, no rio Parnaíba, para fornecer eletricidade à futura capital Brasília, a empresa buscou também soluções para o norte do Estado, onde a mineração era importante. Durante três anos, os técnicos da CELG estudaram o alto Tocantins para finalmente definir São Félix como o melhor local para um projeto hidrelétrico (SPL, 1963). O estudo do CELG também evocava outras possibilidades hidrelétricas do Tocantins, como as cachoeiras de Lajeado, Santo Antônio, Três Barras e Itaboca, para além do estado de Goiás, no Pará.

Em 1962, o Presidente João Goulart (1961-1964) criou a Comissão Interestadual Dos Vales do Araguaia-Tocantins (CIVAT), autarquia entre os estados do Pará, Goiás, Maranhão, Mato Grosso e do Distrito Federal. Sob a égide da CIVAT, uma prospecção de potencial hidrelétrico, navegação e desenvolvimento agrícola na bacia do Tocantins-Araguaia seria realizada através da USAID - Agência dos Estados Unidos para o Desenvolvimento Internacional. Essa expedição, realizada em 1964, estimou um enorme potencial hidrelétrico para a bacia – entre 10 milhões e 15 milhões de kW. As cachoeiras de Itaboca, Santo Antônio, São Félix e Três Barras foram mencionadas pelo relatório que qualificou a cachoeiras de Itaboca como um local "especial" para a geração elétrica, capaz de gerar sozinho até 2.400 MW, ou seja, metade do potencial total de geração de energia dos 12 locais listados na bacia de Tocantins-Araguaia (Bureau of Reclamation, 1964, p. 3). Além dessas potencialidades, o documento designa São Félix como um projeto prioritário capaz de abastecer o polo de mineração de Uruçu-Niquelândia, que já possuía um mercado consumidor garantido. A CIVAT não durou muito, porém. E com o golpe militar de 1964, os diferentes órgãos regionais perderam força dentro de um projeto político centralizador e autoritário. Os planos regionais seriam suspensos com a demissão de vários governadores e a eleição indireta de outros. E apesar da preferência dos estudos pelo projeto em São Félix, foi o projeto em Itaboca, renomeado Tucuruí ,que seria construído pelo regime militar.

No estado do Pará, também tinham sido promovidos outros empreendimentos hidrelétricos nos anos 1950, como o da cachoeira do Palhão, no rio Curuá-Una, ao lado de Santarém. Assim como nas demais propostas analisadas, a campanha se concentrou nas possibilidades de desenvolvimento econômico local através da industrialização da área, neste caso, uma fábrica de tecelagem de juta na cidade de Santarém. A juta era um produto bem sucedido na região desde que tinha sido introduzida na década de 1930 pelo imigrante japonês Kotaro Tuji (Homma, 2016). E o projeto da tecelagem seria uma forma de desenvolver essa matéria-prima em um contexto em que suas exportações sofriam em decorrência da competição com a produção indiana, oferecida a um preço mais baixo no mercado internacional. Em uma associação de empresários locais sob a direção de Tuji, o projeto da fábrica de juta foi lançado em 1951, sob o patrocínio do presidente Vargas (Tristan, 2016). E assim surge a ideia de uma usina hidrelétrica na cachoeira do Palhão, uma queda d'água de cerca de 5 metros a 70 km de Santarém.

Para garantir a cobiçada participação econômica do governo federal, em 1951, o prefeito de Santarém Sirotheau Corrêa viajou à capital federal para discutir esse assunto com o presidente que já tinha expressado apoiou ao projeto industrial local (*Diário da Noite*, 1951, p. 7). Com alguns recursos garantidos, em 1952, a empresa Servix do Rio de Janeiro realizou os primeiros projetos para a hidrelétrica, prevendo uma usina a fio d'água (sem reservatório) de pequeno porte que geraria 4 MW, o que já era mais de cinco vezes o consumo projetado para a tecelagem. Mas sem conseguir garantir o financiamento total para a construção da obra, a mesma só começaria mais de uma década mais tarde, após promessa de que uma usina para produção de lixívia e celulose, com a descoberta de uma jazida de sal-gema na região, seria criada na região.

A terceira barragem reivindicada no Pará foi a do rio Gurupi, para eletrificar a cidade de Belém e sua área de influência conhecida como Zona Bragantina. Essa hidrelétrica aparece também no debate sobre a interconexão dos sistemas de energia do Norte e Nordeste, através de uma ligação com a usina hidrelétrica de Boa Esperança no rio Parnaíba, entre o Piauí e o Maranhão. Provavelmente devido à ausência de um projeto industrial específico ou de grande escala na área e/ou de uma figura política que o apoiasse, ele ocupa apenas um lugar marginal nos debates sobre a hidroeletrificação da Amazônia e nenhum estudo, prospecção ou projeto foi realizado neste rio antes do regime militar. Outras campanhas pontuais no período anterior ao golpe de 1964 incluem projetos de barragem hidrelétricas na bacia do Rio Branco, um na (outra) cachoeira do Paredão do rio Mucajaí, atual estado de Roraima, e o da cachoeira do Jamari, no rio Samuel, também em Roraima.

A eletrificação entre desenvolvimento e segurança

Devido à sua importância geopolítica, a região amazônica ocupou um lugar de destaque nos planos de desenvolvimento do regime militar que governou o Brasil entre 1964 e 1985. Norteado pelos ideais de segurança e desenvolvimento, o Estado federal se fez presente na Amazônia através da alocação de recursos financeiros, administrativos e políticos, e de diversas obras de infraestrutura, como portos, estradas e barragens hidrelétricas. A região era vista como tendo um papel central no esforço de desenvolvimento nacional, especialmente por meio da exploração de seus "vastos recursos naturais" (Becker, 1982). Em especial, após o primeiro choque do petróleo, em 1973, o objetivo de usar e explorar os recursos naturais da Amazônia se tornou mais claro como política oficial do Estado, que intensificou sua ação no desenvolvimento industrial da região.

Apesar do "problema energético" da região (Farias, 1966, p. 63), ou seja, sua baixa eletrificação, continuar a ser apontado como gargalo para o desenvolvimento regional, o verdadeiro impulso para a construção de barragens na região começou na década de 1970, após ser publicado em 1968 um extenso estudo sobre o seu potencial hidrelétrico realizado pelo Comitê Coordenador de Estudos Energéticos da Amazônia. Esse estudo, conhecido como ENERAM, revelara "que a Amazônia era um grande potencial hidrelétrico", nas palavras de um dos seus coordenadores, o engenheiro Léo Penna (Eletronorte, 1983, p. 4). E para transformar todo esse potencial, de fato, em energia, o governo estabeleceu em 20 de junho de 1973 a empresa Eletronorte, como filial da empresa brasileira de energia Eletrobrás.[3]

Foi durante a ditadura que o financiamento para a construção de Coaracy Nunes e Curuá-Una foi finalmente assegurado e essas usinas inauguradas, em 1975 e 1977 respectivamente – não, porém, sem uma intensa campanha regional para garantir os fundos necessários. O projeto de megabarragem a ser realizado na região amazônica foi a hidrelétrica de Tucuruí, no rio Tocantins, tido como o "maior investimento do setor público em toda a história da região amazônica" (Pinto, 1991). A obra começou a ser construída em 1975 e começou a operar em 10 de novembro de 1984.

3 A Eletrobrás foi criada em abril de 1961. A empresa estatal era responsável pelos estudos, projetos, construção e operação de unidades de produção, assim como das linhas de transmissão e de distribuição de eletricidade, e foi um dos pilares da expansão hidrelétrica durante o regime militar.

Antes que a decisão sobre a construção de Tucuruí fosse tomada, o plano para a construção de uma usina hidrelétrica na região visava responder à crescente demanda de eletricidade na região de Belém, que sofria com as ineficiências do seu sistema termelétrico (SUDAM e Ministério do Interior, 1971). Naquele momento, a opção nas corredeiras de Itabocas era considerada grande demais para a demanda local. O Ministério de Minas e Energia, junto com a Eletrobrás defenderam primeiro a ideia de que outra central térmica seria mais adequada para atender às necessidades de energia de Belém (Leite, 1972). Já os deputados e senadores dos estados do Pará e Goiás, e também a imprensa regional defendiam a construção de uma barragem em Tucuruí. Essa hidrelétrica, além de proporcionar energia para Belém e futuros projetos industriais na zona, serviria para vencer o histórico obstáculo à navegação do Tocantins que representava as cachoeiras de Itabocas, através de uma eclusa que permitiria enfim a navegação comercial de grande porte nesse rio (Capellini, 2019).

No final de 1973, o Brasil começara a negociar com o Japão a construção de um complexo industrial de produção de alumínio para transformar os minérios de bauxita de Oriximiná (no Pará). As tratativas deram origem a uma *joint venture* entre a mineradora brasileira estatal Companhia Vale do Rio Doce e a Associação Nippon Light Metals Smelter (composta pelas cinco maiores empresas produtoras de alumínio do Japão) para construir uma usina de alumina, a Alumina do Brasil Norte do Brasil, e uma fábrica de alumínio, a Alumínio Brasileiro (Albrás). Tais usinas necessitavam de um elevado e constante suprimento de eletricidade para funcionar e isso foi fundamental para que Tucuruí fosse construída, como fica evidente na correspondência entre o governo e os parceiros (Keideanren, 1973). A princípio, o consórcio japonês deveria arcar com pelo menos uma parte do custo da barragem, uma vez que ele seria seu principal consumidor.[4] Posteriormente, a Albrás retirou-se desse investimento e reduziu o tamanho do projeto da usina de alumínio. Mas, uma vez que surgira a possibili-

4 Para isso, foi aprovada uma lei em 10 de dezembro de 1973, permitindo, excepcionalmente, investimentos industriais privados em barragens na região amazônica.

dade de um projeto aliando extração mineral e desenvolvimento industrial, o governo federam decidiu por construir a barragem "custe o que custar" (Ueki, 1975, p. 16). E assim, o poder público acabou se tornando responsável pelo orçamento total da construção, contraindo dívidas significativa frente a bancos internacionais.[5]

A vontade política da implantação da mineração metalúrgica na Amazônia acentuou, de fato, o papel da energia hidrelétrica na Amazônia como "matéria-prima" ou "ativo" central da região (SUDAM e Ministério do Interior, 1976, p. 50; SUDAM, 1974, p. 12), sujeita à mesma lógica predatória que ditou a exploração de outros recursos na região desde o período colonial. A qualificação da hidroeletricidade como matéria-prima, e não mais apenas como fonte de energia, fez também com que a percepção de seus benefícios não se limitasse mais à escala local ou regional. Enquanto matéria prima de transformação industrial, ela gerava riqueza quantificável no PIB e seus benefícios passam a ser percebidos como tendo repercussões muito além das fronteiras locais, participando do desenvolvimento geral do país.

Entre fim de 1970 e a década de 1980 outras barragens identificadas no ENERAM começaram a ser projetadas ou construídas: a de Balbina no rio Umatumã (Amazonas), a de Samuel no rio Jamari (Rondônia), a de Couto Magalhães no rio Araguaia (Goiás), a de São Félix no rio Tocantins (Goiás) e a de Babaquara e Karaô no rio Xingu (Pará). Enquanto as duas primeiras (Balbina e Samuel) se tornariam as últimas barragens da ditadura na Amazônia, a última teria uma vida longa. Após uma forte contestação no final dos anos 1980 o projeto Babaquara e Karaô no rio Xingu é abandonado, mas reaparece já nos anos 2000 sob o agora famoso nome de barragem hidrelétrica de Belo Monte. Esse projeto acabou sendo construído e inaugurado em 2016, apesar da luta social dos atingidos, da oposição da opinião pública e das ressalvas dos cientistas.

5 Tucuruí acaba custando (oficialmente) mais de US$ 5 bilhões. Estimativas independentes colocam esse valor entre US$ 7,5 bilhões e US$ 10 bilhões (Eletronorte, 1988, p. 25; World Commission on Dams, 2000).

Conclusão e perspectivas

Desde a década de 1940, as barragens hidrelétricas criaram uma nova arena política onde uma disputa entre o Estado central e as elites regionais amazônicas foi travada por investimentos federais. Essa disputa já existia desde o século XVIII, em torno dos esquemas de melhoria da navegação, entre outros investimentos. Os benefícios em termos de progresso local estiveram no centro dos argumentos para a promoção de planos e projetos de desenvolvimento para a região desde a navegação até o período do desenvolvimento hidrelétrico analisado acima. Os exemplos das campanhas pelos primeiros projetos hidrelétricos mostram que eles ainda não faziam parte do planejamento regional centralizado e provinham dos estados, e mesmo de subáreas dentro dos mesmos. Além disso, nessas campanhas a experiência da demanda de estudos de viabilidade e estimativa de potenciais para validar projetos hidrelétricos revelava algumas das dificuldades que esse tipo de abordagem enfrentava na Amazônia, tais como o desconhecimento científico dos rios, os desafios de mobilidade e as particularidades do clima regional.

Essas experiências demonstram também que, se os resultados dos estudos técnicos afirmavam ou desmentiam o potencial de produção – elementos necessários ao início dos projetos –, as conclusões de engenheiros e técnicos não eram aceitas sem debates públicos mais amplos. Com a diversidade dos projetos propostos, sua implementação dependia muito da capacidade dos políticos locais de mobilizar apoio, bem como dos projetos industriais e de mineração que eles conseguiram impulsionar. Dessa forma, cada zona reivindicava sua própria barragem, que deveria promover o desenvolvimento da indústria e da economia local. Entretanto, a distribuição de recursos pelo Estado é, por definição, uma questão eminentemente política, e a análise das campanhas por barragens antes do regime militar mostra a falta de do ativismo necessário, por parte do governo federal, para garantir a implementação de tais planos.

A exploração do ICOMI para manganês na Serra do Navio associada a Coaracy Nunes foi a primeira operação de mineração em larga escala na Amazônia moderna. Não por acaso, a primeira barragem hidrelétrica da Amazônia surge em conexão com um projeto desse tipo. Essa associação foi essencial para selar o destino dos rios amazônicos como "matéria-prima" e insumo para o desenvolvimento econômico nacional em um projeto político do estado ditatorial. A ligação entre barragens hidrelétricas e projetos industriais ou de mineração na Amazônia, que já tinha sido delineada por Coaracy Nunes, foi consolidada em Tucuruí, durante o regime militar.

Assim, se os efeitos da crise do petróleo no Brasil e internacionalmente são importantes para uma mudança do cenário energético regional, o lugar da Amazônia nos planos geopolíticos do Estado ditatorial é também central. E conforme esse capítulo demonstrou, apesar dos planos, intenções e declarações, foi somente quando o estado federal viu benefício em grande escala, isto é, para o país como um tudo, que ele decidiu investir na hidroeletrificação amazônica. Por esse motivo, esse investimento – que é econômico, mas também político e simbólico – apenas se materializou em projetos hidrelétricos planejados em conjunto com um projeto de mineração em larga escala ou em projetos industriais intensivos em energia, em que se esperava gerar benefícios que iam além da escala local. Nessa perspectiva, as hidrelétricas não aparecem mais como iniciativas pontuais, mas como parte de uma longa história da relação entre o Estado, mas também do capitalismo, com a natureza amazônica concebida como um matéria-prima e recurso de importância nacional.

Por fim, enfatizar a dimensão histórica da construção de barragens na região amazônica revela que, no processo de modificação radical do meio ambiente, o que é apresentado como escolhas puramente técnicas (expansão de energia) são, de fato, somatórios de escolhas sociais e políticas. A partir desse entendimento, estudar a história da expansão hidrelétrica no Brasil, em especial na Amazônia, lança novas luzes sobre um longo fenômeno, ajudando, assim, a revelar os contextos, discussões, conflitos e negociações envolvidos, ao mesmo tempo, oferecendo contribuições para a discussão democrática que deveria ocorrer quando da construção de barragens.

Referências bibliográficas

A Noite. 1947. *Não Pode Ser Aproveitado*, 20 de janeiro de 1947.

Becker, B.K. 1982. *Geopolítica da Amazônia: A Nova Fronteira de Recursos*. Zahar: Rio de Janeiro.

Becker, B. 2012. Reflexões sobre Hidrelétricas na Amazônia: Água, Energia e Desenvolvimento. *Boletim do Museu Paraense Emílio Goeldi, Ciências Humanas*, 3(7), p. 783-790.

Bureau of Reclamation. 1964. *Reconnaissance Appraisal, Land and Water Resources, Araguaia-Tocantins River Basin, Brazil: A Report to CIVAT*. Bureau of Reclamation: Washington DC.

Cano, W. 1977. *Raízes da Concentração Industrial em São Paulo*. Difel: Rio de Janeiro.

Capellini, N. 2018. A Grande Aceleração e a Construção de Barragens Hidrelétricas no Brasil. *Varia História*, 34(65), p. 315-346.

Capellini, N. 2019. *Historiciser les Barrages en Amazonie Brésilienne: Environnement, Conflit et Politique Dans la Planification et la Construction de Tucuruí (1960- 1985)*. Tese de Doutorado. Université de Versailles SQY: Versailles.

Centro da Memória da Eletricidade no Brasil. 1988. *Panorama do Setor de Energia Elétrica no Brasil*. Centro da Memória da Eletricidade no Brasil: Rio de Janeiro.

Coelho, P.R. 1957. *Mensagem à Assembléia Legislativa do Estado do Amazonas, Apresentada pelo Governador do Estado em Ocasião da Abertura da Sessão Legislativa de 1957*. Divisão da Imprensa Oficial: Manaus.

Corrêa, M.L. 2005. Contribuição para uma História de Regulamentação do Setor de Energia Elétrica no Brasil: O Código de Águas de 1934 e o Conselho Nacional de Águas e Energia Elétrica. *Política & Sociedade*, 4(6), p. 255-292.

Correio da Manhã. 1952. *Industrialização do Vale Amazônico*, 23 de março de 1952.

Cunha, Á. 1962. *Quem Explorou quem no Contrato do Manganês do Amapá.* Rumo: Macapá.

Diário da Noite. 1951. *Uma Usina de 3.500WK* [sic] *para Santarém no Pará*, 24 de dezembro de 1951.

Drummond, J.A. e Pereira, M.A.P. 2007. *O Amapá nos Tempos do Manganês*. Garamond: Rio de Janeiro.

Eletronorte. 1983. *10 Anos Depois*. Folhetos da Eletronorte, caixa 2. Memória da Eletricidade no Brasil.

Eletronorte. 1988. *Usina Hidrelétrica de Tucuruí - Memória do Empreendimento*. Vol. 8. Brasília: Coordenação técnica do departamento de projetos.

Empresa de Pesquisa Energética. 2020. *Balanço Energético Nacional 2020: Ano Base 2019*. Empresa de Pesquisa Energética: Rio de Janeiro.

Estatística, Directoria Geral de. 1929. *Recenseamento do Brazil - Realizado em 1 de setembro de 1920*. Vol. V, 3a parte. Rio de Janeiro.

Farias, O.C. 1966. *Operação Amazônia*. s.l.: Ministério Extraordinário para a Coordenação dos Organismos Regionais - Gabinete do Ministro.

Fearnside, P.M. 2015. *Hidrelétricas na Amazônia: Impactos Ambientais e Sociais na Tomada de Decisões sobre Grandes Obras*. INPA: Manaus.

Flores, K.M. 2009. *Caminhos que Andam: O Rio Tocantins e a Navegação Fluvial nos Sertões do Brasil*. Universidade Católica de Goiás: Goiânia.

Gregório, V.M. 2012. *Uma Face de Jano: A Navegação do Rio Amazonas e a Formação do Estado Brasileiro (1838-1867)*. FAPESP/Annablume: São Paulo.

Homma, A.K.O. 2016. *A Imigração Japonesa na Amazônia: Sua Contribuição ao Desenvolvimento Agrícola*. Embrapa: Brasília.

IBGE. 1946. *Anuário Estatístico do Brasil - Ano IV - 1941-1945*. Serviço Gráfico do IBGE: Rio de Janeiro.

Jornal do Brasil. 1947. O Brasil Desconhecido e Maravilhoso, 2 de junho de 1947.

Jornal do Commercio. 1947. *Urubu*, 18 de abril de 1947.

Keideanren. 1973. *Letter to Antônio Dias Leite Jr.* Coleção particular Antônio Dias Leite. Acervo do Centro da Memória da Eletricidade no Brasil.

Leite, A.D. 1972. *Carta à Mário Penna Behring.* Aviso n°79/72. Coleção particular Antônio Dias Leite. Acervo do Centro da Memória da Eletricidade no Brasil.

Lemos, C.F. 2010. *O Processo Sociotécnico de Eletrificação na Amazônia: Articulações e Contradições entre Estado, Capital e Território (1890 a 1990).* Tese de Doutorado. Universidade Federal do Rio de Janeiro: Rio de Janeiro.

Lima, N. 1953. "[ilegível] o desenvolvimento do Amapá e com a hidro-elétrica do São Francisco". *Correio da Manhã*, 30 de janeiro de 1953.

Magalhães, S.B., Britto, R.C. e Castro, E.M.R. (eds.). 1996. *Energia na Amazônia.* MPEG/ UFPA/ AUA: Belém.

Mello, T.A. 1983. *Manaus Amor e Memória.* Philobiblion: Rio de Janeiro.

Mesquita, O.M. 2009. *La Belle Vitrine: Manaus Entre Dois Tempos 1890-1900.* EDUA: Manaus.

Pinto, L.F. 1991. *Amazônia: A Fronteira do Caos.* Falangola: Belém.

Pinto, L.F. 2002. *Hidrelétricas na Amazônia: Predestinação, Fatalidade ou Engodo?* Edição Jornal Pessoal: Belém.

RAISG. 2021. *Amazônia Sob Pressão.* Instituto Socioambiental: São Paulo.

Saes, F.A.M. 1986. *A Grande Empresa de Serviços Públicos na Economia Cafeeira: 1850-1930.* Hucitec: São Paulo.

Sarges, M.N. 2002. *Belém: Riquezas Produzindo a Belle-Époque (1870-1912).* Paka-Tatu: Belém.

Secreto, M.V. 2007. A Ocupação dos 'Espaços Vazios' no Governo Vargas: Do 'Discurso do rio Amazonas' à Saga dos Soldados da Borracha". *Revista Estudos Históricos*, 2(40), p. 115-135.

SPL. 1963. Usina Hidrelétrica do Tocantins (Sobre a Barra do Rio São Félix): Estudos Econômicos. Rapport: Goiânia.

SPVEA. 1954. *Perspectiva do Primeiro Plano Quinquenal e Concepção Preliminar da Valorização Econômica da Amazônia.* SPVEA: Belém.

SUDAM. 1974. *Estudos do Plano de Desenvolvimento da Amazônia - Diretrizes de Desenvolvimento da Amazônia.* SUDAM: Belém.

SUDAM e Ministério do Interior. 1971. *Subsídios ao Plano Regional de Desenvolvimento (1972/74).* SUDAM: Belém.

SUDAM e Ministério do Interior. 1976. *II Plano Nacional de Desenvolvimento - Programa de Ação do Governo para a Amazônia (1975-1979).* SUDAM: Belém.

Tocantins, L. 1968. *O Rio Comanda a Vida.* Gráfica Record: Rio de Janeiro.

Tristan, D.R.M. 2016. *Trabalhadores da Tecejuta: Experiência Operária e Construção da Memória numa Fábrica Têxtil do Oeste do Pará (Santarém, 1951-1990).* Dissertação de Mestrado. Universidade Federal do Amazonas: Manaus.

Uchôa, J. 1955. Curiosidades. *Jornal do Commercio*, 28 de agosto de 1955.

Ueki, S. 1975. 'Expansão da Capacidade Geradora e Modificação nos Hábitos de Consumo'. Palestra Apresentada no III Seminário de Dirigentes de Empresas de Energia Elétrica, 06 a 08 de agosto de 1975 em Brasília. *Revista Brasileira de Energia Elétrica*, 31, p. 6-16.

Vargas, G. 1952. *O Govêrno Trabalhista do Brasil.* J. Olympio: Rio de Janeiro.

World Commission on Dams. 2000. *Tucuruí Hydropower Complex (Brazil).* WCD: Cape Town.

TUCURUÍ E A GLOBALIZAÇÃO DAS GRANDES BARRAGENS NA AMAZÔNIA

Frederik Schulze

Introdução

Barragens e hidrelétricas são artefatos globais: elas foram e são construídas em todas as partes do mundo, ligando atores globais e nacionais, tais como engenheiros, políticos, agências de financiamento, empresas de construção e de eletricidade, aglutinando, assim, conhecimentos técnicos que simbolizam progresso e esperança de desenvolvimento econômico para a áreas atingidas. Por essa razão, tais projetos são particularmente adequados à uma abordagem global-histórica, dado que muitos de seus aspectos não seriam revelados por meio de análises de foco puramente nacional ou local. É evidente que isso torna a tarefa complexa e complicada já que muitos níveis diferentes de ação e significados convergem sobre tais obras. A História Global de viés anglo-saxão tem analisado tais entrelaçamentos desde o final dos anos 1990 (Conrad, 2016). Por um lado, concentra-se na mobilidade e no intercâmbio de atores, ideias e bens para compreender a formação da integração global de processos, conhecida como globalização. Por outro lado, a História Global visa superar as narrativas históricas eurocêntricas, concentrando-se mais no chamado Sul Global. Muito tem sido dito sobre o fato de que, por várias razões, esse debate não conseguiu, até agora, obter reconhecimento adequado na América Latina (Adelman, 2004; Brown, 2014). Entretanto, isto vem mudando há alguns anos. No Brasil, por exemplo, houve impulsos globais dos historiadores da Universidade de São Paulo e da Fundação Getúlio Vargas (Marquese e Pimenta, 2018; Moreli, 2017). Este capítulo retoma uma sugestão que Georg Fischer e eu fizemos recentemente (2019) para inscrever a história do Brasil mais firmemente dentro das análises da História Global. Propusemos a Amazônia como um exemplo interessante para tais esforços, já que podem ser demonstradas múltiplas ligações globais, tanto em termos de integração econômica no mercado mundial, como em termos de proteção ambiental e imaginários sobre a região.

Para o período da ditadura militar brasileira (1964-1985), quando as primeiras barragens foram construídas na Amazônia, incluindo a barragem de Tucuruí, que será discutida neste capítulo, estudos históricos da Amazônia examinaram até agora as ligações globais apenas em poucos casos selecionados (Acker, 2017; Garfield, 2013; Niebauer, 2018). Da mesma forma, a historiografia sobre políticas de desenvolvimento e construção de barragens na Amazônia tende a ser limitada às áreas de estudo locais ou nacionais e, centrando seu foco, principalmente, nos impactos locais da política econômica nacional sobre os ribeirinhos, povos indígenas e o meio ambiente (Atkins, 2021; Barbosa, 2015; Bunker 1985; Fearnside, 2001; Hecht e Cockburn, 2010; Pizarro, 2004; Teixeira, 1996; Thomé, 1999; Vainer e Araújo, 1992).

As barragens são geralmente criticadas por essa literatura como artefatos destrutivos. Só recentemente a questão foi colocada em outros termos nos contextos brasileiro, latino-americano e global (Capellini, 2018; Schulze, 2021). Em meu trabalho de pós-doutorado, concluído em 2021, tracei as interconexões globais entre atores e repertórios de conhecimento e o surgimento de centros de pesquisa latino-americanos, demonstrando que, no caso de Tucuruí, se tratava, em grande medida, de um projeto nacional destinado a simbolizar a independência tecnológica do Brasil. Nesse sentido, Tucuruí representou um ponto de mudança no debate brasileiro, e mesmo global, sobre usinas hidrelétricas, uma vez que sua construção provocou grande resistência contra a relocação de populações e a destruição da natureza locais, criando uma imagem muito negativa na simbologia existente sobre barragens.

Examinando tais questões, o presente texto se debruça, de maneira especial, sobre um aspecto específico da História Global, a saber, a própria noção de globalidade. O termo denota o que seria a formação de uma consciência global sobre referentes históricos concretos. No caso de Tucuruí, é certo que os atores ocupados com o projeto tinham uma preocupação sobre a dimensão global do mesmo. De fato, não somente perceberam os contextos locais e nacionais da hidrelétrica, mas também o significado de Tucuruí para o contexto global. Nesse sentido, argumenta-se aqui que teria ocorrido uma referência recíproca de globalidade entre dois importantes grupos de atores, os partidários e os oponentes da barragem. Ambos os grupos se viram ameaçados pela dimensão global do projeto e procuraram minimizar o que percebiam como ameaças decorrentes do mesmo por meio de uma articulação global de seus significados. De maneira concreta, políticos queriam reduzir a dependência do Brasil do mercado global e, paradoxalmente, projetaram Tucuruí para produzir metais para exportação, inclusive por meio da cooperação com empresas estrangeiras. Oponentes da barragem criticaram, por sua vez, as referências econômicas globais do projeto, mobilizando parcerias também em uma escala global. Tais esforços acabaram por prejudicar a imagem global do governo militar, tornando mais difícil a construção de outras barragens.

O nível global de tais ações serviu, assim, como catalisador dos processos de tomada de decisão política e como uma arena de mobilização de apoio aos respectivos interesses em conflito. A globalidade era, portanto, por um lado, uma consciência e esfera de ação de que os atores podiam se valer para aumentar sua agência. Por outro lado, era também um fator que significava a diminuição e possível perda de controle dos atores locais.

O texto é estruturado da seguinte forma: após uma breve contextualização histórica, analiso a dimensão econômica da globalidade, que é seguida pelo exame de sua dimensão ecológica.

Barragens na Amazônia brasileira durante a Ditadura Militar

Um componente central da política do regime militar foi sua política econômica, mais especificamente, sua tentativa de desenvolver e modernizar o Brasil (Abreu, 2008, p. 360-393). Elementos centrais dessa política, com grande importância no contexto da Guerra Fria, eram a busca pela industrialização substitutiva de importações e os programas de desenvolvimento regional, coordenados por agências federais. Para ambos, os militares consideraram a promoção de projetos de infraestrutura como particularmente importantes, uma vez que rodovias, portos e usinas deveriam estimular a atividade econômica do país. Sob a presidência do general Emílio Garrastazu Médici (1969-1974), foi alcançado um alto crescimento econômico, enfraquecido sob seu sucessor, general Ernesto Geisel (1974-1979), em especial dada a crise do petróleo de 1973, que levou a um aumento no preço de tal produto e a uma crise econômica mundial. O II Plano Nacional de Desenvolvimento (II PND) de 1975 teve como objetivo assegurar a continuidade do desenvolvimento econômico apesar desses problemas.

As políticas de desenvolvimento e o planejamento econômico se condensaram de forma exemplar na Amazônia. Em meados dos anos 1960, a região ainda era relativamente desconhecida e, aos olhos dos políticos, pouco desenvolvida, apesar de algumas tentativas de desenvolvimento desde o período do presidente Getúlio Vargas, em meados do século. A situação da Amazônia foi de particular preocupação para os militares, que a identificavam como um ponto fraco para a segurança nacional. O desenvolvimento da região era, pois, entendido como um imperativo geopolítico (Freitas, 2004). Em 1966, a Superintendência do Desenvolvimento da Amazônia (SUDAM) assumiu a coordenação das atividades de desenvolvimento na região. A política de desenvolvimento dessa agência incluía elementos tão diversos como a promoção da agricultura, colonização e extração de madeira. De extrema importância foi a prospecção e mineração de jazidas de minério, incluindo o projeto Carajás, ligado à extração das maiores jazidas de minério de ferro do mundo, na serra com mesmo nome, e a mineração de bauxita no rio Trombetas, ambos no Pará. A bauxita deveria ser processada em alumínio e aluminato nas fábricas correspondentes em Belém e São Luís (Machado, 1985).

Com a valorização dos recursos naturais locais, o governo militar esperava integrar a Amazônia à economia nacional. Acesso à energia era, pois, um pré-requisito para tal objetivo. Devido à longa experiência brasileira no setor de engenharia hidráulica e à falta de combustíveis fósseis, os líderes políticos centraram sua atenção na energia hidrelétrica. Para a implantação de barragens na Amazônia brasileira, a empresa estatal Eletronorte foi fundada em 1973 (Centro da Memória da Eletricidade no Brasil, 2004). Subsidiária da Eletrobras, ela começou a construir uma série de barragens durante a ditadura militar. Coaracy Nunes (Amapá) foi inaugurada em 1975, Curuá-Una (Pará) em 1977, Samuel (Rondônia) e Balbina (Amazonas) em 1989. Enquanto essas usinas hidrelétricas tinham como objetivo fornecer energia local às cidades e eram relativamente pequenas, a usina hidrelétrica de Tucuruí se destacou como o maior e mais importante projeto que iria fornecer eletricidade não apenas para Belém, mas também para várias fábricas de alumínio, o projeto Carajás e até mesmo para o Nordeste do país. A construção foi aprovada em 1974 e começou no ano seguinte. As empresas brasileiras de engenharia Themag e Engevix projetaram a barragem, e a empresa de construção Camargo Corrêa realizou os trabalhos de construção. A maior parte do financiamento e da maquinaria era brasileira, mas alguns dos empréstimos, turbinas e geradores vieram da França. A primeira etapa de Tucuruí foi inaugurada em 1984. Em sua fase final, a usina contava com uma capacidade nominal instalada de mais de 8.000 MW.

Embora os proponentes de Tucuruí, ou seja, o governo federal, a Eletronorte e as empresas envolvidas, tenham apresentado a barragem como uma maravilha de engenharia e uma prova da eficiência brasileira, a população local via as coisas de maneira diferente. Ribeirinhos e povos indígenas que foram afetados pela política de reassentamento organizaram uma grande resistência contra o reservatório da usina (Teixeira, 1996, p. 189-249). O fato de uma grande área de floresta tropical ter sido inundada também desencadeou protestos contra a degradação ambiental. Surgiu uma verdadeira rede de opositores de Tucuruí, formada por grupos locais e organizações regionais e nacionais, tais como a Sociedade Paraense de Defesa dos Direitos Humanos (SPDDH), a Comissão Pastoral da Terra (CPT), a Confederação Nacional dos Trabalhadores na Agricultura (CONTAG), os partidos de oposição Partido dos Trabalhadores (PT) e Partido do Movimento Democrático Brasileiro (PMDB), a Ordem dos Advogados do Brasil (OAB), a Comissão Pró-Índio e, a partir dos anos 1990, o Movimento dos Atingidos por Barragens (MAB). A dialética entre apoiadores e oponentes centrou-se em questões econômicas e ecológicas, para as quais a dimensão da globalidade desempenhou um papel importante, como mostram as seções seguintes.

Barragens na Amazônia e a globalização econômica

A política de desenvolvimento dos militares foi moldada pela consciência de que a economia brasileira estava globalmente integrada. Seu programa de industrialização tinha, pois, como principal objetivo reduzir a dependência do país das importações e do mercado mundial, uma noção que a CEPAL vinha defendendo desde o início dos anos 1950 e que muitos países latino-americanos vinham adotando desde então. Sob o governo de Ernesto Geisel, a pressão econômica se intensificou como resultado da crise do petróleo, que tornou as importações do produto muito mais caras. Repetidamente, políticos brasileiros como o Ministro das Relações Exteriores Azeredo da Silveira afirmaram que o problema do subdesenvolvimento, que afetava o Brasil, se devia principalmente ao comércio mundial injusto e às relações de poder globais (Azeredo da Silveira, 1976). Assim, o governo militar seguiu em grande parte a política comercial da UNCTAD, que agora tentou implementar as ideias da CEPAL em escala global a fim de fortalecer o Sul Global.

Dentro desse contexto, Geisel inicia seu governo, em 1974, com o objetivo de "aumentar as vendas ao exterior, agressivamente" e "reduzir nossa dependência quanto a fontes externas de energia" (Geisel, 1974, p. 16-17). Para economizar petróleo, o regime apostou em energia hidrelétrica e também em energia nuclear. Embora crítico à lógica do comércio global, Geisel entendia que país não deveria se isolar do comércio exterior, mas buscar maior integração com a economia mundial, algo enfatizado no II PND, de 1975 (República Federativa do Brasil, 1975, p. 36). A "ocupação produtiva da Amazônia" seria um passo importante para este fim, já que produtos ali produzidos poderiam levar à abertura de novos mercados (ibid., p. 18). Um folheto da SUDAM sobre a implementação dos objetivos do II PND na Amazônia detalhava essa noção. A região deveria mesmo ocupar uma posição dominante no mercado mundial no campo da produção de minérios, madeiras tropicais e produtos agrícolas, e dessa forma "contribuir substancialmente para o aumento da receita cambial líquida do País" (SUDAM, 1976, p. 52; vide ibid., p. 48-49, 51). E um mapa que mostrava as relações econômicas globais na região, especialmente do Japão, Estados Unidos, Europa Ocidental e Argentina, ressaltava essa mesma intenção (ibid., p. 47).

Contudo, a política econômica brasileira no período era bastante contraditória, já que, sobretudo devido à falta de fundos, o governo estava preocupado em envolver diversas empresas multinacionais em sua ofensiva de aumentar as exportações do país. Isso significou que a tentativa de se tornar economicamente mais independente acabou levando a um maior nível de conexão e interdependência com a economia global. Isso era particularmente evidente no setor metalúrgico. Empresas japonesas e americanas estavam envolvidas nas três principais fábricas de processamento de bauxita, estabelecidas durante o governo militar para produzir alumínio e aluminato. Albrás e Alunorte perto de Belém eram *joint ventures* da estatal Companhia Vale do Rio Doce (CVRD) com empresas japonesas, e a Alumar em São Luís era um consórcio da Alcoa, dos Estados Unidos, com a holandesa Billinton/Shell (Machado, 1985, p. 219-281).

O governo estava satisfeito com os investimentos estrangeiros que eram tidos como úteis para ajudar o Brasil a ganhar maior força econômica. Por exemplo, Edward Cattete Pinheiro, senador do Pará, enfatizou no Senado em setembro de 1976 "o significado da participação pioneira dos japoneses no desenvolvimento industrial do meu Estado e da Amazônia", que faria do Brasil um "fornecedor mundial de alumínio" (*Diário do Congresso Nacional*, XXXI(116), 1976, p. 6149). Da mesma forma, políticos reagiram com frustração houve atrasos na execução do projeto. E quando a US Steel se retirou do projeto Carajás e os japoneses reduziram sua participação, a implantação das instalações industriais e da barragem desacelerou como um todo. Jarbas Passarinho, também senador da ARENA paraense como Pinheiro, publicou um artigo de jornal em agosto de 1977 lamentando que estes reveses estivessem atrasando "a redenção da Amazônia", porque os grandes projetos eram "as grandes esperanças de nossa sofrida Amazônia" (*Diário do Congresso Nacional*, XXXII(067), 1977, p. 4109).

O fato de Tucuruí ter sido um componente essencial para os projetos de industrialização era repetidamente enfatizado. A SUDAM escreveu, por exemplo, que a barragem só valia a pena por causa de Carajás e dos depósitos de bauxita, pois caso contrário não haveria clientes suficientes para a grande quantidade de eletricidade gerada. Ao mesmo tempo, enfatizava-se que Tucuruí seria indispensável para a industrialização como um todo já que permitiria "a criação de um polo industrial" (SUDAM, 1976, p. 75). A Eletronorte também adotou esse ponto de vista. O presidente da empresa, Raul Garcia Llano afirmou, em uma palestra, em setembro de 1980, que Tucuruí era "o marco inicial da infraestrutura energética para a exploração, beneficiamento e transformação local dos minérios da região", tornando o Brasil um importante player no mercado mundial (Llano, 1980, p. 26). A função de Tucuruí no comércio exterior brasileiro também foi um tema frequente na própria revista da empresa *Corrente Contínua* (Anônimo, 1984, 1985a). Entre outras coisas, foi mencionado que a Eletronorte fez uma importante contribuição para superar as relações de dependência com os países estrangeiros. E quando as linhas elétricas de Tucuruí entraram em operação em 1982, conectando Belém à rede elétrica do nordeste do Brasil, a empresa pôde apontar que Belém era agora abastecida com energia hidrelétrica da Chesf, o que economizava muito petróleo. Para esse fim, foi impresso uma caricatura mostrando um fulano cortando os oleodutos do Oriente Médio até Belém, no qual está sentado um saudita gordo, enquanto em seu lugar um porquinho mealheiro, destinado a simbolizar a energia hidrelétrica, abastecia a capital do Pará com eletricidade local (Anônimo, 1982).

Entre os opositores da barragem, por outro lado, o envolvimento de empresas multinacionais e o papel de Tucuruí na nova política de exportação voltada para o mercado mundial foi alvo de duras críticas. A SPDDH escreveu em sua carta de princípios: "Nossos minérios estão entregues nas mãos dos grandes trustes internacionais, que se organizam para os explorar". Essa política econômica era descrita como tendo consequências drásticas para a população local: "Usurparam-nos o poder de decidir os destinos de nossa própria região, que hoje vive dependendo das decisões tomadas fora de nossas fronteiras. Desprezaram o desenvolvimento de suas extraordinárias potencialidades e vocações naturais, impondo-nos arbitrariamente uma política econômica em que ressalta, sobretudo, o imenso desprezo pelo seu povo". (Sociedade Paraense de Defesa dos Direitos Humanos, 1979, p. 5) Da mesma forma, em 1983, a CPT criticou projetos de grande escala na Amazônia: "São projetos que prejudicam milhares de lavradores e dezenas de povos indígenas, causando mortes e violências físicas e culturais. [...] Tais projetos prejudicam a todo o povo brasileiro, porque vendiam o país à multinacionais" (Comissão Pastoral da Terra, 1983, p. 1).

Tais críticas se tornaram mais detalhadas e bem elaboradas ao longo do tempo. Em uma palestra em outubro de 1983, João Souza Pedroso, um militante do PCdoB, listou uma série de empresas multinacionais que se dedicariam ao extrativismo na Amazônia e criticou que a eletricidade de Tucuruí não beneficiaria a população local, mas as fábricas de alumínio e, portanto, "capital alemão, japonês e suíço" (Ministério da Aeronáutica, 1984, p. 2). Uma brochura de 1993 de várias ONGs explicava, em detalhes, os subsídios estatais que as fábricas de alumínio receberiam sob a forma de eletricidade com desconto. Em alguns casos, as empresas pagaram menos da metade do preço de mercado, razão pela qual a produção de eletricidade de Tucuruí não era economicamente viável. Sem esse subsídio, a produção de alumínio não seria sequer competitiva (Coordenação dos Atingidos pelas Barragens da Amazônia/Comissão Pró-Índio de São Paulo/Instituto de Eletrotécnica e Energia da Universidade de São Paulo, 1993).

As críticas à integração global da Amazônia e de Tucuruí também chegaram ao Congresso Nacional. O partido MDB, em particular, adotou as posições das ONGs. Em discurso de novembro de 1979, o deputado Horácio Ortiz chamou a atenção para o problema dos subsídios de eletricidade, o que tornara o projeto uma situação quase exploratória em favor dos países estrangeiros, pois o setor público havia pagado bilhões de dólares pela usina hidrelétrica e agora estava, de certa forma, dando a eletricidade para que empresas estrangeiras pudessem lucrar (Ortiz, 1980, p. 15, 20, 25). Os cientistas sociais se juntaram ao coro de críticos. Octavio Ianni, por exemplo, apresentou uma monografia sobre a política amazônica da ditadura militar e interpretou a Amazônia como um "espaço de negócio para o capital monopolista nacional e estrangeiro". Na interpretação do sociólogo, esse sistema econômico foi nada menos do que imperialismo (Ianni, 1986, p. 244, 248).

Barragens na Amazônia e a globalização ecológica

Esse tipo de debate seria reproduzido no que tange à dimensão ecológica da globalidade, embora com papéis invertidos. Inicialmente, a integração econômica de Tucuruí com atores globais gerou paralisia e raiva entre grupos locais de resistência (Teixeira, 1996, p. 189-249). Era enfatizado que, enquanto as consequências da implementação da barragem seriam sentidas localmente, na forma de reassentamento, degradação ambiental e impactos sobre os grupos indígenas, as decisões estariam sendo tomadas muito longe dali. Entendia-se, pois, que seria muito difícil combatê-las. Ao mesmo tempo, ONGs nacionais, em particular, que aderiram ao protesto, e já tinham contatos no exterior, reconheceram o potencial crítico dessa situação. Eles conseguiram trazer a questão para o debate global, pois, por um lado, a interconexão das empresas multinacionais em Tucuruí globalizou a responsabilidade e as possibilidades de resistência e, por outro lado, a floresta amazônica havia acabado de se tornar um topos central do discurso ambiental global (Niebauer, 2018).

Assim, a globalidade provou ser uma consciência útil, especialmente para a proteção ambiental, mas também para a questão indígena, no que tange à sua mobilização. Um exemplo disso foi a denúncia, feita por ativistas ambientais, de que o desfolhante tóxico agente laranja havia sido utilizado na construção das linhas de transmissão pela floresta, assim como na limpeza do futuro reservatório de Tucuruí. Isto teria prejudicado gravemente a população e o meio ambiente locais. Sônia Brito Pereira, presidente da ONG Movimento em Defesa da Vida, do Rio de Janeiro, entregou uma carta drástica ao Programa das Nações Unidas para o Meio Ambiente (UNEP), em Nairobi, em setembro de 1984, a fim de trazer tal escândalo ao conhecimento do público mundial. Na carta, ela alertou sobre a destruição da floresta amazônica e descreveu os supostos efeitos do agente laranja no local, especialmente "a morte de centenas de seres humanos e de milhares de espécies nativas e animais domésticos". Segundo Pereira, teria ocorrido "um dos piores crimes já cometidos contra a natureza e a humanidade em geral" (Pereira, 1984, p. 9, 11). O UNEP então enviou um especialista a Tucuruí a fim de investigar as acusações, mas ele não conseguiu encontrar nenhuma evidência do uso do agente laranja (Anônimo, 1985b).

A investigação das Nações Unidas não foi, contudo, motivo para que os ativistas parassem sua mobilização global. Sebastião Pinheiro da Associação Gaúcha de Proteção ao Ambiente Natural (AGAPAN) coletou amostras de solo nas áreas afetadas e disse ter detectado dioxinas, enviando as amostras para a Universidade de Uppsala, na Suécia, para análise. Para apoiar tais ações, o jornal britânico *The Observer* realizou uma campanha de financiamento coletivo (Agência de Belém do Serviço Nacional de Informações, 1985). O Presidente da AGAPAN José Lutzenberger, um dos mais proeminentes ambientalistas brasileiros de sua época, também levantou a questão de Tucuruí em palestras no exterior, criticando a inundação da floresta tropical e o suposto uso do agente laranja (Ministério de Minas e Energia, 1983). Por sua vez, ativistas da Europa viajaram ao Brasil e mandaram informações diretamente do local. Entre eles estava o político alemão Willi Hoss, do Partido Verde, que participou de manifestações contra Tucuruí no Pará (Agência de Belém do Serviço Nacional de Informações, 1984).

Ativistas para a proteção dos grupos indígenas escolheram uma abordagem semelhante a de seus colegas ambientalistas. O antropólogo brasileiro Antônio Carlos Magalhães Lourenço dos Santos, por exemplo, procurou a ONG *International Working Group for Indian Affairs*, com sede em Copenhague, para relatar os problemas enfrentados pelo grupo indígena Parakanã devido ao reassentamento causado pelo reservatório de Tucuruí. Em resposta, a organização publicou um folheto em inglês sobre a situação dos indígenas em Tucuruí (Aspelin e dos Santos, 1981). Inúmeros artigos de jornais e cartas de protesto ao governo brasileiro vindas do exterior atestam o sucesso desta mobilização, que culminou com a elevação do tema Tucuruí junto a Assembleia Geral das Nações Unidas, em novembro de 1984 (Schulze, 2021, p. 411).

A relevância de Tucuruí para o debate global contra as barragens também se tornou evidente anos depois, quando a barragem foi um dos estudos de caso para o relatório de 2000 da *World Commission on Dams*. Esta comissão deveria investigar empiricamente e assim pacificar o debate, até então, cada vez mais acalorado, sobre barragens com um estudo sistemático dos problemas e das consequências a longo prazo das mesmas. E embora os proponentes de tais projetos também estivessem envolvidos no estudo, o relatório adotou, em grande parte, as críticas dos oponentes às barragens. O estudo de caso sobre Tucuruí foi conduzido por Emilio La Rovere e Francisco Mendes da COPPE/UFRJ e listou a degradação ambiental e os impactos negativos sobre os povos indígenas e ribeirinhos reassentados e apontou que os desfolhantes utilizados em Tucuruí – embora não tenha sido o agente laranja, eram igualmente perigosos. Por fim, concluiu-se que, em vez de orientar a política de desenvolvimento aos interesses globais, seria mais importante incorporá-la localmente e permitir que a população local participasse dos processos decisórios (World Commission on Dams, 2000).

A repercussão negativa de Tucuruí era um problema crescente para a ditadura militar e para a Eletronorte, em especial, que queriam projetar a usina como uma prova da eficiência brasileira. Ao invés disso, o que se via eram manchetes negativas ao redor do mundo. A Eletronorte tentou minimizar os danos por meio de ações de relações públicas, mas sem muito sucesso. A revista da empresa *Corrente Contínua* admitiu em 1983 que "estamos sendo observados (e alvo de críticas) pelo mundo inteiro". Como resultado, a empresa lançou seu próprio programa ambiental, afirmando que "a ELETRONORTE sabe que tem um compromisso não só com o Brasil, mas com o mundo, pois é responsável por essa parte do planeta, tão importante e vital não só para os brasileiros, como também, para a humanidade". (Anônimo, 1983).

Tais esforços não conseguiram evitar os efeitos negativos da imagem global de Tucuruí sobre o meio ambiente e muito menos apaziguar seus críticos. Por exemplo, mesmo após o fim da ditadura militar, em 1989, o Serviço Nacional de Informações, que documentou meticulosamente os problemas de Tucuruí, declarou que o debate ambiental internacional era um problema para o Brasil. E embora o país tivesse uma legislação ambiental moderna, "vêm crescendo as pressões internacionais pela preservação do meio-ambiente" e "o BRASIL vem sendo acusado de negligenciar o meio-ambiente" (Agência Central do Serviço Nacional de Informações, 1989, p. Introdução 1). Dizia-se ainda que, por trás das ONGs e organizações de desenvolvimento internacionais que lideraram esse debate, estavam potências mundiais, como os Estados Unidos. Assim, "as pressões internacionais sobre a AMAZÔNIA" representavam na realidade "os interesses dos centros de poder" que queriam controlar e dominar o Brasil (ibid., Meio-Ambiente, p. 1).

De fato, a pressão estava aumentando. Por exemplo, a partir de meados dos anos 1980, o Banco Mundial vinculou empréstimos para barragens às condições ambientais e retirou empréstimos do Brasil por não implementar essas condições (Pizarro, 2004, p. 112-114). Como resultado, a Eletrobras foi obrigada a levar mais em conta o aspecto ambiental nos projetos de barragens, o que acabou se refletindo na legislação ambiental brasileira, que foi endurecida como resultado do debate internacional (ibid.:, p. 181-227).

Conclusão

Esta breve análise da consciência global dos *stakeholders* no contexto do debate sobre barragens mostrou que a dimensão global não é importante apenas para as interconexões pessoais e fluxos materiais de dinheiro e bens, mas que a globalidade representa um importante catalisador para a ação política. A consciência global inclui aspectos ameaçadores e fortalecedores. Pode ser a percepção de que as decisões estão sendo tomadas fora da própria esfera de experiência, o que está associado a uma perda de controle. A globalidade pode também se tornar um espaço onde emergem novas redes de atores que pensam da mesma maneira e onde os próprios objetivos podem ser representados de forma mais poderosa.

Para Tucuruí e outros projetos de grande escala na Amazônia e além, a globalidade trouxe medos e sonhos, esperanças e frustrações que contribuíram para a construção da barragem e seu contra-ataque, e repetidamente desencadeou dinâmicas fora do controle dos atores envolvidos. Para a Amazônia de hoje, esses debates se repetem. Um dos objetivos do atual desmatamento é poder vender produtos agrícolas no mercado mundial, e o debate ambiental também está sendo conduzido novamente em nível global. A situação difere na medida de que o governo Bolsonaro reagiu até agora às críticas internacionais ou sem nenhuma resposta ou somente de forma evasiva.

As críticas atuais não são tão duras como nos anos 1980. E o fato de a questão não estar sendo percebida como urgente, apesar da ameaça relacionada à questão da mudança climática, e de não estarem sendo tomadas mais medidas decisivas para proteger a floresta tropical pode ter algo a ver com a atual crise da Covid-19. Outra razão poderia ser que os debates políticos tenham se tornado tão globalizados que a atenção do público mundial esteja excessivamente ligada a questões de alta pluralidade – pensemos no movimento *#MeToo* ou *Black Lives Matter* –, e a Amazônia perdeu, portanto, parte de seu *charme* global.

O que é certo é que nada disso deriva de uma falta do ativismo local, que segue ativo. De fato, a pesquisa recente mostrou o dinamismo dos movimentos de direitos humanos e ambientais na Amazônia nos últimos anos (Atkins, 2021; Barbosa, 2015; Weißermel, 2015). Entretanto, o exemplo da barragem de Belo Monte mostra que embora protestos possam levar a mudanças e atrasos no projeto, eles nem sempre conseguem impedi-los.

Referências bibliográficas

Abreu, M.P. 2008. The Brazilian Economy, 1930-1980. In: *The Cambridge History of Latin America, volume 9: Brazil Since 1930*, Bethell, L. (ed.). Cambridge University Press: Cambridge, p. 283-393.

Acker, A. 2017. *Volkswagen in the Amazon: The Tragedy of Global Development in Modern Brazil.* Cambridge University Press: Cambridge.

Adelman, J. 2004. Latin America and World Histories: Old and New Approaches to the Pluribus and the Unum. *Hispanic American Historical Review*, 84(3), p. 399-409.

Agência Central do Serviço Nacional de Informações. 1989. *Relatório sobre Meio-Ambiente* (I002553-), em: Acervo dos Órgãos de Informação do Regime Militar, Série Serviço Nacional de Informações, Arquivo Nacional: Brasília.

Agência de Belém do Serviço Nacional de Informações. 1984. *Informação 0599/19/ABE/84*, Belém, 19 de julho de 1984 (K0047442-1984), em: Acervos dos Órgãos de Informação do Regime Militar, Série Serviço Nacional de Informações, Arquivo Nacional: Brasília.

Agência de Belém do Serviço Nacional de Informações. 1985. *ABE ACE 5580/85: Uso de Agrotóxicos em Tucuruí*, Belém, 26 de setembro de 1985 (K0055803-1985), em: Acervos dos Órgãos de Informação do Regime Militar, Série Serviço Nacional de Informações, Arquivo Nacional: Brasília.

Anônimo. 1982. Os Números Não Mentem. *Corrente Contínua*, V(60), 2.

Anônimo. 1983. Carta ao Leitor. *Corrente Contínua*, VII(76), p. 1.

Anônimo. 1984. Carta ao Leitor. *Corrente Contínua*, VIII(85), p. 1.

Anônimo. 1985a. ONU Não Encontra Agente em Tucuruí. *Corrente Contínua*, VIII(92), p. 1, 12.

Anônimo. 1985b. Tucuruí, Primeiro Ano". *Corrente Contínua*, IX(100), p. 3.

Aspelin, P.L. e dos Santos, S.C. 1981. *Indian Areas Threatened by Hydroelectric Projects in Brazil*. International Work Group for Indian Affairs: Copenhaguem.

Atkins, E. 2021. *Contesting Hydropower in the Brazilian Amazon*. Routledge: Abingdon.

Azeredo da Silveira, A.F. 1976. Brasil Propõe na ONU uma Nova Ordem Econômica Mundial: Discurso do Chanceler Azeredo da Silveira (27.9.1976). *Resenha de Política Exterior do Brasil*, 10, p. 71-75.

Barbosa, .C. 2015. *Guardians of the Brazilian Amazon Rainforest: Environmental Organizations and Development*. Routledge: Abingdon.

Brown, M. 2014. The Global History of Latin America. *Journal of Global History*, 10(3), p. 365-386.

Bunker, S.G. 1985. *Underdeveloping the Amazon: Extraction, Unequal Exchange, and the Failure of the Modern State*. University of Illinois Press: Urbana/Chicago.

Capellini, N. 2018. A Grande Aceleração e a Construção de Barragens Hidrelétricas no Brasil. *Varia História*, 34(65), p. 315-346.

Centro da Memória da Eletricidade no Brasil. 2004. *Eletronorte: 30 Anos de Pura Energia Brasileira*. Centro da Memória da Eletricidade no Brasil: Rio de Janeiro.

Comissão Pastoral da Terra. 1983. *Comunicado da IV Assembleia Nacional da CPT*, Goiânia, 6 de agosto de 1983, em: Subfundo Institucionais, AN-0014-0007, CEDOC-CPT.

Conrad, S. 2016. *What Is Global History?* Princeton University Press: Princeton.

Coordenação dos Atingidos pelas Barragens da Amazônia/Comissão Pró-Índio de São Paulo/Instituto de Eletrotécnica e Energia, Universidade de São Paulo. 1993. *Energia na Amazônia: Conceitos e Alternativas*. São Paulo.

Fearnside, P.M. 2001. Environmental Impacts of Brazil's Tucuruí Dam: Unlearned Lessons for Hydroelectric Development in Amazonia. *Environmental Management*, 27(3), p. 377-396.

Freitas, J.M.C. 2004. A Escola Geopolítica Brasileira. Biblioteca do Exército: Rio de Janeiro.

Garfield, S. 2013. *In Search of the Amazon: Brazil, the United States, and the Nature of a Region*. Duke University Press: Durham.

Geisel, E. 1974. *Diretrizes Governamentais do Presidente Geisel: I Reunião Ministerial: Pronunciamento do Chefe do Governo*, 19 de março de 1974. Serviço de Publicações: São Paulo.

Hecht, S. e Cockburn, A. 2010 [1990]. *The Fate of the Forest: Developers, Destroyers, and Defenders of the Amazon*. The University of Chicago Press: Chicago.

Ianni, O. 1986. *Ditadura e Agricultura: O Desenvolvimento do Capitalismo na Amazônia: 1964-1978*. Civilização Brasileira: Rio de Janeiro.

Llano, R.G. 1980. Aproveitamento Hidrelétrico da Amazônia. Rio de Janeiro.

Machado, R.C. 1985. *Apontamentos da História do Alumínio Primário no Brasil*. Fundação Gorceix: Ouro Preto.

Marquese, R. e Pimenta, J.P. 2018. Latin American and the Caribbean: Traditions of Global History. In: *Global History, Globally: Research and Practice Around the World*, Beckert, S. e Sachsenmaier, D. (eds.). Bloomsbury: London, p. 67-82.

Ministério da Aeronáutica. 1984. *Informe No. 020/BAMN/84*, Manaus, 28 de janeiro de 1984 (BR AN BSB VAZ 013 0108), em: Acervos dos Órgãos de Informação do Regime Militar, Série Centro de Informações de Segurança da Aeronáutica, Arquivo Nacional: Brasília.

Ministério de Minas e Energia. 1983. *Informe 35/0260/83/MME-DSI*, Brasília, 30 de agosto de 1983. Anexo: José Lutzenberger. Problemas ambientais e movimentos para proteção do meio ambiente no Terceiro Mundo: o caso do Brasil, 13 de junho de 1982 (A0367503-1983), em: Acervos dos Órgãos de Informação do Regime Militar, Série Serviço de Informações, Arquivo Nacional: Brasília.

Moreli, A. 2017. Vida (e Morte?) da História Global. *Estudos Históricos*, 30(60), p. 5-16.

Niebauer, K. 2018. The Endangered Amazon Rain Forest in the Age of Ecological Crisis. In: *Exploring Apocalyptica: Coming to Terms with Environmental Alarmism*, Uekötter, F. (ed.). University of Pittsburgh Press: Pittsburgh, p. 107-128.

Ortiz, H. 1980. *Tucuruí: Contradições de uma Obra Faraônica*. Câmara dos Deputados, Coordenação de Publicações: Brasília.

Pereira, S.B. 1984. *Carta à UNEP*, s.l., 28 de setembro de 1984, Anexo de Informação 34/1076/84/MME-DSI, Brasília, 26 de novembro de 1984 (A0481105-1985), em: Acervos dos Órgãos de Informação do Regime Militar, Série Serviço Nacional de Informações, Arquivo Nacional: Brasília.

Pizarro, J.J.V. 2004. *Planeamiento Socioambiental de Grandes Hidroeléctricas y Sus Repercusiones en la Amazonia Brasileña.* Tese de Doutorado. Universidade Federal do Pará: Belém.

República Federativa do Brasil. 1975. *II Plano Nacional de Desenvolvimento (1975-1979).* Centro de Serviços Gráficos do IBGE: Brasília.

Schulze, F. e Fischer, G. 2019. Brazilian History as Global History. *Bulletin of Latin American Research*, 38(4), p. 408-422

Schulze, F. 2021. *Wissen im Fluss: der Lateinamerikanische Staudammbau Im 20.* Jahrhundert Als Globale Wissensgeschichte. Habilitation, Westfälische Wilhelms. Universität Münster.

Sociedade Paraense de Defesa dos Direitos Humanos. 1979. *O Povo do Pará se Manifesta, 1976-1979.* SPDDH: Belém.

SUDAM. 1976. *II Plano Nacional de Desenvolvimento: Programa de Ação do Governo para a Amazônia: 1975–79.* SUDAM: Belém.

Teixeira, M.G.C. 1996. *Energy Policy in Latin America: Social and Environmental Dimensions of Hydropower in Amazônia.* Avebury: Aldershot.

Thomé, J.L. 1999. *Um Grande Projeto na Amazônia: Hidrelétrica de Balbina – Um Fato Consumado.* Editora da Universidade do Amazonas: Manaus.

Vainer, C. B. e Araújo, F.G.B. 1992. *Grandes Projetos Hidrelétricos e Desenvolvimentismo Regional.* CEDI: Rio de Janeiro.

Weißermel, S. 2015. *Die Aushandlung von Enteignung: der Kampf um Anerkennung und Öffentlichkeit im Rahmen des Staudammbaus Belo Monte, Brasilien.* Steiner: Stuttgart.

World Commission on Dams. 2000. *Tucuruí Hydropower Complex Brazil: Final Report, November 2000.* World Commission on Dams Secretariat: Cape Town.

DESAFIOS DA GOVERNANÇA AMBIENTAL REGIONAL NA AMAZÔNIA: UM ESTUDO DE CASO SOBRE O GARIMPO DE OURO NO ESCUDO DAS GUIANAS (BRASIL, GUIANA FRANCESA E SURINAME)

Miguel Patrice Philippe Dhenin

Introdução[1]

A mineração na Amazônia representa um desafio central para a gestão dos ecossistemas onde tais atividades ocorrem. Entre diversos biomas importantes presentes, uma região específica, a do Escudo das Guianas, se destaca pela importância do garimpo (conhecido também como mineração artesanal de pequena escala), entendido como processo econômico, social e cultural multifacetado. Dado que as práticas extrativistas se desenvolvem dentro do marco institucional em vigor, analisar a questão do garimpo requer um exame das dinâmicas de governança ambiental regional, onde se evidenciam a dificuldade em equilibrar a gestão dos recursos e os desafios ambientais decorrentes desse tipo de exploração em ambientes tão específicos.

O presente capítulo tem como objetivo examinar tais desafios, sob uma perspectiva comparada, com base no conceito de governança ambiental regional (GAR), dentro do contexto das atividades de garimpo na região de fronteira entre Brasil, Guiana Francesa e Suriname. Optou-se por apresentar as

1 O presente trabalho foi financiado como o apoio de uma bolsa PNPD/CAPES.

nuances da mineração aurífera de pequena escala já que, nas últimas décadas, a demanda global por ouro favoreceu a expansão do seu mercado. Esse aumento sinalizou um longo ciclo, tornando viável a exploração garimpeira na Amazônia. Sendo assim, e como ponto de partida, procuramos analisar uma região importante das dinâmicas de produção de ouro na Amazônia.

A primeira seção desse capítulo apresenta brevemente o conceito de governança ambiental regional (GAR) a partir de algumas definições que demonstram sua complexidade. Ressaltamos a dimensão regional a fim de aproximar empiricamente o objeto de estudo com outros modelos encontrados na Amazônia. A segunda seção enfatiza as principais dinâmicas da atividade de mineração de ouro no Escudo das Guianas, atrelando-as com a questão da GAR. A terceira e última seção do capítulo analisa a complexidade do ecossistema da mineração de ouro e os arranjos institucionais específicos desenvolvidos pelos atores envolvidos. Por fim, conclui-se que a atividade de garimpo no Escudo das Guianas ainda apresenta um alto grau de informalidade e causa, diretamente ou indiretamente, impactos socioambientais bastante relevantes para o bioma amazônico.

O surgimento do conceito de governança ambiental regional e seus desdobramentos teóricos

No começo dos anos 1990, concomitante com a crescente relevância da temática ambiental, o conceito de governança tornou-se uma ferramenta importante no intuito de provocar mudanças no processo de tomada de decisões, já que as abordagens tradicionais não pareciam capazes de atingir os resultados desejados – por exemplo, uma melhor qualidade da água potável ou ecossistemas mais saudáveis. A literatura especializada tem, desde então, procurado definir melhor o que seria tal conceito, chegando, por exemplo, à seguinte formulação: "conjunto de processos regulatórios, mecanismos e organizações através dos quais os atores políticos influenciam as ações ambientais e seus resultados" (Lemos e Agrawal, 2006, p. 298). Para outros autores, contudo, governança ambiental deveria incluir também "todas as soluções institucionais para resolver os conflitos sobre os recursos ambientais" (Paavola, 2007, p. 97). Ou poderia se tratar de um sistema de regras formais e informais, interligado e cada vez mais integrado à tomada de decisões e a redes de atores em todos os níveis da sociedade humana (Biermann et al., 2009).

Deriva disso que a noção de governança poderia ser definida como "instituições, estruturas e processos que determinam quem toma decisões, como e para quem as decisões são tomadas, se, como e o que ações são tomadas e por quem e com que efeito" (Graham et al., 2003; Lockwood et al., 2010). Por sua vez, governança ambiental seria um subconjunto de uma literatura mais ampla, ainda que existam distinções importantes. De modo geral, os autores oferecem uma ênfase maior na proteção do meio ambiente, como por exemplo, é o caso do tema dos *bens comuns* (Oström, 1990), que resulta, contudo, em noções simplistas de *boa governança.* Existem também os chamados acordos híbridos de governança ambiental que incluem as temáticas de instituições (mercados, direitos, normas) e incentivos (econômicos, sociais) a fim de entender ações coletivas frente aos problemas ambientais (Baud et al., 2011).

Essa maior abertura conceitual decorre do reconhecimento da capacidade limitada de agências governamentais para lidar com problemas complexos (Ludwig, 2001) e da pressão dos cidadãos por um maior papel na tomada de decisões e nos benefícios esperados nos custos de transação (De Löe e Kreutzwiser, 2006). A noção da governança ambiental oferece, pois, *insights* sobre sistemas adaptativos complexos, indo além, portanto, das preocupações simplistas sobre responsabilidade e autoridade (Dietz et al., 2003; Armitage et al., 2009); assumindo um significado mais específico quando ligado às ações de atores privados (como corporações, organizações intergovernamentais e organizações não governamentais) frente 'a atuação de autoridades governamentais (Rhodes, 1996).

A literatura sobre governança ambiental incluiu também, por um lado, pesquisadores institucionalistas que buscavam melhorar a gestão ambiental (Dietz et al., 2003) e, por outro lado, estudiosos mais críticos que analisam a governança ambiental como o nexo da natureza e neoliberalismo (Himley, 2008). E como podemos observar, a governança ambiental pode ser, assim, analisada a partir de diversos ângulos ou escalas, expressando a complexidade do conceito. Para abordar a questão da GAR, ressaltamos a tipologia proposta por Balsiger e VanDeveer (2010) que afirma que a maioria dos textos sobre governança ambiental regional envolve questões ambientais no âmbito da representação territorial tradicional dos Estados. Os atores governamentais seriam, pois, os principais vetores dos estudos produzidos, sendo que boa parte deles aborda áreas temáticas estreitas, como qualidade e quantidade da água, poluição do ar ou conservação da biodiversidade.

Por fim, cabe apontar que desenvolvimentos recentes sugerem mudanças nos três eixos de uma tipologia que distingue duas "regiões" típicas: regiões institucionais ou constitucionais, por um lado, e regiões setoriais ou funcionais, por outro (Balsiger e Debarbieux, 2011). A tipologia regional de governança ambiental enfatiza, assim, a diversidade de acordos regionais existentes, estando pois baseada em um espaço tridimensional (delimitado por orientação), por outro lado, facilitando análises mais refinadas e, sobretudo, abordagens comparativas.[2] Assim, após essa apresentação sumária do debate sobre GAR, suas especificidades e complexidades, apresentamos a seguir uma análise sobre três estudos de casos da mineração aurífera, respectivamente na região do Amapá-Pará (Brasil), da Guiana Francesa e do Suriname.

Figura 1: Tipologia de governança ambiental regional;
Fonte: Balsiger e VanDeveer (2010)

2 Os acordos regionais apontam cada vez mais para algum tipo de ecoterritorialidade, os atores estatais são cada vez mais complementados (às vezes até substituídos) por atores não estatais ou subestatais, e o escopo temático se expande cada vez mais além de questões puramente ambientais para abranger noções mais amplas de desenvolvimento sustentável.

Dinâmicas do garimpo do ouro no Escudo das Guianas: os casos da região Amapá-Pará (Brasil), Guiana Francesa e Suriname

Essa seção examina a questão da governança ambiental regional no setor da mineração de ouro artesanal e de pequena escala. Abordamos estudos de casos situados no Escudo das Guianas, conhecido também como Platô ou Planalto das Guinas (Silva et al., 2019), um contexto marcado por desigualdades, riscos pandêmicos e climáticos. Nesse cenário, os biomas possuem papéis centrais na mitigação e diminuição dos impactos ambientais (atuais e futuros) causados pela atividade humana (Hougthon et al., 2000). Por sua vez, a literatura aponta diversos conflitos relacionados à questão dos recursos naturais, onde, atualmente, atores estatais procuram flexibilizar o uso e exploração dos recursos minerários, abrindo novas oportunidades dos riscos e impactos ambientais na região do Escudo das Guianas (Cremers et al., 2013; De Theije, 2020).

Cabe ainda apontar que a Amazônia é aqui entendida como bioma complexo e único, abriga a maior floresta tropical do planeta, dona de uma biodiversidade sem igual, com cerca de 25% das espécies terrestres conhecidas (Dirzo e Raven, 2003). E onde, a partir de 2004, o governo brasileiro iniciou uma série de movimentações para diminuir os impactos ambientais da pressão sobre a floresta amazônica, a partir de uma série de reformas sobre a governança fundiária e florestal (West et al., 2019). Por sua vez, atividades de mineração na Amazônia (e especificamente no Escudo das Guianas) vem impactando, cada vez mais, e de forma negativa, os ecossistemas locais. De acordo com Sonter et al. (2017), cerca de 9% de toda deflorestação entre 2005 e 2015 ocorreu em função das atividades ligadas ao setor de mineração, incluindo as infraestruturas de mineração, a expansão urbana para acolher os trabalhadores e o desenvolvimento de uma cadeia de suporte para a atividade (Bebbington et al., 2008).

Amapá e norte do Pará (Brasil)

No Brasil, a região do Amapá e norte do Pará é conhecida pelas jazidas de ouro. A descoberta de jazidas de ouro no Amapá começou no final do século XIX, como explica Oliveira (2010, p. 23): "Um maior advento, no entanto, viria [...] mais tarde, precisamente em 1893, quando foi descoberta grande quantidade de ouro na região central, conhecida como Lourenço". Desde então, foram diversas fases de consolidação do processo de produção do minério, seja a partir do garimpo, seja pela mineração industrial (Paz, 2011). Trata-se mesmo de uma história marcada por oscilações na exploração dos recursos minerais no Amapá. Dois episódios marcaram o fim do ciclo de expansão do setor mineral no estado: o encerramento das atividades da ICOMI em 2003 (Drummond e Pereira, 2007) e o acidente no Porto de Santana, sob concessão da empresa Anglo/Zamin, dez anos depois (Freires, 2013).

De acordo com Oliveira (2010), encontra-se no Amapá uma grande diversidade geográfica de áreas com potencial de exploração ou já exploradas. Entre áreas de maior relevância, podemos citar os distritos mineiros de Lourenço, Vila Nova, Amapari, Jari, Porto Grande, Tartarugalzinho, Cupixi e Igarapé do Breu. Um dos aspectos importantes da análise da atividade neoextrativista é considerar a relevância da mineração em Unidades de Conservação. Para efeitos, cerca de 70% do território do Amapá está sob modalidade especial de proteção (Drummond et al., 2008). Já de acordo com o Plano de Mineração do Estado do Amapá (2019-2030), observamos que "as categorias de unidades de conservação APA (Área de Proteção Ambiental) e ARIE (Áreas de Relevante Interesse Ecológico) são as que apresentam maior permissibilidade para o desenvolvimento da mineração, estando a possibilidade de realização da atividade de mineral atrelada aos instrumentos norteadores da gestão da unidade de conservação, tais como o zoneamento e o plano de manejo" (Amapá, 2019, p. 43). O documento evidenciou que a distribuição dos processos minerários em áreas protegidas do estado do Amapá é desigual, sendo 91% do total para Unidades de Uso Sustentável (UUS), 4% em Terras Indígenas (TI) e 5% em Unidades de Proteção Integral (UPI).

A partir de uma perspectiva crítica da atividade de mineração, Chagas (2019, p. 2) enfatiza que: "a atividade é sempre citada como exemplo de perda de oportunidades de desenvolvimento, de geração de conflitos ambientais e de injustiças sociais, com referências que perpassam tanto pela mineração industrial quanto pela artesanal". Lembremos que o Decreto-

Lei n. 9858/46 transformou a região em reservas estratégicas nacionais, e que a criação da Reserva Nacional de Cobre e Associados (RENCA) foi um ponto chave nesse processo (Brasil, 1984). A RENCA possuiu uma área de 46.450 km^2 e é bloqueada aos investidores privados. No Decreto da criação da RENCA foi instituído que a Companhia de Pesquisa de Recursos Minerais (CPRM) teria a exclusividade para conduzir os trabalhos de pesquisa geológica para determinar e avaliar as ocorrências de cobre e minerais associados. A CPRM realizou trabalhos de pesquisa na área, que foram capazes de identificar a ocorrência de depósitos de algumas substâncias. Todavia, sua transformação em empresa pública em 1994 restringiu sua atuação no setor (Mathis, 2011). Além disso, em agosto de 2017, o governo Temer publicou um Decreto-lei 9.142/17 para extinguir a RENCA (Brasil, 2017). Houve uma grande repercussão na mídia nacional e internacional, porque uma parcela da sociedade considera que tal medida acarretará um grande impacto no meio ambiente, vez que incentivará a atividade mineradora na região (de Theije, 2017).

Uma das regiões de maior produção de minérios de ouro é o norte do Estado do Pará, particularmente na região do Alto Tapajós (Santos, 2002). Trata-se de um território isolado no extremo norte do Brasil, onde existe um pelotão especial de fronteira (Tiriós), e só pode ser alcançado por aeronave. De acordo com as fontes locais, nas terras indígenas de Tumucumaque, a mineração de ouro já é considerada uma ameaça para as populações tradicionais (*Isto É*, 2019). Das trinta e quatro aldeias, localizadas às margens dos rios Paru de Oeste e Marapi, vinte e três estão em um raio de até quarenta quilômetros de áreas de mineração ilegal (EJATLAS, 2017). A situação é considerada como complexa do ponto de visto da governança local, pois os garimpeiros circulam no território brasileiro para caçar, segundo os povos indígenas locais. E uma das questões centrais nesse processo é como se dá esse relacionamento entre atores não estatais (populações tradicionais e garimpeiros). Por outro lado, atores estatais do governo federal procuram desenvolver operações relâmpagos para tentar coibir a exploração dos recursos auríferos nessa parte da região Amapá-Pará, sem aparentemente muito sucesso até o presente momento.

Guiana Francesa

A Coletividade Territorial da Guiana Francesa é composta em 90% do seu território por cobertura de floresta tropical. Esse bioma inclui áreas selvagens tropicais cobrindo da alta Amazônia até o Escudo das Guianas. Na Guiana Francesa, assim como nos países vizinhos, o aumento da pressão antrópica tem origem principalmente na mineração de ouro. Apesar de questões específicas relacionadas à sua localização na América do Sul e em seus países limítrofes (como por exemplo, a imigração ilegal e o garimpo de ouro), a Guiana Francesa, como um território ultramarino francês, está sob o guarda-chuva regulamentar da França e da União Europeia. Na Guiana Francesa, o Escritório Nacional das Florestas (*Office National des Forêts*, em francês) avaliou que 1.333 quilômetros de rios foram diretamente afetados pela mineração de ouro, assim como 12 mil hectares de floresta (Mansillon et al., 2009). As áreas mineralizadas de ouro da Guiana Francesa estão atualmente em grande parte pouco exploradas e ainda não foram tomadas decisões sobre as potenciais estratégias de desenvolvimento futuro para seu setor de mineração. A atividade de garimpo em pequena escala na Guiana Francesa tomou nas últimas décadas uma grande proporção.

Autorizado no Suriname, proibido do outro lado, o mercúrio é utilizado por garimpeiros ilegais do Parque Amazônico da Guiana (PAG), poluindo cursos de água e se acumulando ao longo da cadeia alimentar na forma de mercúrio. Em setembro de 2019, durante um voo de quatro dias sobre o PAG, foram registrados 145 canteiros de obras ilegais (WWF, 2019), o terceiro maior número em doze anos de contagem. Nesse cenário, a proximidade de alguns países, como Brasil e Suriname, não favorece o aprimoramento das práticas atuais de mineração de ouro, uma vez que este último, por meio de seu controle sobre os indígenas, facilita a entrada de garimpeiros na floresta. A cooperação regional também apresenta lacunas significativas, o que contribui para a sustentabilidade da degradação (Granger, 2016).

O garimpo ilegal ainda possuiu vertentes geopolíticas bastante claras, uma vez que a atividade clandestina é considerada pelas autoridades guianenses um verdadeiro problema ambiental: a floresta guianense é um imenso território com fronteiras particularmente permeáveis, o que dificulta o controle territorial (Silva et al., 2019). E seria, pois, importante apontar que o direito aplicado na Guiana Francesa é o direito aplicado na metrópole, embora a atividade de garimpo nessa parte da floresta amazônica seja distinta de qualquer outro tipo de atividade econômica na França. Além disso, do ponto de vista legislativo, o código de mineração é rígido e protege a implementação de atividades de mineração em larga escala (Scammacca et al., 2020). Já do ponto de vista da governança ambiental regional, as assimetrias entre a metrópole e a Guiana Francesa são significativas. Entre outros exemplos, as assembleias locais não participam diretamente dos processos políticos, sendo geralmente consultadas marginalmente para avaliar os impactos socioambientais, como no caso do projeto da *Montagne d'Or* (CNDP, 2018).

No caso específico da Guiana Francesa, as licenças de lavra são administradas a partir de dois instrumentos complementares: o Código de Mineração, que estabelece o tamanho e a duração da licença de lavra em função da fase de lavra, e o Plano Departamental de Mineração, que estabelece onde a mineração pode e não pode tomar lugar. Além disso, e conforme indicado, várias disposições europeias aplicam-se na Guiana Francesa. Pelo menos 10 mil mineiros ilegais, a maioria deles vinda do Brasil, operam fora de tais estruturas em 500 a 900 locais de minas no país (Moullet et al., 2006). As minorias étnicas e indígenas, diferente do Brasil, por exemplo, não são reconhecidas constitucionalmente nesse território (artigo primeiro da Constituição da República Francesa). E o processo de formalização da atividade de mineração é demorado e complexo, devendo respeitar questões constitucionais, além da proibição do uso do mercúrio, embora esteja presente em diversas áreas de acordo com levantamentos recentes (Scammacca et al., 2020).

Além da alta da onça de ouro, o arcabouço legal e burocrático das regulações da atividade de mineração na Guiana Francesa favorece a proliferação de garimpos ilegais. Para controlar esse fenômeno, em 2008 foi lançada pelo governo francês a Operação Harpia. O objetivo era fragilizar as redes de apoio (material e financeiro) dos garimpos e destruir quando possível os equipamentos apreendidos (Fagard, 2013). Apesar da intervenção militar significativa, no entanto, a mineração ilegal ainda persiste na Guiana Francesa. Esse setor informal produz dez vezes mais ouro do que as minas legais. Sendo assim, a produção total de operações ilegais na última década é estimada em cerca de 10 toneladas de ouro por ano, em comparação com 1 a 2 toneladas de operações legais (WWF, 2018).

Suriname

O Suriname é situado entre a Guiana e a Guiana Francesa. A extração de ouro é uma atividade amplamente difundida no Suriname e seu governo incentiva a atividade de mineração de larga escala e tolera o garimpo em razão dos tributos importantes e da produção de renda para os trabalhadores do setor (de Theije, 2008). Estimativas apontam para cerca de quatro mil campos de mineração no país, um pouco maior que o estado do Ceará (Hoogbergen e Kruijt, 2004). A relação de trabalho com a população brasileira reforçou a imigração ilegal entre os dois países.

No que concerne à governança local, o direito costumeiro ainda encontra-se predominante, e foi questionado somente nos últimos anos. Um aspecto importante da dinâmica de mineração no Suriname concerne a situação dos Maroons. Entre 1986 e 1992, importantes revoltas políticas aconteceram e, com efeito, essa população ficou marginalizada e encontrou com a atividade de mineração uma saída econômica (de Theije e Heemskerk, 2009). Cerca de vinte por cento da população surinamesa é Maroons e no interior, essa proporção é ainda mais significativa. Tais grupos estabeleceram arranjos informais sobre a fronteira e o uso de recursos naturais no seu território (De Theije et al., 2014). No caso da atividade de mineração do ouro, é uma politica usual que o dono da operação pague um tributo para as autoridades do grupo, no vilarejo. O combinado estabelecido é geralmente uma porcentagem sobre os ganhos. Essa regra também é aplicada para os *outsiders*, como os brasileiros que trabalham no garimpo. Para eles, ficou acordado o pagamento de uma taxa de 10% para os chefes de tribos. A extração de ouro é uma atividade amplamente difundida no Suriname. As estimativas apontam para cerca de quatro mil campos de mineração no país, também um pouco maior que o estado do Ceará (Hoogbergen e Kruijt, 2004).

Historicamente, os garimpos localizam-se na região leste, perto da fronteira com a Guiana Francesa. Como ressaltado por de Theije (2008, p. 71), "os brasileiros começaram a vir para o Suriname no início dos anos noventa, mas o pico da migração ocorreu no ano de 1997. As primeiras áreas de garimpo eram relativamente próximas de Paramaribo e durante essa época os brasileiros também trabalhavam em balsas nos rios". Há duas razões para isso. A primeira é que existe o Greenstone Belt, uma formação geológica particularmente favorável à formação de ouro. Em segundo lugar, esta parte do país é mais fácil de acessar porque tem estradas. A parte sul, que faz fronteira com o Brasil, só é acessível de avião pela pista que aparece na imagem aérea capturada pelos indígenas – e que foi inaugurada pelo governo do Suriname na década de 1960. A operação de mineração em funcionamento é ilegal, pois está dentro da Reserva Natural de Sipaliwini. A mesma ficou inativa por cerca de quarenta anos (de Theije, 2017). Novamente, por trás da reativação da mineração de ouro está a alta do preço do metal, o que torna os centros de logística lucrativos novamente. Mas os impactos da produção aurífera na floresta são importantes. O projeto REDD+ evidenciou tendências fortes, reportando uma quase duplicação (97% de aumento) da deflorestação 2008-2014 e atribuindo um total de 53.668 hectares de deflorestação à para extração de ouro em 2014 (May et al., 2016).

Assim, como podemos observar a partir desses três casos, a governança da mineração de pequena escala ou garimpo no Escudo das Guianas é marcada pelas assimetrias. Um divisor de água foi a redação da Constituição Federal de 1988, que facilitou a criação da autorização de garimpar com o aval da DNPM. Apesar desse avanço e de acordo com os dados de Sousa et al. (2011), das quase trinta mil autorizações delivradas até 2008, apenas 106 foram aprovadas pelo Departamento Nacional de Pesquisa e Mineração. Outro marco importante foi a adoção no mesmo ano do Estatuto do Garimpeiro, com o Decreto 11.685 de 2 de junho de 2008 abrindo a definição do papel de garimpeiro (Brasil, 2008). Procurou-se combater o garimpo por meio de ações policiais (na Guiana Francesa), mas a circulação de pessoas ligadas à atividade no seu território continue sendo tolerada.

As questões do controle territorial e de sua fiscalização são relativizadas quando levamos em conta a escala da floresta no território. Longe de um vazio, trata-se de um espaço estruturado em que redes organizadas (inclusive com telecomunicações por satélites, oferecendo serviços de Internet) procuram contornar os bloqueios e as operações militares (Le Tourneau, 2020). Por outro lado, no Suriname e no Brasil, o garimpo faz parte de um ecossistema do Escudo das Guianas, com sua gramática que procura integrar-se nos estratos legais. Com a eleição de Jair Bolsonaro em 2018, a exploração da Amazônia se valeu do descaso com a proteção ambiental e com o arcabouço legal e institucional existente (Diele-Viegas et al., 2020). No caso do Suriname, a atividade de mineração representa uma parte significativa do PIB nacional e é amplamente tolerada pelas autoridades. Partindo desse princípio, procuramos na última seção do capítulo apresentar alguns desafios enfrentados pelas partes interessadas sobre a questão da governança ambiental regional da atividade de garimpo no Escudo das Guianas.

Governança ambiental regional no Escudo das Guianas: entre políticas ambientais e arranjos institucionais

Analisar o problema de governança do setor da mineração requer um panorama relativamente amplo das características sociais, econômicas, ambientais e políticas da atividade de mineração aurífera de pequena escala (também conhecida como garimpagem). Uma das características dessa atividade é seu alto grau de volatilidade, tanto na questão da precificação do ouro no mercado internacional como também nas políticas ambientais e na pressão dos Estados nacionais sobre a atividade do garimpo (Alvarez-Barríos e Aide, 2015).

A literatura disponível enfatiza os problemas ligados à atividade, desde problemas de saúde (Douine et al., 2017) para trabalhadores informais até os impactos causados pela degradação ambiental (Diele-Viegas et al., 2020). Logo, fica difícil, para não dizer impossível, avaliar de forma precisa o número de trabalhadores do garimpo na região do Escudo das Guianas. A Amazônia representa uma área estratégica para o setor da mineração, e mais especificamente para o ouro. Nossa análise foi marcada por uma amplitude escalar, partindo de uma produção local, nos confins amazônicos, para ser distribuídas nos mercados globais, como Amsterdã, por exemplo. A atividade de mineração aurífera é muito lucrativa, particularmente quando a *commodity* é considerada valor refúgio pelos mercados internacionais. Essa situação ficou mais evidente a partir da crise dos *subprimes* nos Estados Unidos, que se alastrou no globo e fez o seu valor quase triplicar em cinco anos (2008-2013). Cerca de 500 mil pessoas relacionavam sua atividade laboral com o setor da mineração. Em função da valorização do preço da onça de ouro (Dhenin e Fernandes, 2020), o estudo da mineração aurífera torna-se relevante, sobretudo em função dos volumes produzidos, principalmente na região amazônica. Podemos citar países como o Peru, a Colômbia, o Brasil e o Suriname estão entre os vinte e cinco maiores produtores em valores absolutos no mundo (Kolen et al., 2013).

Pelas suas características intrínsecas, o ouro é utilizado na produção de mercadorias com alto valor agregado (telefones celulares, computadores e televisores), estimulando, portanto, a nível global, a demanda internacional para uma maior produção de metal. Logo, zonas de garimpo de difícil acesso e/ou com baixa rentabilidade se tornam interessante e são cobiçadas por esse motivo (Spiegel e Veiga, 2005). Mas, apesar de uma situação relativamente favorável, a atividade de mineração aurífera é marcada por um paradoxo, na medida em que as áreas de exploração de fácil acesso já começam a ter menos ouro disponível. A produção de ouro é uma atividade antiga e os recursos são, por definição, raros e finitos. Por outro lado, a governança ambiental dos Estados produtores começou no século XX a dificultar a abertura de novas zonas de garimpo e/ou aquisição de autorização para minerar. Essa situação pode levar a conflitos por recursos, particularmente no caso do Escudo das Guianas. A atividade de mineração de pequena escala é considerada muitas vezes como ilegal e apresenta-se como informal.

De fato, as leis nacionais não correspondem às necessidades dos garimpeiros ou não há como implementá-las. Portanto, além dos impactos socioambientais e dos conflitos ligados aos recursos, existe um alto nível de insegurança jurídica, o que prejudica os trabalhadores do garimpo. Sendo assim, quando se aborda a questão da governança ambiental, uma das questões mais delicada diz respeito à ausência de um referencial legal (quadro) da atividade de mineração aurífera e/ou de sua aplicação. Portanto, observamos que a ênfase é dada à necessidade (de acordo com de Theije et al., 2014) de se aproximar perante os sistemas legais vigentes dos países amazônicos, particularmente aqueles situados no Escudo das Guianas.

Considerações finais

A guisa de conclusão fica evidente que os desafios da governança do garimpo no Escudo das Guianas são múltiplos. O modelo apresentado por Balsiger e Vandeveer (2010) pode ajudar a entender a multiplicidade de atores nesse contexto específico. A atividade de garimpo representa um ecossistema complexo, com trabalhadores informais que convivem nos ambientes formais e institucionalizados. No mesmo sentido, o presente capítulo apontou como diversos atores circulam nas margens dos rios e das leis, atravessam territórios com dinâmicas culturais distintas, sem reconhecer as fronteiras como limites formais. Logo, os impactos da atividade de mineração de pequena escala dependem essencialmente da demanda internacional pelo ouro.

Por um lado, atores procuram combater o garimpo por meio de ações policiais (na Guiana Francesa), apesar de tolerar a circulação de pessoas ligadas à atividade no seu território. Longe de um vazio, trata-se de um espaço estruturado em que redes organizadas, procuram contornar os bloqueios e as operações militares (Le Tourneau, 2020). Para os garimpeiros, a mineração é vista como uma atividade econômica como qualquer outra, ao mesmo tempo lucrativa e necessária. Para as autoridades da Guiana Francesa, os garimpos representam uma ameaça para as áreas protegidas por lei. As abordagens distintas entre o Suriname e a Guiana Francesa evidenciam as dificuldades em estabelecer protocolos diplomáticos entre vizinhos para lutar contra o fenômeno. Por outro lado, no Suriname e no Brasil, o garimpo faz parte de um ecossistema do Escudo das Guianas, com sua gramática que procura integrar-se nos estratos legais.

Com a eleição de Jair Bolsonaro em 2018, a exploração da Amazônia se valeu do descaso com a proteção ambiental e com o arcabouço legal e institucional (Diele-Viegas et al., 2020). Procurou-se incentivar a prática do garimpo, facilitando mesmo sua disseminação em áreas indígenas. No caso do Suriname, a atividade de mineração representa uma parte significativa do PIB nacional e é tolerada pelas autoridades. Porém, enquanto as administrações centrais procuram adequar suas legislações, novas áreas de garimpo são prospectadas e outras, antigas e menos rentáveis, são abandonadas. A noção de temporalidade é pois central para se entender as dinâmicas do garimpo na Amazônia e no Escudo das Guianas, assim como para que se possa mesmo compreender como se dá, ou poderia se dar, uma melhor governança regional ambiental em temas tão complexos, em ambientes naturais e humanos tão frágeis.

Referências bibliográficas

Alvarez-Berríos, N.L. e Aide, T.M. 2015. Global Demand for Gold is Another Threat for Tropical Forests. *Environmental Research Letters*, 1(10), 014006.

Amapá. 2019. *Plano de Mineração do Estado do Amapá 2019-2030*. Agência de Desenvolvimento Econômico do Amapá: Macapá.

Armitage, D., De Löe, R. e Plummer, R. 2012. *Environmental Governance and its Implications for Conservation Practice*. Conservation Letters, 4(5), p. 245-255.

Balsinger, J. e Vandeveer, S.D. 2010. Regional Governance and Environmental Problems. In: *International Studies Encyclopedia, v. IX*, Denemark, R.A. (ed.). Wiley-Blackwell: Chichester, p. 6179-6200.

Balsiger, J. e Debarbieux, B. 2011. Major Challenges in Regional Environmental Governance Research and Practice. *Procedia Social and Behavioral Science*, 14, p. 1-8.

Baud, M., Castro, F. e Hogenboom, B. 2011. Environmental Governance in Latin America: Towards an Integrative Research Agenda. *European Review of Latin American and Caribbean Studies*, 9, p. 79-88.

Bebbington, A., Hinojosa, L., Bebbington, D., Burneo, M.L. e Warnaars, X. 2008. Contention and Ambiguity: Mining and the Possibilities of Development. *Development and Change*, 6(39), p. 887-914.

Biermann, F., Betsill, M., Gupta, J., Kanie, N., Lebel, L., Liverman, D., Shroeder, H. e Siebenhuener, B. (eds.). 2009. *Earth System Governance: People, Places and the Planet. Science and Implementation Plan of the Earth System Governance Project.* ESG Report No. 1. The Earth System Governance Project: Bonn.

Brasil. 1984. *Decreto-Lei n. 89.404/84.* Constitui Reserva Nacional de Cobre e seus Associados a Área que Menciona, no Estado do Pará e no Território Federal do Amapá, e Dá Outras Providências. Senado Federal: Brasília.

Brasil. 1988. *Constituição Federal de 1988.* Senado Federal: Brasília.

Brasil. 2008. *Lei n. 11.685.* Institui o Estatuto do Garimpeiro e Dá Outras Providências. Senado Federal: Brasília.

Brasil. 2017. *Decreto-Lei n. 9142/17.* Extingue a Reserva Nacional de Cobre e seus Associados, Constituída pelo Decreto n. 89.404, de 21 de fevereiro de 1981, Localizada nos Estados do Pará e do Amapá. Senado Federal: Brasília.

Chagas, M.A.A. 2010. *Conflitos, Gestão Ambiental e o Discurso do Desenvolvimento Sustentável na Mineração no Estado do Amapá.* Tese de Doutorado, Universidade Federal do Pará: Belém.

CNDP (Commission Nationale du Débat Public). 2018. *Débat public Montagne d'Or en Guyane.* 7 set 2018.

Cremers, L. e De Theije, M. 2013. Small-scale Gold Mining in the Amazon. In: *Small-scale Gold Mining in the Amazon. The cases of Bolivia, Brazil, Columbia, Peru and Suriname*, Cremers, L., Kolen, J. e De Theije, M. (eds.). CEDLA: Amsterdam, p. 1-16.

De Löe, R. e Kreutzwiser, R.D. 2006. Challenging the "Status quo": The Evolution of Water Governance in Canada. In: *Eau Canada: The Future of Canadian Water Governance*, Bakker, K. (ed.). University of British Columbia Press: Vancouver, p. 85-103.

De Theije, M. 2008. Ouro e Deus: Sobre a Relação entre Prosperidade, Moralidade e Religião nos Campos de Ouro do Suriname. *Religião e Sociedade*, 1(28), p. 69-83._

De Theije, M. 2017. Small-scale Gold Mining in the Guianas: Mobility and Policy Across National Borders". In: *Post-colonial Trajectories in the Caribbean: The Three Guianas*, Hoefte, R., Bishop, M.L. e Clegg, P. (eds.). Routledge: Londres, p. 92-106.

De Theije, M. 2020. Brazil: Forever informal. In: *Global Gold Production Touching Ground*, Verbrugge, B. e Geenen, S. (eds.). Palgrave MacMillan: Cham, p. 117-134.

De Theije, M. e Heemskerk, M. 2009. Moving Frontiers in the Amazon: Brazilian Small Scale Gold Miners in Suriname. *European Review of Latin American and Caribbean Studies Journal*, 87, p. 5-25.

De Theije, M., Kolen, J., Heemskerk, M., Duijves, C., Sarmiento, M., Urán, A., Lozada, I., Ayala, H., Perea, J. e Mathis, A. 2014. Engaging Legal Systems in Small-scale Gold Mining Conflicts in Three South American Countries. In: *Conflict over Natural Resources in the Global South – Conceptual Approaches*, Bavinck, M., Mostert, E. e Pellegrini, L. (eds.). CRC Press (Taylor and Francis): Londres, p. 129-146.

Dhenin, M.P.P. e Fernandes, R.M.S. 2020. Análise da Atividade Neoextrativista da Mineração de Ouro no Estado do Amapá (2000-2020). *III Seminário Internacional América Latina*, Belém.

Diele-Viegas, L.M., De Area Leão Pereira, E.J. e Duarte Rocha, C.F. 2020. The New Brazilian Gold Rush: Is Amazonia at Risk? *Forest Policy and Economics*, p. 119, e102270.

Dietz, T., Ostrom, E. e Stern, P.C. 2003. The Struggle to Govern the Commons. *Science*, 5652, vol. 302, p. 1907-1912.

Dirzo, R. e Raven, P.H. 2003. Global State of Biodiversity and Loss. *Annual Review of Environment and Resources*, 1(28), p. 137-167.

Douine, M., Mosnier, E., Le Hingrat, Q., Charpentier, C., Corlin, F., Hureau, L., Adenis, A., Lazrek, Y., Niemetsky, F., Aucouturier, A-L., Demar, M., Musset, L. e Nacher, M. 2017. Illegal Gold Miners in

French Guiana: A Neglected Population with Poor Health. *BMC Public Health*, 1(18), p. 1-10.

Drummond, J.A. e Pereira, M.A.P. 2007. *O Amapá nos Tempos do Manganês: Um Estudo Sobre o Desenvolvimento de um Estado Amazônico (1943-2000)*. Garamond, Rio de Janeiro.

Drummond, J.A., Dias, T.C.A.C. e Brito, D.M.C. 2008. *Atlas das Unidades de Conservação do Estado do Amapá*. MMA/Ibama e GEA/SEMA: Macapá.

EJATLAS (Environmental Justice Atlas). 2017. *Mining in Indigenous Territories and the RENCA Amazon Reserve, Amapá-Pará, Brazil*. Disponível em https://ejatlas.org/conflict/commerical-mining-protected-areas-of-renca-para-amapa-brazil. Acesso em 15 fev. 2021.

Fagard, J. 2013. Guyane, l'Or de Tous les Conflits. Ministère de la Défense: Paris.

Freires, A. 2013. *Desabamento de um Porto Particular Deixa Seis Desaparecidos no Amapá*. Portal G1, 28 de março de 2013. Disponível em: http://g1.globo.com/jornal-hoje/noticia/2013/03/desabamento-de-um-porto-particular-deixa-seis-desaparecidos-no-amapa.html. Acesso em 05 fev. 2021.

Graham, J., Amos, B. e Plumtree, T. 2003. *Governance Principles for Protected Areas in the 21st Century*. Institute on Governance: Ottawa.

Granger, S. 2016. Geopolítica no Platô das Guianas: Rivalidades e Cooperação Regional. *Revista de Geopolítica*, 1(7), p. 68-94.

Himley, M. 2008. Geographies of Environmental Governance: The Nexus of Nature and Neoliberalism. *Geography Compass*, 2(2), 433-451.

Hoogbergen, W. e Kruijt, D. 2004. Gold, Garimpeiros and Marrons: Brazilian Migrants and Ethnic Relationships in Post-war Suriname. *Caribbean Studies*, 2(32), p. 3-44.

Houghton, R.A., Skole, D.L., Nobre, C.A., Hackler, J.L., Lawrence, K.T. e Chomentowski, W.H. 2000. Annual Fluxes of Carbon from Deforestation and Regrowth in the Brazilian Amazon. *Nature*, 6767, vol. 403, p. 301-304.

Isto É. *Mineração Pode Atingir 1/3 das Áreas Indígenas*. 05 de agosto de 2019.

Kolen, J., De Theije, M. e Mathis, A. 2013. Formalized Small-scale Gold Mining in the Brazilian Amazon: An Activity Surrounded by Informality. In: *Small-scale Gold Mining in the Amazon. The Cases of Bolivia, Brazil, Columbia, Peru and Suriname*, Cremers, L., Kolen, J. e De Theije, M. (eds.). CEDLA: Amsterdam, p. 31-45.

Lemos, M.C. e Agrawal, A. 2006. Environmental Governance. *Annual Reviews in Environmental Resources*, 31, p. 297-325.

Le Tourneau, F-M. 2020. *Chercheurs d'Or, l'Orpaillage Clandestin en Guyane Française.* CNRS Editions: Paris.

Lockwood, M., Davidson, J., Curtis, A., Stratford, E. e Griffith, R. 2010. Governance Principles for Natural Resource Management. *Society and Natural Resources*, 10(23), p. 986-1001.

Ludwig, D. 2001. The Era of Management is Over. *Ecosystems*, 4(8), p. 758-776.

Mansillon, Y., Allain, Y-M., Chalvron, J-G. e Hirtzman, P. 2019._*Proposition du Schéma d'Orientation Minière de la Guyane*. 17 de abril de 2019.

Mathis, A. 2011. *Artisanal and Small-scale Gold Mining in the North of Brazil.* WWF: Gland.

May, P.H., Gebara, M.F., Barcelos, L.M.; Rizek, M.B. e Millikan, B. 2016. O Contexto de REDD+ no Brasil: Determinantes, Atores e Instituições. *Occasional Paper*, 156. CIFOR: Bogor.

Moullet, D., Saffache, P. e Transler, A-L. 2006. L'Orpaillage en Guyane Française: Synthèse des Connaissances . Études caribéennes, La Pointe à Pitre, 4, jul. 2006.

Oliveira, M.J. 2010. *Diagnóstico do Setor Mineral do Estado do Amapá.* IPEA: Macapá.

Oström, E. 1990. *Governing the Commons. The Evolution of Institutions for Collective Action.* Cambridge University Press: Cambridge.

Paavola, J. 2007. *Institutions and Environmental Governance*: A Reconceptualization. Ecological Economics, 1(63), p. 93-103.

Paz, A.J.F. 2011. *Os Mineiros da Floresta: Sociedade e Trabalho em uma Fronteira de Mineração Industrial Amazônica (1943-1964)*. Dissertação de Mestrado. Unicamp: Campinas.

Rhodes, R.A.W. 1996. The New Governance: Governing without Government. *Political Studies*, 64, p. 652-667.

Santos, B.A. 2002. Recursos Minerais da Amazônia. *Estudos Avançados*, 45(16), p. 123-152.

Scammacca, O., Gunzburguer, Y. e Mehdizadeh, R. 2021. Gold Mining in French Guiana: A Multi-criteria Classification of Mining Projects for Risk Assessment at the Territorial Scale. *The Extractive Industries and Society*, 1(8), p. 32-43.

Silva, G.V., Granger, S. e Le Tourneau, F-M. 2019. Desafios à Circulação na Fronteira entre Brasil e Guiana Francesa (França). *Mercator*, 18, e.18018.

Smith, N.M., Smith, J.M., John, Z.Q. e Teschner, B.A. 2017. Promises and Perceptions in the Guianas: The Making of an Artisanal and Small--scale Mining Reserve. *Resources Policy*, 57, p. 49-56.

Sousa, R., Veiga, M., Van Zyl, D., Telmer, K., Spiegel, S. e Selder, J. 2011. Policies and Regulations for Brazil's Artisanal Gold Mining Sector: Analysis and Recommendations. *Journal of Cleaner Production*, 6-7, p. 742-750.

Sonter, L.J., Herrera, D., Barrett, D.J., Galford, G.L., Moran, C.J. e Soares-Filho, B.S. 2017. Mining Drives Extensive Deforestation in the Brazilian Amazon. *Nature Communications*, 1013, vol. 8. Disponível em: https://doi.org/10.1038/s41467-017-00557-w. Acesso em 05 fev. 2021.

Spiegel, S.J. e Veiga, M.M. 2005. Building Capacity in Small-Scale Mining Communities: Health, Ecosystem Sustainability, and the Global Mercury Project. *EcoHealth*, 4(2), p. 361-369.

West, T.A.P.; Börner, J. e Fearnside, P.M. 2019. Climatic Benefits from the 2006-2017 Avoided Deforestation in Amazonian Brazil. *Frontiers in Forests and Global Change*, 52(2).

WWF. 2018. *Lutte Contre l'Orpaillage illégal en Guyane: Orientations Pour une Efficacité Renforcée.* 10 de junho de 2018. Disponível em: http://www.wwf.fr/sites/default/fies/doc201806/180613_Rapport_Lutte_orpaillage_illegal_Guyane.pdf Acesso em 15 fev. 2021.

WWF. 2021. *Chiffres Records de l'Orpaillage Illégal en Guyane: Le WWF France Appelle à une Coopération Transfrontalière Effective.* 25 de novembro de 2019. Disponível em: http://www.wwf.fr/vous-informer/actualites/chiffres-records-de-lorpaillage-illegal-en-guyane-le-wwf-france-appelle-a-une-cooperation Acesso em 15 fev. 2021.

RESERVAS AMBIENTAIS E EXTRATIVISMO MINERAL E MADEIREIRO NA AMAZÔNIA: DISCIPLINANDO O ACESSO E O CONTROLE SOBRE ESPAÇOS, RECURSOS E RELAÇÕES SOCIAIS

Edviges M. Ioris

A emergência das reservas ambientais e dos deslocamentos forçados

O primeiro grande movimento de criação de reservas para conservação ambiental no Brasil, denominadas de Unidades de Conservação (UCs), ocorreu entre meados das décadas de 1970 e 1980, promovido pelas políticas desenvolvimentistas dos governos militares do regime ditatorial então vigente. Foram então criadas sessenta e nove reservas em nível federal, que se somaram a quatorze outras já existentes. Em sua maioria, tais reservas se localizavam na Amazônia, incluindo diversas categorias de UCs, tais como: Parque Nacional, Reserva Biológica, Estação Ecológica, Floresta Nacional, Área de Proteção Ambiental. Exceto pela categoria de Parques Nacionais, as demais categorias de reservas ambientais tinham sido instituídas pelo Código Florestal de 1965, que substituiu o de 1934. Nesse último, a categoria de "parques nacionais" era contemplada, porém, com diferente concepção e definição; assim como as "estações florestais" e as "florestas de rendimento", do então Instituto Nacional do Pinho (INP), que foram substituídas pelas "florestas nacionais" no código de 1965.

Concomitante a esse processo de criação de reservas de proteção ambiental, também foi formulado o Sistema Nacional de Unidades de Conservação (SNUC), em dois momentos diferentes (em 1976 e em 1982), a fim de estabelecer as diretrizes, conceituações e procedimentos oficiais para a criação, implantação e gestão das unidades de conservação (UCs) no país. Em sua primeira versão, as UCs foram classificadas em duas grandes categorias: as consideradas de "uso direto", nas quais eram permitidas atividades econômicas restritivas que promovessem um manejo sustentado dos recursos naturais, no caso das Florestas Nacionais (Flonas); e as denominadas como de "uso indireto", destinadas à proteção integral, nas quais era vedada qualquer atividade sobre os recursos naturais, como os Parques Nacionais (Parnas) ou as Reservas Biológicas (Rebios). Em nenhuma das duas categorias de reservas ambientais era permitida a permanência de qualquer morador permanente no interior de seus limites, sendo condição para sua implementação e regularização e a desapropriação de eventuais posses que existissem previamente à criação das reservas (Ibama/Funatura, 1989).

Assim, foi dentro do contexto da expansão das fronteiras econômicas da Amazônia dos anos 1970, de mudanças e inovações na legislação e na estrutura institucional voltadas à gestão de recursos e proteção ambiental do país e de formulação de novas categorias de UCs que as duas primeiras reservas ambientais na Amazônia foram criadas, em 1974: o Parque Nacional da Amazônia (Parna Amazônia) e a Floresta Nacional do Tapajós (Flona Tapajós), respectivamente, no médio e baixo do rio Tapajós, no oeste do estado do Pará. A criação de reservas de proteção ambiental na Amazônia brasileira era uma demanda antiga do campo ambientalista, para que se somasse aos esforços dos demais países amazônicos, que já ostentavam a existência de reservas como parte de suas políticas de conservação ambiental. Até então, apenas nas extensões da Amazônia pertencentes ao Brasil e Suriname se faziam ausentes as reservas de proteção ambiental, como parte das políticas e práticas de Estado para a conservação da natureza. Considerando a sua amplitude e magnitude em território brasileiro, abrigando a calha central do rio Amazonas, era uma ausência considerável e impactante (Foresta, 1991).

O impulso para a criação e implantação dessas reservas na Amazônia, especialmente as de proteção integral, tem sido destacado por diversos autores, que apontaram para a grande mudança de postura do Brasil em termos de conservação ambiental. Esta foi eufemisticamente considerada como a "década de progresso para os parques nacionais da América do Sul" (Barretto, 1997; Foresta, 1991; Guimarães, 1991; Wettemberg et al., 1985). Entretanto, Barretto (1997) também chama a atenção para a justaposição entre esse período em que mais foram criadas unidades de conservação no Brasil e a denominada "década de destruição" da floresta Amazônica, quando se registraram, pela primeira vez, índices alarmantes de desmatamentos e incêndios florestais na região, que indicavam potenciais riscos, como nunca vistos, de esgotamento desse bioma. De fato, "foi no âmbito das mesmas políticas de desenvolvimento e integração nacional para a região (as mesmas que têm sido historicamente responsabilizadas pelos desmatamentos na região) que foram geradas e implementadas as primeiras e mais importantes unidades de conservação da Amazônia" (p. 4). No mesmo sentido, sabemos que as reservas ambientais avançaram sobre os territórios de uma infinidade de comunidades de povos amazônicos, especialmente aquelas organizadas sobre territorialidades que ostentavam modos tradicionais de uso da terra e das florestas, como comunidades quilombolas, ribeirinhas e, em especial, territórios indígenas (Acevedo e Castro, 1998; Diegues, 1994; Ioris, 2014; Leroy, 1991; Moreira et al., 1996).

Apesar das sobreposições de limites das reservas de proteção ambiental aos dos territórios de um número significativo de comunidades tradicionais amazônicas, e as implicações para o seu deslocamento forçado, tais grupos humanos não tiveram nenhuma participação na eleição e definição dessas reservas, somente sendo informados da sua criação e existência quando os procedimentos para a desapropriação já estavam em curso. A Flona Tapajós, criada em 1974 no município de Santarém, e a Rebio do rio Trombetas, criada em 1979 no município de Oriximiná, ambas no oeste do estado do Pará, são exemplos desse tipo de procedimento quando, após ocuparem livremente os territórios por várias gerações, seus habitantes foram excluídos de seu interior. Também passaram a ser proibidas e criminalizadas as atividades que tradicionalmente eram desenvolvidas para obtenção de sustento, como as roças, a caça ou a pesca. A extensão dos conflitos decorrentes das sobreposições dos limites das UCs sobre territórios de povos tradicionais na Amazônia logo se evidenciou tão crítica, que motivou a realização do Seminário Internacional sobre Presença Humana em Unidades de Conservação, em Brasília em 1996, o qual reuniu representantes das organizações ambientalistas não governamentais, de pesquisadores sobre a Amazônia e representantes dos órgãos governamentais responsáveis pelas reservas ambientais. Na introdução dos anais do seminário os autores igualmente destacam que, no Brasil, as UCs "foram criadas por decreto, e não houve nenhuma tentativa de envolver a sociedade civil, e muito menos as populações locais, nos debates sobre a conveniência ou não de sua criação" (Moreira et al., 1996, p. 12).

Embora a Flona Tapajós e a Rebio do rio Trombetas fizessem parte de diferentes categorias de reservas, a Flona (de "uso direto", visando manejo florestal madeireiro) e a Rebio (de "uso indireto", visando proteção integral, sem nenhuma interferência humana no interior de seus limites), a implementação dessas reservas na Amazônia, na década de 1970, apresenta paralelos em relação aos deslocamentos forçados das comunidades locais que ambas impunham. Esse fato nos permite compreender melhor o impulso para a sua emergência, precisamente no contexto das políticas governamentais que promoveram o primeiro grande desmatamento e devastação da floresta, e que até aquele momento haviam se oposto a qualquer comprometimento com a proteção ambiental. De fato, não obstante presentes os propósitos de conservação, as reservas ambientais que estavam sendo criadas na Amazônia cumpriam um papel central na disciplinarização dos espaços e das relações sociais, imperiosa para assegurar as novas condições exigidas para a implantação e consolidação dos empreendimentos econômicos que estavam se instalando na região.

Reservas ambientais sobre territórios de ocupação tradicional

A Flona Tapajós

A Floresta Nacional do Tapajós foi criada em 19 de fevereiro de 1979. Até então, a Amazônia brasileira desconhecia qualquer área delimitada sob o domínio estatal para fins de proteção ambiental. No Sul e Sudeste já existiam as estações florestais do Instituto Nacional do Pinho, criadas a partir da década de 1940, e que desenvolviam a silvicultura. Na Amazônia, apesar do potencial madeireiro, a sua exploração, como destacavam os engenheiros florestais da FAO já na década de 1950, era esporádica, baseada em algumas poucas espécies, majoritariamente em áreas de várzeas, que eram derrubadas manualmente, sem rentabilidade, devido, principalmente, às longas distâncias e aos precários meios de transporte. Com essas características, não poderia, portanto, ser considerada uma "verdadeira exploração florestal da forma como esta é em geral concebida. A extração de madeira é só um apêndice da economia rural" (Gachot, 1952, p. 245).

Visando "transformar a exploração de madeira numa atividade planejada, institucionalizada e permanente", conforme foi explicitado no II PDAM (SUDAM, 1974, p. 24), a Flona Tapajós foi criada com uma área aproximada de 600 mil hectares, cujos limites se encontram: ao oeste, com o rio Tapajós; ao leste, com o traçado da rodovia Santarém-Cuiabá (BR 161); e, ao sul, com o rio Cupari, acompanhando o traçado da rodovia Transamazônica. Essa área está situada entre as duas primeiras e mais importantes rodovias federais (Santarém-Cuiabá e Transamazônica) construídas pelos governos militares em seu projeto geopolítico de expandir as fronteiras econômicas da Amazônia, precisamente na cruz formada pelo encontro das duas rodovias, ligando o Brasil de leste a oeste e de sul a norte. A nova área se sobrepôs aos territórios de um grande número de comunidades com longo histórico de ocupação, tais como: núcleos domésticos de dezoito comunidades ribeirinhas localizadas na margem direita do rio Tapajós; núcleos domésticos da comunidade São Jorge, formados em sua maioria por camponeses oriundos do Maranhão e localizados na margem da rodovia Santarém-Cuiabá, na chamada área de planalto; núcleos familiares que se encontravam nas margens do rio Cupari, região central da Flona; assim como a sede do município de Aveiro, o qual havia sido criado em 4 de abril de 1962, mas cuja fundação remete aos tempos coloniais. Além desses núcleos populacionais, os limites da Flona incidiram também sobre parte dos lotes do Projeto de Integrado de Colonização Itaituba (PIC-Itaituba), do INCRA, no qual, em 1973, já estavam assentadas 571 famílias (Ianni, 1979, p. 62).

A legislação das Florestas Nacionais, como das demais UCs, não permitia a presença de moradores no interior de seus limites, assim, o IBDF, então órgão gestor das UCs, iniciou as medidas para as respectivas desapropriações, que, não sendo aceitas, geraram sérios e intensos conflitos, que se estenderam por décadas. De um modo geral, todos esses núcleos populacionais empreenderam forte resistência para evitar a expulsão de seus territórios, que tiveram desdobramentos e resultados diferenciados.

As famílias que estavam nos lotes do Projeto de Colonização (PIC Itaituba), assim como os núcleos familiares do rio Cupari, foram remanejadas para outros lotes do mesmo Projeto de Colonização. As sedes do município de Aveiro e da comunidade de São Jorge conseguiram, depois de intensa mobilização, que fosse votada uma emenda parlamentar alterando os limites da Flona Tapajós, excluindo-as do seu interior (Lei 12.678, de 25 de junho de 2012).

Comunidades ribeirinhas que se encontravam ao longo da margem direita do rio Tapajós também empreenderam forte resistência às tentativas de deslocamento forçado de seus territórios, sobre os quais traziam longa história de ocupação. De fato, apesar do contexto político ditatorial, imposto pelos governos militares, as comunidades, por sua vez, reagiram ao saber dos procedimentos para desapropriação, resistindo através das mais diferentes estratégias de enfrentamento e de alianças com outras forças políticas locais, como o Sindicato dos Trabalhadores Rurais e a Igreja Católica. Entre os vários enfrentamentos de resistência empreendidos, destaca-se o processo de autodemarcação de uma área que eles pretendiam para seu domínio, a ser retirada dos limites da Flona Tapajós, cujo traçado foi sendo renovado anualmente. Dentro do perímetro reivindicado pelas comunidades, os moradores impediram qualquer atividade dos funcionários ou técnicos do órgão gestor da reserva, seja de pesquisa florestal ou exploração.

Mas mesmo tendo lutado arduamente para ter seus territórios excluídos dos limites da Flona, as comunidades ribeirinhas da margem direita do rio não lograram o mesmo êxito que obtiveram a sede do município de Aveiro e a comunidade de São Jorge, quando foi aprovada a lei que redefiniu os limites da Flona em 2012. Nessa redefinição dos limites, depois de quase três décadas de resistência evitando a remoção forçada de seus territórios, os núcleos domésticos das comunidades ribeirinhas passam a ser reconhecidos na categoria de "populações tradicionais" e adquirirem o direito legal de permanecer em seus territórios e de ter suas áreas de uso e ocupação incorporadas ao plano de manejo desta reserva. Enquanto ocorria esse reconhecimento como "população tradicional", três de suas comunidades (Taquara, Marituba e Bragança) passaram a retomar seus pertencimentos ao povo Munduruku, em 1998, e reivindicaram o reconhecimento de seus territórios como terra indígena. A demanda dos indígenas foi atendida, tendo suas terras reconhecidas pela portaria de delimitação publicada pelo Ministério da Justiça em 2009, aguardando até o momento a sua homologação (Ioris, 2014).

Assim, enquanto os conflitos e tensões decorrentes das tentativas de remoção forçada das comunidades ribeirinhas e as proibições de acesso aos recursos florestais perduravam, por quase três décadas na área da Flona Tapajós, os órgãos gestores da reserva, o IBDF e depois Ibama, envidavam esforços para disponibilizar os recursos madeireiros à exploração das empresas privadas do setor, visando a sua exportação (Ioris, 2008, 2014; Browder, 1987). Mas apesar de sucessivas tentativas de desenvolver projetos de exploração madeireira na Flona, nas três primeiras décadas de existência, apenas três projetos foram efetivamente implantados em sua extensão de quase 600 mil hectares. O primeiro, em 1986, e o segundo, em 1997, desenvolvidos numa área de 100 hectares cada um; o terceiro, o chamado Projeto ITTO, desenvolvido entre os anos 1999-2003, em uma área 3.222 hectares. E, novamente, um dos principais obstáculos aos projetos de exploração madeireira foi a contundente resistência das comunidades locais, que impediram sistematicamente os trabalhos dos técnicos florestais.

A Rebio do rio Trombetas

Cinco anos depois da criação da Flona Tapajós, em 21 de setembro de 1979, foi criada a Reserva Biológica do Rio Trombetas (Rebio do rio Trombetas), localizada no Município de Oriximiná, estado do Pará, à margem esquerda do rio Trombetas. Com área aproximada de 407 mil hectares, a Rebio é uma das maiores reservas biológicas criadas no Brasil, e a terceira na Amazônia. Seguindo o impulso que levou à emergência das primeiras reservas ambientais na Amazônia, a Rebio do rio Trombetas foi a segunda reserva biológica criada na Amazônia, três meses depois da criação da Rebio Jaru, em Rondônia, em julho de 1979, com semelhante extensão territorial. O acesso a ela somente pode ser feito por via área ou fluvial, a partir da cidade de Oriximiná até a sede administrativa do Ibama, localizada no núcleo urbano do distrito de Porto Trombetas.

A Rebio do rio Trombetas encontrava-se entre as Unidades de Conservação (UCs) classificadas como de proteção integral, naquele momento denominadas de "Uso Indireto". Como já destacado, a concepção e denominação de "Reserva Biológica" foi uma inovação no Código Florestal de 1965, a qual se destaca por ser, entre as reservas de proteção integral, a categoria que mais restringe atividades humanas no interior de seus limites. Nas áreas das Rebios não se permitia a permanência de nenhum residente, nem a visitação de pessoas para o lazer, como nos Parques Nacionais, que dispõem de áreas de visitação e trilhas dentro da reserva. Mas, novamente, apesar das estritas proibições a qualquer interferência humana na biota local, que exigia a remoção de qualquer residente que se encontrasse na área, a Rebio teve seus limites sobrepostos aos territórios de dezenas de comunidades quilombolas, cuja ocupação naqueles territórios datava de mais de dois séculos, assentada numa territorialidade desenvolvida ao longo do tempo, cujos saberes e práticas articulavam uma economia agroextrativa a uma concepção de uso comum da terra (Acevedo e Castro, 1998).

No mesmo sentido, análogo ao que se processou na Flona Tapajós, o longo histórico de ocupação das comunidades locais sobre seus territórios, assim como seus modos de concepção e uso da terra e das matas, desenvolvidos ao longo de séculos, foram severamente ameaçados com a criação da Reserva Biológica do Rio Trombetas, pois sua implementação exigia a retirada dos moradores do interior de seus limites, iniciando igualmente um violento e dramático processo de conflito, que até a presente data não foi resolvido. Do mesmo modo, apesar das profundas implicações para os modos de vida e para o seu futuro, essas comunidades quilombolas não tiveram qualquer participação na formulação da reserva e somente ficaram sabendo da sua existência quando os procedimentos para a desapropriação da terra estavam em curso.

Submetidas a forte sistema repressivo, as comunidades quilombolas foram forçadas a sair de suas moradias, deixar suas terras, sair de seus territórios. Uma grande parte se mudou para a margem direita do rio Trombetas, onde se encontravam núcleos domésticos da comunidade Boa Vista, localizada a cerca de quinhentos metros de Porto Trombetas, enquanto outras foram para diferentes localidades da região. Além de terem sido privados de suas moradias, as comunidades quilombolas também foram proibidas de retornar para acessar os recursos que tradicionalmente faziam parte das suas organizações produtivas e alimentares, como os castanhais onde coletavam a castanha-do-Pará para consumo e comercialização, as matas onde obtinham a madeira, o cipó e a palha para suas construções, a caça, os lagos onde pescavam ou as praias para as coletas de ovos de quelônios, afetando diretamente, e de modo imediato, o seu sustento. Mas não foram apenas as organizações produtivas e alimentares que foram sendo destruídas, mas, como ressaltam as autoras Acevedo e Castro (1998), simultaneamente foi se destruindo "a atividade econômica que vincula organizadamente a etnia a seu mundo religioso, cultural e político", construído ao longo do tempo.

A emergência da Rebio do rio Trombetas em 1979 significou para essas comunidades quilombolas o revivescimento de intensos processos de conflitos, que serão marcados por arbitrariedades e forte violência contra elas, cujas práticas, em constante abuso de poder, truculência e agressões físicas, chegaram a causar a morte de um senhor de uma das comunidades. Depois de terem garantido por gerações a ocupação de um território onde puderam alcançar e viver em liberdade, pois se encontrava distante e com difícil acesso aos interesses do poder, essas comunidades passam a enfrentar novamente um deslocamento forçado e, com isso, perdem as condições que haviam assegurado até então a liberdade e a autonomia sobre seus modos de vidas. Os seus territórios passam ao domínio direto do Estado, que põe em marcha, então, o seu arsenal jurídico-administrativo para regulamentar a ocupação daqueles espaços, assim como o acesso e a exploração de recursos naturais.

A criação da Rebio do rio Trombetas não foi um evento isolado, dentro do processo de expulsão das comunidades quilombolas de seus territórios, pois se configurou juntamente com a instalação de uma base para o desenvolvimento do megaprojeto da Mineração Rio do Norte S/A (MRN). Trata-se de empresa canadense, com propósito de realizar extração e exportação de bauxita, cujas atividades de lavra foram iniciadas em agosto de 1979, um mês antes da criação da Rebio. A empresa mobilizava-se para explorar bauxita na região do rio Trombetas desde finais da década de 1960, mas a sua efetiva instalação resultou das mudanças promovidas pelo II Plano de Desenvolvimento para a Amazônia (II PDAM), que os governos militares lançaram nesse mesmo ano, para acelerar o desenvolvimento econômico da região. Assim, para começar suas atividades de extração da bauxita, a Mineração Rio do Norte obteve a concessão de enormes extensões de terra na margem direita do rio Trombetas. Inicialmente, uma área de 65.552 hectares de terras para lavra de minério e, em 1977, uma doação adicional de 85.258 hectares, concedida pelo INCRA (Acevedo e Castro, 1998).

Essas extensões de áreas de matas também eram parte dos territórios das famílias quilombolas, porém, sob seu domínio, a MRN cercou e proibiu os quilombolas de acessar esses espaços, fazer seus roçados, ou coletar os produtos da floresta, reproduzindo os mesmos cerceamentos aos tradicionais modos dessas comunidades de obter seus sustentos que foram impostos pela Rebio. As atividades de lavra exigem o desmatamento de áreas imensas, que sofrem acentuado processo erosivo, destruindo áreas de florestas onde se obtinham muitas das suas fontes alimentares; deve-se mencionar ainda o elevado grau de contaminação causado pelos dejetos depositados nos lagos da região.

Com seus territórios tomados por um lado pela Rebio do rio Trombetas e por outro pela MRN, as comunidades quilombolas se viram impelidas a iniciar um processo de mobilização e luta em defesa e recuperação de seus territórios. A partir de então, ao mesmo tempo em que enfrentam a busca por novos modos de sustentos, essas comunidades começam também a protagonizar intensos processos de resistência, através dos quais foram buscar o reconhecimento dos seus direitos à ocupação histórica de seus territórios. Em 1988, a reivindicação dessas comunidades sobre seus territórios ganhou uma base legal, com a aprovação do artigo nº 68 do Ato das Disposições Constitucionais Transitórias (ADCT) da nova Constituição Federal, que reconheceu os territórios historicamente ocupados por "comunidades remanescentes de quilombos".

Desse modo, reivindicando o direito que a nova Constituição lhes conferia, as comunidades quilombolas do Trombetas iniciaram um processo de mobilização demandando o reconhecimento e regularização oficial de seus territórios. Nessa direção, criaram, em julho de 1989, a Associação dos Remanescentes de Quilombos do Município de Oriximiná (ARQMO) como representação legal dos quilombolas do Trombetas e do Erepecuru-Cuminá, para encaminhar suas demandas às instâncias competentes federais. Todavia, ao passo que as comunidades se mobilizavam em torno de sua associação, visando a certificação como "comunidades remanescentes de quilombos" junto à recém-criada Fundação Palmares, o governo federal adiantava-se em neutralizar tais demandas, criando sobre seus territórios a Floresta Nacional Saracá-Taquera (Flona Saracá-Taquera), em 27 de dezembro de 1989, com uma área de 429.600 hectares, cujos limites circundam toda a sede da comunidade de Boa Vista, englobando toda a extensão das áreas das minas que estavam sofrendo atividades de lavra pela MRN.

Essa diminuta área de Boa Vista pouco atendeu às necessidades de seus núcleos familiares, cerca de 200 famílias, pois abrigava tão somente os espaços das moradias, não computando as áreas de cultivo, caça, pesca ou coleta dos produtos florestais. Além dessas limitações, ainda havia mais de vinte comunidades que não foram contempladas e persistiam reivindicando a demarcação e regularização de seus territórios, prosseguindo com a mobilização por suas demandas. Assim, organizados em torno de sua associação, a ARQMO, as comunidades entraram com o pedido de titulação de seus territórios junto ao INCRA em 2004. Adiante, com as demandas territoriais reconhecidas pelos órgãos governamentais gestores das terras quilombolas, foram realizados os estudos de identificação e delimitação de uma terra a ser demarcada, dos quais resultou o Relatório Técnico de Identificação e Delimitação do Território Quilombola Alto Trombetas II, publicado em fevereiro de 2017.

As pequenas conquistas que essas comunidades têm obtido vão ajudando a recompor um pouco do que foi um dia o território de libertação do sistema de escravidão, da qual seus antepassados fugiram. Ainda assim, os alcances das demandas dessas comunidades pela titulação definitiva ainda são incertos. Por um lado estão as extensões de floresta fechadas pela Rebio do rio Trombetas, uma UC que impõe as mais severas restrições a qualquer atividade humana em seus limites. Por outro lado estão as extensões de floresta fechadas pela da Flona Taraqua-Taquera, uma UC que permite a permanência das "populações tradicionais" no interior de seus limites, mas também a atividade de mineração, e esta UC está dominada pela exploração da bauxita pela MRN. Prevê-se que tal exploração será realizada por mais duas décadas, com cinco novas minas ainda a serem exploradas. Segundo cálculos realizados pela Comissão Pró-Índio de São Paulo (CPI-SP) a partir de dados do DNPM, 27% da área da Flona está disponibilizada para as concessões de lavra da MRN[1] (CPI-SP). Embora a atual legislação das Florestas Nacionais permita a permanências de populações tradicionais que comprovadamente ocupavam a área antes da criação da reserva, ela também permite a exploração mineral e, no caso da Flona Saraca-Taquera, estará dominada pela extração da bauxita.

A criação da Rebio do rio Trombetas e da Flona Taraqua-Taquera, na região do Trombetas, só pode ser compreendida em sua estreita relação com a exploração da bauxita pela MRN. Assim como no caso da Flona Tapajós, ao mesmo tempo em que às comunidades locais lhes era negado o direito de permanecer em seus territórios e de desenvolver suas tradicionais formas de manejos dos recursos florestais em nome da conservação ambiental, para as empresas eram ofertados os recursos para exploração em larga escala – madeireiros no Tapajós e minerais no Trombetas –, ambas causadoras de fortes e sérios impactos ambientais. Nesse contexto, as reservas ambientais importam menos como estratégia e prática de conservação ambiental e mais como modos de neutralizar e desautorizar demandas comunitárias sobre territórios de longo histórico de ocupação.

1 CPI-SP. Mineração Ameaça Territórios Quilombolas. Disponível em: https://cpisp.org.br/quilombolas-em-oriximina/luta-pela-terra/mineracao

Recursos minerais e madeireiros, reservas ambientais e desterritorialização

Convergindo desenvolvimento econômico e conservação ambiental

A criação das reservas para proteção ambiental na Amazônia foi um feito altamente aclamado no campo ambientalista internacional (Foresta, 1991). Interessantemente, a postura ambientalista que o governo brasileiro tomou, a partir de 1974, significou mudança significativa em relação àquela assumida dois antes, durante a Conferência das Nações Unidas sobre Meio Ambiente Humano, realizada em 1972 em Estocolmo, na qual havia defendido que os países em desenvolvimento, como o Brasil, não deveriam ser obrigados a sacrificar seu desenvolvimento econômico por questões ambientais (Guimarães, 1991). A mudança de postura em relação às políticas de proteção ambiental, especialmente às áreas protegidas em reservas, acompanhava as mudanças que também ocorreram nas orientações das políticas de expansão das fronteiras econômicas na Amazônia, expressas no lançamento do II Plano de Desenvolvimento da Amazônia, em 1974, que preconizava a implantação de quinze polos de desenvolvimento econômico, denominados "Poloamazônia",[2] "com a finalidade de promover o aproveitamento integrado das potencialidades agropecuárias, agroindustriais, florestais e minerais, em áreas prioritárias da Amazônia" (II PDAM).

Essa mudança presente no II PDAM foi precedida pelo mais extenso e abrangente inventário, jamais realizado, dos recursos naturais na região amazônica, efetivado através do projeto Radar Amazônia, também chamado Projeto Radar (Radambrasil, 1981). Sob a supervisão da então recém-criada SUDAM, foi instituída em 1970, a Comissão para o Levantamento Radargramétrico da Amazônia, que realizou extensivos levantamentos aéreos para mapear a topografia, a geologia, a vegetação, os solos e os depósitos minerais na Amazônia, pré-Amazônia e parte da re-

2 Programa de Polos Agropecuários e Agrominerais da Amazônia (Polamazônia), Decreto nº 74.607, de 25 de setembro de 1974.

gião Nordeste. O Projeto RADAR envolveu vários órgãos nacionais, como o Instituto Nacional de Pesquisas Espaciais (INPE) e o Departamento Nacional de Produção Mineral, além de agências internacionais como a National Aeronautics and Space Administration (NASA) e a Força Aérea dos Estados Unidos (U.S. Air Force), e contou com as mais modernas e eficientes tecnologias disponíveis naquele momento. Paralelamente, o governo federal também promoveu amplos inventários de recursos florestais, os quais foram desenvolvidos através do Projeto de Desenvolvimento e Pesquisa Florestal (Prodepef), através da cooperação entre o governo brasileiro e a FAO/ONU, para dar prosseguimento e intensificar levantamentos florestais prévios. Tendo a FAO como agência executora e o IBDF como o órgão governamental parceiro, o Prodepef tinha por objetivo fortalecer técnica e institucionalmente o IBDF e disponibilizar ampla informação acerca do potencial florestal brasileiro para apoio ao planejamento do desenvolvimento florestal nacional.

Além de contar com uma nova estrutura burocrática governamental, mais robusta e potente, fornecendo infraestrutura e incentivos fiscais creditícios ao setor privado, a implantação desses polos de desenvolvimentos – que ficaram conhecidos como "Grandes Projetos" – exigiu considerável infraestrutura, destinada a facilitar a instalação das áreas de prospecção mineral, a viabilização do transporte da produção e a geração de energia para as unidades de processamento mineral. Também foram contempladas a construção e a modernização de portos e aeroportos, além da construção de represas hidrelétricas como Tucuruí e Balbina. O conjunto desses empreendimentos econômicos produziu grandes impactos na economia e nas relações de poder local, onde a tradicional atividade extrativista florestal foi substituída pela extração dos recursos madeireiros e minerais em grande escala, realizada por organizações de interesses localizados fora da região (Becker, 1992; Browder, 1987; Castro e Hebette, 1989; Schmink e Wood, 1984, 1992).

Na região amazônica o Prodepef foi coordenado pelo IBDF e executado pelo Grupo de Operação da Amazônia[3] (GOA), mas envolven-

3 Grupo de Operação da Amazônia (GOA), criado em 23 de fevereiro de 1972 (Port./IBDF N° 2.708).

do uma ampla colaboração de vários outros órgãos, como o Instituto de Pesquisa Agropecuária do Norte, o Departamento de Recursos Naturais da SUDAM, o Instituto Nacional de Pesquisa da Amazônia (INPA), o INCRA e o INPE. Além de fornecer uma base de dados sobre os recursos florestais para apoiar a modernização da indústria florestal, especialmente para a produção madeireira, tais levantamentos também visaram à definição de áreas florestais a serem destinadas como reservas (FAO/IBDF, 1978). Foram precisamente os engenheiros florestais que realizaram os levantamentos florestais iniciais, que também elaboraram a proposta para criação da Floresta Nacional do Tapajós e do Parque Nacional da Amazônia, as duas primeiras reservas federais criadas na região amazônica, ambas no vale do rio Tapajós (Ioris, 2014).

Com base nos substanciosos e intensivos levantamentos dos recursos florestais, minerais e dos potenciais energéticos por toda a Amazônia, o II PDAM projetava a aceleração do crescimento econômico através dos polos de desenvolvimento, numa nova intencionalidade política e econômica, que se pautava na exploração intensiva e de larga escala dos recursos, conduzida pelo grande capital, com foco na exportação. O texto apresentado ressaltava a base dos conhecimentos técnicos e científicos subsidiando a elaboração dos polos de desenvolvimento, entendidos como "planejamentos racionais", capazes de superar os obstáculos da economia regional, considerada desorganizada, intermitente, isolada e retrógrada. Em relação à exploração madeireira, o II PDAM[4] afirmava explicitamente que o principal objetivo era "transformar a exploração de madeira numa atividade planejada, institucionalizada e permanente" (SUDAM, 1974, p. 24). Schmink e Wood (1992, p. 5) destacam que a ênfase em ciência e tecnologia na abordagem do Poloamazônia era entendida como "meio de promover a prosperidade e resolver dificuldades externas associadas ao crescimento econômico, tais como a degradação ambiental e o deslocamento de pessoas".

Com tais metas, além da proeminência na ciência e tecnologia, nas proposições presentes no II PDAM também ressaltava-se a compatibili-

4 No item: "Política para o Desenvolvimento de Recursos Florestais e Uso Racional dos Solos da Amazônia".

zação do desenvolvimento econômico com a proteção ambiental e estabelecia-se um plano para a criação de reservas ambientais. O decreto de criação do Poloamazônia, no art. 5º, em seu parágrafo único, estabelece que "os planos de desenvolvimento integrado a que se refere este artigo deverão contemplar o zoneamento adequado do uso dos recursos naturais, bem como a destinação de áreas para reserva florestais e biológicas, parques nacionais e reservas indígenas". Desse modo, no mesmo planejamento estratégico eram propostas políticas sobre recursos naturais na região amazônica que promovessem, simultaneamente, o desenvolvimento econômico através da exploração em larga escala e a conservação deles, através criação de reservas ambientais.

Reservas e deslocamentos forçados: a manipulação do território no contexto da malha programada

Foresta (1991), que investigou profundamente a emergência das reservas de proteção integral na Amazônia, entrevistando vários dos conservacionistas protagonistas envolvidos diretamente com a sua definição e implementação, descreveu a transição para o Poloamazônia como um "triunfo do racional", cuja planificação estaria assentada no conhecimento sobre a natureza e a distribuição dos recursos naturais, e por onde a conservação ambiental teria encontrado seu nicho. Como justificar então tamanha violência impetrada contra as comunidades tradicionais locais e os deslocamentos forçados de seus territórios?

Lembremos, como afirma Barretto (2002), que as abordagens que compreendem as UCs de proteção integral são expressão de um "moderno conceito de desenvolvimento". No mesmo sentido, Becker (1992) destaca a "manipulação do território" como parte das estratégias usadas pelos governos militares para acelerar a modernização econômica e evitar alterações na estrutura social hierárquica e consolidar o papel dirigente do estado, entendido como único ator capaz de promover mudanças através do planejamento "racional". Os instrumentos destinados a ordenar o território segundo a lógica desse projeto geopolítico visavam remover os obstáculos materiais, políticos e ideológicos à expansão capitalista moderna, impondo uma "poderosa malha de duplo controle: técnico e político". Os componentes dessa malha programada englobavam a implantação de rede de estradas e portos, incentivos à migração de pessoas, centros urbanos, telecomunicações, projetos hidrelétricos, subsídios fiscais e creditícios a grandes empreendimentos privados, assim como a criação de novos territórios com unidades administrativas federais, possibilitando ao governo federal exercer autoridade direta e absoluta sobre eles.

É, portanto, nos contextos dessas malhas programadas que podemos melhor compreender a mudança na perspectiva geopolítica em relação à questão ambiental que ocorreu em 1974, quando as reservas ambientais passam a fazer parte do planejamento estratégico de desenvolvimento econômico. A criação de novos territórios mediante a destinação de extensas áreas a serem protegidas através das reservas, prevendo a total ausência de residentes em seu interior, conferia ao Estado uma autoridade direta e absoluta sobre essas extensões. Na Rebio do rio Trombetas, destinou-se uma área de mais de quatrocentos mil hectares para proteção integral estrita, com ausência total de residentes. Na outra margem do rio Trombetas, do lado oposto às instalações e às minas de exploração de bauxita da MRN, a Rebio assegurava tranquilidade ao empreendimento, sem demandas sociais concorrendo no mesmo espaço, especialmente daquelas comunidades de longo histórico de ocupação.

A força dos argumentos de "uma sólida biologia da conservação", tal como exigida pelos governos militares para as proposições de reservas, parece fazer mais sentido no contexto dos deslocamentos forçados que as reservas impunham do que na definição da área a ser conservada. Uma sólida base científica possibilita apresentar justificativas aparentemente incontestáveis do ponto de vista técnico, das ciências biológicas, da conservação da natureza, desfocando os interesses da MNR em manter o domínio sobre vastas extensões territoriais para realizar a extração da bauxita em segurança, livre de demandas sociais. Os conflitos fundiários decorrentes da retirada das famílias da área da Rebio passam a se estabelecer com o órgão ambientalista, responsável pela reserva e pelos procedimentos para a sua remoção, deslocando a MRN do embate direto.

A manipulação do território através da criação de reserva ambiental se reproduziu novamente em 1989 com a criação da Floresta Nacional Saracá-Taquera, na margem direita do rio Trombetas, na margem oposta à Rebio do rio Trombetas, englobando toda a área das instalações e exploração da bauxita pela MRN. Seis meses antes, o então primeiro presidente pós-democratização, José Sarney, havia publicado decreto que passou a permitir e regulamentar a exploração mineral nas áreas das Flonas,[5] no qual era justificado que "as atividades de mineração não são incompatíveis com o conceito de FLONA". Pouco tempo depois, em julho de 1989, o presidente sancionava lei dava ao Ibama, recém-sucessor do IBDF, o poder de conceder autorizações de prospecção mineral nas UCs sob sua jurisdição. Importante lembrar, ainda, que foi nesse mesmo contexto que Sarney também publicou dDecreto que fragmentou a Terra Indígena Yanomami, que estava invadida por mais de quarenta mil garimpeiros, em dezenove separadas Florestas Nacionais.[6]

Para as comunidades quilombolas do Trombetas, a criação da Flona Saracá-Taquera, como já mencionado, mais uma vez obstaculizaria a demandas pelo reconhecimento e regularização de seus territórios, cujos encaminhamentos legais já estavam em curso desde o ano anterior, com a promulgação na nova Constituição brasileira, que reconheceu o direito daquelas comunidades de "remanescentes de quilombo" ao território que historicamente ocupavam. Ao designar as extensões da área da Flona Saraca-Taquera sobre os territórios quilombolas, o governo federal buscava neutralizar suas demandas por reconhecimento e regularização e, também, deslocar o foco das disputas territoriais para o órgão ambientalista, para a administração da reserva, em vez de deixar que elas se voltassem contra a MRN.

5 Lei no 7.805, de 18 de julho de 1989.

6 Entre os anos de 1988-89, o Presidente José Sarney criou vinte e uma Florestas Nacionais, todas sobrepondo territórios reivindicados por povos tradicionais da Amazônia, o que reforça claramente a estratégia de usar as Unidades de Conservação para desautorizar as demandas territoriais desses povos.

No compasso da criação da Flona Saracá-Taquera, sobre o único espaço não ocupado pelas reservas, de apenas mil e cem hectares, no interstício entre a Flona e a Rebio, onde se encontra a comunidade de Boa Vista, foi dado o reconhecimento legal como território de "comunidade remanescente de quilombo", cujo título – o primeiro no país – foi conferido à comunidade em 1995. Assim, majoritariamente, as pessoas da comunidade de Boa Vista necessitam buscar trabalho fora da comunidades, e dependem dos empregos gerados pela MRN. Porém, raros são os diretamente contratados pela mineradora para cargos operacionais ou de gestão, sendo, em sua grande maioria, para trabalhos em serviços gerais de limpeza e manutenção prestados às dependências administrativas da MRN, ou das casas dos seus funcionários, em caráter temporário e sem garantias trabalhistas. Eles são contratados através da Cooperativa de Trabalho da Comunidade Boa Vista (Cooperboa), criada por exigência da mineradora e que construiu a sede da Cooperboa no núcleo urbano de Porto Trombetas, e não junto à comunidade do quilombo de Boa Vista (Figueiredo, 2017).

A desterritorialização dos grupos sociais locais pela criação de uma reserva como estratégia de impor um controle espacial e formar uma força de trabalho móvel também se verificou em relação à Flona Tapajós. A sua implementação, contudo, também dependia da remoção das comunidades nativas, ainda que, nesse caso, a reserva não visasse à proteção integral, mas a um intenso manejo florestal para produção madeireira. Por mais de duas décadas as comunidades ribeirinhas da Flona resistiram para não serem expulsas de seus territórios, até que a legislação mudou, permitindo a permanência das "comunidades tradicionais" no interior dos seus limites (Ioris, 2014). Os sucessivos e violentos esforços governamentais durante todo esse período para remover as comunidades ribeirinhas da área da Flona Tapajós também são mais bem apreendidos não na relação direta com os objetivos da reserva, mas em sua importância em conformar uma mão de obra disponível à indústria madeireira, que se projetava ampliar e modernizar para atender ao mercado externo.

A escassez de mão de obra na Amazônia era tema recorrente, entendido como limite dos grandes empreendimentos, como assinalou Costa (1993) em relação à Ford Company na década de 1930, cuja falência o autor atribuiu precisamente a malogrados esforços da empresa em garantir o engajamento de trabalhadores no extenso cultivo e produção da borracha que tentava implantar no vale do Tapajós, em mais de um milhão de hectares. Segundo o autor, apesar da oferta de salários atrativos e outros benefícios, em comparação ao restante do país, a Ford Company não conseguiu quebrar a histórica dependência dos camponeses locais para com a terra, para transformá-los nos sistemáticos e assíduos trabalhadores que o empreendimento demandava. Enquanto os incentivos da Ford Company foram malsucedidos em transformar a relação dos camponeses com a terra para disponibilizá-los como mão de obra, a proposição de implantação da Flona Tapajós, prevendo ausência de residentes permanentes, por sua vez, fornecia procedimentos mais imperativos para romper os laços que aquelas pessoas mantinham com a terra, ao forçar a remoção de seus territórios e fechar o acesso aos espaços florestais de onde tiravam os seus sustentos.

Desse modo, a implantação desta reserva florestal atendia a duas estratégias importantes no projeto de modernização da indústria madeireira que estava em marcha, a de forçar a ruptura dos laços que as comunidades tinham com a terra para disponibilizar força de trabalho e, ao mesmo tempo, a de liberar extensas áreas de floresta para a exploração madeireira em larga escala. Como Becker (1992) assinala de modo preciso, a "desterritorialização e a volatilização dos lugares foram metas implícitas do projeto geopolítico, conferindo à questão social uma clara dimensão ambiental e vice-versa, e, ao Brasil, uma posição peculiar no cenário internacional". Neste sentido, Becker esclarece como "a questão ambiental no Brasil não reside na indústria de automóveis ou nas fábricas como nos países desenvolvidos; *a questão ambiental no Brasil está intimamente associada à questão social* porque decorre da incorporação rápida e em larga escala dos recursos naturais simultaneamente à desterritorialização da população, à formação de uma população móvel, que é a condição da exploração da terra e dos recursos em grande escala. Trata-se de um binômio inseparável: é impossível pensar a questão ambiental sem estar nela embutida a questão social, e vice-versa" (Becker, 1992, p. 130, ênfase no original). E, especialmente em relação às reservas ambientais, é impossível pensá-las sem pensar a questão social que as atravessa, e as suas relações com o poder.

Conclusão: rumo à privatização dos espaços das reservas

O presente texto abordou a centralidade das reservas ambientais no contexto do projeto geopolítico de aceleração e modernização econômica da Amazônia, no qual elas convergem para favorecer a viabilização dos grandes empreendimentos extrativistas minerais e madeireiros. Ainda que as concepções das reservas ambientais, para a proteção integral ou para a produção madeireira, estivessem fortemente amparadas nas ciências da biologia da conservação e da engenharia florestal, as decisões que, de fato, importaram para a sua criação e implementação circunscreveram-se ao âmbito do poder. A sua emergência foi viabilizada quando encontrou convergência com os planos de desenvolvimento dos interesses econômicos minerais e madeireiros que se estabeleciam na região, para a apropriação desses recursos naturais em larga escala. Convergia como parte das estratégias de manipulação do território, que buscavam promover a desapropriação de territórios historicamente ocupados, a volatilização dos lugares e a formação de mão de obra.

Decididamente, as reservas ambientais criadas na Amazônia nas décadas 1970-80 estavam localizadas nos interstícios entre os polos de desenvolvimento, mas no centro de suas implantações, como parte das estratégias para reconfigurar os espaços e suas paisagens, e disciplinar as relações sociais, necessárias para assegurar a efetivação dos empreendimentos econômicos que estavam em curso. Como parte das estratégias de manipulação do território, conforme assinalou Becker (1992), para acelerar a modernização econômica sem alterar a estrutura hierárquica social. Naqueles contextos de abertura de novas fronteiras econômicas, por onde os recursos naturais tornaram-se o foco para a exploração acelerada, as reservas ambientais e demais regulamentações cumpriam papel crítico no processo disciplinador, não só das relações sociais, mas igualmente do acesso e do controle dos recursos minerais e madeireiros.

Ao longo desse processo, as reservas redefiniram espaços territoriais, assim como direitos e meios para sua apropriação, com uma disposição evidentemente contrária aos interesses das comunidades e grupos locais. Os povos que se encontravam naqueles territórios, com seus tradicionais modos de ocupação que até então desconheciam limites por onde pudessem adentrá-los, seja pelas matas ou pelas águas, enfrentaram com as reservas ambientais a emergência dos cercamentos, que os expulsariam e impediriam de manejar estes espaços como haviam feito por gerações.

Estes verdadeiros "cercamentos ambientais", como denominou Rocha (2015), sobre territórios até então controlados segundo relações historicamente constituídas, foram convertidos em reservas ambientais, onde o Estado passou a definir as leis que regulamentariam a ocupação e o acesso aos recursos naturais. Ainda que as comunidades quilombolas ou ribeirinhas que se encontravam onde foram criadas as reservas ambientais tenham conseguido, de diferentes modos e intensidade, impor resistências ao processo de expulsão de seus territórios, e tenham obtido o reconhecimento das suas ocupações tradicionais, a emergência das reservas mudou definitiva e inexoravelmente os seus modos de vida, de obtenção do sustento e da maneira de se relacionar com os espaços florestais. Todavia, ainda que seus territórios tenham obtido algum reconhecimento oficial, o processo de regularização ainda está em curso, envolto em muitos interesses e incertezas.

Nesse sentido, para concluir, gostaria de assinalar que o olhar sobre esses processos de criação de reservas ambientais na Amazônia, nas décadas de 1970-80, também pode ajudar a refletir sobre as perspectivas dessas áreas de reservas no futuro imediato, frente ao presente contexto de grandes retrocessos dos direitos sociais e territoriais, de agendas anti ambientalistas, de negacionismos e, principalmente, de acelerado ritmo de privatizações, não só das empresas estatais, mas também dos espaços públicos. O atual governo tem empenhado grandes esforços para entregar esses espaços de reservas, em sua maioria, criadas naquelas décadas, à iniciativa privada. Em 03 de dezembro de 2019 o governo federal publicou o Decreto nº 10.147, que incluía no Programa Nacional de Desestatização (PND), os Parques Nacionais dos Lençóis Maranhenses, de Jericoacoara e de Foz do Iguaçu, para serem concedidos à iniciativa privada. O artigo 2º do Decreto determina ao Banco Nacional de Desenvolvimento Econômico e Social (BNDES) elaborar os estudos necessários às concessões. Já no mês seguinte, em janeiro de 2021, o BNDES fechou contratos com seis estados para dar suporte na concessão de vinte e seis parques naturais, com vistas a estruturar essas concessões para a iniciativa privada até o final do ano. Três meses depois, em abril de 2021, o presidente da República e o ministro da economia publicaram novo decreto que acrescenta a Floresta Nacional de Brasília e mais oito parques nacionais ao programa de privatizações do governo federal.

Enquanto nas décadas de 1970-80 o surgimento das reservas ambientais na Amazônia revelou-se, de imediato, como parte das estratégias de manipulação do território, para a desautorização das demandas fundiárias dos povos tradicionais locais e favorecimento dos interesses do grande capital sobre os recursos minerais e madeireiros, três décadas adiante, essas reservas, já consolidadas em seus limites, começam a servir mais diretamente à produção do capital, disponibilizadas para a geração de commodities. Enquanto em sua emergência as reservas compunham estratégias tangenciais aos interesses do capital, na disciplinarização dos espaços e das relações sociais, nos tempos atuais, as perspectivas que trazem os sucessivos decretos presidenciais, privatizando esses espaços de reservas somados às sucessivas medidas de desmantelamento dos órgãos ambientais responsáveis pela gerência e manutenção das reservas, apontam para a sua importância como fonte direta para apropriação pelo capital. Além disso, no presente, a maioria dessas áreas de reservas conta com o fato de já estarem desobstruídas de residentes, liberando o capital, que não terá demandas territoriais com as quais conflitar.

Referências bibliográficas

Acevedo, R. e Castro, E. 1998. *Negros de Trombetas: Guardiães de Matas e Rios*. Cejup/NAEA/UFPA: Belém.

Barretto, H.T. 2002. Preenchendo o Buraco da Rosquinha: Uma Análise Antropológica das Unidades de Conservação de Proteção Integral na Amazônia Brasileira. *Boletim Rede Amazônica*, 1, p. 45-49.

Barretto, H.T. 2006. Populações Tradicionais: Introdução à Crítica da Ecologia Política de uma Noção. In: *Sociedades Caboclas Amazônicas: Modernidade e Invisibilidade*, Adams, C., Murrieta, E. e Neves, W. (eds.). Annablume: São Paulo, p. 109-143.

Becker, B.K. 1992. Repensando a Questão Ambiental no Brasil a Partir da Geopolítica. In: *Saúde, Ambiente e Desenvolvimento: Uma Análise Interdisciplinar*, Leal, M.C. (ed.). HUCITEC: São Paulo, p. 127-152.

Browder, J. 1987. Brazil's Export Promotion Policy (1980-1984): Impacts on the Amazon's Industrial Wood Sector. *The Journal of Developing Areas*, (12), p. 285-304.

Castro, E. e Hebette, J. (eds.). 1989. *Na Trilha dos Grandes Projetos*. NAEA/UFPA: Belém.

Costa, F.A. 1993. *Grande Capital e Agricultura na Amazônia: A Experiência Ford no Tapajós*. Editora da UFPA: Belém.

Diegues, A.C. 1998. *O Mito Moderno da Natureza Intocada*. Hucitec: São Paulo.

Figueiredo, W.A.S. (eds.). 2017. *Relatório Geral: Estudo do Componente Quilombola das Comunidades Localizadas no Entorno da Mineração Rio do Norte*. Santarém.

Ioris, E.M. 2008. Na Trilha do Manejo Científico da Floresta Tropical: Indústria Madeireira e Florestas Nacionais. *Boletim do Museu Paraense Emílio Goeldi. Ciências Humanas*, 3(3), p. 289-309.

Ioris, E.M. 2014. *Uma Floresta de Disputas: Conflitos sobre espaços, recursos e identidades sociais na Amazônia*. Editora UFSC: Florianópolis.

Foresta, R. 1991. *Amazon Conservation in the Age of Development: The Limits of Providence*. University of Florida Press: Gainesville.

Gachot, R. 1952. O Programa da Missão Florestal da FAO na Amazônia. *Anuário Brasileiro de Economia Florestal*, 5, p. 245-248.

Guimarães, R.P. 1991. *The Ecopolitics of Development in the Third World: Politics and Environment in Brazil*. Lynn Rienner: Boulder CO.

Moreira, A., Ramos, A. e Anderson, A. 1996. *Presença Humana em Unidades de Conservação. Seminário Internacional sobre Presença Humana em Unidades de Conservação*. Câmara dos Deputados/ISA/Ipam/PPG-7/WWF: Brasília.

RADAMBRASIL. 1981. *Informações Básicas 2. Comissão Executora do Projeto* Radambrasil. SUDAM: Belém.

Rocha, A.C. 2015. *Cercamentos Ambientais: Modos de Uso dos Recursos Naturais e Conflitos Socioambientais no Estado do Paraná*. Dissertação de Mestrado. Universidade Federal de Santa Catarina: Florianópolis.

Schmink, M. e Wood, C. 1992. *Contested Frontiers in Amazonia*. Columbia University Press: New York.

Schmink, M. e Wood, C. 1994. *Frontier Expansion in Amazonia*. University Press: Gainesville.

SUDAM (Superintendência do Desenvolvimento da Amazônia). 1974. *Estudos Básicos para uma Política de Desenvolvimento dos Recursos Florestais na Amazônia*. SUDAM: Belém.

VOZES 2

JORGE BODANSKY E NUNO GODOLPHIM (19 MAIO 2021) – ENTREVISTA FEITA POR ANTÔNIO A. R. IORIS E RAFAEL IORIS

Jorge, refletindo hoje sobre os teus primeiros trabalhos na década de 1970, particularmente o filme *Iracema*, que marcou época, como a região era então percebida e o que o restante do país não sabia sobre a Amazônia? Quais eram tuas motivações e o que precisa ser ainda conhecido?

JORGE: O desconhecimento da Amazônia era total. Conhecia-se a região por reportagens feitas por revistas estrangeiras, uma visão folclorizada, que não tinha nada além de índio e macaco nas árvores. Não se tinha muito mais informação do que isso. Tudo começou a mudar com o regime militar, quando resolveram construir a Transamazônica, e a Amazônia entrou no mapa da discussão. Começamos a ficar atentos ao que estava acontecendo ali. No meu caso, a entrada na Amazônia foi casual, primeiro com uma reportagem para a revista *Realidade*, quando eu acompanhei o repórter, que me deixou esperando na Belém-Brasília. Era curioso, porque eu, como fotógrafo, não tinha muita indicação do repórter sobre como as fotos deveriam ser feitas para melhor ilustrar a matéria. Na época, a rodovia Belém-Brasília era ainda de terra, eu estava em um posto de gasolina, em Paragominas, esperando pelo repórter. A área não tinha nada, os aviões pousavam na própria Belém-Brasília. Mas eu pude ver uma coisa muito curiosa: durante o dia aquilo era um posto de manutenção, com borracheiro, combustível, um restaurante para os caminhoneiros, mas de noite o lugar virava uma grande "zona". As mesmas pessoas que durante o dia tinham seus afazeres, à noite revertiam seu trabalho para o bordel, aliás, divertidíssimo. A partir daí eu fiquei com essa ideia na cabeça, embora eu nunca tivesse dirigido um filme até então, apenas fotografado. Mas fiquei determinado a contar a história da estrada através justamente desses personagens que eu conheci no posto, choferes de caminhão e as meninas que se prostituíam. Somente seis anos depois que eu consegui realizar o *Iracema*, que foi meu primeiro filme como diretor. Eu até diria que o produtor do filme foi muito corajoso ao entregar um projeto desses na mão de alguém que nunca tinha feito isso antes.

Eu estava em busca, naquele momento, de contar uma história. Minha vontade, como cineasta e fotógrafo, era trazer essa história que eu achei muito interessante e pouco conhecida. Quando começou a Transamazônica, a gente não tinha referência nenhuma da nova estrada. Para mim, a referência era ainda a Belém-Brasília do primeiro trabalho, que naquele momento, antes de ser asfaltada, era como a Transamazônica, as coisas que aconteciam eram muito parecidas. Eu tinha pouco conhecimento da nova estrada e, quando eu propus o filme, o produtor alemão, muito prudentemente, me disse: "Traga uma coisa concreta para eu ver, me mostra o que você quer fazer". Eu trabalhava para a TV alemã e depois que um trabalho era feito, o material do filme ia para a Alemanha e eu não via mais o resultado. Eu filmava em super 8 para ter alguma coisa das viagens e acontecimentos que eu estava acompanhando. Saí de São Paulo com meu Fusca e junto com meus parceiros na época, o alemão Wolf Gauer e Orlando Senna, e fomos até a Transamazônica, até Marabá, e nos enfiamos na nova estrada. Sabíamos que tinha uma guerrilha, mas não tínhamos a menor ideia de onde estava acontecendo... e estávamos no centro da guerrilha. Fiz o registro da viagem em super 8, voltei para São Paulo, fui para a Alemanha e mostrei o material para o produtor Ekart Stein, do ZDF, que ficou entusiasmadíssimo e concordou em produzir o filme desde que eu colocasse essas imagens no filme. Eu pensei, não tem problema nenhum, é só virar a câmera para a estrada e fazer a filmagem. Recentemente eu recuperei esse super 8 e fiz um livro contando toda essa história, com fotogramas do super 8 que mostra a origem de tudo. Portanto, o *Iracema* foi um acaso, era para ser um filme para um programa de televisão, passar na Alemanha uma vez e pronto. Era um filme muito simples, com um orçamento baixíssimo, é uma reportagem para um programa meio experimental que passava na TV alemã nos anos 1970, *Das Kleine Fernsehspiel*, quarta-feira à noite, com baixa audiência. No dia que foi transmitido, no inverno em fevereiro, tinha no canal concorrente um jogo de futebol muito importante e que, na última hora, foi cancelado por causa de uma nevasca; então, por sorte, quem ligou a televisão viu *Iracema*. Um crítico, "olheiro" do Festival de Cannes viu e ficou entusiasmado e nos convidou para uma mostra paralela do evento. Foi um acaso em cima de outro acaso, mas também em função da curiosidade que as pessoas tinham sobre a Amazônia e da pouquíssima informação que se tinha naquela época.

Muito interessante, Jorge. O que você acha que aprendeu de mais importante nesse período?

Jorge: Olha, o que mais me marcou foi a presença militar. A gente em São Paulo e Rio tinha uma visão do golpe militar muito diferente daquela que presenciei lá. É estranho, porque os militares que eu encontrei lá, naquele momento, apesar de estar numa área de guerrilha, eram muito gentis. Eles estavam fazendo um trabalho duro, construindo essa estrada. Eu não vi a repressão diretamente, claro que sabia que estava acontecendo e que a gentileza era só aparente, porque eles expulsaram ou mataram os índios, praticamente escravizaram a população local para construir a estrada, mas não presenciamos isso ali. O que pudemos ver, para minha surpresa, era que a Amazônia não era um vazio, como todos que estavam longe pensavam. Vi que era o contrário, tinha muita gente lá, uma população que já vivia e outra que veio em função da Transamazônica. E os índios, a gente não viu, já tinham fugido ou sido mortos, não estavam mais lá quando eu cheguei em 1974 nesse trecho onde foi filmado o Iracema.

Você acha que, apesar de todos os problemas, havia um ufanismo com o desenvolvimentismo que chegava à Amazônia, como era a percepção na época, as pessoas de alguma forma compartilhavam o ímpeto de uma suposta modernização?

Jorge: Tudo estava lá, via-se tudo. O filme mostra tudo claramente, não havia ilusão com o que estava acontecendo. E há enormes continuidades e repercussões na realidade atual. Tudo que o *Iracema* mostra, sem nenhuma exceção, todos os problemas do filme *Iracema* só aumentaram em 45 anos. Veja o trabalho escravo, ocupação desordenada, queimada, enfim, os problemas não foram resolvidos e pioraram. Como no filme, algumas pessoas tinham esperança de vida nova, outras enfrentaram a dura realidade de forma resignada. A velha história, mandam os posseiros derrubarem a mata e depois de limpa o fazendeiro vem e ocupa a área. Foi assim sempre e o filme mostra muito claramente.

O que a Amazônia, pela sua condição única, requer do cineasta, do documentarista, do repórter? Qual o olhar especial que é necessário para interrogar a Amazônia?

Nuno: Na verdade existem muitas Amazônias, há muitas realidades que despertam o desejo do documentarista de conhecer mais de perto e registrar. Na hora que nos debruçamos nessa matéria tão rica, que é a Amazônia, as possibilidades se abrem. Por exemplo, a filmografia do Jorge é um compêndio dessas variações e possibilidades, e através do seu olhar ele as explora, a partir de sua identidade como cineasta. Começando com *Iracema*, depois *O Terceiro Milênio*, acompanhando um deputado que está discutindo o que é o futuro da Amazônia, depois a *Igreja dos Oprimidos*, documenta o projeto Jari, sempre o mesmo cineasta, mas com um novo olhar, novas curiosidades. A questão é como o documentarista se debruça sobre essa realidade. De toda forma, a Amazônia é até hoje muito pouco conhecida, mesmo pelos brasileiros, que em sua maioria não conhecem a região. No fundo, ela ainda é invisível, ainda se olha de cima sem entender aquela realidade. Isso não só no cinema. A própria ciência segue revelando novas espécies a cada dia. O que dirão os brasileiros das outras regiões do país que nunca colocaram os pés lá, mesmo para a fazer turismo. Portanto, há muitos universos para se explorar, como os povos originários, outros grupos que vieram ao longo do tempo, como os trabalhadores na borracha, as comunidades ribeirinhas, sem falar nas diferentes cidades e vilarejos que têm suas histórias próprias. Do ponto de vista das tensões e premências da Amazônia, é urgente se apontar para as contradições do modelo de desenvolvimento econômico, que tenta domesticar a floresta, em contraste com as formas tradicionais que geram riqueza preservando os recursos naturais. Através do cinema e do audiovisual começamos a entender melhor esses recortes, a "faca" que corta a região, a motosserra, que faz tanto estrago. É preciso ir mais fundo e analisar criticamente todos os modelos de exploração da floresta promovidos pela sociedade envolvente que não entende nem respeita a Amazônia. Mas há muitas outras possibilidades de estudar "filmicamente" a região, não só falando de seus problemas, por mais urgentes que eles sejam.

Então como retratar a Amazônia de forma fiel se ela é tão complexa, com tantas novas influências e tanta riqueza? Como ir além das imagens que são mais recorrentes e que produzem uma representação estereotipada?

Jorge: A Amazônia é retratada com ênfase naquilo que tem mais impacto, que está mais visível, que as pessoas já conhecem. Mas isso não é apenas um problema com os jornalistas, outras vozes também fazem isso. Falta fundamentalmente ouvir as pessoas que moram lá, os originários e outros que se mudaram para lá. Quase sempre o que se tem é uma perspectiva de fora, externa. Somente muito recentemente, com projeto do Vincent Carelli, os indígenas passaram a ser mais protagonistas da sua imagem, que é o que de mais relevante está se fazendo na Amazônia. Mas o que prevalece é uma visão de fora para dentro, pouco se sabe das visões internas. Da mesma forma, os projetos são concebidos de fora, como estradas e hidrelétricas, e caem lá dentro sem ouvir as demandas e o pensamento dos que habitam a Amazônia. Hoje continua sendo assim.

Por que esses projetos seguem essa trajetória, apesar de avanços na legislação ambiental e social, entre outras?

Nuno: Eu acho que há algumas questões a analisar. Primeiro, a imagem da Amazônia que vem desde os exploradores: a força da floresta, riqueza, abundância, terra impenetrável ao ser humano, que foi construída ao longo de séculos. Isso diz muito sobre como se pensa a vida na região e quem são as pessoas capazes de sobreviver a tudo isso. Segundo, olhar que reconhece e reafirma esse exotismo, sem necessariamente estar interessado em entender a sua complexidade, mas busca entreter o espectador. Há um mercado para isso no setor de audiovisual e agora reforçado com a chegada das plataformas.

De alguma maneira, a maioria dos documentários em andamento se valem desse interesse do público e dessas fontes de recursos. Por outro lado, existe uma virada associada a novas tecnologias que permitem às populações locais filmem suas próprias comunidades. É algo ainda muito pulverizado, mas são experiências interessantes, como as que acontecem entre os Munduruku, os Kuikuro, os Terena e muitos outros povos. São materiais de denúncia, como feito pelos Yanomami para reagir aos garimpeiros que invadem suas áreas, agora recentemente, e que teve divulgação mundial. Essas vozes locais estão conseguindo quebrar as barreiras naturais da distância e do acesso à grande mídia. São novas abordagens e experiências, ainda que houvesse tentativas desde a década de 1980, que agora começam a ganhar repercussão. Há outras tentativas, como a Mídia Índia (inspirado no Mídia Ninja), um grupo de cineastas e comunicadores das populações indígenas que documentam as questões mais urgentes de suas vidas, destacando o que o grupo acredita que é importante que o mundo saiba sobre eles. Conseguem, muitas vezes com um simples celular, longe das cidades, registrar o que está acontecendo e comunicar a realidade atual, as disputas e conflitos com madeireiros, grileiros e garimpeiros no meio da floresta, por exemplo.

Mas muitas vezes a imagem do indígena é ainda muito estereotipada, até para ganhar visibilidade...

Nuno: É difícil romper isso, porque vamos continuar tendo um público nacional e internacional que não conhece a Amazônia. Não se conhece a região, não se sabe quantas etnias existem, as especificidades, então é difícil compreender o que são os índios, a enorme diversidade entre os diferentes povos. A tendência é cair na simplificação, no discurso fácil. Estamos tentando, no nosso trabalho formiguinha do audiovisual, e especialmente por parte dos diretores de cinema da Amazônia, recontar as histórias da região de outra forma. Mas temos muito trabalho pela frente, são expressões muito diferentes. Os povos da Amazônia estão ainda procurando sua voz, uma identificação clara da sua expressão. Muitos são atropelados pela violência do desenvolvimento, como aconteceu recentemente com a morte por Covid do último sobrevivente do grupo Juma. Muitos outros povos estão à beira da extinção, são pressões de toda sorte e problemas demográficos sérios. Nosso propósito é contar todas essas histórias.

Como se deu a gênese da série *Transamazônica - Uma Estrada para o Passado* que vocês lançaram recentemente na HBO?

Nuno: A série nasceu inspirada no *Iracema - Uma Transa Amazônica,* como uma homenagem ao Jorge Bodanzky. A ideia era fazer um *roadmovie* de ponta a ponta da estrada, como se o Tião Brasil Grande (personagem do Paulo César Pereio no Iracema) fosse a voz por trás da câmera, sempre pegando carona com alguém em deslocamento por um trecho da rodovia. Enquanto a paisagem rolava, os personagens falavam dos dilemas do presente, Tião iria lembrando do passado, revendo arquivos e os surreais cinejornais do governo militar e refletindo sobre os grandes problemas da Amazônia. Aí o Fabiano (o outro diretor) sugeriu apresentar o projeto para o Jorge, a HBO entrou na parada e a série ganhou corpo com o Bodanzky assumindo o papel de narrador. Virou um grande testemunho da experiência do Jorge na Amazônia.

O trabalho do Jorge foi minha inspiração. Eu acompanhava os programas de TV sobre a Amazônia, ainda nos anos da ditadura, e comecei a questionar as imagens ufanistas que eram projetadas pelo regime. Daí, quando eu fiquei sabendo desse filme que ganhava prêmios no exterior mas que era censurado aqui, o *Iracema*, eu corri atrás para poder ter acesso a uma narrativa diferente. Quando eu assisti ao filme, já nos anos 1980, ele me marcou de uma forma profunda. Aquilo me provocou a pensar formas de como trabalhar com imagens para apresentar algo novo, documental, mas que poderia passar pela ficção e pela realidade ao mesmo tempo. Foi, de fato, algo que me ajudou muito na minha formação como documentarista. E é por isso que eu tenho essa gratidão enorme para com o Jorge. Mais tarde, acabei indo a Santarém, participando de um projeto de desenvolvimento comunitário com o pessoal do Saúde e Alegria. E foi quando eu pude, de fato, entrar na floresta. Era logo após o auge de Serra Pelada, e havia esse burburinho sobre o garimpo, um misto de riqueza e desgraça, um que de *far west* em plena Amazônia. Então eu fui, ainda como fotógrafo, documentar essa história. E nas minhas andanças na floresta, acabei cruzando a estrada Transamazônica, andando numa espécie de pau-de-arara, que levava garimpeiros para o meio da floresta. Vi pontes quebradas, atoleiros e toda sorte de situações que ainda hoje marcam a imagem da estrada. Depois eu voltei várias vezes para a região, ao longo das últimas décadas, inclusive no início da construção de Belo Monte. E, na medida que ia conhecendo mais pessoas reais que viviam ali, o filme do Jorge ia voltando à minha memória. Eu me dei conta que sempre se tratava de um mesmo modelo de desenvolvimento de cima pra baixo, um grande projeto decidido de fora e que chega para transformar a realidade local, negando essa realidade, criando uma balbúrdia, até mesmo uma verdadeira anomia social. A Transamazônica e Belo Monte fazem parte de um mesmo projeto que vem se repetindo sistematicamente e isso me moveu a recontar esta história para questionar tudo isso.

E nesse caso específico, a usina de Belo Monte foi realizada por um governo dito popular.

Nuno: De fato, são duas faces da mesma moeda desenvolvimentista: a "militar" e a "popular". É curioso, pois eu fui lá documentar as "coisas boas" que supostamente estariam sendo feitas em Belo Monte, mas acabei me dando conta de que se tratava da mesma lógica de sempre. O tal projeto chega e as promessas de respeitar as pessoas, a natureza, ficam no ar. O que sobra de fato é a destruição da floresta e um impacto negativo enorme para as populações locais. E isso não acabou. O Brasil ainda tem vários projetos de novas estradas, usinas etc., ainda em andamento. Então, frente esse avanço dessas propostas que repetiam os mesmos erros do passado, me veio a ideia de contar a história da Transamazônica como forma de relatar essa trajetória equivocada de ocupação da região, pois a estrada é o melhor exemplo desse modelo de desenvolvimento predatório da Amazônia.

Assim fomos ao Nordeste para começar a contar a história por que, afinal, a estrada se inicia lá. Lembremos que, com as secas seguidas do Nordeste, as pessoas sempre buscam alternativas para se sustentar. E, no final dos anos 1960, havia um número enorme de retirantes da seca, cerca de 4 milhões de pessoas que migravam pela região, criando uma tensão que o regime militar considerava uma questão de segurança nacional. Daí tem este relato genial do Delfim Neto, que viajava de avião com o presidente Médici, de Manaus para uma reunião da SUDENE em Recife, onde iriam tratar desse problema da seca. E o Médici, sobrevoando a Amazônia, vendo aquela imensidão verde teria dito: "É simples! Vamos pegar esses homens sem terra e levá-los para essa terra sem homens. Vamos fazer uma estrada para resolver o problema". Ou seja, seria uma espécie de "reforma agrária", inicialmente usada para resolver o problema do Nordeste, mas que poderia ser aplicada, como foi, para supostamente resolver a pressão agrária que também existia no Sul e no Sudeste.

Começamos a série, então, em Cabedelo na Paraíba, o Marco Zero da Transamazônica, para contar essa relação dos nordestinos migrantes com a Amazônia. E assim seguimos pela estrada, quilômetro a quilômetro, sempre compondo com o olhar do passado, através de imagens de arquivo, muitas delas feitas pelos governos militares, com todo aquele discurso ufanista, quase surrealista, para confrontá-los com o olhar do presente, de quem vive hoje ao longo da estrada.

E assim fomos do Nordeste para a Amazônia, e em cada trecho escolhemos um grande tema que envolveu o projeto dos militares para a ocupação da região. E dessa forma passamos pelo Araguaia, para abordar o discurso da segurança nacional dos militares. Pois era justamente ali que a guerrilha se fazia presente. Interessante perceber que, para os guerrilheiros que foram para lá, essa região era vista como mítica, como um lugar propício para uma mobilização de base, pois não haveria nem estado, nem lei. Como resposta, os militares trouxeram a lei e o peso do estado, com uma presença repressora, onde eles torturaram as populações locais para obter informações sobre os tais "paulistas" que tinham vindo morar ali e com quem o pessoal da região tinha estabelecido boas relações em projetos de saúde e educação de base. Para completar, é instigante ver as imagens de arquivo com os militares bombardeando a Amazônia. Chega a ser assustador! Trazendo para o presente, fomos de Marabá até Anapu, onde houve os primeiros projetos de colonização da estrada. E aproveitamos para abordar a questão da terra que ainda hoje é matriz de violência local, como no caso do massacre de Eldorado do Carajás. Violência que o governo militar semeou. Lembremos que o exército criou um clima de terror na região. E é essa linguagem da brutalidade que vai marcar a iniciativa da grilagem de terra, que começou naquela época e ainda hoje existe na região. A proposta desenvolvimentista da ditadura até tentou, inicialmente, trazer colonos, mas ao ver que isso não seria suficiente para realizar os planos ufanistas do regime, abandonou os colonos à própria sorte e começou a ceder terras às grandes empresas que passaram a ter vários megaprojetos na região. E, com isso, surge uma verdadeira economia de especulação, nas mãos de grandes coronéis locais que vivem da ocupação e negociação, legal e ilegal, de terras baseadas em um regime de registros múltiplos de propriedades, onde diferentes cartórios possuem documentação da mesma gleba. Tudo isso consolida uma estratégia de rapinagem fundiária baseada na falcatrua e na violência que ainda hoje impera na região. Mártires como a irmã Dorothy são um exemplo do contínuo e crescente número de agricultores assassinados na Amazônia devido à grilagem. E esse processo nenhum governo anterior conseguiu reverter, mas o governo Bolsonaro conseguiu agravar perigosamente.

E assim por diante, episódio a episódio, abordamos um grande tema, um grande problema que surgiu com a construção da estrada, e refletimos como ele segue reverberando até hoje. Cruzamos o rio Xingu para encontrar Belo Monte e refletir sobre como esses megaprojetos seguem trazendo miséria e subdesenvolvimento ao mesmo tempo que estimulam o desmatamento. Passamos por Rurópolis para conhecer a forma acabada do modelo de colonização proposto pelo governo militar, com todas as suas contradições. Depois saímos da estrada atrás de madeireiros ilegais, num thriller de perseguição no meio da floresta, seguimos um garimpeiro em sua busca do ouro e vemos a chegada da soja na região. Adiante encontramos os índios que foram atropelados pela estrada e de como parte deles reagiu a isso. No último episódio, o trecho mais "selvagem" do trajeto, entendermos como a floresta "derrotou" os militares. Ali a floresta úmida resiste, apesar dos pesares, para terminar a série de forma poética e crítica sobre o futuro da região.

Jorge, como você conecta esse projeto da HBO com trabalhos anteriores? E o que mudou na Amazônia nesse percurso?

Jorge: Esse trabalho foi, de fato, meu maior envolvimento com a Amazônia. Mas esse projeto não é só sobre a Amazônia, pois é um projeto que conta a história do Brasil. O Brasil inteiro está lá dentro. Nosso desejo, inclusive, é que se pudesse utilizar esse material nas escolas do país inteiro e com isso pudesse mudar a cabeça dessa juventude que precisa tanto de uma formação melhor. Com relação a mudanças, na essência, não mudou nada! A violência é a mesma, os perigos, a destruição são os mesmos. Só piorou. Nos anos 1970, quando eu caminhava pela Transamazônica, ainda havia muitas áreas de florestas. Havia mesmo partes da estrada que eram escuras sob as sombras das copas das árvores. Hoje, não. Você só vê florestas nas poucas áreas de preservação. Fora delas, só se vê destruição. Esse mito da estrada que corta a floresta acabou. Hoje é uma estrada que corta campos com gado ou campos abandonados. Até porque é ainda muito forte a lógica de cortar a madeira, que oferece uma renda rápida. Mas quando isso se exaure e se parte para terras novas, e se repete o ciclo novamente. Isso sempre foi incentivado. Os militares tinham um medo de que interesses de fora queriam invadir a floresta nos anos 1970 e hoje temem que ONGs façam isso. Então se repete a lógica de ocupação, inclusive com a mesma narrativa.

Sempre que se realizam esses grandes projetos, se impacta a economia e sociedade local. Como se deve pensar tais dinâmicas de conflitos locais criados pela ação de cima pra baixo?

Jorge: A Amazônia é extremamente complexa. Tentamos portanto dar voz às pessoas que estão lá para tentar entender como tais questões são entendidas pelas populações locais. E ao longo das diferentes narrativas deles, contamos a história.

Nuno: Dentro dessas diferentes vozes, acaba ficando claro que, se o modelo de ocupação dos militares deu errado para a Amazônia, de alguma maneira, ele "deu certo" para ocupação regional, essa ocupação caótica, conflituosa etc., mas que está lá. E hoje, essa ocupação, novamente como modelo de destruição da Amazônia, se intensifica. A soja está lá, as madeireiras que de fato fazem um verdadeiro garimpo das grandes árvores estão lá, cada dia mais, cortando ainda mais estradas. Os colonos que foram para a região nos anos 1970 ainda estão lá. E novas populações continuam a chegar. E todos fazem hoje parte da realidade amazônica. Então não dá para acreditar que basta pra chegar lá e dizer "vamos preservar a floresta" e que tais populações vão simplesmente concordar.

Sob o comando da Marina Silva, tivemos iniciativas interessantes de preservação, como o Cadastro Rural e o projeto Arco de Fogo, que tentou acabar com o desmatamento ilegal e fazer um registro definitivo das terras da região. Mas, ainda assim, mesmo com o apoio do governo federal, ocorreu uma forte resistência local contra uma maior regulação das propriedades. E, no atual governo, todo esse processo de destruição se oficializou, e esses grupos que ganhavam dinheiro com a exploração ilegal da floresta se fortaleceram. Então temos que pensar como quebrar este círculo vicioso. E isso passa por incluir e engajar tais populações locais nos projetos de proteção, senão não vai funcionar. Inclusive a gente tentou mostrar isso no final da série. Quando chegamos no final da estrada, no rio Purus, do outro lado, onde a estrada não chega, há uma reserva extrativista. Ou seja, tentamos mostrar que há alternativas de gerar riqueza sem destruir a floresta.

JORGE: Deixa-me aproveitar para dizer que, se quisermos evitar os erros do passado, o único jeito é começarmos a pensar em projetos que não venham de fora, mas que partam das populações locais. Tem que ser feito em parceria com esses grupos, mas partindo deles. E temos que entender também que diferentes grupos têm diferentes interesses, inclusive populações indígenas que querem ter maior acesso a coisas de fora. Então temos que pensar diferente. Especialmente com o governo atual, que tem apoio local por parte de muitos grupos que não veem a destruição como destruição mas como forma de renda.

Quais são os próximos projetos?

JORGE: Nosso principal projeto atualmente trata do envenenamento do mercúrio em quase todos os rios da Amazônia. Nós inclusive entendemos que o mercúrio é a ponta do iceberg de praticamente todos os problemas da Amazônia. E nossa ideia é, portanto, falar sobre isso de um outro ângulo. Queremos pensar sobre o futuro e sobre formas alternativas. Vamos continuar envenenando os rios e as populações locais ou vamos fazer algo diferente? Por isso, o título do projeto: *Amazônia: a Nova Minamata?*. Afinal, no Japão, onde havia um problema sério com o uso do mercúrio, eles conseguiram limpar a baía de Minamata. Ou seja, queremos pensar nos problemas, mas também em soluções.

Nuno: Este filme, *Amazônia: a Nova Minamata?*, acompanha o diagnóstico de contaminação de mercúrio entre os Munduruku, da bacia do rio Tapajós, no Pará. Trata-se de um alerta para o mundo do risco que as populações amazônicas estão correndo com a contaminação de mercúrio. O efeito do metil-mercúrio no sistema nervoso dos seres humanos é lento, silencioso e irreversível. E a atividade garimpeira tem jogado toneladas de mercúrio na região desde os anos 1980. Esta contaminação, que está se espalhando por toda a Amazônia, começa a dar sinais alarmantes, como demonstram os diagnósticos da Fiocruz, Ufopa e outros centros de pesquisa da região. Estamos em vias de criar uma geração de pessoas com deficiências cognitivas graves e outros problemas de saúde muito mais sérios. E o pior é que esse governo está estimulando a atividade garimpeira e a invasão dos territórios indígenas por grupos garimpeiros armados, como aconteceu no território Ianomami. O mesmo governo apoia grupos garimpeiros, inclusive indígenas, que estão ameaçando de morte às lideranças Munduruku contrárias à exploração garimpeira em suas terras. E para completar, outras pesquisas apontam que as queimadas e o mau uso da terra na região jogam ainda mais mercúrio nos rios da Amazônia, alimentando uma bomba relógio que precisa ser desarmada o quanto antes. Este filme traz luz a este complexo problema, mas busca apontar soluções, como bem disse o Jorge.

LUIZ HENRIQUE ELOY AMADO (ELOY TERENA) (26 MAIO 2021) – ADAPTAÇÃO DE ENTREVISTA ESPECIAL PUBLICADA PELO INSTITUTO HUMANITAS UNISINOS EM 26 DE JANEIRO DE 2021; POR PATRÍCIA FACHIN, COM EDIÇÃO DE JOÃO VITOR SANTOS

Quais foram os principais avanços e retrocessos relativos à conquista de direitos dos povos indígenas no ano de 2020?

2020 foi um ano de muitos desafios para os povos indígenas. Tivemos muitas perdas, muitas lideranças tiveram a vida ceifada pela Covid-19. Mas foi também um ano marcado pela "resistência indígena qualificada". Isso porque, desde o primeiro momento, as lideranças e organizações indígenas se organizaram para enfrentar a pandemia que veio aliada as medidas governamentais extremamente nocivas aos direitos dos povos indígenas.

Como o senhor destacou, em outubro de 2020, o Supremo Tribunal Federal deveria ter julgado questões relacionadas ao marco temporal, mas o julgamento foi adiado. Já há uma nova data prevista para o julgamento neste ano?

Ainda não há uma data marcada. Este sem dúvida é o principal processo atualmente no STF que irá discutir o Regime Jurídico das Terras Indígenas. Quando este processo for julgado, a Suprema Corte estará julgando o futuro das terras indígenas. O Recurso Extraordinário 1.017.365, com repercussão geral reconhecida, também conhecido como "caso Xokleng", servirá de parâmetro para a demarcação de todas as terras indígenas do Brasil.

Quais têm sido os efeitos e os impactos da pandemia de Covid-19 entre as comunidades indígenas?

Segundo dados divulgados pela Articulação dos Povos Indígenas do Brasil (APIB), até 08 de janeiro de 2021, mais de 44 mil indígenas foram contaminados pelo novo coronavírus, afetando mais da metade dos 305 povos que vivem no Brasil. A APIB, e todas as organizações indígenas de base, com representações nas cinco regiões do país, em face à pandemia da Covid-19, tem apoiado diariamente a luta dos povos indígenas na defesa da vida. Durante esses meses, as violências contra os povos indígenas aumentaram dentro e fora dos territórios.

Os criminosos que invadem nossas terras não fizeram quarentena e, muito menos, home office. Afirmamos que o agravamento das violências contra os povos indígenas, durante a pandemia, foi incentivado pelo presidente Bolsonaro. O contexto da pandemia tem facilitado as invasões em territórios indígenas por parte de grileiros e fazendeiros em todas as regiões do país. Por iniciativa própria, as lideranças e suas comunidades criaram e estão mantendo centenas de barreiras sanitárias para impedir a chegada do vírus nas comunidades. Uma medida que o governo federal não apenas negligenciou, mas tentou sabotar de diferentes formas. Essa ação de base, que nossas comunidades implementaram por conta própria, foi fundamental para minimizar os impactos do novo coronavírus entre nossos parentes por todo o país.

Como, na sua avaliação, o poder público tem conduzido as ações relativas ao enfrentamento da pandemia de Covid-19 nas comunidades indígenas?

O governo federal tem promovido uma fúria gananciosa do agronegócio, das mineradoras, corporações e fundos de investimentos internacionais. Incentiva a ação de grileiros, invasores e tantos outros criminosos que seguem avançando para dentro dos territórios indígenas, aproveitando-se da tragédia que vivemos. O fogo e o desmatamento, realizados em 2020, não puderam ser negados por imagens de satélites ou por nosso céu permanentemente encoberto. Parece até que nas chamas eles veem lucro. E em árvores derrubadas. Só há ganância.

Neste sentido, denunciamos as agressões contra os nossos direitos no âmbito do legislativo, que validam o racismo, desumanizam a nossa existência e pretendem tirar nossa autodeterminação sobre territórios e vidas. Recorremos ao Poder Judiciário para defender os nossos direitos assegurados pela Constituição Federal de 1988. Ao longo de onze meses, provocamos o Judiciário através de ações, entre elas a Arguição de Descumprimento de Preceito Fundamental (ADPF) 709 no Supremo

Tribunal Federal. Conseguimos vitórias, como a determinação do STF de obrigar o governo federal a cumprir seu dever de proteger os povos indígenas nesse contexto da pandemia. Uma decisão do Supremo que segue sem ser cumprida por Bolsonaro.

Como é medido o avanço de Covid-19 nos territórios indígenas?

As informações oficiais sobre o impacto da pandemia na população indígena são disponibilizadas pelo Ministério da Saúde a partir de três sistemas de informação: Sivep-Gripe, e-SUS Notifica e da Secretaria Especial de Saúde Indígena (SESAI). Os usuários sintomáticos gripais atendidos pela rede SUS municipal são registrados na base e-SUS. Esse sistema registra principalmente os casos leves e moderados. Mas a vigilância da influenza e de outros vírus respiratórios, assim como os casos de Síndrome Respiratória Aguda Grave – SRAG e os casos de agravamento de síndrome gripal, são registrados na base Sivep-Gripe.

Os casos de SRAG, majoritariamente, devem passar por internação, sendo a principal causa de óbito pela Covid-19. Esses dois sistemas, e-SUS Notifica e Sivep-Gripe, precisam registrar a variável cor ou raça para que se identifiquem os casos de indígenas. Os casos reportados pela SESAI, por sua vez, advêm dos 34 Distritos Sanitários Especiais Indígenas (DSEIs), fazendo parte do Sistema de Informações da Atenção à Saúde Indígena – Siasi, cujo banco de dados não é disponível publicamente, diferentemente dos anteriores.

A pandemia tornou ainda mais evidente as desigualdades sociais no Brasil. Como, na sua avaliação, essas desigualdades se manifestam especificamente em relação aos povos indígenas?

As desigualdades sociais e econômicas que afligem a sociedade brasileira atingem de igual modo os povos e comunidades indígenas. No caso dos povos originários tem-se um elemento a mais, pois toda a estrutura política e econômica que afeta negativamente os territórios está relacionada ao racismo que vitima os povos desde o período colonial. Ou seja, os povos indígenas são vítimas de condutas que se justificam ainda na ideia de que os indígenas são menos humanos e, portanto, necessitariam evoluir ou não devem ver respeitados suas especificidades culturais. É com base nesse sentimento que tanto o Estado brasileiro, agentes estatais, empresas e boa parte da sociedade tendem a ignorar a identidade cultural dos povos originários e, a partir dessa atitude, violar a dignidade cultural dos povos.

Essas desigualdades se manifestam na forma como a pandemia se alastra nas comunidades, sobretudo por conta do descaso do poder público e a postura genocida do líder do Executivo com relação aos povos indígenas. O sucateamento da Funai, a negligência frente aos DSEIs no país todo e o descumprimento do programa de implementação e manutenção das barreiras sanitárias nos territórios indígenas com a presença de povos isolados são exemplos do desmonte e descaso que consideravelmente atingem os povos indígenas muito mais do que a não indígena.

A pandemia também mostrou as fragilidades na área da saúde. Particularmente em relação à saúde das comunidades indígenas, quais são os principais gargalos e desafios?

O Brasil possui atualmente mais de 900 mil indígenas, 305 povos, 274 línguas faladas e, ainda, 114 grupos isolados ou de recente contato. Nos últimos meses, temos acompanhado com preocupação o avanço da pandemia sobre as comunidades indígenas. Segundo dados do Comitê Nacional pela Vida e Memória Indígena [O Comitê Nacional pela Vida e Memória Indígena foi criado pela APIB ao final da Assembleia Nacional da Resistência Indígena, realizado entre os dias 08 e 09 de maio de 2020. O grupo reúne ativistas e comunicadores indígenas que coletam diariamente dados das organizações locais e comunidades indígenas sobre o avanço da pandemia nas terras indígenas e entre os indígenas que estão fora de seus territórios] da APIB, até o dia 08 de janeiro de 2021, o país registrava 913 indígenas falecidos, 44.525 infectados e 161 povos atingidos pelo vírus. Os estados com maior número de casos de mortes são Amazonas, Pará, Roraima, Mato Grosso e Maranhão. Nota-se que o vírus se alastrou de forma rápida entre os indígenas.

A pandemia expôs as fragilidades que as equipes de atenção primária à saúde (APS) do Sistema Único de Saúde – SUS e, mais intensamente, as do Subsistema de Atenção à Saúde Indígena – Sasisus que enfrentam cotidianamente, há anos, a falta de infraestrutura adequada, insuficiência de equipamentos de proteção individual (EPI), reduzido estoque de insumos e medicamentos, alta rotatividade de profissionais, dificuldades de garantir formação adequada e implementar educação permanente com as equipes, problemas de integração com a rede de saúde, e a situação de precariedade e insalubridade das Casas de Saúde do Índio (CASAI).

A realidade das áreas remotas e dos DSEI mais interiorizados conta ainda com outras dificuldades, como: restrições de comunicação (algumas áreas têm comunicação exclusivamente via rádio); dificuldade de acesso e dificuldades logísticas decorrente do isolamento geográfico (alguns DSEI têm acesso apenas por via fluvial ou aérea); além da complexidade do cuidado de populações indígenas no contexto intercultural.

Como a vacinação contra Covid-19 tem sido discutida entre as lideranças indígenas?

Os povos indígenas têm consciência, que a vacina é boa para a saúde. Em muitas comunidades indígenas a "memória tribal" contribui para o entendimento de que, com o surgimento da vacina, no passado recente, muitas doenças desapareceram e as crianças pararam de morrer. Entretanto, é preciso reconhecer que com a velocidade das informações e a internet chegando nas aldeias, o discurso negacionista de igual modo adentrou as comunidades. Em grande medida, a postura do presidente Jair Bolsonaro tem contribuído para colocar em dúvida os benefícios da vacina. É por conta desse cenário que a APIB tem feito a campanha em prol da vacinação. Muitas lideranças estão gravando depoimentos e vídeos para incentivar os parentes.

Quais são os principais desafios das comunidades indígenas neste momento?

Os principais desafios das comunidades giram em torno da resistência frente aos ataques diretos e indiretos orquestrados pelo governo federal, não só no contexto da pandemia, mas também na seara das violações constitucionais dos direitos dos povos originários.

Os povos indígenas têm seus direitos reconhecidos na Constituição Federal de 1988 e em outros tratados internacionais de direitos humanos. Então o problema não está na lei, mas sim em dar efetividade a esses termos legais. O ponto central no respeito a tais direitos está no reconhecimento da diversidade étnica existente no Brasil. Esses direitos estão atrelados à identidade cultural, portanto, são direitos identitários.

Somente a partir do momento em que o Estado brasileiro, seus agentes estatais e boa parcela da população brasileira conseguirem entender esses direitos identitários será possível trabalhar o reconhecimento dos direitos vinculados aos territórios indígenas, ao respeito a cosmovisão indígenas, enfrentar o encarceramento de indígenas e demais direitos coletivos, como direito a saúde e educação específica, bilíngue e diferenciada.

ULISSES MANAÇAS (29 MAIO 2017) – ADAPTAÇÃO DE ENTREVISTA FEITA POR JOSÉ SOBREIRO FILHO, PUBLICADA EM 2018 NA REVISTA NERA, 41, 354-372.

Gostaria que você caracterizasse como ocorreu a concentração de terras no Pará, as relações oligárquicas e também as relações com o capital estrangeiro para entender um pouco mais o que é hoje a questão agrária do Pará.

Primeiro, nós estamos vivendo, em contexto mundial, um processo cada vez mais crescente de oligopolização da produção agrícola. O planeta inteiro passou a ficar refém, na verdade, do capital financeiro. Então a agricultura passou a ser muito mais um elemento de mercado, e a produção agrícola não é mais definida nas microrregiões, mas, sim, pelo mercado internacional e mesmo pelo Banco Mundial, Fundo Monetário Internacional. Nessa nova divisão internacional do trabalho, o Brasil ficou com a tarefa de ser um grande produtor de commodities para o capitalismo central. O país retrocedeu. Da década de 1930 até a década de 1990, vivemos um processo de industrialização, que colapsou a partir dos anos 1990, com o advento do neoliberalismo. Com essa desindustrialização o Brasil volta a ser, na verdade, como na origem do processo de colonização, um país que produz matérias-primas para o centro do capital.

Hoje a gente produz e exporta para o mundo matéria-prima bruta, como suco de laranja, café, gado em pé, carnes e frangos, ferro bruto que vai ser processado fora do Brasil. Então o Brasil voltou a ser um país que depende basicamente do saldo da balança comercial dessas commodities. Isso provocou um reordenamento no processo fundiário. O capital precisava de uma grande reforma interna para dar base ao novo modelo. Foi no governo de Fernando Henrique Cardoso que se consolidou esse processo, criando o que se chama de um Novo Mundo Rural, com várias subpolíticas que consolidam uma reforma agrária para atender ao capital.

Isso de certa forma se consolidou num país que tinha várias empresas nacionais no campo agrícola e agrário que foram sendo transnacionalizadas. Empresas internacionais entraram no território brasileiro, com incentivos fiscais do Estado, e foram comprando um conglomerado de empresas locais. Então, hoje o Brasil está conectado ao capital internacional através das transnacionais no campo da produção. Isso obviamente precisava da consolidação de um campo auxiliar. E o Pará, especificamente, e a região amazônica como um todo, são vistos pelo capital como a última grande fronteira a ser expandida no território.

Se você pegar os grandes biomas brasileiros, todos eles estão articulados com o grande capital. Se pegar os Pampas, há grande produção de soja, de milho e outras commodities. Eles avançam no Cerrado brasileiro, que está completamente dominado por setores do agronegócio, mais especificamente da soja. A Mata Atlântica brasileira é um espaço completamente dominado pelo grande capital, naquele eixo São Paulo-Minas Gerais, a produção de cana-de-açúcar para agrocombustíveis. O Nordeste também está monopolizado e hegemonizado pelo grande capital. E a região amazônica, por ainda ser esse grande reservatório de matérias-primas de um ecossistema muito mais complexo, e por consequência também das dificuldades de transportes e infraestrutura nessa região, acabou sendo relativamente preservada.

Esse modelo do agronegócio combina grandes fazendeiros e o capital financeiro internacional e hoje ele representa mais de 40% do saldo da balança comercial brasileira. E para esse modelo se consolidar, ele precisa mais e mais de terra. Por quê? Porque é um modelo que leva rapidamente à exaustão da terra. Então precisa-se de novas terras para se reproduzir. E a Amazônia é esse grande espaço para essa expansão. Primeiro porque aí existem reservas ambientais que o Estado criou, e o capital precisa dessas áreas. Você tem uma grande quantidade de terras que pertencem à União e ao estado paraense que são relativamente protegidas. E você tem também a menor densidade demográfica do Brasil nessa região. Então que o Pará se destaca. Por quê? Porque é o Estado que tem mais facilidade de acesso do ponto de vista do transporte. Você tem o eixo hidroviário Arguaia-Tocantins, eixos hidroviários da ilha do Marajó que conectam com o Oceano Atlântico, a possibilidade de chegar através da Bacia do Amazonas para aquela região do Baixo Amazonas no Estado do Pará. E isso sem contar o aspecto rodoviário, pois é o estado que tem o melhor acesso de toda a região amazônica.

Portanto, o Pará se projetou ao longo das décadas de 1940, 50, 60 e 70 como um grande foco de todos os conflitos e tensões sociais no Brasil. A própria ditadura militar incentivou, organizou e financiou a vinda de setores econômicos e empresariais do Brasil inteiro para essa região como forma de colonizar a região amazônica. Criaram um lema: "Uma terra sem homens para homens sem terras", no sentido de estimular o fluxo migratório para a região, para garantir a salvaguarda da fronteira contra um pretenso inimigo externo. Segundo, buscou-se diminuir a tensão de lutas camponesas em outras partes do Brasil, como Centro-Oeste, Nordeste e Sul. Foram dadas vastas quantidades de terras num processo de colonização, na época da ditadura, especificamente no estado do Pará. Essa migração trouxe um conjunto grande camponeses pobres, mas ao mesmo tempo grandes proprietários de terras que foram agraciados pela ditadura militar. Veio também o capital financeiro nacional e internacional. Bancos como o Bradesco e o Bamerindos, hoje é HSBC, com grandes quantidades de terras doadas pela ditadura militar, com fortes incentivos fiscais. E eles foram promotores de gravíssimos crimes ambientais na região.

Esse cenário de concentração fundiária e de migração em massa para a região amazônica gerou esse caldeirão de tensão fundiária no estado, sem contar nisso a falta de agilidade e o desinteresse político de organizar o ordenamento fundiário. Nós sempre tivemos aqui um caos fundiário, que é um grande responsável por todo esse processo de explosão de violência. Latifundiários e grileiros de terras avançam sobre terras onde residem populações camponesas, como ribeirinhos, quilombolas, camponeses sem terra, pequenos agricultores extrativistas e os povos das florestas. Então essas grandes corporações, esses grandes empresários capitalistas que vieram em busca de terra na região amazônica, criam, lá na ponta, grandes conflitos fundiários. Primeiro porque a maioria das propriedades de terras aqui no Pará, mesmo com o ordenamento fundiário feito no chamado Terra Legal, são terras do Estado que são griladas, num processo de disputa que desrespeita a Constituição, e que o Estado não consegue resolver.

Isso gera, obviamente, diversos casos de explosão de violência, com vários cenários montados. No Pará, você tem, por exemplo, terras que foram griladas, terras que foram dadas para vinte anos de exploração, e latifundiários que se apropriaram dessas terras de forma indevida para comercializá-las. Você tem também a região do Baixo Amazonas e a região do Xingu onde avança hoje o processo de migração interna, com a explosão de conflitos sobre terras que não foram regularizadas. Por conta desse caos fundiário, o Pará é o único estado que tem três superintendências regionais do INCRA. Você tem a SR 27, que fica em Marabá, a SR 01, que tem sede em Belém, e a SR 30 com sede em Santarém. O INCRA até tenta garantir o ordenamento fundiário e a realização da reforma agrária, mas não tem conseguido dar conta de toda a demanda, levando à situação de violência.

Então é todo esse cenário. Primeiro, temos o papel da iniciativa privada, que avança desrespeitando a legislação ambiental, desrespeitando a legislação trabalhista e desrespeitando a própria Constituição brasileira. Segundo, temos a leniência e a participação do Estado, que, em parte, foi colaborador e organizador desse processo na região e, ao mesmo tempo, por conta da sua incompetência, não consegue resolver os conflitos. No nosso entendimento, tudo tem origem no processo de ordenamento fundiário e na realização da reforma agrária.

É possível perceber que há uma dependência crônica do capital em relação ao Estado aqui na região da Amazônia e, sobretudo, aqui no Pará, por ser uma fronteira conflituosa. Nos últimos tempos, teríamos uma nova tipologia desses conflitos, dado o avanço do capital rumo à floresta?

Nós temos feito debates dentro dos movimentos sociais para tentar caracterizar o que são esses conflitos. Pode-se dizer que temos ciclos em que esses conflitos explodem. As regiões Norte e Nordeste do Pará foram a primeira fronteira aberta do processo mais recente. Nos períodos de colonização da região, eram os rios por onde se desenvolvia a região, tanto que as grandes cidades, as mais antigas do estado do Pará e da Amazônia, são nas margens dos rios. Só que na década de 1950, com a abertura da Belém-Brasília, especialmente, que houve um processo de expansão generalizada do grande latifúndio na região.

Inicialmente a ideia do presidente Juscelino Kubitschek era abrir a Belém-Brasília e nas margens criar um grande processo de reforma agrária. Conectar os produtores rurais, os trabalhadores pequenos e médios com lotes de propriedade de terras, para criar um mercado interno de consumo de massa. A ditadura militar rompeu esse processo e agraciou o entorno das rodovias grandes aos latifundiários, grandes empresas nacionais e internacionais, e isso gerou um palco de conflito e tensão. Se analisar da década de 1950 até 1980, as pessoas eram assassinadas por conflitos nessa região norte e nordeste do Pará. Depois disso, na década de 1980, é aberta a Transamazônica, e o palco do conflito migra também para a região sul e sudeste do estado, onde houve a implantação de grandes projetos do Estado brasileiro como, por exemplo, a mineração no caso da Serra dos Carajás, o projeto Grande Carajás, a abertura da Serra Pelada, um grande garimpo na região, e a construção da hidrelétrica de Tucuruí.

Toda a criação daquele parque mineral, da produção de energia e da mineração, sem contar a consolidação do latifúndio pela ditadura militar, gerou um fluxo migratório gigantesco para essa região. Ou seja, milhares de trabalhadores pobres oriundos da seca no Nordeste e dos conflitos agrários no Centro-Oeste migram para essa região em busca de terra e em busca de trabalho, e vão para esses projetos. Só que esses grandes projetos, alguns ao serem fechados e ao concluírem a sua realização, como é o caso da hidrelétrica de Tucuruí e Serra Pelada, criam uma população excluída desses grandes projetos porque a mineração exige uma formação qualificada desse trabalhador.

Grandes cidades vão surgindo nessa região num espaço muito pequeno de tempo, como é o caso de Parauapebas, uma cidade que não tem trinta anos e já tem duzentos mil habitantes. Você tem o caso de Canaã dos Carajás, uma cidade que não tem vinte anos e é uma cidade que ultrapassa os cinquenta mil habitantes e com perspectiva de chegar a cem mil habitantes. Ou seja, as cidades foram crescendo e se expandindo na região por conta desse fluxo migratório, e o grande capital não absorve essa mão de obra. É exatamente essa massa de sobrantes, de pessoas que vieram do campo, a grande maioria veio do campo, que é o tecido social que os movimentos sociais da região organizam para a ocupação de terras, ocupando o grande latifúndio, e isso gera o caos e uma tensão muito grande. Ou seja, somos uma região muito rica do ponto de vista dos recursos naturais, mas ao mesmo tempo muito pobre do ponto de vista da assistência e políticas sociais. Então, toda essa massa é o combustível necessário para a explosão das ocupações de terras e ao mesmo tempo para a repressão do Estado, porque o Estado paraense se elegeu e se consolidou através de uma violência muito brutal contra o seu povo.

Desde a década de 1970 houve, em toda a Transamazônica e na Santarém-Cuiabá, um grande palco de conflito ao longo da consolidação do grande capital. Primeiro porque teve o incentivo do Estado, projetos como o Novo Mundo Rural do governo FHC e o Plano de Aceleração do Crescimento (PAC) nos governos do PT fizeram o capital se consolidar na região e ao mesmo tempo explodir em novos conflitos, como é o caso de Belo Monte, o caso da soja na Santarém-Cuiabá, na BR 163, o caso da instalação de grandes infraestruturas, como o caso da Cargill no Porto de Santarém, que é um porto maior inclusive que a Companhia Docas do Estado. Esses grandes projetos, inclusive hidrelétricas, se instalam em terras onde já existem pessoas, sejam comunidades indígenas, quilombolas e comunidades extrativistas, como os chamados povos das florestas. Isso tem gerado um deslocamento da violência para onde o grande capital vai se consolidando. E o mapa da violência e da explosão dos conflitos está exatamente onde o capital se assenta, gerando disputas por território com populações que já moram lá, muitas vezes, por centenas de anos ou mesmo milhares de anos.

No sul e sudeste do estado do Pará, onde explodiu agora um caso de violência gravíssimo, em que morreram, só nessa região, dezesseis trabalhadores nos últimos dois meses. Aí existem latifúndios antigos, mas também a modernização do consórcio entre o latifúndio e as empresas de mineração. Só para se ter uma ideia, os grandes projetos do latifúndio, como o caso da Fazenda Maria Bonita e Fazenda Cedro, na região de Marabá, Eldorado, Curionópolis, Canaã dos Carajás e Parauapebas, grandes fazendas de produção de gado, já têm pedidos no Departamento Nacional de Produção Mineral para o direito de lavra de terras nessa região.

Ou seja, o capital destrói a floresta numa primeira frente, depois vem a agropecuária ou a produção de monocultivo e depois tem a mineração conjugada a esse mesmo processo. O grande capital não tem contradição na sua lógica de dominação e atua de forma de forma conjugada em uma grande frente. Então, isso tem gerado uma explosão de conflitos que tem ceifado a vida de milhares de pessoas atualmente.

Observamos ao longo das últimas duas décadas uma transferência da estratégia, em alguns lugares do país, da pistolagem para a judicialização. Mas quando chegamos ao caso do Pará, nos parece que isso não é ainda a atualidade. Por que que ainda temos tão forte as práticas como pistolagem, assassinatos e ameaças aqui no Pará?

Esse processo de judicialização está presente também no estado. Nós temos um forte processo de criminalização da luta social. Por quê? Primeiro porque a luta pela terra no Pará na década de 1980, quando da abertura democrática, levou à retomada dos grandes sindicatos das mãos dos chamados pelegos, e houve um processo de lutas massivas na região. O novo sindicalismo emergiu aqui, que não era mais aquele sindicalismo ligado ao Estado, à ditadura militar na década de 1980. Especialmente grandes sindicatos foram retomados aqui em Conceição do Araguaia, Marabá, Santarém etc. São sindicatos importantes. Toda essa região norte e nordeste do Pará é uma região de luta intensa, de retomada da luta camponesa, e houve então um processo de repressão muito brutal. O grande latifúndio, contra quem a gente disputava terra, foi se transformando no chamado grande agronegócio e começamos a disputar também com as grandes empresas transnacionais que foram excluindo o velho latifúndio da região, com exceção de algum setor periférico que contrata pistoleiros para espancar, para torturar os trabalhadores rurais, como é o caso mais específico aqui da fazenda Santa Lúcia.

Esses latifundiários grileiros procuram se consolidar na brutalidade, em um processo mais primitivo da posse da terra. São eles que contratam a pistolagem. As grandes empresas estão migrando para um processo mais modernizado da chamada "pistolagem" que são as empresas de segurança que modernizam a repressão do campo. Mas ao mesmo tempo tem aliado a isso o processo de judicialização da disputa pela posse da terra. Se você pegar as ocupações de terras que aconteceram em áreas dominadas pela Vale do Rio Doce e em fazendas do Banco Oportunity, você tem um número gigantesco de lideranças do movimento do MST que sofrem processos judiciais. Nós tivemos três trabalhadores que foram condenados pela Vale, como o Martins de Carvalho e mais dois garimpeiros que foram condenados a pagar R$ 5 milhões de indenização por conta de interdição da sua ferrovia. Você tem advogados, como Zé Batista, que é da Comissão Pastoral da Terra (CPT), também condenados pela Vale por conta da atuação das lutas camponesas da região.

E você tem agora, só do MST, dezoito trabalhadores, entre os quais eu, que sofrem processos da Vale do Rio Doce também por conta de mobilização de massa pela reparação da atuação predatória na região e de seus crimes trabalhistas. Essa destruição ambiental ocorre inclusive em terras do próprio MST, passando por dentro de assentamentos nossos, e não há nenhuma reparação e não há tampouco nenhum compromisso com a população da região. Então existe, sim, um processo de judicialização muito forte, muito severo, mas ao mesmo tempo a desordem, o caos fundiário do Estado por conta da inoperância, da incompetência e do patrocínio do Estado é o palco das principais tensões aqui. Além disso, o estado do Para está completamente desorganizado do ponto de vista das políticas públicas. Se pegar os piores indicadores sociais do Brasil, o Pará está no topo dessa listagem. Pior índice da Educação Básica, o Pará encabeçando a lista dos piores estados em relação aos crimes ambientais, os crimes de desrespeito à legislação trabalhista, e o Pará é também campeão nacional no trabalho escravo. Na verdade, é um estado completamente desorganizado do ponto de vista das políticas civilizatórias, que é o que as populações exigem.

Qual é, na visão dos movimentos socioterritoriais e nessa conjuntura de golpe e de conflito iminente, a importância do território?

A grande crítica que o MST faz em relação aos movimentos sociais, primeiro, é que os movimentos atuam de forma muito isolada, atomizada e dispersa porque são movimentos de massa que, pela sua natureza, tem pautas evidentemente econômicas. Sua pauta é basicamente a existência, a sobrevivência e a subsistência. Os indígenas, por exemplo, não querem nada mais do governo por terem uma relação diferenciada com a natureza, com o território, com as suas divindades e com a sua cultura. E isso é fortemente, é brutalmente ameaçado quando chega o colonizador através do modelo da pecuária, do garimpo e da expansão do agronegócio.

Os movimentos sociais de luta pela terra entendem a terra como forma de reprodução da sua existência. Só que depois a gente percebe que só a terra não basta, a gente precisa de outras políticas, que passam pela reforma agrária e pela noção de território. Nessa passagem da luta pela terra pura e simplesmente como um viés econômico para a luta como um território é que as comunidades têm que ter autonomia, tem que ter autogoverno e autogestão. Se você for analisar, os governos brasileiros criaram assentamentos, mas ao mesmo tempo não implementaram políticas públicas. Você não tem um assentamento sequer em que foi completada 100% a implementação de políticas públicas. Então essa transição da luta pela terra para a luta pelo território como um espaço de poder, como um espaço de criação de uma nova cultura política, o espaço de criação de uma nova cultura produtiva, como um espaço de contradição com a matriz do grande capital e do agronegócio, é na verdade o projeto político que o MST encampa e que o MST acha que os outros movimentos sociais também devem promover. Porque isso é um projeto em transição.

Para criar autonomia dos territórios você precisa mudar a matriz tecnológica de produção. Não basta ganhar terra e reproduzir em pequenos minifúndios aquilo que o agronegócio produz A roça no topo, a roça de queimada, isso é predatório para a própria região amazônica. Muito embora seja a tecnologia que está à disposição da agricultura, é preciso mudar a matriz tecnológica de produção, e para nós a matriz tecnológica de produção chama-se agroecologia. O problema é que a agroecologia, como é uma ciência nova, é um tema aberto. É um tema em construção, e a mesma experiência rica e vitoriosa da agroecologia do MST que é implementada no sul do Brasil não pode ser implementado na Amazônia. Deve-se utilizar das boas experiências, mas a Amazônia é um bioma extremamente complexo. Então é um termo em construção, a partir de toda a vivência.

Os saberes que as comunidades indígenas já têm aqui são fundamentais para construir essa nova matriz tecnológica de produção. Uma coisa é certa, nós já estamos experimentando isso em diversos territórios nossos. Hoje nós já temos várias experiências de agroecologia e nós queremos que elas se multipliquem, se massifiquem porque para nós agroecologia não é produzir alimentos saudáveis para colocar no mercado alternativo e vender 40% mais caro. Nós não queremos isso, nós queremos vender alimentos baratos. Para vender alimentos baratos para o grosso da população e não só para aqueles que têm recursos para poder comprar, que é para a população pobre mesmo, você tem que multiplicar e massificar essa produção. Esse é o grande objetivo do MST, que é a autonomia na produção de alimentos, e criar respeito a esses territórios. Esse é o nosso projeto político e para nós isso, de fato, colocará em cheque esse modelo predatório do agronegócio.

PARTE III

A GOVERNANÇA SOCIOAMBIENTAL NAS FRONTEIRAS AMAZÔNICAS CONTEMPORÂNEAS: O CASO DA GESTÃO TERRITORIAL INDÍGENA

Paul E. Little

A expansão das fronteiras na Amazônia brasileira contemporânea, sejam elas de ordem agroindustrial, extrativista, energética ou de colonização, impacta as políticas territoriais existentes do Estado brasileiro, colocando o tema da governança em primeiro plano. Nesse processo, os territórios indígenas são ameaçados, o que, por sua vez, requer uma resposta formal que, por meio de políticas públicas, garanta a manutenção dos direitos adquiridos por tais populações. A antropologia das políticas públicas, abordagem aqui utilizada, procura "revelar as constelações de atores, atividades, e influências que configuram as decisões sobre políticas, sua implementação e resultados" (Wedel et al., 2005, p. 30). Segundo tal perspectiva, as políticas públicas surgem do espaço de debate e da contestação política, tanto dentro das esferas governamentais, quanto na sociedade civil, e seu conteúdo vai além do marco meramente regulatório para incluir as reivindicações sociais, étnicas e econômicas dos diversos setores da sociedade.

O presente capítulo toma o caso da formulação, promulgação e implementação da Política Nacional de Gestão Territorial e Ambiental de Terras Indígenas (PNGATI) a fim de demonstrar como a mobilização étnica dos povos indígenas brasileiros e seus aliados conseguiu incorporar sua luta étnica dentro do marco das políticas de ordenamento territorial do Estado. O autor tem sido um participante[1] nesse processo e, como tal, ofereço uma visão desde dentro da confecção dessa política. Ressalta-se que o surgimento e a consolidação das demandas de territorialidade indígena defrontaram com as políticas ambientais e desenvolvimentistas que têm formas territoriais próprias, o que, assim, tem provocado embates que precisaram ser negociados e resolvidos dentro do marco governamental das políticas públicas. A análise das triangulações entre divergentes políticas territoriais constitui, pois, a base do texto que, ao final, avalia as possibilidades de instaurar um sistema de governança socioambiental durável em que as regras territoriais são claras e respeitadas por todos os atores sociais e que seja capaz de manter-se frente aos atuais ataques de forças anti-indígenas e antiambientais promovidas pelo governo autoritário de Jair Bolsonaro.

A territorialidade indígena na época pós-Constituição de 1988

A Constituição Federal do Brasil de 1988 reconheceu aos índios, pela primeira vez na história do país, "direitos originários sobre as terras que tradicionalmente ocupam, competindo à União demarcá-las, proteger e fazer respeitar todos os seus bens" (art. 231). Assim, os povos indígenas emergiram como um novo ator territorial na esfera da política nacional, obrigando sua incorporação nas políticas de ordenamento territorial, particularmente no referente à gestão e controle sobre seus próprios territórios.

Com base nessa importante conquista, a década dos 1990 foi marcada pelo surgimento de novas organizações indígenas que reivindicavam a identificação e demarcação de suas respectivas áreas. Nos doze anos após a promulgação da nova Constituição, grande parte das Terras Indígenas ganhou reconhecimento pelo governo federal, incluindo terras de grande extensão, como a Terra Indígena Ianomâmi (9,6 milhões de hectares) e a Terra Indígena do Alto Rio Negro (8 milhões de hectares). Por volta do ano 2000, havia 575 Terras Indígenas no país em alguma fase de regularização,[2] com uma extensão de mais de 103 milhões de hectares (Santilli, 2000, p.

1 Realizei várias consultorias entre 1998 e 2021 relacionadas à problemática da gestão territorial indígena (veja, como amostra, Little, 2003, 2006, 2015, 2018).

2 As fases são: Identificação; Delimitação; Demarcação; Homologação; Registro.

165). Embora as questões territoriais dos povos indígenas sejam de escopo nacional, foi na Amazônia brasileira onde tiveram mais ressonância, sendo que 98% da extensão nacional das Terras Indígenas está na região, compondo 23% da área total desse bioma (RAISG, 2020).

Com esse crescente número de Terras Indígenas demarcadas, a luta dos povos indígenas por seus direitos territoriais começou a mudar seu foco para realizar ações de vigilância, proteção e produção no afã de viver dentro de seus territórios de forma digna, segura e saudável. Paralelamente houve uma proliferação de organizações indígenas, com a maioria delas voltada para a criação de associações passíveis a captar recursos externos e gerir projetos de capacitação de lideranças, fortalecimento institucional e desenvolvimento sustentável (Albert, 2000).

O movimento ambientalista e a proteção da Amazônia

O movimento ambientalista internacional ganhou importância e visibilidade política durante a década dos 1980, colocando sua preocupação com o desmatamento da floresta tropical amazônica como tema privilegiado (Zhouri, 2003). Nessa mesma década, o movimento ambientalista nacional conseguiu incluir na Constituição Federal de 1988 o "direito ao meio ambiente ecologicamente equilibrado, bem de uso comum do povo e essencial à sadia qualidade de vida" (art. 225). Na década dos 1990, o movimento ambientalista nacional fortaleceu-se com a promulgação de importantes leis ambientais (Recursos Hídricos, Crimes Ambientais, Educação Ambiental, Sistema Nacional de Áreas Protegidas, entre outras). Enquanto isso, investigadores das ciências biológicas e sociais demonstraram que as regiões com os mais altos índices de biodiversidade mostraram uma forte correlação com as áreas com alta sociodiversidade (Bensusan, 2005).[3]

A colaboração entre ambientalistas, povos indígenas e comunidades tradicionais tornou-se numa potente força política, com repercussões in-

3 Sociodiversidade – "conjunto de diferentes formas de ser, agir e pensar dos agrupamentos humanos, abrangendo suas relações com o ambiente, com o espaço, suas formas de organização política, suas concepções religiosas, suas relações de parentesco e suas expressões culturais" (Ricardo e Campanili, 2007, p. 541).

ternacionais e conduziu à articulação de um movimento socioambiental que afirmou que as políticas ambientais na Amazônia somente teriam efetividade e durabilidade se envolvessem as comunidades locais no processo decisório referente ao uso da terra e à distribuição dos benefícios derivados do uso de seus recursos naturais (Santilli, 2005). A reunião em Altamira, Pará, em 1989 é emblemática dessa nova colaboração. Mais de 600 guerreiros Kayapó, com o apoio do movimento ambientalista internacional, se juntaram para barrar a construção da hidroelétrica Kararaô no rio Xingu, o que representou uma vitória histórica que foi transmitida mundialmente pela imprensa. Houve outros casos que compunham a "aliança indígena-ambientalista" que estabeleceu vínculos entre as reivindicações dos povos indígenas e dos ambientalistas para proteger a floresta amazônica, mas cabe ressaltar que tais esforços também tiveram momentos de tensão e disputa interna (Conklin e Graham, 1995).

Complementando esse processo, a Conferência das Nações Unidas para o Meio Ambiente e Desenvolvimento (Cúpula da Terra), realizada no Rio de Janeiro em 1992, até então a maior conferência da ONU, consagrou o conceito de desenvolvimento sustentável e serviu como poderoso estímulo para o movimento ambientalista e os povos indígenas coordenarem suas ações e proporem alternativas aos modelos existentes de desenvolvimento (Svirsky e Capobianco, 1997). E o novo discurso mundial colocou os povos indígenas e seus sistemas de conhecimento tradicional e manejo florestal no centro das discussões sobre a proteção das florestas tropicais. Se antes os modos de vida dos povos indígenas foram considerados como anacrónicos, agora são conceituados como vanguarda da elaboração de novas práticas de desenvolvimento sustentável.

O Programa Piloto

O Programa Piloto para a Proteção das Florestas Tropicais do Brasil (PPG-7), financiado pelo Grupo dos Sete Países Industrializados e implementado pelo governo brasileiro, foi lançado em 1995 e rapidamente tornou-se um lugar privilegiado para a formulação de novas políticas socioambientais e sua institucionalização no governo nos níveis estadual e federal. O PPG-7 facilitou o estabelecimento de políticas públicas para a Amazônia que incorporavam os povos indígenas dentro de vários subprogramas do governo federal.

No plano territorial, o Projeto Integrado de Proteção às Populações e Terras Indígenas de Amazônia Legal (PPTAL) deu um grande impulso à demarcação das Terras Indígenas. Em seus primeiros dez anos (1996-2005), o PPTAL identificou 60 Terras Indígenas (11 milhões de hectares) e demarcou outras 92 (38 milhões de hectares) (Viergerver, 2005). No plano desenvolvimentista, o Subprograma Projetos Demonstrativos Tipo A (PD/A) deu apoio técnico e financeiro para os primeiros subprojetos indígenas de desenvolvimento sustentável, que incluíam iniciativas de produção agroflorestal, medicina tradicional, artesanato e etnodesenvolvimento (Little, 2003). A criação do Projetos Demonstrativos dos Povos Indígenas (PDPI) dentro do Ministério do Meio Ambiente em 2002 reforçou essa tendência com o financiamento de 191 subprojetos indígenas entre 2002-2012, solidificando assim muitas práticas novas de produção agroflorestal e fortalecendo a capacidade indígena de gestão de projetos.

É essencial apontar que as associações indígenas encontraram numerosas dificuldades na execução desses subprojetos, já que tiveram que enquadrar suas atividades dentro de um marco "projetista" que demandava a criação de associações indígenas formais (como pessoas jurídicas), a abertura de contas bancárias, a elaboração de subprojetos que continham metas, objetivos gerais e específicos, indicadores de desempenho, orçamentos detalhados e cronogramas e o estabelecimento de sistemas rigorosos de prestação de contas. Ainda assim, embora com níveis muito díspares de sucesso, os povos indígenas abraçaram essas tarefas, ampliando o controle econômico sobre seus territórios (Little, 2005).

Existe uma longa trajetória de como chegamos aqui. Em 1991, foi apresentado um projeto de lei do Estatuto das Sociedades Indígenas, que buscava reformular e atualizar o Estatuto do Índio decretado pela ditadura militar em 1973, mas que seguiu nas gavetas do Congresso durante trinta anos. Na véspera do século XXI, os avanços mais significativos na consolidação dos direitos territoriais indígenas aconteceram dentro do arcabouço ambientalista, em grande parte graças aos aportes do PPG-7 e outras entidades ambientais. Com respeito aos direitos étnicos, em 2004, o governo brasileiro ratificou a Convenção 169 da Organização Internacional de Trabalho sobre Povos Indígenas e Tribais em Países Independentes, que estabelece normas para a Consulta Prévia, Livre e Informada sobre projetos de desenvolvimento em Terras Indígenas e com relação ao reconhecimento formal de grupos étnicos pelos governos nacionais.

Encontros e desencontros entre os povos indígenas e os preservacionistas

Não obstante os pontos de coincidência temática e as colaborações entre povos indígenas e ambientalistas, no plano territorial houve uma série de tensões e mal-entendidos que precisava ser superada para que esses dois movimentos sociais pudessem formar uma verdadeira aliança contra as crescentes forças econômicas predatórias. A principal arena de choque foi com a corrente "preservacionista" do movimento ambientalista, que defendia um aumento no número e tamanho das Unidades de Conservação de proteção integral (parques nacionais, reservas biológicas, estações ecológicas, entre outras), nas quais a residência por parte de populações indígenas seria proibida.

Nas duas décadas entre 1971 e 1990, a área sob proteção integral no Brasil multiplicou-se mais de 28 vezes, sendo que a maior parte desta área correspondeu a Unidades de Conservação na Amazônia (Barreto Filho, 2004). Em muitas dessas áreas, agora formalmente classificadas como "intocáveis" para populações humanas, viviam povos indígenas e outras populações tradicionais quem utilizavam os recursos naturais como fonte de subsistência. Um levantamento encontrou 55 casos no Brasil de sobreposição territorial entre Terras Indígenas e Unidades de Conservação, com uma extensão total de quase 13 milhões de hectares (Rolla e Ricardo, 2004).

Duas políticas ambientais ajudaram a desemaranhar essas tensões territoriais. A promulgação da Lei do Sistema Nacional de Unidades de Conservação (SNUC) em 2000, após dez anos de intenso debate entre ambientalistas, povos indígenas e comunidades tradicionais, estabeleceu a nova categoria de conservação de "uso sustentável", na qual as populações humanas que moravam dentro dessas áreas eram responsáveis por sua proteção ambiental e pela elaboração de um Plano de Utilização. O SNUC também normatizou a criação de Conselhos Consultivos e Conselhos Deliberativos para as Unidades de Conservação, com a participação dos povos indígenas e outras comunidades tradicionais do entorno.

Além disso, com o lançamento do Plano Estratégico Nacional de Áreas Protegidas (PNAP) em 2006, criou-se uma categoria específica de proteção ambiental para as Terras Indígenas, o que permitiu uma reconciliação territorial entre as políticas ambientais e indigenistas e ampliou o escopo das políticas de proteção ambiental na Amazônia. Quando são consideradas em conjunto, as Terras Indígenas e as Unidades de Conservação compõem 45% da área da Amazônia brasileira (embora 3% desse total ainda represente áreas sobrepostas) e os povos indígenas se transformaram em protagonistas principais nas políticas nacionais de proteção ambiental. Dentro dessa nova conjuntura, surgiu a necessidade de formular uma política pública que integrasse as ações de controle territorial dos povos indígenas (gestão territorial) com as exigências nacionais da conservação da biodiversidade (gestão ambiental).

Isto nos leva a uma breve retomada do estabelecimento da PNGATI como política pública.

A PNGATI: nnascimento de uma política pública

O estado do Acre teve um papel importante na promoção do conceito e prática de gestão territorial indígena. Durante a década de 1990, os intensos trabalhos de educação bilíngue com os povos indígenas resultaram numa valorização das línguas indígenas, ao mesmo tempo que focou-se nos temas de educação ambiental em cursos de formação de educadores indígenas (Gavassi, 2003). Um vasto acervo de conhecimentos ambientais dos povos indígenas foi levantado e colocado em diálogo com os conhecimentos da ciência ambiental. O resultado desses encontros intercientíficos foi a produção de um novo e inovador corpo de conhecimentos híbridos, que foi levado às aldeias indígenas e testado empiricamente pelos Agentes Agroflorestais Indígenas (Freschi, 2010).

Em 1999, com a eleição de Jorge Vianna, do PT, como governador do estado, deu-se início à instalação do chamado "Governo da Floresta", no qual as práticas agroflorestais receberam apoio prioritário na tentativa de construir um novo modelo de desenvolvimento sustentável no nível estadual. Os povos indígenas e seus modos de vida cumpriram um papel central nesse processo e seus conhecimentos tradicionais formaram parte das políticas ambientais e desenvolvimentistas das agências governamentais. O Programa Estadual de Zoneamento Ecológico-Econômico do Acre, instituído no mesmo ano, permitiu que múltiplas informações socioambientais fossem compiladas e analisadas. Subsequentemente, a Secretaria de Meio Ambiente do Estado do Acre criou uma Subgerência de Etnozoneamento em Terras Indígenas, que promoveu trabalhos participativos de diagnóstico, zoneamento e planejamento com os povos indígenas para a gestão de seus territórios.

Com base nesse breve histórico, podemos identificar o seminário Gestão Territorial em Terras Indígenas como um marco importante na consolidação do conceito de gestão territorial indígena – definido como o controle político e o manejo ambiental do espaço geográfico que é o território de um povo indígena – e o início de um longo processo de estabelecer uma política nacional em torno deste tema (Little, 2006). Nos seis anos seguintes, distintas organizações indígenas representativas, lideradas pela Coordenadora das Organizações Indígenas da Amazônia Brasileira (COAIB), lutaram para que o Estado brasileiro não só reconhecesse suas novas práticas agroflorestais como válidas, mas que também provesse guias técnicas e apoio financeiro para suas ações de proteção territorial e desenvolvimento sustentável. Nessa tarefa, contaram com apoio de um conjunto amplo de atores sociais, tais como instituições multilaterais, bilaterais e privadas de financiamento, organizações não governamentais ambientalistas e indigenistas e agências governamentais federais e estaduais.

Em 2008, o governo brasileiro estabeleceu um Grupo de Trabalho Interministerial para tratar dessa temática, com representantes das organizações indígenas e oficiais dos Ministérios do Ambiente, da Defesa e da Justiça, indicando a abrangência temática do conceito de gestão territorial indígena. Nesse mesmo ano, foram realizadas cinco consultas regionais para a elaboração de um projeto a ser financiado internacionalmente e em 2010 o Global Environmental Facility (GEF) aprovou o financiamento de US$ 6 milhões para o Projeto GATI em apoio de ações de fortalecimento e institucionalização de práticas de gestão territorial indígena em 32 Terras Indígenas-pilotos localizadas nas cinco regiões do país.

Com a promulgação da PNGATI, mediante Decreto 7.747, de 5 de julho de 2012, no governo da presidenta Dilma Rousseff, a gestão territorial indígena foi estabelecida como o principal mecanismo dos povos indígenas para controlar seus territórios e guiar suas ações de manejo ambiental. Para a efetiva implementação dessa política, houve um intenso processo de capacitação, incluindo a realização do Curso Básico de Formação Continuada em PNGATI em várias regiões do país, com o apoio de organizações indigenistas em colaboração com a Fundação Nacional do Índio (APIB, 2016).

Em 2014, a ferramenta MonitorGATI foi elaborada e testada para fazer o monitoramento e avaliação dos Planos de Gestão Territorial e Ambiental das Terras Indígenas (PGTAs) em forma participativa. Os PGTAs, por sua parte, receberam apoio financeiro do Fundo Amazônia, do PDPI, da USAID e de fundações privadas, no intuito de estender e consolidar essa política. A PNGATI contribuiu para um novo modelo de governança socioambiental na Amazônia, fundamentada num espaço público de debate político e participação cidadã orientado dentro de um marco de respeito aos direitos étnicos e ambientais.

Fica claro, pois, que, nos trinta anos desde a nova Constituição, os povos indígenas amazônicos se tornaram protagonistas na formulação de políticas públicas e receberam apoio de um amplo leque de instituições e organizações. Nesse processo, formas tradicionais de gestão e controle territorial foram transformadas mediante seu diálogo com a ciência ocidental e compatibilizadas com a legislação ambiental.

A fronteira neodesenvolvimentista dos governos do PT (2003-2016)

Até aqui, por meio da antropologia das políticas públicas, analisamos a construção interna de políticas de gestão territorial indígena, revelando seu processo de reconciliação com as políticas territoriais do ambientalismo e sua transformação em peça central de um novo marco de governança socioambiental na Amazônia. Agora é preciso ampliar a visão para incluir as forças territoriais que entraram na região com uma agenda de expansionismo econômico – a agroindústria, o extrativismo mineral e a construção de grandes obras de infraestrutura – e aproveitaram um longo boom de commodities na economia global (2001-2014).

Com a chegada à presidência da República de Luz Inácio Lula da Silva, do Partido dos Trabalhadores, em 2003, o governo federal impulsou uma nova onda de expansão de fronteiras amazônicas, agora de viés neodesenvolvimentista, financiada majoritariamente por capitais brasileiros (Banco Nacional de Desenvolvimento Econômico e Social - BNDES) e chineses (China Eximbank, o banco chinês de desenvolvimento). De fato, uma das peças centrais do governo Lula foi o Programa Aceleração do Crescimento (PAC 1) – que foi sucedido no governo petista de Dilma Rousseff por um PAC 2 – para a construção de grandes usinas hidrelétricas (Belo Monte; Teles Pires; São Manoel), novas instalações de mineração industrial e obras interestaduais de infraestrutura viária (Little, 2013).

Nesse sentido, nos anos seguintes, o Brasil experimentou uma expansão vertiginosa da monocultura da soja, primeiro no estado de Mato Grosso, que produziu picos na taxa de desmatamento na Amazônia em 2003 e 2004; depois na região de Matopiba;[4] e mais recentemente no estado do Pará. Paralelamente, houve o reagrupamento político dos grandes proprietários de terras, liderados pela chamada bancada ruralista no Congresso Nacional, que organizou um "contra-ataque conservador" (Valle, 2006) e ressuscitou o discurso desenvolvimentista da ditadura mili-

4 Região brasileira do bioma do Cerrado referente à área fronteiriça dos estados de Maranhão (MA), Tocantins (TO), Piauí (PI) e Bahia (BA).

tar que classificou as Terras Indígenas e as Unidades de Conservação como obstáculos ao desenvolvimento econômico.

Esses dois tipos de unidades territoriais foram o principal alvo desses ataques dado que ocupavam 45% da área da Amazônia e funcionaram como freio à cobiça frenética pelos recursos naturais contidos neles. Em 2005, a bancada ruralista conseguiu liberar o uso de organismos geneticamente modificados, com a promulgação de uma nova Lei da Biossegurança, e, em 2012, após vários anos de debate acrimonioso, o Congresso Nacional aprovou um novo Código Florestal que eliminava muitas proteções das florestas e concedeu uma amnistia para proprietários de terras que houvessem cometido crimes ambientais (Leitão, 2014).

Essa nova fronteira neodesenvolvimentista gerou tensões e atritos com ambientalistas e, especialmente, com povos indígenas cujos territórios estavam sendo diretamente atingidos, gerando contradições internas em governos que se diziam de viés progressista. Uma série de confrontos em torno das políticas públicas marcou essa época, com vitórias e derrotas tanto para os ruralistas, quanto para os povos indígenas e para os ambientalistas. Por exemplo, ainda em 2012, quando a Política Nacional de Gestão Territorial e Ambiental de Terras Indígenas foi decretada, depois de seis anos de consultas e financiamentos, o novo Código Florestal foi aprovado numa vitória política para os ruralistas – ainda que o Código tenha fortalecido o Cadastro Ambiental Rural (CAR), instrumento chave de fiscalização das florestas em áreas privadas, executado, contudo, com diferentes níveis de eficácia.

No setor agroindustrial, o governo federal estimulou a massiva expansão do monocultivo da soja, mas simultaneamente elaborou uma "lista negra" de 41 municípios com altas taxas de desmatamento e cortou seu acesso a créditos agrícolas até que instalassem uma série de políticas de proteção ambiental, o que contribuiu para uma década de desaceleração nas taxas de desmatamento amazônico (2005-2014). Por sua vez, a pavimentação da BR-163, que conecta Cuiabá com o porto amazônico de Santarém, incentivou a entrada de fazendeiros, madeireiros, garimpeiros, grileiros e pequenos agricultores em uma vasta área densamente florestada. Ao mesmo tempo, contudo, o governo federal estabeleceu, entre 2004-2008, oito novas Unidades de

Conservação de proteção integral e de uso sustentável na região paraense da Terra do Meio (localizada na área interfluvial dos rios Xingu e Iriri), totalizando mais de 13 milhões de hectares (Bratman, 2019, p. 286).

Em suma, apesar das tensões em torno desses diversos assuntos, a maioria dos atores sociais envolvidos manteve o consenso civil de trabalhar dentro dos marcos legais das políticas públicas do Estado, respeitando o espaço público de debate e participação onde argumentos e contra-argumentos foram ouvidos antes da tomada de decisões. Ou seja, os princípios do sistema de governança socioambiental construídos na época pós-Constituição foram testados e, em alguns casos, enfraquecidos e ainda estavam em vigor – mas não por muito tempo.

A nova fronteira autoritária dos governos Temer e Bolsonaro (2016-2021)

A fronteira neodesenvolvimentista dos governos petistas entrou em colapso com base em uma série de eventos. Em especial, a recessão econômica derivada da queda dos preços das commodities no mercado mundial; os protestos de rua contra a gestão do governo Rousseff; a opulência dos gigantes estádios de futebol construídos para a Copa do Mundo e os Jogos Olímpicos; e as sequelas das revelações de corrupção do caso Lava Jato com múltiplas implicações internacionais. Em meio a isso tudo, a bancada ruralista ajudou a liderar o processo de impeachment e destituição da presidenta Rousseff em 2016, e a instalação do vice-presidente Michel Temer como presidente. Com isso, o contra-ataque ruralista conseguiu tomar o controle do Executivo.

Esse controle se aprofundou com a eleição do ex-capitão Jair Bolsonaro à Presidência, em 2018, com base em um discurso explicitamente anti-indígena e antiambiental. O governo Bolsonaro rapidamente começou a minar a institucionalidade das políticas públicas e colocar em xeque as práticas instituídas da governança socioambiental. A evisceração das políticas públicas foi feita pela destruição da fiscalização do desmatamento e de outros crimes ambientais; pelo apelo ao tema da segurança nacional como forma de não cumprir com os licenciamentos ambientais;

pela negação em demarcar as Terras Indígenas e as dos grupos remanescentes das comunidades de quilombolas; e pelo enxugamento drástico do orçamento para a Funai e para o Ministério do Meio Ambiente.

O governo Bolsonaro também utilizou táticas para limitar ou evadir as instâncias de governança socioambiental fundamentadas na participação da sociedade civil nas decisões públicas. Decretou, por exemplo, a eliminação ou o esvaziamento decisório dos conselhos federais que contavam com representantes de distintas esferas da sociedade, colocando em seu lugar um sistema centralizado na Presidência de República, em uma guinada claramente autoritária que evoca os anos da ditadura militar. Nesse âmbito, os assassinatos de líderes rurais e as invasões de Terras Indígenas e Unidades de Conservação – práticas que sempre estavam presentes na Amazônia a despeito dos governos de turno – incrementaram-se nos primeiros dois anos do governo Bolsonaro, num clima geral de impunidade.

Mas é a política de gestão territorial indígena que está sofrendo ataques frontais e é onde a sombra militar é mais nítida. O governo Bolsonaro está promovendo, com ou sem a autorização da lei, a mineração e o plantio de soja dentro das Terras Indígenas, o que instala desde cima um modelo de desenvolvimento industrial dessas áreas para favorecer os grandes interesses econômicos nacionais. Isto nega os preceitos básicos dos Planos de Gestão Territorial e Ambiental, que são elaborações endógenas e procuram satisfazer as demandas e necessidades econômicas e culturais dos povos indígenas e garantir o desenvolvimento sustentável de seus territórios.

Todas essas ações podem ser consideradas como práticas de "antigovernança", justamente porque desarticulam e desrespeitam os acordos existentes, muitos deles construídos em longos processos de negociação e respaldados pela lei. E tal como aconteceu na fronteira desenvolvimentista da ditadura, onde não houve espaços de debate sobre políticas públicas, a caraterística mais notável da atual fronteira amazônica é seu autoritarismo, representando um retorno do modelo de "capitalismo autoritário" de que falou Velho (1976).

À guisa de conclusão

Até recentemente, a gestão territorial indígena poderia ser considerada uma política pública consolidada, com nove anos de implementação e com a ativa e qualificada participação de associações indígenas locais e organizações indígenas representativas. Há um crescente uso dos Planos de Gestão Territorial e Ambiental e um aumento significativo na produção sustentável nas Terras Indígenas. Mas a instalação de uma nova fronteira, que chamamos de fronteira autoritária, nos dias de hoje, coloca em questão esses avanços e levanta a possibilidade de que as políticas públicas e os consensos democráticos que as fundamentam não sejam suficientemente sólidos para aguentar os atuais ataques.

A história das fronteiras em expansão está cheia de exemplos de mudanças socioeconômicas bruscas que afetam a vida dos povos indígenas, mas também têm consequências preocupantes nas mudanças climáticas para a Amazônia e o planeta. De fato, instituições internacionais de financiamento, governos de distintas partes do mundo, organizações não-governamentais e redes ativistas estão pressionando o governo brasileiro para reverter suas práticas predatórias e exigem políticas públicas capazes de garantir a sustentabilidade da floresta amazônica e seus povos. O tempo é curto, mas o mundo inteiro está atento.

Referências bibliográficas

Albert, B. 2000. Associações Indígenas e Desenvolvimento Sustentável na Amazônia Brasileira. In: *Povos Indígenas no Brasil 1996/2000*, Ricardo, C.A. (ed.). Instituto Socioambiental: São Paulo, p. 197-207.

APIB (Articulação dos Povos Indígenas do Brasil). 2016. *Participação e Protagonismo Indígena*. Instituto Internacional de Educação do Brasil: Brasília.

Barreto Filho, H. 2004. Notas para uma História Social das Áreas de Proteção Integral no Brasil. In: *Terras Indígenas e Unidades de Conservação: O Desafio das Sobreposições*, F. Ricardo, F. (ed.). Instituto Socioambiental: São Paulo, p. 53-63.

Bensusan, N. 2005. Biodiversidade, Recursos Genéticos e Outros Bichos Esquisitos. In: *O Direito e o Desenvolvimento Sustentável: Curso de Direito Ambiental*, Rios, A. e Irigaray, C. (eds.). Editora Peirópolis: São Paulo, p. 31-69.

Bratman, E.Z. 2019. *Governing the Rainforest: Sustainable Development Politics in the Brazilian Amazon*. Oxford University Press: Oxford.

Conklin, B.A. e Graham, L.R. 1995. The Shifting Middle Ground: Amazonian Indians and Ecopolitics. *American Anthropologist*, 97(4), p. 695-710.

Freschi, J.M. 2010. Olhares sobre Etnoecologia: Para Quê e Para Quem. In: *Conhecimentos Tradicionais para o Século XXI: Etnografias da Intercientificidade*, Little, P.E. (ed.). AnnaBlume: São Paulo, p. 181-182.

Gavazzi, R.A. 2003. Educação Ambiental para Professores Indígenas da Amazônia. In: *Políticas Ambientais no Brasil: Análises, Instrumentos e Experiências*, Little, P.E. (ed.). Editora Peirópolis: São Paulo, p. 113-128.

Leitão, S. 2014. Isso é só o Começo: Sobre o Código Florestal. In: *Os Novos Desafios da Política Ambiental Brasileira*, Little, P. (ed.). Instituto Internacional de Educação do Brasil: Brasília, p. 180-204.

Little, P.E. 2003. *Avaliação dos Subprojetos Indígenas do PD/A da Amazônia Legal: Com Utilização de uma Metodologia Desenhada para Atender às Sociedades Indígenas*. Programa Piloto para a Proteção das Florestas Tropicais do Brasil: Brasília.

Little, P.E. 2005. Indigenous Peoples and Sustainable Development Subprojects in Brazilian Amazonia: The Challenges of Interculturality. *Law and Policy*, 27(3), p. 450-471.

Little, P.E. 2006. *Gestão Territorial em Terras Indígenas: Definição de Conceitos e Proposta de Diretrizes*. Programa Estadual de Zoneamento Ecológico-Econômico do Estado do Acre: Rio Branco.

Little, P.E. 2013. *Megaproyectos en la Amazonía: Un Análisis Geopolítica y Socioambiental con Propuestas de Mejor Gobierno para la Amazonía*. Derecho, Ambiente y Recursos Naturales: Lima.

Little, P.E. 2015. *Centros e Experiências de Formação Indígena em Gestão Territorial e Ambiental na Amazônia Brasileira*. Instituto Internacional de Educação do Brasil: Brasília.

Little, P.E. 2018. *Indigenous Peoples' Rights in the Face of Amazonian Development Projects*. PACT-Global: Washington DC.

RAISG (Red Amazónica de Información Socioambiental Georreferenciada). 2020. *Amazonía Bajo Presión*. Instituto Socioambiental: *São Paulo*.

Ricardo, B. e Campanili, M. 2007. *Almanaque Brasil Socioambiental*. Instituto Socioambiental: São Paulo.

Rolla, A. e Ricardo, F. 2004. Mapas das Sobreposições. In: *Terras Indígenas e Unidades de Conservação da Natureza: O Desafio das Sobreposições*, Ricardo, F. (ed.). Instituto Socioambiental: São Paulo, p. 589-687.

Santilli, M. 2000. Demarcação das Terras Indígenas: Uma Luz no Fim do Túnel? In: *Povos Indígenas no Brasil 1996/2000*, Ricardo, C.A. (ed.). Instituto Socioambiental: São Paulo, p. 163-168.

Santilli, J. 2005. *Socioambientalismo e Novos Direitos: Proteção Jurídica à Diversidade Biológica e Cultural*. Editora Peirópolis: São Paulo.

Svirsky, E. e Capobianco, J.P. (eds.). 1997. *O Ambientalismo no Brasil: Passado, Presente e Futuro*. Instituto Socioambiental: São Paulo.

Valle, R.S.T. 2006. Contra-ataque Conservador. In: *Povos Indígenas no Brasil 2001/2005*, Ricardo, B. e Ricardo, F. (eds.). Instituto Socioambiental: São Paulo, p. 77-79.

Velho, O. 1976. *Capitalismo Autoritário e Campesinato*. Difusão Europeia do Livro: São Paulo.

Viergerver, M. 2005. *Projeto Integrado de Proteção às Populações e Terras Indígenas de Amazônia Legal – PPTAL: Estudo de Avaliação*. Programa Piloto para a Proteção das Florestas Tropicais do Brasil: Brasília.

Wedel, J.R., Shore, C. e Lathrop, S. 2005. Toward an Anthropology of Public Policy. *Annals of the American Academy of Political and Social Science*, 600, p. 30-51.

Zhouri, A. 2003. Árvores e Gente na Amazônia: As Imagens da Floresta em Documentários Britânicos dos Anos 80 e 90. *Boletim Rede Amazônia*, 2(1), p. 107-115.

PASSADO, PRESENTE E FUTURO DA COOPERAÇÃO INTERNACIONAL SOCIOAMBIENTAL NA AMAZÔNIA: UM OLHAR A PARTIR DA GOVERNANÇA EM REDE

Cristina Yumie Aoki Inoue, Paula Franco Moreira
e Marília Bonfim Silva

Introdução

Por muito tempo, a Amazônia existiu no imaginário global como uma grande floresta tropical, selvagem para alguns, fonte de recursos para outros. A partir da emergência da questão ambiental na agenda internacional, cujo marco inicial foi a Conferência das Nações Unidas sobre Meio Ambiente Humano, realizada em Estocolmo em 1972, ela passou também a ser alvo de preocupação da opinião pública internacional como uma região importante pelas suas florestas, rios, biodiversidade, estoque de carbono e riqueza em diversidade cultural. O Brasil, no entanto, vivia o período da ditadura militar e se posicionava de forma soberanista na arena internacional, não aceitando apoio ou opinião em assuntos ambientais internos. Apenas com a redemocratização as posições brasileiras começaram a se modificar e o país começou a se abrir para a cooperação internacional na Amazônia.

Nos estudos das Relações Internacionais (RI), a região amazônica, suas redes transnacionais de cooperação, de ativismo e seus conflitos têm sido negligenciados internacionalmente (Picq, 2016) e no Brasil (Guerra, 2020), com poucas exceções (Abdala 2007; Inoue, 2007; Moreira et al., 2019). Estudiosos da área têm apontado para a necessidade de uma agenda de pesquisa sobre Amazônia na política ambiental global e que as RI, enquanto campo acadêmico, olhe para os vários lugares da Amazônia (Secco et al., 2020; Pereira e Viola, 2019). Na realidade, são muitas Amazônias (Monteiro, 2019), desde a bacia unindo os nove países da floresta,[1] a Pan-Amazônia sul-americana, maior bacia hidrográfica e floresta tropical do planeta, com rios de diversas cores, várias paisagens e ecossistemas, centenas de povos indígenas e comunidades tradicionais, megabiodiversidade, estoque de carbono e riquezas minerais. Embora invisibilizada nas RI, as Amazônias estão presentes na história das relações internacionais e têm sido alvo de ciclos de exploração desde a invasão portuguesa, espanhola (Picq, 2016), holandesa (Suriname) e francesa (Guiana Francesa). Na Panamazônia, existem diversas etnias indígenas transfronteiriças cujos modos de vida ultrapassam fronteiras territoriais e se denominam como nações autônomas, vivendo de acordo com seus costumes, línguas e determinando seu modo de desenvolvimento. Exemplos são os povos indígenas da etnia Yanomami, Ashaninka e outras (Ricardo e Santilli, 2008).

Este capítulo não pretende discutir o significado da Amazônia para as RI, já que são muitos lugares (Guerra, 2020), mas, sim, discorrer sobre a cooperação internacional socioambiental na Amazônia brasileira e contrapor a retórica soberanista contrária à colaboração e parcerias estrangeiras em prol do meio ambiente e das populações locais. Desde a época da Conferência das Nações Unidas sobre Meio Ambiente e Desenvolvimento realizada no Rio de Janeiro em 1992 (Rio 1992), a Amazônia tem sido um lugar onde uma miríade de programas de projetos de cooperação foram realizados com a participação de atores do global ao local. Contrariamente ao que muitos pensam, essas iniciativas não são governadas de fora para

1 Brasil, cuja área representa cerca de 60% da Floresta Amazônica, Peru, com aproximadamente 13%, seguido da Colômbia, com cerca de 10% e Bolívia, Equador, Venezuela, Guiana, Guiana Francesa e Suriname, que juntos detêm cerca de 17% da floresta Amazônica.

dentro, nem no âmbito nacional, mas, sim, em geral, construídas e geridas através de redes que perpassam as fronteiras.

A cooperação internacional faz parte dos esforços de conservação da Amazônia, em especial pela importância da floresta, das águas e da biodiversidade como preocupações globais e como bens públicos, o que tem gerado ações de dentro para fora e vice-versa (Nunes, 2015). A cooperação internacional está presente na Amazônia também em virtude da riqueza e diversidade cultural dos povos indígenas e comunidades tradicionais da região, que possuem seus direitos humanos e modos de vida constantemente ameaçados. Nesse escopo, a evolução da ligação irreversível entre meio ambiente e desenvolvimento é traduzida nos esforços do Relatório Meadows (1972), do Relatório Brundtland (1987) e da institucionalização simultânea da preservação do meio ambiente na esfera onusiana (Teixeira, 2017) e formalizada em iniciativas regionais dos países que compõem a Amazônia Legal, como a Organização do Tratado de Cooperação Amazônica (OTCA), a serem destacadas a seguir.

Cooperar para o meio ambiente passa a ser visto como questão de *desenvolvimento* (Teixeira, 2017, p. 185) e, portanto, o desdobramento da governança ambiental internacional se pauta na sustentabilidade e na relação entre países para conservação da biodiversidade, florestas, oceano, para o combate à desertificação, para a mitigação e adaptação à mudança global do clima e outras questões reguladas por convenções e acordos internacionais. Além dos esforços das organizações do Sistema das Nações Unidas e das agências bilaterais de ajuda ao desenvolvimento para fomento à conservação e uso sustentável da Amazônia, cumpre destacar o papel da opinião pública internacional para tanto e como esse processo está associado à gestão ambiental participativa.

Assim, organizamos este capítulo em três partes. Na primeira, apresentamos um histórico breve dos programas de cooperação internacional recebida dos países do G7;[2] em seguida, analisamos o atual estado da arte e os desafios do presente; finalmente, apontamos alguns direcionamentos

2 Grupo composto pelas sete maiores economias do mundo: Alemanha, Canadá, Estados Unidos da América, França, Itália, Japão e Reino Unido.

para o futuro. Nosso intuito não é avaliar programas e projetos de cooperação internacional, mas apresentá-los a partir de um olhar (entre muitos possíveis) das Relações Internacionais, que é o da governança global e em rede. Trata-se de um quadro de referência analítico que aponta para a articulação de múltiplos atores, níveis de organização política do global ao local e/ou do local ao global e arranjos institucionais distintos, que coloca em xeque visões simplificadoras da cooperação internacional.

Trajetória da Cooperação Internacional para Amazônia: do nacional desenvolvimentismo às redes – cooperação internacional como parcerias socioambientais

No Brasil, a partir do final da década de 1960, no período da ditadura militar, intensifica-se a exploração dos recursos naturais e impactos de obras de desenvolvimento na Amazônia. Dessa vez, trata-se de um movimento capitaneado pelo Estado (Becker, 2004) com os projetos de integração nacional, que promoveram hidrelétricas, estradas, ocupação e expansão da mineração e da fronteira agropecuária, resultando em aumento do desmatamento, perda da biodiversidade, deslocamento, violência contra populações tradicionais e povos indígenas que resultaram na extinção ou quase extinção de algumas etnias, como a dos Panará no Xingu (Arnst e Pinto, 1998). Nesse período, instala-se a visão do nacional-desenvolvimentismo com seus projetos e obras que, contudo, não resultaram em melhores condições de vida para as populações locais (Secco et al., 2020). Para Becker (2004), a consolidação do povoamento no arco produtivo das porções leste e sul da Amazônia brasileira é resultado de migrações e projetos desenvolvimentistas. Nesse período, o Estado Brasileiro rejeitava a cooperação internacional ambiental, posicionando-se contra a "presença estrangeira" na Amazônia. No entanto, ao mesmo tempo, implementava projetos de desenvolvimento com graves e irreversíveis impactos socioambientais, utilizando recursos internacionais do Banco Mundial ou do Banco Interamericano de Desenvolvimento (Allegretti, 2008; Pereira, 2017).

Ao contrário dos avanços internacionais do discurso sobre desenvolvimento e meio ambiente, durante a Conferência de Estocolmo (1972), a supressão de direitos políticos no Brasil impediu que o movimento tomasse proporção suficiente para uma mobilização política. Em essência, o caráter apolítico da vida pública durante a ditadura cívico-militar brasileira retardou o processo de identidade da ação coletiva para a apropriação social da ideia indissociável entre ser humano e natureza (Machado, 2008). Fechado à participação social, o Estado brasileiro não considerava os direitos das populações locais e movimentos sociais, que acabaram por constituir coalizões com Organizações Não-Governamentais (ONGs) estrangeiras para pressionar o Estado de fora para dentro. A literatura sobre o tema aponta que esse padrão *boomerang* envolvendo sociedade civil, Estado e sistema internacional se inicia pelas redes transnacionais (Keck e Sikkink, 1999). No caso em análise, a mobilização para a proteção do meio ambiente se beneficiou das três condições estruturais necessárias para o surgimento das redes transnacionais de ativismo (*transnational advocacy networks)*: ação governamental ineficaz ou relação entre grupos domésticos e governos locais turbulenta; ambiente possível para ampliação da capacidade de ação de ativistas; e criação de espaços para redes fomentadas por conferências e fóruns internacionais (Keck e Sikkink, 1998).

Durante a década de 1980, ainda no regime militar, diversas ONGs se consolidaram na atuação para a preservação da Amazônia e na defesa de seus povos indígenas e comunidades tradicionais, através de apoio e recursos financeiros doados por governos estrangeiros (ex. Noruega, Estados Unidos, Reino Unido), bem como fundações privadas (como Rockefeller, Moore, Bluemoon, Packard). Nota-se que, quando a cooperação internacional não tem acesso direto ao governo brasileiro, aumenta-se o apoio direto a ONGs atuantes na Amazônia através de suas redes. A partir do final dos anos 1980, o Brasil se mobiliza e se beneficia das redes globais da sociedade civil em prol da agenda ambiental internacional (Machado, 2008). Com a redemocratização do país e a relevância da temática nos fóruns e conferências internacionais, a cooperação internacional para a Amazônia se fortalece em uma dinâmica *bottom-up*, tendo em vista a capilarização do movimento ambientalista na imagem de Chico Mendes em mais vertentes além da fase ambientalista (Leis e Viola, 1989). A reorientação política dos novos atores sociais no processo de transição democrática na América Latina permite a reivindicação tanto por direitos humanos quanto por maior participação política (Machado, 2008). No Brasil, essa postura é encontrada na participação multisetorial de grupos ecopolíticos, ambientalistas e indigenistas na Assembleia Constituinte de 1987-1988.

Por fim, a década seguinte é palco da consolidação da gestão ambiental participativa prevista na Constituição de 1988, protagonizada pelo crescimento de Organizações Não-Governamentais (ONGs) e pela institucionalização da sociedade civil em organizações (OSCs) e da governança multissetorial nos níveis federal, regional e local (Lemos, 2008). No campo internacional, a globalização e o início da comunicação facilitada pela internet proporcionam a atuação conjunta e transversal de diversos atores não estatais, principalmente para o relacionamento entre planos local e global, o que fomenta o desempenho de ONGs ambientalistas na pesquisa científica e na interlocução e articulação política (Nascimento, 2011). Para a Amazônia, as ONGs em redes são fundamentais para o sucesso das ações, em especial para a diminuição do desmatamento, devido às campanhas de conscientização da opinião pública encabeçadas por essa coalizão, que por consequência fomentam a pressão advinda de países desenvolvidos (Nascimento, 2011). Portanto, a rede de atores não estatais se articula estrategicamente para a defesa de interesses em nome dos novos movimentos sociais que emergem junto à redemocratização, em busca de um fortalecimento mútuo por pressões internas e externas. Recentemente, essa rede composta por diversos atores obteve mais preponderância na proposta e militância para a criação de políticas públicas para conservação da Amazônia (Jacaúna, 2020), o que permitiu um maior engajamento da sociedade civil e demais agentes no processo da gestão ambiental participativa.[3]

No âmbito interno, o Ministério do Meio Ambiente (MMA) reorienta sua política e seu corpo técnico a partir de 2004, a fim de garantir uma representação à altura dos debates internacionais de conservação da Amazônia,

3 Para compreender a implementação dessas redes, Jacaúna (2020) propõe o método da Análise de Redes Sociais (ARS), cujos agentes atuam nos três níveis: internacional, nacional e local. Além da análise em si, é necessário observar o nível de centralidade e de envolvimento dos atores da governança.

também com o intuito de analisar e defender adequadamente a posição brasileira em foros internacionais para viabilizar uma cooperação mais vantajosa em termos de preservação (Teixeira, 2017). Essa mudança de postura permite resultados voltados à captação de recursos e à ampliação de negociações perante outros parceiros internacionais e novos tratados, como o Protocolo de Nagoya no âmbito da Convenção de Conservação da Biodiversidade e da Plataforma Durban (2010) e a Convenção de Minamata sobre Mercúrio (2013), conforme Teixeira (2017). A mudança de postura e abertura para o diálogo do MMA proporciona também a interação construtiva e a constituição de conselhos e fóruns de diálogo estruturados com organizações especializadas da sociedade civil e institutos de pesquisa.

Desse modo, as políticas públicas de caráter socioambiental para a Amazônia desde a época da Rio-92 até 2018 foram concebidas e implementadas com forte participação da cooperação internacional bilateral e multilateral, e também de atores da sociedade civil por meio de diversas redes. Alguns estudiosos denominaram essa prática envolvendo agências internacionais, Estado e sociedade civil como "co-manejo", que, em suma, estabelece uma gestão compartilhada à governança ambiental (Singleton, 1998) e, ao mesmo tempo, dá capilaridade e responsabiliza amplamente a sociedade no sentido de conhecimento e cumprimento das políticas estabelecidas. Essa compreensão visa a preencher lacunas de ambas as perspectivas de encontro à figura do Estado: *bottom-up* e *top-down*. Assim, a cooperação para proteção da Amazônia conta com as redes de ONGs, institutos independentes de pesquisa, representando a sociedade, e com instituições internacionais em um movimento de ampliação do escopo de participação.

Portanto, além dos ganhos pela cooperação, os projetos para a proteção e desenvolvimento sustentável da Amazônia, em sua maioria, podem ser considerados uma forma de governança policêntrica – envolvendo atores locais, nacionais e internacionais – de caráter técnico e com aporte financeiro de doações (Antunes, 2019). Aqui serão destacadas três iniciativas bem-sucedidas e institucionalizadas, pela ancoragem no Ministério do Meio Ambiente, no âmbito da cooperação bilateral e multilateral para a Amazônia: Programa Piloto para Proteção das Florestas Tropicais do Brasil; Programa Áreas Protegidas da Amazônia (ARPA); e Fundo

Amazônia. A ideia não é avaliar os programas, apontando sucessos ou fracassos. O objetivo é destacar como a cooperação internacional ocorre, fazendo parte de um arranjo de governança mais amplo em redes que envolvem o Estado, a sociedade civil e as próprias agências internacionais.

Programa Piloto para Proteção das Florestas Tropicais do Brasil (PPG7) (1992-2012)

O grande expoente da cooperação internacional para conservação da Floresta Amazônica partiu do G7, o Programa Piloto para Proteção das Florestas Tropicais do Brasil (PPG7), idealizado ainda nos anos 1990. Nesse escopo, a iniciativa focou nos benefícios mútuos e globais em prol da proteção das florestas tropicais, nomeadamente a transferência de tecnologia vinda das grandes economias em contrapartida à redução do desmatamento e a conservação da biodiversidade biológica e cultural da Amazônia e da Mata Atlântica (Abdala, 2007). A política externa brasileira nesse período refletiu os anseios e os avanços internos do desenvolvimento sustentável reivindicados pelos novos movimentos sociais, o que resultou na candidatura do país para sediar a Rio-92 e a abertura para receber recursos de cooperação internacional. Esse protagonismo interno também veio da pressão internacional após o assassinato de Chico Mendes, em 1988. Nesse panorama também se desenvolve o debate sobre os bens comuns globais em benefício da governança ambiental, em especial as contribuições para países desenvolvidos e em desenvolvimento. Devido aos impactos transnacionais e globais da depleção do meio ambiente, Schutte (2015) aponta para a prioridade da temática frente a outros bens comuns, também com vistas a garantir que a solução a problemas globais venha do multilateralismo.

A iniciativa multilateral do PPG7 foi liderada pela Alemanha e financiada pela Comissão Europeia de Cooperação (CEC), pelos Países Baixos e pelos outros países do grupo por meio do Fundo Fiduciário das Florestas Tropicais, especificamente criado para o programa (Abdala, 2007). A CEC contribuiu principalmente para a sensibilização internacional necessária para fomentar a criação do programa, impulsionada pela pressão das Organizações da Sociedade Civil (OSCs) da Europa e dos EUA (Abdala, 2007). O lado técnico foi composto por quatro agências especializadas para cooperação de diferentes países: Department for International Development (DFID) do Reino Unido, Deutsche Gesellschaft für Technische Zusammenarbeit[4] (GTZ) pelo lado alemão, US Agency for International Development (USAID) e Programa das Nações Unidas para o Desenvolvimento (PNUD).

O comitê gestor do PPG7 era liderado pelo Ministério do Meio Ambiente e era também composto por outros ministérios, secretarias de governos estaduais, os doadores, Banco Mundial e a representação da sociedade civil por meio do Grupo de Trabalho Amazônico (GTA). Vale ressaltar que, além de componentes específicos para fortalecimento da sociedade civil e realização de pequenos projetos, atores da sociedade civil participaram ativamente de vários projetos.

Programa Áreas Protegidas da Amazônia (ARPA) (2002-presente)

O Programa Áreas Protegidas da Amazônia (ARPA) foi resultado da Cúpula Mundial sobre o Desenvolvimento Sustentável em Joanesburgo (Rio+10) em 2002, gerido financeiramente pelo Fundo Brasileiro para a Biodiversidade (Funbio) e implementado pelo Fundo Global para o Meio Ambiente (GEF). A fim de alcançar a Meta de Aichi 11, estipulada no âmbito da Convenção sobre a Diversidade Biológica (CDB), o programa conta com a cooperação internacional por meio de doações e de cooperação técnica pelo Banco Mundial, Fundo Amazônia, GIZ, KfW[5] e WWF Brasil. Projetou-se a criação e a consolidação de hectares em novas e outras Unidades de Conservação (UCs) à já existentes, a criação do Fundo de Áreas Protegidas (FAP) e o estabelecimento do sistema de monitoramento e avaliação das UCs apoiadas (Programa ARPA, s.d). O ARPA é implementado em três momentos distintos: Fase I (2003-2010), Fase II (2010-2017) e a atual Fase III, desde 2014. Quanto ao aporte financeiro, o programa foi desenhado para que o governo brasileiro assuma gradual e integralmente o financiamento dos hectares apoiados até 2039.

4 Atualmente GIZ - Cooperação Alemã para o Desenvolvimento Sustentável.

5 Banco do governo federal da Alemanha que financia projetos de desenvolvimento sustentável.

O resultado da primeira fase contou com a criação do fundo fiduciário de apoio às Unidades de Conservação consolidadas pelo programa (FAP), totalizando US$ 24,8 milhões até 2010. O apoio financeiro foi iniciado por GEF, WWF Brasil e o setor empresarial brasileiro, representado pelas empresas Natura e Boticário. Em termos totais de investimento, os dados oficiais do MMA apontam que o ARPA contou com aproximadamente US$ 115 milhões, sendo US$ 79 milhões oriundos de investimentos diretos e indiretos do governo brasileiro e de doadores internacionais.[6] A segunda fase contou com a cooperação de entes federais e estaduais, consolidando o montante total de US$ 121 milhões. Por sua vez, a fase atual de implementação do ARPA conta com o novo mecanismo financeiro de longo prazo, o Fundo de Transição (FT), que conta com financiamento criado a partir de contratos entre entidades, pessoas físicas e jurídicas e doadores do Brasil e estrangeiros (Programa ARPA, s.d.). No que tange à implementação técnica e à supervisão do Programa, a GIZ foi o principal parceiro do governo brasileiro nas duas primeiras fases, apoiando também a supervisão das metas propostas. O auxílio de US$ 80 milhões pelos Estados Unidos veio da US Agency for International Development (USAID), em acordo firmado em 2014 e válido inicialmente até 2024, por meio da estratégica parceria para Conservação da Biodiversidade na Amazônia (PCAB, em inglês).

Desde sua criação e até 2018, o ARPA tem contado com a participação de atores da sociedade civil por meio de aportes financeiros, como da Fundação Boticário e do WWF, por meio de parcerias técnicas na implementação de projetos, com as ONGs Instituto de Pesquisas Ecológica (IPE) e Instituto de Pesquisa Ambiental da Amazônia (IPAM). Além disso, o Comitê Gestor do Programa, uma instância deliberativa, é formado por representantes do governo federal (MMA e Ministério da Economia), das Secretarias Estaduais de Meio Ambiente (SEMA-Amazonas), dos doadores (WWF), do Funbio e da sociedade civil (Instituto de Desenvolvimento

---

6 US$ 30 mi do GEF entre 2003 e 2008; EUR 20,47 milhões dos Ministérios Federais do Meio Ambiente, Proteção da Natureza e Segurança Nuclear (BMU) e da Cooperação Econômica e do Desenvolvimento (BMZ); US$ 11,5 milhões do WWF-Brasil.

Sustentável Mamirauá). Trata-se de um arranjo de governança multinível, com atores governamentais e da sociedade civil.[7]

A atenção ao subcomponente comunitário foi mais visível durante a Fase II do programa (2010-2017), com a promoção da articulação e o fortalecimento de organizações comunitárias das populações humanas beneficiárias ou usuárias das Unidades de Conservação apoiadas pelo ARPA. Foram apoiados 29 projetos,[8] que resultaram em Planos de Ação Sustentável (PAS) direcionados para populações tradicionais ou em Planos de Ação do Povos Indígenas (PPI), para Unidades de Conservação com interface em Terras Indígenas.

Fundo Amazônia (2008-presente)

O Fundo Amazônia é um outro exemplo da cooperação internacional em prol da conservação e da preservação da Amazônia com a participação de múltiplos atores. Além do governo federal e doadores, participaram governos estaduais e municipais e organizações da sociedade civil (OSC). Idealizado em 2008, tem por objetivo a captação de recursos angariados por doação para prevenir, monitorar e combater o desmatamento e conservar a floresta mais biodiversa do mundo a partir do desenvolvimento sustentável (Fundo Amazônia, s.d.). Seu funcionamento consiste no pagamento por resultados na redução de emissão de GEE advinda do desmatamento (REDD+) (Antunes 2019, 97), após comprovado pelos 102 projetos apoiados por parcerias internacionais, com a União, estados, municípios, universidades e terceiro setor (Fundo Amazônia, s.d.). Os principais doadores do fundo são o governo da Noruega (R$ 3 bi entre 2009 e 2017), a República Federal da Alemanha pelo KfW (R$ 192 mi de 2010 a 2017) e a Petrobras

7 Conferir em http://arpa.mma.gov.br/quem-e-quem, acesso em 24 de maio de 2021.

8 Os resultados dessa iniciativa foram publicados no livro *Fortalecimento Comunitário em Unidades de Conservação – Desafios, Avanços e Lições Aprendidas no Programa Áreas Protegidas na Amazônia (ARPA)*, lançado no Encontro Chico Mendes 30 anos, em Xapuri, Acre, no dia 17 de dezembro de 2018. Conferir em http://arpa.mma.gov.br/teste-10, acesso 24 de maio de 2021.

(R$ 17 mi desde 2011), cujos acordos são firmados com o Banco Nacional de Desenvolvimento (BNDES), responsável por gerir os recursos.

Dentre os projetos internacionais que o fundo Amazônia apoia com mais de 85% dos recursos está o Monitoramento da Cobertura Florestal na Amazônia Regional, que beneficia a floresta localizada nos países membros da Organização do Tratado de Cooperação Amazônica (OTCA) – Bolívia, Brasil, Colômbia, Equador, Guiana, Peru, Suriname e Venezuela. O projeto foi planejado para durar 10 anos (2011-2021), por iniciativa da GIZ e da ITTO (Organização Internacional de Madeiras Tropicais), financiado também pela Directorate-General for International Cooperation (DGIS) do governo dos Países Baixos (GIZ, 2020).

No âmbito social, são 58 projetos apoiados pelo fundo oriundos do terceiro setor, bem como 38% dos recursos investidos em portfólio voltados à sociedade civil (Fundo Amazônia, 2021). O instrumento de governança previsto pelo Fundo com o intuito de incluir a sociedade no processo de decisão engloba o Comitê Orientador do Fundo Amazônia (COFA), composto por entes federais, estaduais e da sociedade civil, então representada por organizações de povos indígenas, comunidades tradicionais, ONGs, setor privado e academia: Coordenação das Organizações Indígenas da Amazônia Brasileira (Coiab), Confederação Nacional dos Trabalhadores na Agricultura (Contag), Fórum Brasileiro de ONGs e Movimentos Sociais para o Meio Ambiente e o Desenvolvimento (FBOMS), Sociedade Brasileira para o Progresso da Ciência (SBPC), Confederação Nacional da Indústria (CNI) e Fórum Nacional das Atividades de Base Florestal (FNABF) (Fundo Amazônia, s.d.).

Desafios encontrados para cooperação internacional visando conservação e desenvolvimento sustentável da Amazônia brasileira

O momento atual da cooperação internacional é de grandes desafios. Além das crises sanitária e econômica provocadas pela pandemia da Covid-19, os arranjos de governança participativos e multiníveis estão se desfazendo, seja por inação, seja por ações concretas do governo federal, que, ao dissolver conselhos e instâncias de deliberação coletiva, enfraquece as formas de participação da sociedade em programas e projetos de cooperação. Grandes programas estão praticamente parados, como o Fundo Amazônia, ou não têm avançado o seu cronograma de trabalho, como o ARPA. Com a promulgação do Decreto 9.759, de 11 de abril de 2019,[9] os instrumentos de governança previstos pelo Fundo Amazônia foram minados, especificamente com a extinção do Comitê Orientador do Fundo Amazônia (Fundo Amazônia, s.d.).

Desde 2019, com o início do governo Bolsonaro e correspondentes reformas ministeriais e mudanças de prioridades políticas, algumas atividades temáticas da cooperação enfrentaram dificuldades e paralisações, pois eram ancoradas em secretarias que foram extintas pelo governo federal. A maioria dessas iniciativas tinha como parceiro as Secretarias de Mudança do Clima e Florestas, Secretaria da Biodiversidade (ARPA, por exemplo) do Ministério do Meio Ambiente, no Fundo Amazônia, mas também na Funai. Os assuntos prioritários para a cooperação passaram a ser evitados, ao passo que se deu ênfase às ações ambientais de combate ao lixo no mar, planejamento urbano e saneamento básico na cooperação alemã. Além das paralisações, foram realizados cortes orçamentários no ICMBio e no Ibama para vigilância e monitoramento e fiscalização de crimes na Amazônia. Notamos a volta de um discurso governista de "soberanismo", como ocorrido na época militar, reforçado com o ingresso de alto número de militares no Ministério do Meio Ambiente e outras pastas. Entretanto, o discurso soberanista não é tão coerente, pois na Cúpula do Clima de Biden, ocorrida em abril de 2021, o governo brasileiro solicitou US$ 5,7 bilhões para reduzir 40% de desmatamento na Amazônia.[10]

---

9 D9759 (planalto.gov.br). Acesso em 31 de maio de 2021.

10 "É preciso haver justa remuneração pelos serviços ambientais prestados por nossos biomas ao planeta como forma de reconhecer o caráter econômico das atividades de conservação", Jair Bolsonaro, Cúpula do Clima, 22/04/2021. Disponível em: https://www.cnnbrasil.com.br/politica/2021/04/04/salles-quer-r-5-7-bilhoes-dos-eua-para-cortar-40-do-desmatamento-na-amazonia. Acesso em 01 de junho de 2021.

Em suma, a reestruturação de prioridades do governo Bolsonaro paralisou algumas pautas tradicionais com a cooperação internacional. Com isso, quando permitido pela configuração original de componentes de cada projeto de cooperação, verificou-se direcionamento de esforços e volumes de recurso para o nível subnacional com estados federais, municípios, setor privado, sociedade civil e também com o Ministério Público Federal (MPF). E as temáticas de direitos humanos e equidade de gênero também ganharam mais peso internamente dentro da cooperação, com intuito de promover a transversalização ao longo dos demais projetos. Assim, a partir dos dados disponíveis, apresentamos em seguida como alguns programas bilaterais de cooperação estão operando.

Cooperação alemã

Atualmente, existem 47 projetos no âmbito da cooperação alemã para o desenvolvimento sustentável no Brasil, distribuídos entre 18 parceiros executores (órgãos públicos federais e subnacionais). O volume de recursos financeiros recebidos da Alemanha gira em torno de 100 milhões de euros, voltado às áreas temáticas de energias renováveis e eficiência energética, gestão de resíduos sólidos, desenvolvimento urbano, conservação da biodiversidade, mitigação de gases de efeito estufa, redução dos riscos de desastres, adaptação à mudança do clima, direitos humanos e fortalecimento de mulheres, formação profissional e apoio na mitigação de impactos da Covid-19 (GIZ, s.d.).

No entanto, a cooperação na região amazônica teve seu volume reduzido, já que os principais programas, como ARPA e Fundo Amazônia estão praticamente parados. Alternativamente, projetos menores estão sendo implementados na Amazônia com os temas de: (i) mercados verdes e desenvolvimento de produtos da “bioeconomia” em parceria pública ou privada; (ii) regularização fundiária (Cadastro Ambiental Rural - CAR) e combate ao desmatamento diretamente com os estados de Mato Grosso e Acre, onde os beneficiários são os estados, a sociedade civil e o setor privado (REDD Early Movers (REM); (iii) Povos Indígenas e Comunidades Tradicionais; e (iv) cadeias de valor sustentáveis com alguns projetos piloto temáticos, fomentando a rastreabilidade e a aplicação de normas ambientais.

Cooperação estadunidense

Exemplificada na figura da USAID, a cooperação entre Brasil e Estados Unidos da América para a Amazônia foi um aspecto fundamental para a propagação da imagem compartilhada da maior floresta tropical do mundo como bem público global. Perante os desafios políticos atuais, o governo de Joe Biden utiliza como um dos pilares a justiça socioambiental e econômica, combinando-a com ações práticas para promoção do multilateralismo, a exemplo da Cúpula do Clima, sediada em abril de 2021 com líderes políticos a fim de empreender esforços imediatos para o combate à mudança do clima. Parte significativa das emissões de GEE (gases de efeito estufa) pelo Brasil é resultante dos altos índices de desmatamento e uso da terra pelo agronegócio, o que resultou em uma pressão internacional para a adoção de Contribuições Nacionalmente Determinadas (NDCs) mais ambiciosas em prol da neutralidade de carbono. Essa pressão parte em resposta à política ambiental brasileira pautada na impunidade e no discurso negacionista a partir de 2019. Vale notar que o desmatamento da Amazônia já vinha crescendo desde 2012, apesar da Lei do Clima de 2009. Esse retrocesso culminou, em 2020, no descontrole do desmatamento não apenas na Amazônia, mas em outros biomas importantes como o Cerrado, incêndios florestais e o desmonte das políticas ambientais.

As exigências para a cooperação internacional por parte dos EUA enfatizam a conservação e a preservação da Amazônia, pressuposto traduzido nos projetos implementados na Parceria para Conservação da Biodiversidade na Amazônia. Para alcançar os objetivos propostos, esta articulação foca em *capacity building* e diálogo intenso e expansivo em fóruns junto a empresas da Amazônia, *start-ups*, empresas brasileiras e multinacionais, investidores de impacto, instituições de pesquisa e da sociedade civil para conciliar economia e biodiversidade na região amazônica (PCBA, 2019).

Cooperação norueguesa

O governo norueguês foi fundamental para a arrecadação de fundos para a conservação da Amazônia, o que rendeu cerca de R$ 3 bilhões em nove anos desde o estabelecimento do Fundo Amazônia. Após o choque da política ambiental por parte do governo brasileiro a partir de 2019 (Araújo et al., 2020), as declarações do país europeu adotaram um tom mais incisivo e assertivo para a continuação da cooperação internacional ambiental. Com o insucesso do acordo comercial UE-Mercosul após vinte anos de negociação, em grande parte devido à pressão internacional contra as medidas ideológicas do Brasil no mandato de Bolsonaro, as exigências feitas para a retomada da contrapartida financeira norueguesa incluem a redução substancial do desmatamento na Amazônia, frente ao aumento considerável de 9,5% do índice durante 2019 e 2020.

Apontamentos sobre a cooperação internacional para a Amazônia brasileira

Os mundos da terceira década do século XXI têm sido profundamente alterados pela pandemia da Covid-19. A crise planetária que soma milhões de mortes e diversos males à saúde, causados não apenas pelo vírus, mas também pelo aumento de doenças mentais, desaceleração econômica, desemprego em massa, paralisação de escolas, crescimento da fome e demais consequências abriu algumas janelas ou possibilidades de reflexão e mudanças de rumo. A pandemia acirrou as desigualdades globais, porém, também revelou que a cooperação internacional em várias dimensões é fundamental. Como exemplo, a coordenação de políticas de interesse mútuo, regras e procedimentos comuns de abertura ou fechamento de fronteiras ou a flexibilização da aplicação do regime internacional de propriedade intelectual permitem a assistência a países em desenvolvimento, como o consórcio COVAX Facility, que facilita o acesso a imunizantes.

Em relação à Amazônia, duas tendências, uma a partir do local e outra a partir do global, podem convergir e resultar em novas ideias, coalizões e projetos de cooperação para o desenvolvimento sustentável. Localmente, povos indígenas e populações tradicionais continuam em frentes de resistência, produzindo alternativas com base em suas formas de vida e conhecimento. Ideias como *buen vivir*, Pachamama, direitos da natureza, e outras semelhantes começam a circular. Globalmente, a pandemia forçou novas reflexões e a redescoberta de perspectivas que põem o crescimento econômico em segundo plano em relação à qualidade de vida, proteção da saúde mental e a sustentabilidade ecológica e social, resgatando propostas e visões alternativas de economia como decrescimento, *doughnut economics*, economia circular, métodos alternativos de aferição da riqueza nacional, entre outras.

No mesmo sentido, existem propostas que mantêm a perspectiva do crescimento, porém, incorporando metas de redução de emissões de gases de efeito estufa, como a recuperação econômica verde pós-pandemia dos países ricos, que têm apontado para um *new green deal*, reunindo economia e meio ambiente, com foco na agenda climática. Podem-se, pois, esperar coalizões de atores, no âmbito da cooperação internacional, a partir de perspectivas globais e locais em torno de novas visões de economia, desenvolvimento e bem viver. Como base nisso, a seguir, mapeamos algumas dessas mesmas visões, discutindo brevemente como as tendências globais e locais podem se combinar na Amazônia brasileira. Não é nossa intenção aprofundar nem mesmo identificar todas essas novas perspectivas, mas apenas fazer alguns apontamentos.

Bioeconomia e cadeias da sociobiodiversidade

Na Amazônia brasileira, começaram a emergir projetos em torno da ideia de bioeconomia e de cadeias de valor da sociobiodiversidade. Esses projetos buscam reunir conhecimentos científicos e tradicionais para manter a floresta em pé e, ao mesmo tempo, melhorar a qualidade de vida das populações locais. Agências de cooperação internacional, ONGs, institutos de pesquisa locais e setor privado, já explorados nesse capítulo, têm sido chave nesse processo. Nesse escopo, a Cooperação Alemã para o Desenvolvimento Sustentável implementou cinco projetos[11] para a bioeconomia que juntos contam com a previsão de investimentos de 17,179 milhões de euros previstos entre 2016 e 2023 (GIZ, 2020).

11 Mercados Verdes e Consumo Sustentável; Cosméticos Sustentáveis da Amazônia DeveloPPP Symrise / Natura / GIZ; Private Business Action for Biodiversity; Bioeconomia e cadeias de valor; Restauração de áreas degradadas e geração de renda com SAF e agricultura sustentável (GIZ, 2020).

Um aspecto fundamental para o desempenho pleno e a capilaridade dessas iniciativas são as parcerias entre órgãos públicos e o setor privado, baseadas no conhecimento local das comunidades e no compartilhamento justo dos benefícios. Portanto, o foco dos projetos envolve o fortalecimento da economia de produtos extrativistas – tais como açaí, castanha, cupuaçu, bacaba, andiroba – em pequena escala com apoio do setor empresarial, cuja função é aumentar o volume de investimentos e de inovações tecnológicas de negócios na Amazônia para o uso sustentável da biodiversidade (GIZ, 2020).

Para o âmbito local, esses benefícios se baseiam em serviços ecossistêmicos e sociais, assim como a capacitação de comunidades para que elas sejam as protagonistas do processo de evolução tecnológica em suas próprias cadeias de impacto a partir das parcerias entre todos os setores da sociedade. Nesse escopo, a governança multinível pode ser a solução para os problemas em análise, já que a origem deles é conjunta e cíclica (Giddens, 1984). Para tanto, é necessário reforçar as medidas que proporcionam uma tomada de decisão participativa. A gestão que inclui tanto os níveis internacional, regional, nacional e local quanto a participação entre sociedade civil, poder público e setor privado pode resultar em políticas públicas mais bem delineadas para o enfrentamento às dificuldades e, baseada no ciclo da economia circular, em uma situação de *win-win-win* (Honkasalo et al., 2017).

Agenda 2030, os objetivos de desenvolvimento sustentável e a proteção internacional dos Direitos Humanos

Uma manifestação concreta da tendência de articular questões diferentes numa mesma agenda são os Objetivos de Desenvolvimento Sustentável (ODS) da Agenda 2030. Firmados em 2015 por unanimidade dos países na Assembleia Geral das Nações Unidas, os 17 ODS são o resultado da continuidade da governança iniciada com a Agenda 21 – herança da Rio-92 – e continuada com os Objetivos do Milênio (ODM) em 2000, que guiam os esforços globais em prol de um desenvolvimento responsivo, e que considera os limites planetários e tem base no fortalecimento da abordagem dos direitos humanos transversalmente nas esferas econômica, social e ambiental.

Analisando o histórico de evolução do desenvolvimento sustentável, a partir do Relatório Brundtland (1987), compreende-se que há uma só crise interligada entre meio ambiente, economia, tecnologia e energia, o que também traz uma reflexão sobre o crescimento nos países desenvolvidos e em desenvolvimento contemplando as questões globais como interdisciplinares e interdependentes.

Áreas protegidas (Unidades de Conservação), saúde planetária e pandemias

Uma das causas prováveis da emergência da Covid-19 é a destruição de habitats e contato entre espécies selvagens e domésticas. Existem estudos que apontam a relação entre destruição de habitats e zoonoses e, particularmente, a possibilidade de novas pandemias decorrentes do desmatamento na Amazônia (Elliot et al., 2021).

Para além dos esforços de evitar pandemias advindas da destruição da natureza, noções como *One Health* e *Planetary Health* chamam a atenção para a relação entre a saúde humana e a da natureza, ou uma visão holística e integrada de saúde. Tendo como foco os esforços apresentados para a conservação da Amazônia na promoção de Áreas Protegidas (APs), é importante também evidenciar a relevância desses instrumentos para essa conexão. Não apenas a possibilidade de acesso a plantas medicinais e Plantas Alimentícias Não Convencionais (PANCs), que a biodiversidade promove, o contato direto com o meio ambiente oferece melhoria na qualidade de vida de forma geral. Essas programações de contato periódico com o planeta são traduzidas na prática de "banhos de floresta", o que contribui para evitar doenças por meio do fortalecimento da imunidade (Barros e Maretti, 2020).

Estudos recentes têm apontado para o grande papel que APs desempenham para a saúde de pessoas, em especial aquelas pertencentes a grupos vulnerabilizados, como mulheres, crianças, idosos e pessoas com deficiência. Para tanto, também é necessário sensibilizar o poder público, em parceria com setores sociais importantes com gestão participativa, da necessidade de criar políticas públicas de saúde com fomento também para atividades na natureza (Barros e Maretti, 2020). Grande parte das áreas protegidas da Amazônia foram criadas com apoio da cooperação internacional bilateral e multilateral (PPG7 e ARPA).

Buen Vivir, *muitos mundos*

Junto aos esforços de cooperação entre países nas mais diversas esferas, importa evidenciar o que os povos da floresta ensinam à sociedade ocidental. Portanto, saberes como a cosmologia, o bem-viver guarani e a Pachamama são alguns dos legados de que essa relação pode se beneficiar. Em essência, os diversos povos que compõem as comunidades tradicionais se baseiam no contato intrínseco da natureza com seu viver (Inoue e Moreira, 2016), ensinamentos destacados por pensadores e pensadoras da contemporaneidade, como Antônio Bispo do Santos,[12] Ailton Krenak[13] e Sônia Guajajara.[14]

Quanto às reflexões necessárias para orientar esse funcionamento, está a compreensão socioeconômica da humanidade por uma visão do público-alvo desses projetos para conservação de seu lar, especialmente sob a perspectiva das diferentes sociedades e culturas, evidenciada pela conjuntura atual da preservação do meio ambiente. Já em relação às políticas públicas (nacionais e globais) desenvolvidas a partir da visão de comunidades tradicionais, temos alguns exemplos exitosos. No Equador, o caso do co-manejo da reserva de petróleo *Tungurahua*, baseado no *buen vivir* indígena, tornou-se uma proposta internacional, institucionalizada através de um fundo do PNUD (Kauffman e Martin, 2014). No Brasil, algo semelhante ocorreu com a criação das reservas de uso sustentável prevista

---

12 Ativista político do movimento quilombola e autor da obra *Colonização, Quilombos: modos e significados* (2015), em que explora a cosmologia e a cosmofobia.

13 Filósofo e liderança indígena em prol da defesa dos direitos dos povos indígenas desde a Assembleia Constituinte de 1987-88. Autor de diversas obras, dentre elas as mais conhecidas: *Ideias para Adiar o Fim do Mundo* (2019), *O Amanhã não Está à Venda* (2020) e *A Vida Não é Útil* (2020).

14 Ativista indígena, ambiental, política e feminista. Foi candidata à vice-presidência em 2018 pelo PSOL, marco histórico para a representação política de povos indígenas.

no Sistema Nacional de Unidades de Conservação (SNUC), a partir do movimento dos extrativistas tradicionais, seringueiros, liderado por Chico Mendes e depois globalizado (Allegretti, 2008).

Para além da filosofia de comunidades quilombolas, povos indígenas e todas as demais comunidades e povos tradicionais possuem direitos estabelecidos também pelas legislações brasileiras[15] e internacionais, como a Convenção 169 da Organização Internacional do Trabalho (de 1989), o primeiro instrumento internacional que visa garantir universalmente os direitos humanos dessas comunidades, que devem ser consultadas e determinar livremente seu modo de desenvolvimento. A cooperação internacional para o bem-estar de povos tradicionais parece ser, assim, a via prática para assegurar que as convenções firmadas internacionalmente para a proteção dos direitos humanos sejam respeitadas e aplicadas nos níveis locais a partir de benefícios tangíveis (como segurança alimentar e incremento de renda) e intangíveis (pertencimento à comunidade, bem-estar e conexão ser humano-natureza).

Conclusão

O presente capítulo buscou demonstrar a importância da cooperação internacional para a conservação e desenvolvimento sustentável da Amazônia, algo que tem se construído especialmente por meio de redes conectando as esferas locais e global. Para que tais esforços se ampliem e consolidem, é necessário fortalecer os espaços de debate e de tomada de decisão em favor de uma gestão participativa e inclusiva. A partir de diversas perspectivas evidenciadas por projetos, fundos, iniciativas locais e internacionais, a proteção da maior floresta tropical do mundo também é garantida pelo sentimento fortalecido de bem público global, principal-

15 O Decreto 6.040/2007 estabelece como povos e comunidades tradicionais aqueles "grupos culturalmente diferenciados e que se reconhecem como tais, que possuem formas próprias de organização social, que ocupam e usam territórios e recursos naturais como condição para sua reprodução cultural, social, religiosa, ancestral e econômica, utilizando conhecimentos, inovações e práticas gerados e transmitidos pela tradição" (Brasil, 2007).

mente com a crise climática em evidência. Portanto, tratados internacionais também são importantes para garantir a biodiversidade e os direitos humanos das pessoas envolvidas nesse processo, em específico os povos da floresta e comunidades tradicionais, em prol dos benefícios compartilhados de forma justa com países e instituições.

Em termos práticos, a Amazônia brasileira contou com apoios significativos da cooperação internacional – por parte dos governos alemão, estadunidense e norueguês – para reforço do investimento financeiro e apoio técnico para ações necessárias à sua conservação e proteção da sua biodiversidade e para o fomento do desenvolvimento sustentável da região. Mais do que impactos para transformação de realidades locais, o apoio da cooperação internacional também gera uma maior atenção para a Amazônia por parte da própria sociedade brasileira não amazônica e pelos governos brasileiros em todas as escalas, aplicando o efeito *boomerang* em nível estatal.

Nesse sentido, também importa evidenciar os desafios presentes e futuros que essas iniciativas enfrentam para se manterem politicamente, tendo em vista os outros rumos que a política ambiental brasileira tomou nos últimos anos, baseada em um discurso soberanista, isolacionista e negacionista, que o transformou em um pária internacional. Além da retórica, o descumprimento de instrumentos legais proporcionou que essas políticas tivessem sua importância reduzida no marco regulatório de proteção ao meio ambiente. A ruptura de diálogo e interrupção de espaços plurais de tomada de decisão no tema ambiental, que contava com interlocutores da sociedade civil, academia e povos das florestas, é um sinal de que o governo federal fornece ao mundo falta de transparência e de *accountability*. A posição, além de contrariar as tendências acima apontadas de governança em rede, também se opõe às diretrizes preconizadas no Acordo de Escazú, recentemente aprovado. Há de se ter muita resiliência, flexibilidade e imensa vontade política para continuar cooperando na área ambiental com o atual governo brasileiro.

Em contraposição, o histórico revela que a pressão da opinião pública internacional junto à mobilização social interna foi um dos pressupostos fundamentais para ações ambientais no Brasil, desde a época da ditadura militar (1964-1985). Nesse mesmo sentido, podemos também imaginar que, dentro de uma posição mais otimista e diante da crescente mobilização de fora e de dentro e preservado o Estado Democrático de Direito, tenhamos novamente um resultado semelhante para resgatar ações ambientais brasileiras em uma forte aliança com a cooperação internacional.

Referências bibliográficas

Abdala, F. A. 2007. *Governança Global sobre Florestas: O Caso do Programa Piloto para Proteção das Florestas Tropicais do Brasil – PPG7 (1992-2006)*. Tese de Doutorado. IREL/UnB: Brasília.

Allegretti, M. 2008. A Construção Social de Políticas Públicas; Chico Mendes e o Movimento dos Seringueiros. *Desenvolvimento e Meio Ambiente*, 18, p. 39-59.

Antunes, G.H. 2019. Cooperação Internacional para o Meio Ambiente: Capacidades Estatais e Desempenho de Projetos. Dissertação de Mestrado. ENAP: Brasília.

Araújo, S.M.V.G., Borinelli, B., Calmon, P.C.P. e Capelari, M.G.M. 2020. Mudança de Larga Escala na Política Ambiental: Análise da Realidade Brasileira. *Revista de Administração Pública*, 54(6), p. 1691-1709.

Arnt, R., Pinto, L.F., Pinto, R. e Pedro Martinelli, P. 1998. *Panará: A Volta dos Índios Gigantes*. Instituto Socioambiental: São Paulo.

Barros, M.I.A. e Maretti, C. 2020. Saúde, Natureza e Áreas Protegidas: Ao Desejar Saúde, Deseje Áreas Protegidas. Disponível em: https://www.researchgate.net/publication/338804308_Saude_natureza_e_areas_protegidas_Ao_desejar_saude_deseje_areas_protegidas_sintese_divulgativa_e_documento_de_estudo. Acesso em 02 de junho de 2021.

Becker, B.K. 2004. *Amazônia, Geopolítica na Virada do III Milênio*. Garamond: São Paulo.

Brundtland, G.H. 1987. *Nosso Futuro Comum*. FGV: Rio de Janeiro.

Elliot, W., Ferreira, M.N., Kinnaird, M.F., Kroner, R.G., Prist, P.R., Valdujo, P. e Vale, M.M. 2021. Drivers and Causes of Zoonotic Diseases: Uma Overview. *Parks*, 27, p. 15-24.

Fundo Amazônia. S.d. *Árvore de Objetivos do Fundo Amazônia.* Disponível em: http://www.fundoamazonia.gov.br/export/sites/default/pt/.galleries/documentos/monitoramento-avaliacao/0.home/FA-Arvore_de_objetivos_2018.pdf. Acesso em 28 de maio de 2021.

Fundo Amazônia., 2021. *Informe da Carteira, 30 de abril de 2021.* Disponível em: http://www.fundoamazonia.gov.br/export/sites/default/pt/.galleries/documentos/informe-de-carteira/2021_2bi_Informe-da-Carteira-Fundo-Amazonia.pdf. Acesso em 31 de maio de 2021.

Gesellschaft für Internationale Zusammenarbeit (GIZ). S.d. *Brasil.* Disponível em: https://www.giz.de/uma/worldwide/12055.html. Acesso em 31 de maio de 2021.

Gesellschaft für Internationale Zusammenarbeit (GIZ). 2020. *Cooperação com o Fundo Amazônia/BNDES.* Disponível em: https://www.giz.de/uma/downloads/Factsheet_Fundo_Amaz%C3%B4nia_PT_2020.pdf. Acesso em 28 de maio de 2021.

Giddens, A. 1984. *A Constituição da Sociedade.* Martins Fontes: São Paulo.

Guerra, L.D. 2020. Os 'Lugares' da Amazônia nas Relações Internacionais: (Re)pensando as RI a partir do Encontro Amazônia Centro do Mundo. *Monções: Revista de Relações Internacionais da UFGD*, 18(9), p. 38-68.

Honkasalo, A., Korhonen, J. e Seppälä, J. 2018. Circular Economy: The Concept and its Limitations. *Ecological Economics*, 143, p. 37-46.

Inoue, C.Y.A. e Moreira, P.F. 2016. Many Worlds, Many Natures, One Planet: Indigenous Knowledge in the Anthropocene. *Revista Brasileira de Relações Internacionais*, 59(2): e009.

Inoue, C.Y.A. 2007. *Regime Global de Biodiversidade – O Caso Mamirauá.* UnB: Brasília.

Jacaúna, T.S. 2020. Como se Governa a Amazônia? Redes Sociais e Governança Ambiental em Unidades de Conservação. *Revista Brasileira de Ciências Sociais*, 103, p. 1-20.

Kauffman, G.M. e Martin, P.M. 2014. Scaling up Buen Vivir: Globalizing Local Environmental Governance from Ecuador. *Global Environmental Governance*, 14(1).

Keck, M.E. e Sikkink, K. 1998. Transnational Advocacy Networks in International Politics: Introduction. In: *Activists Beyond Borders: Advocacy Networks in International Politics*, Keck., M. and Sikkink, K. (eds). Cornell University Press: New York, p. 1-38.

Leis, H. e Viola, E. 1989. Desordem Global da Biosfera e Nova Ordem Internacional: O Papel Organizador do Ecologismo. *Anais do 13º Encontro Anual da Anpocs*, Caxambu.

Lemos, P.R. 2008. Políticas Públicas, Meio Ambiente e Gestão Participativa. In: *Ciências Sociais, Complexidade e Meio Ambiente: Interfaces e Desafios*, de Pádua, E.M.M. e Junior, H.M. (eds.). Papirus: Campinas, p. 137-159.

Machado, M.H.F. 2008. Os Novos Movimentos Sociais e a Emergência da Cidadania Ambiental. In: *Ciências Sociais, Complexidade e Meio Ambiente: Interfaces e Desafios*, de Pádua, E.M.M. e Junior, H.M. (eds.). Papirus: Campinas, p. 101-136.

Monteiro, W.R. 2019. *Da Belle-époque à Bréa-époque" – Relações Internacionais e a Governança das Mudanças Climáticas na Amazônia: Um Diálogo entre o Público, o Privado e o Internacional no Desenvolvimento Sustentável dos Estados do Pará e do Amazonas*. Tese de Doutorado. IREL/UnB: Brasília.

Moreira, P.F., Gamu, J.K, Inoue, C.Y.A., Athayde, S., Seixas, S.R.C. and Viola, E. 2019. South–South Transnational Advocacy: Mobilizing Against Brazilian Dams in the Peruvian Amazon. *Global Environmental Politics*, 19(1), p. 77-98.

Nascimento, I.R. 2011. *Globalização Ambiental, Organizações não Governamentais e Redes na Amazônia*. Tese de Doutorado. IREL/UnB: Brasília.

Nunes, P.H.F. 2015. Internacionalização da Amazônia: Agentes e Perspectivas. *Textos & Debates*, 27, p. 161-176.

Parceria para a Conservação da Biodiversidade na Amazônia [PCBA]. 2019. *Relatório Anual 2018*. Disponível em: https://pcabhub.org/pt-br/roje-1/rojecto/rojecto-anual-pcab-2018.pdf/view. Acesso em 01 de junho de 2021.

Pereira, E.M. 2017. A Década da Destruição" da Amazônia: José Lutzenberger e a Contrarreforma Agrária em Rondônia. *História Unisinos*, 21(1), p. 26-37.

Pereira, J.C. e Viola, E. 2019. Catastrophic Climate Risk and Brazilian Amazonian Politics and Policies: A New Research Agenda. *Global Environmental Politics*, 2, p. 93-103.

Picq, M. 2016. Rethinking IR from the Amazon. *Revista Brasileira de Política Internacional*, 59, p. 1-17.

Programa ARPA. S.d. *Programa Áreas Protegidas da Amazônia.* Disponível em: http://arpa.mma.gov.br. Acesso em 24 de maio de 2021.

Ricardo, B. E Santilli, M. 2008. Povos Indígenas, Fronteiras e Militares no Estado Democrático de Direito. *Interesse Nacional*, 1(3), p. 18-28.

Schutte, G.R. 2015. Bens Públicos Globais: Entre a Diplomacia Multilateral e a Soberania Nacional. *5º Encontro Nacional ABRI.* Belo Horizonte.

Secco, M., Urt, J.N e Vasconcellos, P.M.C. 2020. Amazônia, Palco de Lutas e Reflexões. *Monções: Revista de Relações Internacionais da UFGD*, 18(9), p. 1-12.

Singleton, S. 1998. *Constructing Cooperation: The Evolution of Institutions of Co-management*. University of Michigan Press: Ann Arbor.

Teixeira, I. 2017. As Políticas Ambientais no Brasil e a Cooperação internacional. In: *30 Anos da ABC: Visões da Cooperação Técnica Internacional Brasileira*, Almino, J. e Lima, S.E.M. (eds.). FUNAG: Brasília, p. 167-198.

A DEFESA DA AMAZÔNIA E SUA MILITARIZAÇÃO

Ana Penido, Lisa Barbosa e Suzeley Kalil

Introdução[1]

No cenário internacional atual, ocorre o aumento da polarização mundial, em especial dada a ascensão recente da China e seu alinhamento crescente com a Rússia, ameaçando a tradicional hegemonia estadunidense, que, por sua vez, vem respondendo a tais desafios com um discurso crescentemente confrontacionista. A longo prazo, o declínio do imperialismo estadunidense é uma boa notícia para o mundo. No curto prazo, porém, é uma má notícia para a América Latina, pois tende a aumentar a disputa geopolítica pelo controle de territórios e recursos locais, tendo tido como uma das suas principais consequências, pelo menos até o momento, a reprimarização acelerada das economias da região (Grosfoguel, 2020).

A Amazônia é rica em muitos dos recursos almejados pelas potências em disputa, como água, minérios, biodiversidade e saberes ancestrais que podem ser aproveitados pela indústria farmacêutica e extrativista. Mas não interessa apenas a extração pura e simples de tais riquezas, e frações do

1 Agradecemos as leituras críticas de Fernando Michelotti, Gustavo Guerreiro e José Cândido Ferreira.

capital internacional percebem a Amazônia, cada dia mais, sob uma perspectiva ecológica integrada, responsável, por exemplo, pela manutenção do ciclo de chuvas em outras regiões (os chamados rios voadores). Nesse sentido, defendem hoje um modelo que poderia ser chamado, de "capitalismo verde", que explora a floresta sem o extrativismo predatório tradicional de seus variados recursos (Michelotti e Malheiro, 2020).

Assim, segundo Ceceña (2014), a Amazônia vem sendo identificada por atores norte-americanos como uma área crítica fundamental para a disputa da hegemonia mundial, ainda que existam frações com interesses e visões distintas sobre como lidar com a região. O presidente Joe Biden, por exemplo, parece apontar para a preservação da floresta amazônica e para a convivência com os povos indígenas como um ajuste necessário – no campo ambiental – para a manutenção da sua hegemonia, e do próprio sistema capitalista, sobre Amazônia. Nesse sentido, nas últimas décadas, duas pautas foram intensamente apropriadas pelas potências externas para o exercício de sua influência em territórios não alinhados: a defesa dos direitos humanos e do meio ambiente. Dois exemplos recentes indicam bem como tais narrativas foram implementadas pelos EUA: a noção de deva ocorrer uma intervenção humanitária na Venezuela, pelas violações aos direitos humanos, assim como na Bolívia (ainda quando Evo era presidente), em virtude dos incêndios na Amazônia boliviana.[2] É evidente que defesa dos direitos humanos e do meio ambiente são justas, mas sua aplicação não pode se dar em abstrato, mas, sim, dentro de situações contextualizadas.

No caso da Amazônia brasileira, conforme disse o ex-presidente Al Gore, "ao contrário do que pensam os brasileiros, a Amazônia não é propriedade deles, ela pertence a todos nós",[3] de onde muitos acreditam

---

2 Ana Ester Ceceña, Curso América Latina y Caribe en la Geopolítica Imperial. 24 setembro de 2020. Disponível em https://www.youtube.com/watch?v=2P2wFnrOeU0.

3 Disponível em: https://www.brasildefato.com.br/2019/03/22/quando-se-trata-da-amazonia-e-um-olho-no-gato-e-o-outro-na-cumbuca/. Por falar em Al Gore, importa lembrar o convite feito pelo presidente brasileiro para que viesse explorar a Amazônia, disponível em: https://noticias.uol.com.br/meio-ambiente/ultimas-noticias/redacao/2020/08/24/adoraria-explorar-amazonia-com-os-eua-diz-bolsonaro-a-al-gore-em-davos.htm.

que a ideia de sua internacionalização já estaria em curso. Transformar a Amazônia em um patrimônio mundial pouco tem a ver com a preocupação com o meio ambiente, contudo. De fato, se fosse essa a questão, sanções comerciais à carne produzida em pastagens desmatadas[4] ou pressões diplomáticas nas mineradoras canadenses bastariam e já estariam sendo aplicadas em larga escala.

Nesse sentido, está correta a preocupação expressa nos documentos de defesa nacionais, nos quais destaca-se que "quem cuida da Amazônia brasileira, a serviço da humanidade e de si mesmo, é o Brasil" (Brasil, 2012). Entretanto, o que precisa ser entendido é que a perda de soberania já está em curso por meio da ação predatória das mineradoras, do patenteamento da biodiversidade por empresas multinacionais, pela grilagem de terras, etc. Martins Filho (2003), por exemplo, afirma que a ideia de que a Amazônia é um objeto da cobiça internacional não foi inventada pelos militares, mas foi por eles apropriada e ressignificada. Na mesma direção, Rouquié (1990) lembra que as ideias que circulam no interior da caserna são filtradas por um espelho. E, assim, a Amazônia cumpre um papel importante para coesionar a tropa ao redor de um discurso nacionalista de "a Amazônia é nossa".

Não se trata (pelo menos ainda) de que estejamos diante da possibilidade de uma invasão armada de outro país na Amazônia, reivindicando o território cobiçado. Mas essas são ideias-força que vem fundamentando discursos, não necessariamente com base material, mas com consequências reais entre os meios militares. Nesse sentido, a defesa da Amazônia estaria cumprindo hoje um papel similar ao anticomunismo de tempos idos. Obviamente, não ocorrerá um ataque comunista no Brasil, mas a ideia anticomunista sempre serviu para dar coesão e identidade à corporação militar. Daí o Brado "Selva!" ao final de ações militares mesmo que elas não tenham nada a ver com a Amazônia. O que brado quer significar é "somos do mesmo grupo" (Marques, 2007).

4 Ao contrário da retórica dominante, um conjunto de grupos indígenas é que entrou na justiça contra grupo francês que compra carne de abatedouros que grilam terras de reserva para pastagem. A respeito, ver: https://noticias.uol.com.br/colunas/jamil-chade/2021/03/03/por-venda-de-carne-indigenas--entram-com-acao-na-franca-contra-supermercado.htm.

Frente a esse contexto, nas seções seguintes, pretende-se discutir os pressupostos utilizados pelos militares para pensar a região amazônica. O objetivo é examinar como esses raciocínios trazem consequências concretas para esse território, notadamente a sua militarização. Para isso, o capítulo está organizado em duas partes. A primeira é dedicada à análise de cinco pressupostos selecionados: 1) soberania; 2) geopolítica; 3) autopercepção de que apenas militares são comprometidos com a defesa da Amazônia; 4) visão de como a Amazônia deve estar integrada ao país; e 5) foco nas fronteiras, alimentando desconfianças dos vizinhos. Na segunda parte explora-se as consequências práticas das afirmativas discutidas, particularmente o significado de militarizar a discussão sobre a Amazônia. Por fim, a título de conclusão, tecemos breves considerações sobre a política de defesa para a região.

Elementos do pensamento militar sobre a Amazônia

Visão Soberanista

Mesmo adotando a estratégia de resistência que discutiremos adiante, a política de defesa dirigida à região amazônica é pensada sob os parâmetros clássicos de soberania. Isso significa que o território é tomado como o principal pilar da soberania e, portanto, a ênfase na proteção das fronteiras e na responsabilidade das forças armadas como instrumento para essa proteção, particularmente suas unidades localizadas nas zonas de fronteira. Essa é uma noção limitada ao aspecto geográfico e político embora haja um amplo debate na geografia sobre o conceito de território, que remete ao conjunto de relações entre espaço e poder, recursos materiais e simbólicos. De fato, nessa perspectiva mais ampla, a terra em si (como um recurso), seria apenas um elemento, uma vez que o território, como um organismo vivo, agregaria também dimensões econômicas, políticas, ecológicas, culturais, em suma, o próprio modo de vida (Santos e Silveira, 2001).

Quanto à noção de soberania, na realidade, essa poderia ser entendida de forma mais ampla, como autonomia decisória, ou seja, não estar sob constrangimentos no processo de tomada de decisão (Schmitt, 2008). Assim, povo soberano diria respeito ao povo que decide no interior do território do Estado Nacional. Por sua vez, o conceito de nação é algo mais amplo, complexo e dinâmico. Para Renan (1882), "uma nação é um plebiscito diário", ou seja, uma solidariedade coletiva construída pelo sentimento compartilhado quanto aos sacrifícios passados e futuros para continuar uma vida em comum. Já para Anderson (1993), uma nação é uma comunidade política imaginada (por suas elites) como inerente, limitada e soberana; as nações sonham em ser livres, e o emblema dessa liberdade é a construção do Estado soberano. Por fim, ao combinarmos as noções de soberania nacional com a de democracia, chega-se ao conceito de soberania popular. A soberania popular seria assim o poder de uma população em protagonizar a construção da capacidade de autonomia decisória de um Estado (Penido e Carolino, 2020).

Assim, as pessoas seriam entendidas como os sujeitos da ação, capazes de decidir sobre um destino comum, tendo um horizonte de liberdade coeso e de expressá-lo politicamente. Caberia aos habitantes de uma dada região definir, pois, contra o que e como seu território deveria ser protegido. Essa questão é particularmente importante se pensarmos o conceito de ameaças de uma forma relacional. Para Saint-Pierre (2018), por exemplo, diferente de vulnerabilidades, que são questões concretas, como a falta de ferramentas de comunicação ou acesso à água limpa, uma ameaça é uma questão subjetiva, isto é, nem todos sentem-se ameaçados pelas mesmas coisas. Essa noção fica mais nítida ao debatermos parâmetros de desenvolvimento e atores não estatais. De fato, muitos atores não estatais, como as igrejas e as ONGs, sempre atuaram na região amazônica. E enquanto a igreja, especialmente a Católica, acreditava e trabalhava na aculturação de indígenas, sua atuação era bem-vinda e ela era tratada pelos militares como parceira. Já quando congregações alinhadas à Teologia da Libertação chegaram nos anos 1960-1980, com políticas que fortaleciam as organizações de base, passaram a ser mal vistas. No caso das ONGs, é recorrente a acusação de elas servirem como ferramentas para a atuação de outros países na região, como exemplificado no discurso de Jair Bolsonaro na ONU.[5]

5 Reproduzido em: https://www.dw.com/pt-br/na-onu-bolsonaro-ataca-ongs-e-critica-cobi%C3%A7a-estrangeira-pela-amaz%C3%B4nia/a-55113089.

Lembremos, contudo, que a atuação das grandes potências na região não acontece predominantemente instrumentalizando ONGs, ou igrejas (agora também pentecostais), mas sim por meio de grandes empresas de mineração e agronegócio que compram as terras e transferem tudo o que há, sobre e sob o solo, para outros países, por trilhos e rios; eis as verdadeiras "veias abertas". Ainda assim, igrejas, ONGs e mesmo multinacionais são percebidas como ameaça ou não a depender do recorte temporal e do ponto de vista adotado, o que reforça a dimensão relacional do conceito de ameaças. É preciso, pois, afirmar que pensar a soberania na Amazônia significa dizer que quem cuida da Amazônia brasileira, em toda a sua extensão, deve ser quem ali vive, com o imprescindível auxílio dos poderes públicos que têm ali parte de seu território e em cooperação com os países que também conformam a região.

Visão geopolítica

Os discursos militares oficiais reiteradamente repetem a noção de que a Amazônia seria um vazio demográfico (formulação que existe desde a segunda fase da economia da borracha, em meados de 1942) e que essa baixa densidade demográfica seria uma vulnerabilidade nacional. Construiu-se, assim, a ideia de que eram necessárias políticas públicas e de povoamento com a finalidade de garantir a inviolabilidade territorial. De fato, desde inícios do século passado, desenvolveu-se o pensamento de que a Amazônia precisava ser povoada para garantir a presença do Estado e legitimar a soberania sobre o território. Logo, foi estimulada a migração para o norte do país, variando segundo as diferentes atividades econômicas, conformadas pela demanda internacional, tais como o ciclo das drogas do sertão, da borracha e, recentemente, a agropecuária e mineração, crescentemente conectadas ao mercado internacional (Becker, 2005). Em suma, o "vazio" populacional foi ocupado por migrantes trazidos em virtude de políticas econômicas pautadas internacionalmente e administradas no sudeste do país.

Além da questão demográfica, Marques (2007), por exemplo, pontua como a colonialidade de pensamento e práticas portuguesas seguem presentes nas forças armadas em sua leitura negativa a respeito do indígena, quilombola e outros povos distintos que vivem na região. Segundo Domingos Neto (2019), é possível mesmo perceber como esse pensamento negativo sobre as populações nativas não se alterou com absorção da doutrina francesa e, posteriormente, a estadunidense, que historicamente hegemonizaram entre os militares brasileiros. Teríamos, assim, um tipo de patriotismo avesso ao próprio povo, considerado inferior. Elemento constitutivo dessa lógica é a ideia de que os povos indígenas são facilmente cooptáveis e, portanto, pouco comprometidos com a defesa da soberania, ou que tais populações vivem em uma "situação transitória entre a barbárie e a civilização", sendo necessário levar o progresso até os mesmos (Domingos Neto e Moreira, 2021).

É claro, pois, que, embora na Constituição e nos tratados internacionais assinados pelo Brasil estejam inscritos a autodeterminação dos povos e o respeito à diversidade cultural, nos discursos e nas práticas dos agentes políticos a regra é o etnocentrismo. Isso acontece porque a colonialidade não é uma herança portuguesa distante no tempo. Trata-se, mesmo, de uma estrutura societária recorrentemente atualizada por meio de pactos de poder de longa duração. Sob essa perspectiva, a negação dos povos tradicionais que habitam a Amazônia brasileira[6] está diretamente vinculada ao processo de expropriação dos recursos da região, em que os militares cumprem papel chave ao garantir, através da ameaça de uso da força – definidores da ação estatal –, a continuidade e o sucesso do pacto de poder, se necessário, identificando grupos descontentes como inimigos internos. Sua superação, portanto, vai além da "modernização do pensamento militar" e exige mudanças estruturais que ultrapassam a caserna, identificando, por exemplo, a entrega dos recursos brasileiros às grandes corporações como dimensões centrais da perda de soberania.

Lembremos que os indígenas são os guias primeiros da floresta. Existem mesmo muitos soldados indígenas (às vezes pelotões quase completos), o que força com que alguns saberes (não individuais) sejam

6 Não é objeto deste texto, mas cabe pontuar que para alguns povos tradicionais, as fronteiras não têm significado. Dessa maneira, é pertinente discutir como as forças armadas dos demais países amazônidas veem os habitantes dessa região.

valorizados – por exemplo, a capacidade de locomoção na floresta fechada. Lembremos também, contudo, que muitas vezes não se trata de um processo de recrutamento voluntário. Viveiros de Castro (2017) afirma, por exemplo, que a incorporação dos "involuntários da pátria" é premida por circunstâncias e realidades atrozes, com impacto financeiro grande nas famílias e pequenas cidades da região. Tais soldados indígenas se engajam majoritariamente em carreiras temporárias, servindo sob o comando de oficiais vindos do Sudeste e do Sul. E se analisarmos a origem regional dos cadetes que cursam a Academia Militar das Agulhas Negras, no período de 1960 a 2019, os nortistas nunca foram mais de 5% (Penido, 2015). Ainda assim, é possível que um oficial ventile, por vezes convenientemente, alguma ascendência indígena difusa em sua herança familiar, como é o caso do general Hamilton Mourão,[7] embora isso não seja tido como motivo de orgulho étnico, mas sim como caso de assimilação cultural europeizante bem sucedida.

É nesse tipo de percepção racial (o indígena como um incivilizado) e de uma visão estreita de geopolítica (controle do terreno nas fronteiras) que surgem muitas das resistências contra o processo de demarcação de terras indígenas. Para alguns militares, esse processo poderia balcanizar a região, permitindo que potências estrangeiras cooptassem grupos e fragmentassem territorialmente o Brasil. Entretanto, não há o mesmo incômodo quanto à compra e exploração de largas parcelas de terra pelas empresas das mesmas potências estrangeiras. De fato, caso o Brasil decidisse nacionalizar áreas de mineração na região, essas empresas/nações acatariam? Não são aldeias isoladas que vão se aliar a europeus e se emancipar. Se essa é uma hipótese de preocupação para o futuro nos cenários militares, a desnacionalização da Amazônia, como apontamos anteriormente, já é uma realidade presente que aconteceu por meio da exploração de grandes conglomerados internacionais.[8]

7 Ver https://www.poder360.com.br/eleicoes/descendente-de-indio-vice-de-bolsonaro-fala-que-indigenas-sao-indolentes/.

8 O Senado já aprovou projeto que permite a venda de 25% do território dos municípios para estrangeiros. Ver: https://www1.folha.uol.com.br/merca-

Autopercepção militar como os únicos comprometidos com a defesa da Amazônia

Sabe-se que é necessário ampliar a presença do Estado na região amazônica, particularmente os serviços de saúde, educação, comunicações, energia elétrica e saneamento. Por outro lado, as fotos de Sebastião Salgado eternizaram a ocupação desordenada do Estado em Serra Pelada (PA), coordenada pelo major Curió.[9] Durante os governos militares (1964-1985), e mesmo após a retomada do governo pelos civis, muitos recursos foram dirigidos aos militares para que estes administrassem a instalação de agências e serviços do Estado na região. E assim, "diante do índio, o soldado narcísico e truculento mostra a fragilidade da narrativa de fundador da nação" (Domingos Neto e Moreira, 2021).

Exemplo paradigmático disso é o Programa Calha Norte (PCN), que, originalmente, previa a implantação de núcleos de serviços com médicos, dentistas, professores, sanitaristas, assistentes sociais etc. O projeto foi pensado para dissuadir conflitos e combater os ilícitos na Amazônia, pautando-se pelo objetivo de garantir a presença estatal e a manutenção da soberania por meio da promoção do desenvolvimento socioeconômico e da integração da região. Todavia, quando executado, priorizou-se as áreas militares, tornando-se fonte dos recursos para a instalação dos batalhões de infantaria de selva e dos batalhões especiais de fronteira. Embora criado no governo de José Sarney, em 1985, o PCN foi concebido sob influência da Doutrina de Segurança Nacional. E, ao longo dos anos, o projeto foi

---

do/2020/12/senado-aprova-projeto-que-preve-regras-para-venda-de terras--a-estrangeiros.shtml. A respeito, recomendamos o livro de Gilberto Marques (2019) *Amazônia: riqueza, degradação e saque*, publicado pela editora Expressão Popular.

9 Militar e político que construiu sua carreira na região, primeiro combatendo a Guerrilha do Araguaia (é denunciado pelo Ministério Público por sequestrar e torturar cinco pessoas durante o período) e posteriormente como interventor federal na Serra Pelada em plena expansão minerária, quando implementou no local um regime de circulação de pessoas restrito, como na própria ditadura militar, contando inclusive com sua própria força paramilitar. Serra Pelada localiza-se na cidade de Curionópolis, cujo nome homenageia o major.

redefinido e passou a abranger praticamente toda a Amazônia Legal, constituindo-se em um dos pilares da lógica de segurança e defesa da região.

O projeto representa pois um dos principais marcos do processo de priorização da Amazônia na política de defesa nacional. E dentro dessa lógica, as forças armadas criaram uma mística de que o bom militar deseja os sacrifícios impostos pelo trabalho na Amazônia profunda. Todavia, esquecem de informar que nessa escolha há incentivos pecuniários e para a progressão na carreira, entre os quais contagem de tempo para aposentadoria diferenciado, medalhas, moradia e auxílio financeiro. Destarte, não existem incentivos sequer similares para carreiras civis, que atrairiam, por exemplo, amazônidas que emigram para outras regiões em busca de estudos especializados (em geral de classes mais abastadas) ou oferta de empregos. Por fim, mesmo com o peso da Amazônia na Política Nacional de Defesa, permanece o predomínio militar no Sul e Sudeste, seja entre os oficiais recrutados, seja no número de postos em unidades militares. Nesse ponto, embora no discurso a Amazônia seja a absoluta prioridade, na prática organizacional, a realidade não é esta.

Desconfiança quanto aos países vizinhos e visão sobre as fronteiras

A Amazônia é compartilhada por nove países – Brasil, Bolívia, Colômbia, Equador, Suriname, Guiana, Peru, Venezuela e França (Guiana Francesa) –, portanto possui papel fundamental na integração regional. Sua proteção de forma separada por apenas um país é impossível, e esse entendimento foi consagrado no Tratado de Cooperação Amazônica (TCA) assinado em 1978 (Silva, 2012). O tratado surgiu como uma ação política cuja intenção era a proteção e reafirmação da soberania dos países amazônicos sobre a região, estabelecendo uma contenção aos atores exógenos em um cenário de pressões internacionais relativas ao meio ambiente. Em 1998, o TCA se institucionalizou na Organização do Tratado de Cooperação Amazônica.

Lembremos que fronteiras entre países são, como as nações, invenções humanas. Por isso, ora são vistas como barreiras, ora como espaço de cooperação, ora territórios estratégicos. Para Milton Santos (2001), o que importa não é a aparência (linhas da fronteira), que não têm significado para as comunidades locais, especialmente as indígenas; mas a essência da sua organização, mais ou menos cooperativa em determinados territórios, mais ou menos povoadas, com idiomas distintos ou semelhantes. Igualmente para o capital, não existem fronteiras para a circulação de mercadorias e dividendos. A liberdade existente para as mercadorias contudo não se repete no caso das pessoas. De fato, de acordo com a vertente securitizadora, a migração entre os povos dos diversos países fronteiriços é uma questão de segurança e, por isso, migrantes devem ser vistos com desconfiança (Vitelli et al., 2020).

Essa visão, bastante presente na caserna, é inadequada, contudo, para pensar o Brasil. O povo brasileiro é formado majoritariamente por imigrantes, vindos de forma voluntária ou forçada para o país, e nosso território deve seguir como um porto seguro para aqueles que desejam viver no Brasil de forma temporária ou permanente. Logo, imigrantes não devem ser classificados como ameaça e, portanto, a migração não deve ser incluída como um tema de segurança. É evidente que existem muitas questões de segurança a serem levadas em conta que ultrapassam fronteiras, tais como biopirataria, tráfico de pessoas, armas, drogas, entre outras. Sem dúvida, é preciso melhorar a proteção das fronteiras diante desses crimes, mas esse é um processo que exige planejamento regional. Da mesma forma, na agenda de defesa, não se pode desconsiderar a possibilidade de conflitos armados entre entes estatais (como Colômbia e Venezuela) que inevitavelmente envolveriam o Brasil, preferencialmente como mediador das tensões. Ademais, o governo Bolsonaro, amplamente sustentado por segmentos militares, vem contrariando a histórica boa relação com os vizinhos, adotando um discurso belicista, como o apoio às propostas de intervenção estadunidense na Venezuela, o que ampliaria o espaço para potências extrarregionais na Amazônia, em especial os EUA (na brasileira) e a Rússia (na venezuelana).

Lembremos, porém, que Bolsonaro utiliza-se da narrativa da defesa da Amazônia de maneira recorrente a fim de mobilizar suas bases em um sentido puramente político, uma vez que, na realidade, os mecanismos práticos para a resolução de conflitos, inclusive entre Estados da região, e para o enfrentamento aos crimes transnacionais estão sendo desmontados sob sua gestão. E no que se refere à "cobiça internacional", é preciso afirmar que o fundamental os países hegemônicos já têm: controle sobre os recursos naturais da região pela atuação de grandes grupos transnacionais.

Visão da integração nacional da Amazônia

Se hoje o Brasil está integrado às cadeias mundiais de valor de forma subordinada, a proposta de integração da Amazônia desde os séculos passados ocorreu dentro de marcos subordinados, dependentes e periféricos. A rigor, pode-se retomar o questionamento de Celso Furtado (1987), sobre o porquê de o Brasil colonial não ter se fragmentado com a independência, cuja resposta foi o pacto das elites em torno da garantia da escravidão. Mas o que uniu a Amazônia ao Brasil? É sabido que a força militar integrou a Amazônia ao pacto de poder firmado no restante do país através da violência durante a independência (1823) e na Cabanagem (1835-1840) (Pacheco de Oliveira, 2016).

Os anos passaram, e as propostas para o "desenvolvimento" da região seguem sendo repaginadas, tomando as ameaças à soberania como baliza para diversos projetos. Desde 1964, por exemplo, o tema foi securitizado de forma intensa, sob o discurso das ameaças internacionais, ainda que o objeto de preocupação real eram os "inimigos internos" escondidos na região, como, por exemplo, a conhecida Guerrilha do Araguaia. Nesse sentido, a "Operação Amazônia" foi lançada em 1966 para dar "garantias aos investidores" que ocupassem a área, inclusive por meio de vultuosos estímulos fiscais e crediários. Da mesma forma, em 1967, foi criada a Zona Franca de Manaus, que é, por si só, uma contradição, já que objetiva defender a soberania territorial através da internacionalização do capital. Por fim, a partir de 1972, são lançados os Planos de Desenvolvimento da Amazônia na lógica da "fronteira de recursos" baseados em integração física pelas rodovias, desenvolvimento econômico priorizando o setor privado (especialmente mineração e agronegócio) e a ocupação humana racional dos espaços "vazios" abertos pelas rodovias. Médici prometia que "a terra sem homens receberia os homens sem terra", mas não houve reforma agrária na Amazônia que beneficiasse os deslocados para a região, e as terras conquistadas à Oeste só beneficiaram os homens do capital.

Mais recentemente, em 2017, reverte-se uma medida adotada pelos governos militares que criava a Reserva Nacional de Cobre e Associados, cujo objetivo era garantir a soberania nacional sobre diversos minerais estratégicos na Amazônia.[10] O desejo de extinguir tal área de proteção expôs a intenção dos governos atuais de entregar as reservas estatais à exploração mineral privada. Similarmente, os atuais projetos de regularização fundiária resultarão na legalização das terras griladas durante toda a história de ocupação da Amazônia (Tricontinental, 2019). Nos dias de hoje, o melhor termômetro para identificar os que seriam os novos parceiros do atual curso de inserção do estado na realidade amazônica é a própria agenda do atual vice-presidente – também coordenador do Conselho Nacional da Amazônia Legal – na qual os grupos ligados ao agronegócio e à mineração predominam. Esse favorecimento da exploração predatória da Amazônia está evidente desde a campanha presidencial, quando Bolsonaro defendeu a exploração de terras indígenas. Somam-se aos discursos, iniciativas práticas de desmonte dos organismos de fiscalização ambiental do país, como o Instituto Chico Mendes de Conservação da Biodiversidade (ICMBio) e o Instituto Brasileiro do Meio Ambiente (Ibama), ambos sob forte restrição orçamentária.

Como resultado, já nos dois primeiros anos do governo Bolsonaro, o aumento das queimadas na Amazônia alcançou níveis históricos, segundo dados do Instituto Nacional de Pesquisas Espaciais (INPE). As queimadas refletem a expansão do arco do desmatamento, cujas terras serão usadas para a produção de soja, uma das principais commodities[11] de exportação do país. E assim, embora alguns militares afirmem que as riquezas que existem na Amazônia seriam um passaporte para o incremento do poder estatal, fica claro que tais recursos estratégicos não são, por si só, meios para tal resultado. E o que se vê, de fato, na realidade amazônica atualmente é

10 Ver https://agenciabrasil.ebc.com.br/politica/noticia/2017-09/diario-oficial--publica-decreto-que-revoga-extincao-da-renca.

11 Ver https://noticias.uol.com.br/politica/ultimas-noticias/2019/03/09/mourao-bolsonaro-jamais-fara-por-merecer-um-impeachment.htm.

uma situação similar ao que ocorreu com o caso da descoberta do pré-sal há alguns anos. Não adiantam recursos, embora abundantes, quando não existe um projeto de desenvolvimento nacional ancorado na ciência, tecnologia, indústria, soberania e participação popular.

A militarização da Amazônia

A partir dos cinco pressupostos apresentados – visão soberanista inadequada, percepção geopolítica ultrapassada, crença de que apenas militares são comprometidos com a defesa da Amazônia, desconfiança dos países vizinhos e integração da Amazônia de forma subordinada ao restante do país –, a militarização da Amazônia continua a ocorrer. A seguir, examinamos, de maneira crítica, tais dimensões, segundo o marco teórico proposto por Mathias (2004). A primeira, e mais visível, dimensão é a presença física intensiva de militares, particularmente com as operações Acolhida e Controle, autorizadas por Michel Temer em 2018 e que continuam em atividade, e as operações Verde Brasil I e II,[12] desencadeadas por Bolsonaro. As duas primeiras foram criadas em resposta à crise migratória oriunda do alto fluxo de entrada de venezuelanos no Brasil pelo estado de Roraima, sendo a Acolhida uma operação de caráter humanitário cujos pilares são o ordenamento da fronteira, abrigamento[13] de desassistidos e interiorização dos migrantes para outros estados do país (Franchi, 2019).

A Operação Acolhida se configura como uma operação conjunta e interagências, tendo cooperação direta com os órgãos municipais, estaduais e federais, além de organizações internacionais governamentais (com destaque para o Alto Comissariado das Nações Unidas para Refugiados), organizações não governamentais e sociedade civil. Em ação concomitantemente, a Operação Controle visa coibir os delitos transfronteiriços, assim como apoiar as ações de controle migratório na fronteira Roraima-

---

12 Essas operações foram regulamentadas pelas diretrizes ministeriais 03 e 04 do MD, em 2018, e pelos decretos presidenciais 9.985/2019 e 10.341/2020.

13 De acordo com relatório produzido pelo ACNUR (2021), desde março de 2018, 26.909 refugiados e migrantes já foram abrigados no estado de Roraima, sendo estes distribuídos em onze abrigos na capital Boa Vista e 2 em Pacaraima. Dados disponíveis em: https://data2.unhcr.org/es/documents/details/84432.

Venezuela. Já as operações Verde Brasil I e II tiveram como objetivo empregar as forças armadas na contenção dos focos de calor e coibir crimes ambientais na Amazônia Legal, tendo em vista o número histórico de queimadas na região nos últimos dois anos.

Para se ter dimensão da crise das queimadas na Amazônia, de acordo com dados divulgados pelo INPE, apenas em agosto de 2019 foram registrados 30.901 focos de incêndio florestal na Amazônia Legal, o pior índice registrado desde 2010, um aumento significativo se comparado com os 10.421 focos registrados em agosto de 2018. Já sobre as taxas de desmatamento, de acordo com os registros do Sistema de Detecção do Desmatamento na Amazônia Legal em Tempo Real (DETER), observa-se que o crescimento de 85% no índice entre 2018 e 2019. O cenário da floresta em chamas unido ao negacionismo da crise ambiental pelo governo brasileiro fez com que o Brasil fosse alvo de críticas internacionais e da opinião pública. E, em uma corrida para conter danos à imagem do país, foram autorizadas as operações de garantia da lei e da ordem. De fato, durante a vigência das operações o número de focos de calor e áreas de desmatamento cresceu, assim como o número de multas ambientais e ações de fiscalização caiu (Barbosa et al., 2021).

A forma como as mencionadas operações são planejadas revela uma visão securitizadora das questões regionais, atribuindo às forças armadas funções que deveriam ser de outras instituições públicas, transformando a política de defesa em política de segurança pública. No mesmo sentido, uma segunda dimensão da militarização é a ocupação de cargos nos organismos políticos, especialmente no Conselho da Amazônia, coordenado pelo vice-presidente e general Hamilton Mourão, agregando vários militares indicados por diversos ministérios. O conselho, que havia sido criado em 1995 no âmbito do Ministério do Meio Ambiente (MMA) através do decreto 1.541/1995, foi reativado pelo governo Bolsonaro sob a pressão internacional e doméstica em razão da crise provocada pelas queimadas na Amazônia, tendo sua coordenação transferida para a vice-presidência da República através do Decreto 10.239/20.[14]

14 Disponível em: http://www.planalto.gov.br/ccivil_03/_Ato2019-2022/2020/Decreto/D10239.htm

Esse movimento do atual governo evidencia a adoção de uma política soberanista militarizada que distancia o Brasil de instrumentos e aparatos institucionais regionais para lidar com as questões amazônicas multilateralmente, assumindo o posicionamento de que os militares, como "guardiões da floresta", estão solucionando a crise. Essa dimensão da ocupação de cargos ocorre em massa (quantidade) e em profundidade (hierarquias diversas), não apenas no Ministério da Defesa (MD), mas também com militares designados para outras agências estatais que atuam na região. Mesmo com os pedidos do agronegócio para reforçar o Ibama e o ICMBio, o governo entregou chefias do Ibama a funcionários da ABIN, e estuda criar uma Força Tática da Amazônia, composta por militares inativos e subordinada ao MMA.

Uma terceira forma de militarização do sistema político se dá pela transposição de doutrinas formuladas pelos militares para outras arenas de atuação das políticas governamentais. Isso ocorre quando, por exemplo, a questão da migração é vista como um problema de segurança na região, ou no que se refere ao objetivo de integrar a Amazônia ao Brasil, como, por exemplo, investindo em propostas que subordinam economicamente a região ao Sudeste e que aumentam a dependência internacional brasileira, ao invés de incrementarem o controle regional compartilhado e poder estatal.

De mesma forma, uma quarta maneira é transferir valores castrenses para a administração, impondo um determinado *ethos*. Têm acontecido fortes conflitos sobre como a fiscalização para evitar as queimadas deve ocorrer entre militares e outras burocracias do Estado, como o INPE, ICMBio e Funai. Existem denúncias de esvaziamento proposital do INPE (Domingos Neto e Moreira, 2021) e da Agência Espacial Brasileira, para o favorecimento de militares individualmente ou mesmo do Ministério de Defesa, como na controvérsia sobre a compra de um novo satélite de monitoramento para a área.[15] Por fim, uma quinta dimensão se dá pela ação de se militarizar todo e qualquer problema, empregando as forças armadas em questões ou temas que são de outras esferas do Estado, como o acesso à

15 A respeito, veja, entre outros: https://climainfo.org.br/2020/08/24/mourao-defende-compra-polemica-de-satelite-para-monitorar-desmatamento.

saúde pelos indígenas, o abrigamento e saúde dos migrantes venezuelanos, ou construção de obras de infraestrutura. Num primeiro momento, pode até parecer mais barato, mais prático, ou ambos, usar a força militar nessas atividades (já que não estamos em guerra, teoricamente estariam parados nos quartéis), mas esse pensamento destrói a profissionalização militar e, por sua vez, a defesa nacional; por outro lado, mantém o Estado ineficaz, tutelado e militarizado.

Caberia pontuar que a primeira e a última dimensão parecem indicar a montagem de uma estrutura mais parecida com a do Programa Calha Norte em sua primeira fase de implementação. De fato, ambos casos expressam estruturas marcadas pela ausência de transparência e debate público para suas ações, dentro de um processo de tomada de decisão vinculado diretamente à vice-presidência. Em suma, muito mais que conter um grande número de militares em estruturas já existentes do Executivo, aponta-se para uma militarização estruturante, neste caso, da região no seu conjunto.

Até agora, tratamos da militarização de dimensões que entendemos não deveriam ser militarizadas. Entretanto, é fundamental também trazer à tona a discussão sobre a dimensão militar da defesa da Amazônia, particularmente à luz do cenário geopolítico de aumento das tensões globais decorrentes da crise na hegemonia dos EUA no globo. A proposta estadunidense para as forças armadas brasileiras é aquela presente na já mencionada perspectiva securitizadora (Vitelli et al., 2020). Trata-se de transformá-las em organismos policiais, cuja principal função seria enfrentar o que os EUA chamavam de narcoguerrilha, repaginada na última década para narcoterrorismo, e criar animosidades com países vizinhos contrários aos EUA, notadamente a Venezuela. Caberia, pois, às forças armadas dos países semiperiféricos ou periféricos, como é o caso do Brasil, a já histórica profissionalização direcionada para o controle interno, cumprindo missões policiais, atuando apenas como uma força auxiliar estadunidense no cenário global (Penido et al., 2021).

Complementando esse quadro, desde meados dos anos 2010, duas estratégias militares para a região foram alardeadas: a da presença e a da resistência. A primeira, a estratégia da presença, tem bastante a ver com os pressupostos criticados na primeira seção desse texto. Ela se dedicaria a garantir a integridade territorial por meio da construção dos pelotões de fronteira, que deveriam funcionar como polos de colonização nas áreas mais distantes. A segunda estratégia seria uma relativa inovação doutrinária, a estratégia de resistência, com o emprego de táticas de guerrilha contra um inimigo superior que adentrasse o território brasileiro. Dizemos relativa inovação pois, na verdade, essa estratégia é tributária das históricas relações civis-militares desenvolvidas no Brasil no combate às organizações que optaram pela guerrilha na resistência à ditadura militar. Nessa estratégia, a população civil é fundamental, daí a justificativa para a ênfase em ações cívico-sociais (Marques, 2007).

As duas estratégias eram vistas de forma combinada e não concorrente pelo Exército. A Marinha pouco informa sobre a Amazônia (mesmo com sua imensidão de rios), embora se aproveite da mística amazônica para lançar a marca registrada "Amazônia Azul". A Aeronáutica, protagonizou a construção do Sistema de Vigilância da Amazônia (SIVAM), sistema de processamento de dados que entrou em operação em 2002 sob críticas de aprofundar a dependência brasileira, uma vez que o pacote tecnológico foi adquirido através da dispensa de licitação da empresa estadunidense Raytheon (Lourenção, 2006).

Por fim, nas recentes atualizações da Política de Defesa Nacional, a relevância da Amazônia tem permanecido intocada. Mais recentemente, as estratégias militares para a região – presença e resistência – parecem estar sofrendo mudanças. Os EUA passaram a ser convidados para exercícios conjuntos na região, e o Brasil cedeu o território de Roraima para provocações à Venezuela em um contexto de reta final da campanha eleitoral estadunidense, mesmo com as parcerias sino-brasileiras nas áreas de energia e comercial.

Considerações finais

A eleição de Biden parece indicar uma vitória das frações de classe ligadas ao capitalismo verde dentro do país estrangeiro historicamente com maior peso sobre a região amazônica. Essa nova configuração de forças daria margem para novos atores diferentes dos que tradicionalmente exploraram a Amazônia por meio de alianças extrativistas e com o agronegócio brasileiro. Assim, a política imediata para a Amazônia, exemplificada pela militarização e subordinação do Conselho da Amazônia ao vice-presidente e general Mourão, poderia ser pressionada, de um lado, pelas bases bolsonaristas que desejam apropriar-se de mais terras e recursos e, de outro, por um sistema internacional que cobra o cuidado com a Amazônia enquanto ecossistema de importância planetária.

Dentro desse cenário, buscou-se indicar ao longo da presente análise que a visão militar atual sobre a Amazônia é anacrônica e antinacional. Trata-se mesmo de um entendimento, hoje hegemônico, que tenderá a aprofundar o despreparo das forças armadas relativamente à sua própria função precípua, a defesa nacional. É necessário, portanto, descolar o planejamento estratégico dessa visão para que de fato se possa adotar uma política de defesa, que seja, a um só tempo, soberana e cooperativa. Em outras palavras, é preciso repensar a defesa da soberania brasileira, inclusive na Amazônia, sob outros marcos, que possibilitem a ampla participação dos povos amazônidas (do seu planejamento até a etapa de fiscalização da execução).

Trata-se de buscar uma lógica de defesa que não foque apenas nas fronteiras, mas também na soberania alimentar, energética, cultural, na saúde e bem-estar das populações locais. Em suma, uma soberania popular pensada de maneira cooperativa com todos os povos vizinhos que compartilham o bioma amazônico. As forças armadas podem ser aliadas indispensáveis nesse processo, mas, para isso, será necessário rever os cinco pressupostos aqui discutidos.

Referências bibliográficas

Brasil. 2019. *Decreto Presidencial 9.985*, de 23 de agosto de 2019. Presidência da República: Brasília.

Brasil. 2020. *Decreto Presidencial 10.341*, de 6 de maio de 2020. Presidência da República: Brasília.

Brasil. 2018. *Diretriz Ministerial 03/2018*. Ministério da Defesa: Brasília.

Brasil. 2018. *Diretriz Ministerial 04/2018*. Ministério da Defesa: Brasília.

Brasil. 2012. *Estratégia Nacional de Defesa, 2012*. Ministério da Defesa: Brasília.

Becker, B. 2005. "Geopolítica da Amazônia". Estudos Avançados, 19 (53), p. 71-86.

Barbosa, L.S., Araújo, M.C. e Iquegami, L. 2021. *As Forças Armadas e as Queimadas na Amazônia. Informe Temático 2020.* Observatório Brasileiro de Defesa e Forças Armadas.

Noceña, A.E. 2014. La Dominación de Espectro Completo sobre América. *Revista Pesquisa & Estudos sobre as Américas*, 8(2), p. 124-139.

Domingos Neto, M. 2019. Sobre o Patriotismo Castrense. Dossiê os militares e a política. *Revista Perseu*, 18, p. 14-35.

Domingos Neto, M. e Moreira, G. 2021. Bolsonaro e os Índios. In: *Os Militares e a Crise Brasileira*, Martins Filho, J. (ed.). Alameda: São Paulo, p. 89-106.

Franchi, T. 2019. Operação Acolhida: A Atuação das Forças Armadas Brasileiras no Suporte aos Deslocados Venezuelanos. *Military Review*, ano 2019, p. 1-13.

Furtado, C. 1987. *Formação Econômica do Brasil.* 22ª edição. Editora Nacional: São Paulo.

Grosfoguel, R. 2020. *Ocho Tesis Acerca del Imperialismo Estadunidense y las Luchas Anti-imperialistas em el Siglo XXI.* Apresentação no encontro Uma Mirada desde América del Norte.

Lourenção, H. 2006. O Sistema de Vigilância da Amazônia (Sivam): Velhas Controvérsias, Novos Desafios". In: *Amazônia e Defesa Nacional*, Castro, C. (ed.), FGV: Rio de Janeiro, p. 119-142.

Marques, A. 2007. *Amazônia: Pensamento e Presença Militar.* Tese de Doutorado. Universidade de São Paulo: São Paulo.

Martins Filho, J.R. 2003. A Visão Militar sobre as Novas Ameaças no Cenário da Amazônia Brasileira. In: *Novas Ameaças, Dimensões e Perspectivas: Desafios para a Cooperação entre Brasil e Argentina*, Mathias, S. e Soares, S. (eds.). Editora Sicurezza: São Paulo. p. 245-279.

Mathias, S.K. 2004. A Militarização da Burocracia: A Participação Militar na Administração Federal das Comunicações e da Educação, 1963-1990. Editora Unesp: São Paulo.

Michelotti, F. e Malheiro, B. 2020. *Amazônia para Além das Commodities e do Capitalismo Verde*. Amazônia Latitude.

Pacheco de Oliveira, J. 2016. *O Nascimento do Brasil e Outros Ensaios: "Pacificação", Regime Tutelar e Formação de Alteridades*. Editora Mana: São Paulo.

Penido, A. 2015. *Profissionalização e Educação Militar: Um Estudo a Partir da Academia Militar das Agulhas Negras*. Dissertação de Mestrado. Universidade Federal Fluminense: Niterói.

Penido, A., Mathias, S. e Oliveira, J. 2020. *As Forças Armadas no Governo Bolsonaro*. Instituto Tricontinental de Pesquisa Social: São Paulo.

Penido, A. e Carolino, O. 2020. *Soberania Popular em Três Tempos*. Instituto Tricontinental de Pesquisa Social: São Paulo.

Penido, A., Araújo, N. e Kalil, S. 2021. Notas Exploratórias sobre as Contribuições do Marxismo para o Pensamento sobre a Defesa Brasileira. *Revista de Estudos do Sul Global*, 1, p. 153-164.

Rouquié, A. 1990. *Os Partidos Militares no Brasil*. Editora Record: Rio de Janeiro.

Saint-Pierre, H. 2018. Verbete: Ameaças. In: *Dicionário de Segurança e Defesa*, Saint-Pierre, H. e Vitelli, M. (eds.). Editora Unesp: São Paulo.

Santos, M. e Silveira, M.L. 2001. *O Brasil: Território e Sociedade no Início do Século XXI*. Editora Record: Rio de Janeiro.

Schmitt, C. 2008. *O Conceito do Político. Teoria do Partisan*. Trad. G. Carvalho. Del Rey: Belo Horizonte.

Silva, R.I. 2012. *A Cooperação Multilateral entre os Países Amazônicos: A Atuação da Organização do Tratado de Cooperação Amazônica (OTCA)*. Dissertação de Mestrado. Universidade Estadual Paulista: Marília.

Tricontinental. 2019. *Dossiê 14 – Amazônia Brasileira: A Pobreza do Homem como Resultado da Riqueza da Terra*. Instituto Tricontinental de Pesquisa Social: São Paulo.

Vitelli, M., Mathias, S. e Castro, H. 2020. Crimen Organizado: Confrontando la Perspectiva Securitizadora com los Aportes sobre State-Crime Collusion. Implicaciones Disciplinares. *Moções: Revista de Relações Internacionais da UFGD*, 9(17), 105-138.

POBREZA NAS FRONTEIRAS DO DESENVOLVIMENTO: BOLÍVIA E BRASIL

Antônio Augusto Rossotto Ioris

Introdução e justificativa

Muito relatos de pesquisa, colhidos de pessoas que vivem em comunidades rurais na região amazônica, demonstram como as definições e o entendimento do que seja pobreza podem variar e também como é absurdo que uma condição de pobreza ainda exista mesmo em regiões com tão rica biodiversidade, largas porções de terra e recursos abundantes. Do mesmo modo, sugerem uma profunda conexão entre as estratégias de sobrevivência, os ecossistemas florestais e a identidade comunitária, todos sob ameaça com as mudanças e os fracassos no desenvolvimento econômico e as transformações que acontecem em múltiplas escalas e vastas áreas geográficas na região. Atualmente, a região é uma das mais disputadas fronteiras de avanço da modernidade ocidental sobre territórios, pessoas e ecossistemas, os quais anteriormente não chegavam a ser alcançados pelo mercado de massa (Ioris, 2020). Os programas de desenvolvimento adotados nos últimos anos vêm demandando uma intensa e crescente exploração de minerais, madeira, água, biodiversidade, entre outros, junto com a expansão de áreas agropecuárias e a construção de barragens para hidrelétricas gigantes. Principalmente a intensa atividade do agronegócio na região desde a década de 1970 converteu grandes porções de áreas de florestas da Amazônia em fazendas de gado ou monoculturas, além de cidades que crescem sem parar (Ioris, 2017). Contudo, justamente porque a maioria da população da região pouco teve acesso a essas transformações que incluem a Amazônia na agenda de desenvolvimento nacional, ficam algumas questões fundamentais: se as promessas de desenvolvimento se mostraram falhas, que participação tem a floresta na criação da pobreza? Pode a floresta ser um elemento de redução da pobreza, ou a tendência de empobrecimento e marginalização continuam?

Pobreza – definida como a condição segundo a qual as necessidades materiais e sociopolíticas não são atendidas por uma combinação de mecanismos de exploração, alienação e exclusão – não pode ser entendida simplesmente como o resultado de práticas questionáveis de desenvolvimento ou uma falha em incluir grupos carentes no essencialmente benéfico processo de desenvolvimento (é assim que a pobreza é tipicamente descrita em documentos oficiais e interpretações convencionais). Ao contrário, o modelo predominante de desenvolvimento sistematicamente reforça a miséria e a destituição como elemento a corroer a floresta. Assim, pobreza precisa ser entendida como um fenômeno relacional que emerge de uma configuração particular de atividades produtivas e da alocação autoritária de oportunidades e resultados econômicos (Ioris, 2015). Pobreza nada mais é do que a escassez induzida pelo desenvolvimento e, no limite, ela reverbera em negação de acesso à justiça (George, 1979). O desenvolvimento na região amazônica, por exemplo, se desenrolou como transformação de extensas áreas de floresta em paisagens de pobreza onde a perspectiva de melhora de vida para a maioria da população é constantemente solapada. E não apenas isso, mas também a viabilidade dos ecossistemas florestais no longo prazo é cada vez mais incerta. "A terra, enquanto não é explorada como meio de produção, não é um capital. A terra capital pode ser aumentada do mesmo modo como todos os outros instrumentos de produção. (...) *A terra-capital não é mais eterna do que qualquer outro capital*" (Marx, 1956, p. 185, grifo nosso).

Dado esse cenário, este capítulo procura contribuir para o entendimento das causas e vivências da pobreza na Região Amazônica a partir de uma perspectiva geográfica. Interações entre sociedade e natureza carregam as marcas de velhas e novas formas de injustiça, que são os motores centrais que moldam as paisagens de acordo com o jogo do poder político. Nesse ínterim, a pobreza é um fenômeno socioecológico que é dinamicamente conectado com as desigualdades e injustiças gestadas no processo de desenvolvimento. Instrumentos governamentais (tais como crédito, subsídios e doação de porção de terras) e investimentos na infraestrutura (na forma de estradas, portos, galpões e silos) atraíram distintos contingentes populacionais para a região amazônica, sendo que apenas uma minoria realmente se beneficiou do processo de desenvolvimento. A consequência é uma Amazônia de grande biodiversidade e diversidade social permeada igualmente por desigualdades e assimetrias que perpassam desde as escalas locais e regionais até a escala internacional. Iremos examinar as bases e gênese da pobreza em duas áreas, uma na Bolívia e outra no Brasil, abordando as questões acima pela perspectiva de grupos que foram apenas minimamente beneficiados pelo desenvolvimento. Os três principais resultados de pesquisa serão apresentados nas próximas páginas: as causas essenciais da pobreza (em especial as pressões contra os bens comuns [*commons*]); a pobreza como advinda do exercício de hegemonias políticas e o fracasso de mecanismos oficiais de redução da pobreza; uma forma alternativa de pensar sobre a pobreza e os pobres. Contudo, antes disso é necessário descrever as áreas de estudo e explicar a metodologia usada.

Áreas de estudo e abordagem metodológica

O exame das causas efetivas da pobreza em um ecossistema tão rico, e das reações criativas a elas é baseado em pesquisas conduzidas entre 2010 e 2011 no baixo Tapajós, no estado do Pará (no entorno da cidade de Santarém), no Brasil, e no Departamento de Pando (no entorno da cidade de Cobija), na Bolívia. A pesquisa comparativa entre as duas áreas visou revelar a dinâmica do desmatamento, os mecanismos de distribuição de poder e a execução e a formulação de políticas nos campos da pobreza e do meio ambiente. O ponto de partida foi o reconhecimento de que a pobreza é um fenômeno com especificidade local que reflete diretamente influências externas, particularmente o estilo de vida esbanjador dos países ricos e a intervenção de seus governos (Pogge, 2008). Principalmente, a pobreza crônica é uma relação sociopolítica mais do que uma condição de escassez de acesso aos meios (Bebbington, 2007). Por esse motivo, esta pesquisa exigiu um estudo sistemático das interconexões entre mudanças ambientais e experiências cotidianas de dificuldades nas comunidades estudadas.

O Departamento de Pando se localiza na região norte da Bolívia, é a região menos populosa e mais tropical do país, e tem altos níveis de pobreza, que afetam a maioria dos habitantes. Pando tem áreas significativas cobertas por floresta e por muito tempo manteve taxas de desmatamento relativamente baixas. Contudo, a região vem sendo o alvo de pressões para aumento das áreas agricultáveis, abertura de novas áreas e expansão de atividade de agricultura comercial, extração de madeira e pecuária. Os problemas do departamento reverberam os problemas nacionais, dentre os quais a desigualdade que persiste, mesmo com o crescimento econômico contínuo no período entre 1976 e 2007 (PNUD, 2010). Desde 2006, o governo central da Bolívia tem tentado redistribuir os recursos e benefícios econômicos entre toda a população. Durante a última década as políticas governamentais encorajaram pequenos agricultores a mudar da região das montanhas bolivianas para a Floresta Amazônica, criando uma série de tensões entre antigos e novos habitantes da floresta (disputas entre diversos grupos de baixa renda). Planos comuns, nas palavras do ex-vice-presidente e teórico das administrações de Evo Morales (García Linera, 2012), têm sido restringidos por modelos de produção capitalistas pré-existentes e os resquícios da estrutura de poder estatal patrimonialista (patrimônio privado e paternalista) que ainda resiste nos setores mais conservadores do país. Todavia o governo boliviano tem sido criticado por um pragmatismo e uma tolerância excessiva ao lidar com os setores produtivos em troca da aceitação política, para que fosse possível governar (Zibechi, 2009).

O estado brasileiro do Pará é igualmente uma fronteira do desenvolvimento, com uma história de desmatamento em larga escala conectado ao crescimento econômico, desenvolvimento de obras de infraestrutura, grandes ondas migratórias e múltiplas formas de conflito. Sendo que os conflitos fundiários, a violência e a escassez resultam de disputas de poder sobre os abundantes recursos da região. A exploração desses recursos muda sua forma constantemente devido a uma política econômica multifacetada e uma ecologia politizada (Simmons, 2004). O agronegócio, a pecuária, a construção de barragens e a rápida urbanização se tornaram características marcantes do desenvolvimento regional e, tal qual em outras regiões do Brasil, a pobreza vem diminuindo em anos recentes na Amazônia, muito em virtude do crescimento econômico e das políticas compensatórias. Porém, os pequenos agricultores têm acessado menos benefícios desse desenvolvimento regional por motivos vários, como acesso reduzido a crédito e tecnologia, falta de infraestrutura e disputas por títulos de terra (Ioris, 2019). Concomitante a isso, para reduzir a pobreza absoluta (renda per capita de menos de metade do salário-mínimo) e erradicar a extrema pobreza (renda per capita de menos de R$ 70,00 mensais ou US$ 17,53 mensais),[1] o Pará precisaria reduzir a pobreza a uma taxa de 2,2% ao ano entre 2009 e 2016 (IPEA, 2010). Nesse cenário, Santarém figura como polo de desenvolvimento regional e uma extensa área produtiva, além de várias áreas de reservas naturais. O município é atualmente conectado com importantes áreas de produção do agronegócio no Pará e no Mato Grosso através da BR-163 (Rodovia Cuiabá-Santarém). O percentual da população vivendo na pobreza caiu de 59,5% para 31,07% entre 1991 e 2010, ao mesmo tempo que a desigualdade (medida pelo índice de GINI) aumentou, e a participação econômica dos 20% mais pobres passou de 3,47% para 2,16% do PIB municipal (PNUD, 2013), embora esses avanços tenham sido revertidos a partir de 2015 com a mudança político-econômica e, depois, novos governos nacionais de orientação francamente conservadora.

A metodologia aplicada neste estudo facilitou a compreensão do sentido da pobreza e da vulnerabilidade humana no contexto local e sua relação com as mudanças ambientais e os mecanismos subjacentes da degradação ambiental. De acordo com Bakker (2010), ainda é difícil estudar a configuração socionatural do mundo (incluindo a dimensão humana e mais-que-humana [*more-than-human*] de uma realidade dinâmica e única) usando os arcabouços conceituais tradicionais, o que significa que nos-

1 Cotação calculada em fevereiro de 2016: US$ 1 = R$ 3,992.

sa pesquisa busca novas abordagens teóricas e metodológicas que sejam capazes de abarcar todas as dimensões da pobreza. Portanto, esta pesquisa considera diferentes materialidades e construções simbólicas sobre o desmatamento em duas áreas, lidando com questões específicas relacionadas à pobreza e ao desenvolvimento. A pobreza não foi considerada como um processo isolado, mas como parte de uma condição mais ampla de exclusão social e explorações múltiplas. A unidade de análise foi a relação entre pessoas, coisas e processos (Ollman, 1976).

Uma das maiores contribuições desta pesquisa foi incluir a voz daqueles que dependem e vivem na floresta, de modo a que pudessem expor suas preocupações sobre a degradação e o desmatamento, tornando possível que este grupo, pessoas responsáveis por pensar e executar políticas públicas, ONGs e outros setores sociais pudessem identificar elementos chave que precisam ser tratados em cada uma das áreas de estudo. O estudo utilizou a abordagem da pesquisa-ação participativa, que é, em outras palavras, uma pesquisa colaborativa e engajada, orientada para a mudança social (Kindon et al., 2010). Os métodos de pesquisa incluem: observação participante e visitas às comunidades estudadas; dois workshops regionais (dirigidos a pessoas do governo local, agentes de desenvolvimento comunitários, representantes das comunidades, instituições de pesquisas e ONGs); análise de documentos e políticas; e entrevistas semiestruturadas (um total de 119 entrevistas). Em particular, incluiu interações contínuas com moradores de reservas extrativistas (RESEX) próximas a Santarém, decretadas em 1998, e que abrigam 72 comunidades rurais. O questionário foi organizado em seis temas principais: trajetória de vida; entendendo pobreza; relação com a floresta; impacto de programas de governo (de forma geral e aqueles antipobreza); mobilização política; e estratégias de enfrentamento. As entrevistas foram traduzidas do espanhol e do português para o inglês e então analisadas a partir do software Nvivo. Em um engajamento contínuo com as pessoas vivendo na e próximas à floresta nas áreas de estudo, aprendemos que para muitos dos moradores locais o conceito de pobreza é associado com urbanização, acesso restrito a oportunidades culturais, falta de espaços de ação política e a destruição da floresta e dos ecossistemas.

A produção da pobreza e a pobreza da produção

A avaliação da interface entre pobreza e desenvolvimento oferece uma oportunidade ímpar de rediscutir as perspectivas de ecossistemas afetados por rápidas transformações socionaturais. Contudo, grande parte das análises acadêmicas realizadas até agora tem sido insular e lhe faltam perspectivas histórico-geográficas mais amplas, falhando, particularmente, em conciliar a política da mudança ambiental com a miríade de efeitos dessa política nos domicílios, comunidades, e relações interpessoais (Barret et al., 2011; Minang e Van Noordwijk, 2013). O desmatamento tem sido geralmente entendido como o resultado de políticas de desenvolvimento que estimularam a pecuária, a produção de soja e a mineração, ou também uma consequência da migração interna, especulação e disputas fundiárias (Pacheco, 2006), ou ainda a perda do conhecimento tradicional por parte de pequenos agricultores quando eles se envolvem na abertura de grandes áreas ou no comércio madeireiro (Coomes et al., 2011). Um exemplo da dificuldade de se entender a região amazônica foi dado por Euclides da Cunha que, em 1909, depois de uma expedição oficial à fronteira entre Bolívia, Peru e Brasil argumentou que "o homem, aqui, continua a ser um intruso impertinente" (Cunha, 2005, p. 4). Em tempos recentes, estratégias de desenvolvimento e programas de redução da pobreza têm demonstrado obstáculos similares, dado que tais estratégias e programas se concentram apenas superficialmente na integração de políticas e no fortalecimento de instituições sociais. Um exemplo emblemático foi o Plano Amazônia Sustentável (PAS) lançado pelo governo brasileiro em 2008. As metas do plano eram ambiciosas, porém elas foram limitadas por antigos vícios, como centralização, populismo e subordinação às regras de mercado (Souza e Filippi, 2010).

Em todo o mundo, estudos abordando a pobreza têm apontado uma tendência similar de reforçar a necessidade de crescimento econômico a partir de uma perspectiva normativa primeiramente (Mawdsley, 2007), ou encorajar outros comportamentos de investimento e tomada de risco por parte dos pobres (Peck, 2011). Pessoas necessitadas são vistas tipicamente como passivas, ocupando espaços com problemas claramente definidos, enquanto o crescimento econômico e os governos estáveis formam o discurso das metas das principais políticas públicas. Como resultado, as causas da pobreza que não se encaixam em tais modelos passam a ser deixadas de lado, e as pessoas com experiências ou vivências de desigualdades conflitantes com o modelo, ou não usuais, passam a ser, consequentemente, não assistidas ou não cobertas por essas políticas. Interpretações alternativas vêm buscando oferecer um melhor entendimento da pobreza como um conjunto complexo de práticas e experiências que se desdobram a partir da interação entre a cultura local, oportunidades e estilos de vida (Alcock, 2004; Danziger, 2010; Room, 1999). As condições materiais do dia a dia também se conectam a formas específicas de conhecimento local, habilidades e contatos que são valorizados pelos grupos marginalizados (Appadurai, 2004; Lin e Harris, 2010; Robinson e Oppenheim, 1998).

Sobre essa posição, Lawson et al. (2010) argumentam que a pobreza é produzida em lugares específicos como resultado de relações recíprocas de processos históricos, ecológicos e sociais, sob a influência de novos ciclos de acumulação capitalista. Gray e Moseley (2005), por sua vez, argumentam que o discurso dominante do desenvolvimento (constituído por ideias neomalthusianas) culpa os pobres pela degradação ambiental (sendo o argumento mais comum o de que os pobres são forçados a usarem os recursos para sobreviver), mas ignora o papel de outros processos, atores e das disputas políticas em várias escalas. Do mesmo modo, Yapa (1996) coloca em discussão a construção discursiva da escassez de recursos como um fenômeno técnico e supostamente neutro ao mostrar as especificidades sociais da escassez e que a produção é algo mais do que simples atividade econômica (a produção é atualmente conduzida por uma rede de relações, e seu entendimento fica distorcido pelo falso reducionismo binário sujeito-objeto, fruto da ciência ocidental). Deve-se notar, ainda, a importância da heterogeneidade dos elementos relacionados à pobreza nas áreas rurais e advogar em favor de uma análise de rede capaz de explorar a variedade de práticas, necessidades e experiências de pessoas necessitadas.

No entanto, apesar de a ontologia da pobreza como multifacetada ter sido bem aceita na literatura crítica, as intrincadas relações entre a criação da pobreza e a transformação de ecossistemas dentro de um cenário de rápidas pressões desenvolvimentistas ainda precisam ser melhor entendidas. E esse entendimento envolve examinar como mudanças ambientais contribuem com a exclusão ou a sobrevivência de grupos de baixa renda, tanto quanto a forma como a proteção de ecossistemas florestais ajuda os mais pobres ou legitima práticas de exclusão. A título de exemplo, na última década o crescimento econômico, associado a mais regulação ambiental, pode ter ajudado a reduzir o desmatamento na Amazônia (provavelmente motivado pelo fato de que áreas mais acessíveis e rentáveis já haviam sido tomadas, ao mesmo tempo que o agronegócio incorporou alguns aspectos da agenda conservacionista em favor de seus próprios interesses), porém tanto a desigualdade social, quanto a marginalização de grupos de baixa renda continuaram a crescer (Weinhold et al., 2013). Evidências da área de estudo mostram como o discurso do manejo florestal influencia a governança florestal, contudo, os benefícios às comunidades locais onde se realiza manejo tendem a ser marginais e irregulares (Medina et al., 2009). O mesmo governo que introduz legislações ambientais e estabelece reservas naturais constantemente traz novos incentivos econômicos e constrói novas estradas e obras de infraestrutura que levam a uma consequente concentração fundiária e agrava os conflitos por terra (Simmons, 2004).

O próprio significado da pobreza para as pessoas que vivem em contato com os ecossistemas florestais difere das interpretações oficiais das organizações nacionais e internacionais. Para as comunidades locais, a cidade não é necessariamente mais rica, apenas diferente. O significado e a conceituação específica da pobreza para aqueles que vivem na floresta amazônica podem ser vistos em várias das entrevistas realizadas durante nossa pesquisa:

> Bem, pobre, para mim, pobreza, para mim, bem, há pobreza e há dificuldade. Hoje nós temos dificuldades, mas não somos pobres. Uma pessoa pobre não tem casa, nenhum teto sobre sua cabeça, esta é uma pessoa pobre. Eu posso não ter nada hoje, mas terei amanhã. Aqui em casa posso não ter nada pela manhã, mas pelo meio-dia eu terei. Se eu não tiver o que eu preciso à tarde, eu vou arrumar um jeito de conseguir na boca da noite. Então nós não somos pobres, os pobres são aqueles que não têm

> roupas para lhes aquecer, que não têm fonte de renda, quem sai por aí pedindo. Isso é que é ser pobre, nós dizemos, "olhem para ele, pobre coitado", mas você não diz "olhe o coitado desse pobre rico". Você sente dó porque a pessoa é pobre. A palavra "pobre" para mim é muito forte (José Silva, Pará).
>
> A gente é pobre por ser, mas a gente tem as coisas que a gente precisa (Manoel Moreira, Pará).
>
> Ser pobre não significa ser pobre de dinheiro, mas significa ser pobre de... Tapado os olhos de tudo (Vianei dos Anjos Castro, Pará).
>
> Pobreza acho que aqui... pode ter pessoas com dificuldades, mas acho que aqui pobreza não se encontra. Tudo mundo leva uma vida, não é boa, mas é mais ou menos... (Rubens dos Santos, Pará).

O fato de acadêmicos, políticos e aqueles que fazem as políticas públicas continuamente falharem em tratar as questões socioecológicas no que diz respeito ao processo de produção da pobreza torna ainda mais difícil entender e lidar com aspectos específicos da pobreza em ricos ecossistemas. Contudo, algumas lições importantes foram aprendidas sobre essas profundas interconexões a partir dos resultados de trabalhos empíricos e das estratégias das pesquisas-ação, mencionadas acima e que serão mais trabalhadas a seguir.

A base não comum do desenvolvimento e da pobreza

O desenvolvimento, como foi conceituado no período do pós-guerra, é normalmente associado à intensificação da produção de bens e serviços de acordo com os padrões de consumo (e desperdício) das sociedades ocidentais (Peet e Hartwick, 2009). Acompanhando essa definição, que tacitamente se estabeleceu na comunidade internacional, o desenvolvimento na região amazônica esteve historicamente representado pela construção de grandes projetos de infraestrutura e operações empresariais, executadas pelo, ou que tiveram apoio do, governo federal. No entanto, diferente da crítica frequentemente feita por ONGs e grupos ambientalistas, o processo de desenvolvimento na Amazônia não é necessariamente antiecológico (isto é, no sentido que essa perspectiva demandaria a destruição da floresta e sua reposição por uma paisagem radicalmente diferente). Ao contrário, o desenvolvimento depende diretamente de enorme número de recursos territoriais e naturais e ricos ecossistemas, e é precisamente a disponibilidade de grandes porções de terra e recursos que faz com que haja a expectativa de uma rápida acumulação de capital por parte de criadores de gado, garimpeiros (e empresas de mineração), empresários (companhias) do agronegócio, madeireiros, construtoras (obras de grande porte como estradas e hidrelétricas) etc. O processo de desenvolvimento na Amazônia reside não simplesmente no lucro extraído da produção como também na apropriação de diferentes fontes de renda (no sentido ricardiano) nas áreas de mata e de rios.

Antes de ser antinatureza o atributo mais danoso do processo de desenvolvimento é seu imperativo modernizador. Isso significa que o modelo dominante de desenvolvimento depende da conversão de porções de terra da floresta amazônica, cujos gerenciamento e posse são coletivos, em propriedades privadas e nas relações advindas desse outro modelo. O avanço da modernidade ocidental combinou o afastamento e o estranhamento cultural (Taussig, 1987) e a uma narrativa de fascinação – incluindo-se aí a ideia de que o Jardim do Éden se localizava no meio da floresta amazônica (Holanda, 2000) –, mas essa combinação de imaginários, que orientou a conquista e a exploração territorial, se acelerou e se tornou muito mais complexa no último terço do século XX. Em contraste com o tempo colonial e o começo do pós-colonial, quando as riquezas da região amazônica eram exploradas e levadas embora, o desenvolvimento contemporâneo exigiu a consolidação da propriedade privada na região e a reorganização das relações sociais em função do poder político advindo das propriedades privadas, da mineração e das indústrias, ou então em funções de obras e programas estatais que serviram – e servem – para a expansão do capitalismo, tais como hidrelétricas, estradas e portos. Tal reorganização contrasta de forma evidente com a visão de mundo compartilhada por várias das populações tradicionais locais, para quem "mesmo as árvores são donas da terra" (entrevista com Vianei dos Anjos Castro, Pará).

Além do foco na eficiência, estimulado por economistas trabalhando em teorias anti-bens comuns (como por exemplo, Heller, 1998), o desenvolvimento como processo que exclui usos e práticas tradicionais perpetua a desigualdade e a pobreza, independentemente do nível de conservação e restauração da floresta. Igualmente se utiliza do vocabulário de poder que foi trazido de fora da região e rapidamente se transformou na maior força motriz para a transformação regional. Sendo que a transformação da região sob a influência de políticas de desenvolvimento se desdobra em disputas étnico-raciais-ecológicas e de classe que propagam e reforçam uma geografia da produção da pobreza (Isla, 2009). Por causa de poderosas pressões contra povos tradicionais, a floresta é brutalmente alterada (tanto em termos simbólicos, quanto materiais e biofísicos) de sua condição dinâmica longamente estabelecida, o que leva à emergência de impactos ambientais e explorações sociais. De maneira que a pobreza é gerada pelo avanço da forma dominante de desenvolvimentismo na região e perpetuada com a circulação e a acumulação de capital que advém da apropriação privada dos ecossistemas florestais. Uma vez que povos tradicionais não estejam mais protegidos, competidores mais fortes e oportunistas são capazes de excluí-los do acesso aos recursos escassos e previamente partilhados.

A dinâmica da negação dos povos tradicionais (e suas práticas) no desenvolvimento da Amazônia é, na verdade, a expressão de um fenômeno maior, no qual os seres humanos são alienados de suas atividades já estabelecidas, juntamente com seu contexto social e sua condição socionatural. Como argumenta Marx (1988, p. 83), a propriedade privada é "a expressão material suprema da alienação do trabalho". Adicionalmente, a propriedade privada contempla tanto a relação de trabalhadores com o trabalho (e com o produto de seu trabalho), quanto a relação de não trabalhadores (os capitalistas) com os trabalhadores e os produtos do trabalho destes últimos. O impacto devastador do crescimento da propriedade privada fica evidente na crescente erosão de práticas de subsistências comunitárias originalmente baseadas em complexos gerenciamentos da floresta e seu ecossistema. As estratégias de sobrevivência tradicionais de comunidade vivendo em (e de) ecossistemas florestais combinam, tipicamente, o compartilhamento de recursos florestais com pequenas faixas de terra de uso e propriedade familiar e a área de moradia. Contudo, com o avanço do desenvolvimentismo, os ecossistemas amazônicos estão sendo transformados de forma crescente e não por meio da interação entre os seres humanos e o restante da socionatureza, mas de acordo com a imposição de regras econômicas que mobilizam recursos e pessoas para a imediata acumulação e exportação do capital.

As intervenções políticas recomendadas pela UNEP (2003) para reduzir a pobreza por meio do manejo sustentável de ecossistemas incluem cinco diferentes "medidas" – liberdade de participação; facilidades econômicas; oportunidades sociais; garantia de transparências; e segurança ecológica – que não consideram as pressões sobre os povos tradicionais, as quais, como principais elementos da destituição de direitos sociais e degradação de ecossistema, são a questão óbvia que ninguém quer ver. Assim, a correlação entre pobreza e degradação de ecossistemas continua a ser amplamente associada a atividades econômicas e apenas vagamente à negação (ou falta) de direitos e da execução da lei. Igualmente, o desenvolvimentismo dominante e convencional é baseado na suposição de que a região tem recursos inesgotáveis, que estão pronta e facilmente acessíveis e podem ser incorporados em transações comerciais (Ioris, 2021).

As tendências de desenvolvimento na região amazônica têm sido baseadas em narrativas sobre a abundância, e em grande parte servido como ferramenta política para aliviar conflitos fundiários e de participação social que se apresentam em outras partes do Brasil e da Bolívia. No entanto, escassez e abundância de recursos são termos relativos, e a questão sobre quais recursos podem ser apropriados por quem é uma questão altamente controversa na região amazônica (Schmink e Wood, 1992). É evidente que o mesmo processo de desenvolvimento que cria a ilusão da abundância é responsável pela geração de uma inesperada escassez (Ioris, 2018), em particular pelo cercamento de grandes porções de terra para (e por) criadores de gado e fazendeiros do agronegócio (Hecht, 2005). Um exemplo é a escassez de água potável dentro do maior reservatório de água potável no mundo:

> Nós precisamos de muitas coisas aqui. Água, precisamos de água. Porque, depois... agora, o verão é uma coisa demorada e muito quente. Olha onde a água está, lá, quase do outro lado (Maria Ferreira, Pará).

Ou a falta de madeira em uma floresta:

> Hoje, madeira para usarmos, não há muito. É difícil achar madeira. Não tem muito e o que tem ainda está muito, muito verde. Eles já pegaram a melhor parte. Então, o que eu faço é cortar uma área, mas não das grandes, se for comparar o que nós fazemos e o que eles já tiraram. Além disso eu me chateio com o que aconteceu para cima no rio. Esse madeireiro que corta tanta madeira. Nós vemos os barcos passando (Vivaldo Francisco Pinto, Pará).

O maior responsável pelas instituições de propriedades privadas e tendências contra os povos tradicionais (e suas práticas) tem sido o Estado Nacional (Ioris, 2014). As ações do Estado contribuem para a criação de instituições e a perpetuação da exclusão social, como na questão sobre os objetivos contraditórios entre o agronegócio e a mineração. A tentativa das forças hegemônicas em promover a privatização não apenas dá forma ao desenvolvimento e é a gênese da pobreza, como também tem sua parcela de influência na distorção das políticas de conservação ambiental. Como expressão desse argumento, pode-se pensar como, no nível micro, o discurso sobre manejo sustentável dos ecossistemas tem sido apropriado por madeireiros e agentes de desenvolvimento para que seja possível ditar como fazê-lo às comunidades tradicionais que têm direito ao uso da floresta (Medina et al., 2009). Tal característica do Estado, fundamentalmente anti-bens comuns, perpassa não apenas suas intervenções econômicas e sociais como também a formulação legislativa e os instrumentos regulatórios que aparentemente deveriam servir à restauração e à conservação ecológica.

Durante o tempo em que esta pesquisa estava sendo realizada, tanto o Brasil (sob o governo Lula e, depois, sob o governo Dilma), quanto a Bolívia (sob o governo Morales) tiveram governos populares (em alguma medida, também populistas) que reconheceram a importância da floresta amazônica, mas paradoxalmente promoveram um aumento da exploração dos recursos e a intensificação do agronegócio na região. Por meio da ação do Estado, estratégias impactantes se tornaram uma parte crucial do desenvolvimento socioeconômico, mesmo que tais estratégias necessitassem igualmente de mecanismos que contivessem – ao menos politicamente – a insatisfação dos pobres e destituídos. A consequência material dessa ideologia exploradora foi concentrar nas mãos do Estado a maior parte das decisões acerca das pressões a recaírem sobre o sistema socioecológico enquanto se negociava também o nível e a distribuição dos impactos negativos. Crucialmente, o comprometimento do Estado nacional com tal ideologia, essencial para o sucesso e a expansão da sociedade capitalista, é essencialmente antagônico ao discurso de democracia e redução da pobreza.

A situação paradoxal de ricos ecossistemas nos quais se perpetua a pobreza coloca uma série de questões sobre o propósito e os beneficiários no processo de desenvolvimento e de intervenção estatal. Desde os primeiros momentos da colonização europeia, a floresta amazônica foi conectada ao mercado global com a apropriação de seus recursos e território e a violência contra os povos indígenas (Vadjunec et al., 2009), a despeito de qualquer iniciativa de conservação ambiental (Hetch, 2005), baseando-se na expansão da desigualdade e da exclusão social (Ioris, 2007). De uma terra distante, de exuberante diversidade biológica, que fascinou exploradores por séculos, a região se tornou o centro de políticas nacionais de desenvolvimento que buscavam replicar ali abordagens tecnológicas, institucionais, e políticas advindas de outros contextos e lugares. O que resultou, atualmente, na acumulação da riqueza não apenas com a apropriação da terra e de seus recursos, mas principalmente com a dissolução de oportunidades que poderiam ser partilhadas coletivamente e na introdução de uma complexidade socioecológica na esfera das transações comerciais (que resultam em degradação socioecológica e manutenção da pobreza). Os mecanismos políticos que permitiram tais dinâmicas são analisados a seguir.

Pobreza e socionatureza

Por ter sido um processo baseado em poderosas instituições anti-bens comuns, o desenvolvimento na região amazônica é um fenômeno altamente politizado que favorece certos objetos e trabalha contra o que é visto por políticos como obsoleto e fora do lugar (a manutenção das práticas tradicionais de manejo da floresta e as necessidades não econômicas da maioria da população da região). O desenvolvimento acontece pela imposição de uma racionalidade específica do crescimento econômico que se baseia em uma hegemonia poderosa sobre a socionatureza e é, concomitantemente, geradora de pobreza. Não apenas a sociedade, mas toda a socionatureza é imersa na política de desenvolvimento e criação da pobreza. No entanto, a maior parte das análises acadêmicas, sejam elas de acadêmicos de direita ou esquerda, tende a ignorar o fato de que conflitos entre donos de terra (ou recursos) e grupos empobrecidos não são apenas lutas políticas nas quais a floresta é o cenário. De acordo com essa leitura antropocêntrica da pobreza, as classes e raças servem para explicar a pobreza de um indivíduo, independente da forma como se relaciona com a floresta e outros ecossistemas. A pobreza é vista como algo predeterminado (ou gerado) por interações sociais, mas separado das interações cotidianas com os sistemas florestais. Para a maioria dos autores mais à direita, os pobres têm necessidade de assistência, enquanto os autores mais à esquerda denunciam as situações de privação e suscitam mudanças. Mas ambos os grupos falham em conectar a geração da pobreza, e sua redução, com as cotidianas e intensas trocas e relações com a floresta.

A pobreza geralmente é descrita pelos programas governamentais sem referência à floresta ou a qualquer relação com ela. No discurso oficial sobre a redução da pobreza, os pobres são atores passivos do desenvolvimento regional ao mesmo tempo que a floresta é a vítima da extração de seus ricos recursos. A resposta típica para esses problemas seria a integração mais eficaz das populações de baixa renda à economia e tratar de forma mais cuidadosa a natureza, o que ajudaria a justificar e melhorar os resultados do desenvolvimento. A visão de uma passividade da floresta nas políticas de redução da pobreza mais convencionais serve também para reduzir o papel que os pobres têm na reversão de sua própria condição. De maneira que é necessário recorrer à política socionatural da pobreza e a como os pobres sofrem privações sistemáticas nos processos que atravessam diferentes lugares e escalas (Lawson et al., 2010). Porções significativas da floresta amazônica são agora paisagens da pobreza, territórios onde grupos formalmente ocupam pedaços de terra para prática de agricultura de subsistência ou semicomercial.

Em contraste com teorias centradas em sociedades, as disputas entre classes, grupos e etnias são necessariamente fenômenos socionaturais que não apenas refletem as conexões com a socionatureza, mas também têm um papel importante na configuração permanente do mundo socionatural. Ao invés de estarem sujeitos a separações artificiais e pré-estabelecidas, humanos e não humanos são, de fato, constituídos em conjunto e constantemente recriam uns aos outros em relações socionaturais de interdependência. Essa perspectiva rejeita a divisão entre natureza e sociedade em favor de uma configuração híbrida do mundo que o considera simultaneamente natural e social. Do mesmo modo, a pobreza também é concebida por grupos marginais em termos espaciais e ecológicos; é uma condição inscrita no espaço produzido por relações socionaturais (Gordillo, 2004). O ecossistema amazônico é, na verdade, o produto de múltiplas trajetórias, tanto da "sociedade" quanto da "natureza", evoluindo conjuntamente em inter-relações perenes e constantes transformações (vale mencionar, por exemplo, a prática ancestral de construção de lagoas por grupos indígenas de modo a regular as cheias e o fluxo dos rios amazônicos). A configuração socionatural é percebida com acuidade por grupos pesquisados, como se pode notar pelos excertos abaixo:

> Porque o senhor sabe que a caça e o peixe não nascemos pra comer assim, né. Deus não deu pra comer assim... [...] Os pobres só não conseguem se manter [apenas] se eles não quiserem. A floresta dá tudo a eles e os conforta com seu abraço macio (Luis dos Santos, Pará).

> Eu trabalhei no campo, então viemos para cá e eu fui trabalhar no campo também, nas aberturas de mata. Aí então eu decidi começar na carpintaria, eu fiz muitas canoas. [...] Eu que [a floresta] ajuda as pessoas a escaparem da pobreza. Como? Trabalhando em algo, sabe, trabalhando, plantando, colhendo – então você tem algo (Valdomiro Batista, Pará).

Tais afirmações influenciaram não apenas tendências econômicas, mas também o manejo e a conservação ambiental contemporânea, em particular a rápida adoção do pagamento por serviços ambientais (PSA). O PSA é um conceito privilegiado na atualidade, pois traz a ideia de que os ecossistemas são socialmente valiosos, incluindo aquelas formas valiosas não imediatamente óbvias (Daily, 1997). Na floresta amazônica, o PSA é tido como uma alternativa à agricultura de corte e queima ao incentivar pequenos agricultores a incluírem métodos de conservação da floresta que garantem a provisão de água, o sequestro de carbono e a biodiversidade (Ioris, 2010). Em teoria, o PSA ofereceria a ponte entre as dimensões ecológicas e sociais do ambiente. Contudo, na prática, esse é um instrumento que perpetua a dicotomia entre natureza e sociedade promovida por meio de planejamento, economia e tecnologia ocidentais. É, pois, um importante exemplo de um processo perturbador conhecido como *green grabbing*, que é a apropriação de terras e recursos com fins ambientais e envolve uma nova forma de valoração, comodificação e mercantilização de pedaços e aspectos da natureza, além de uma extraordinária nova gama de atores e alianças (Fairhead et al., 2012).

Igualmente, o conceito de serviços ambientais carrega consigo uma profunda despolitização tanto de demandas sociais (que são descritas como homogêneas em todos os grupos sociais e automaticamente justificadas, o que significa que não se consideram diferenciais nos padrões de consumo ou distribuição de bens e serviços) quanto da preservação ambiental (dado que impactos em ecossistemas, que reduzem a provisão de serviços ambientais, são tipicamente descritos como resultantes da ação humana em geral, sem nenhum reconhecimento à assimetria das responsabilidades, ou culpa, de diferentes atores). O PSA dá ênfase na noção de "serviços" supostamente oferecidos aos humanos, o que, em consequência, exclui diretamente a possibilidade de uma perspectiva mais relacional e integrada. Em outras palavras, os seres humanos são retratados como os beneficiários (recebedores, ou mesmo consumidores) dos serviços disponíveis que irão satisfazer suas necessidades.

Do mesmo modo, o pagamento por serviços ambientais opera como uma ferramenta de apropriação privada de áreas e usos comuns e da expansão de relações mercadológicas sobre sistemas socioambientais. Ecossistemas são desligados de seu longo processo de evolução socioambiental e se tornam estáticos e passivos provedores de serviços. Tentativas de impor estratégias de preservação ambiental por meio da linguagem monetária, como no caso do PSA, só produzem resultados de curto prazo e reforçam a mesma hegemonia que produz a degradação socioambiental primeiramente. A comodificação de tais "serviços ecossistêmicos" é parte de uma nova ordem social baseada em "abstrações sucessivas" e é comparável à transformação capitalista segundo a qual o trabalho humano individual se torna trabalho social (Robertson, 2012). Na verdade, os pobres dependem dos ecossistemas locais não pelos supostos "serviços" que eles provêm, e sim porque os ecossistemas são parte de suas estratégias de sobrevivência. A vida cotidiana na floresta amazônica envolve a criação de uma gama extremamente complexa de relações, a partir das quais as pessoas ativamente constroem suas identidades e ajudam a moldar paisagens físicas e políticas em toda a região (Vadjunec et al; 2009).

Em muitas das nossas entrevistas, as pessoas afirmavam que a floresta oferece oportunidades e lhes provê meios de sobrevivência, contudo é necessário que se trabalhe em conjunto com o ecossistema. A ética do trabalho do pobre tanto quanto o faz vulnerável à exploração econômica pode ser a base para sua autonomia política e causar o rompimento de sua tendência à pobreza. Trabalhar na e com a floresta é o caminho principal para se emancipar e escapar das condições mais terríveis de privação. Em contraste com o fácil discurso ambientalista urbano sobre proteger a floresta, a ética ambientalista dos pobres é baseada em esforço físico e conhecimento local aprofundado. Tal forma de ética ambiental é colocada em prática no constante retrabalho da floresta, uma prática socioambiental perene, segundo a qual trabalhar a floresta previne as formas mais severas de pobreza. Finalmente, a floresta (e o trabalho nela e com ela) também provê alguma garantia contra o sentimento generalizado de inquietação com relação à rápida apropriação e à conversão de largas porções da floresta realizadas por grandes fazendeiros, mineradoras e companhias de engenharia.

> Para ser sincero, vivemos na pobreza, pois não temos tudo que precisamos para sobreviver aqui. Nós temos dificuldade para

> conseguir o que realmente queremos, mas quase todo mundo aqui trabalha e é capaz de sobreviver do seu trabalho. [...] Eu acho que para nós, que vivemos distantes de grandes cidades e capitais, se acaba por depender de muitas coisas que nos desencorajam de continuar devido às dificuldades que encontramos durante o processo... (Pedro Soares, Pará).
>
> Eu vou passar minha vida trabalhando debaixo do sol. Se nós não trabalharmos um dia, deixamos de comer por dois dias. Quem vai nos dar um copo d'água de graça na cidade? Ninguém. Na floresta nós não precisamos de dinheiro para comer (Emilio Castro, Pando).
>
> Bom, eu acho que já nasci pobre. Já levaram tudo que podiam de mim. A sociedade foi sendo construída dessa forma já há muito tempo. [...] Eu acho que a floresta é uma companheira para quem vive nela, mas isso não é suficiente – a floresta oferece uma parte e o governo não oferece nada? (Vianei Castro, Pará).

Retrabalhar a floresta e trabalhar na floresta – por exemplo produzindo alimentos, artesanato e outros objetos que podem ser vendidos nos mercados locais – constituem as alternativas mais viáveis às tendências antagônicas a práticas coletivas tradicionais que se encontram no desenvolvimentismo convencional. O impasse entre o desenvolvimento e a criação da pobreza só pode ser superado com soluções substantivas encontradas por uma abordagem das relações sociais e dos recursos que seja contextual e com foco na esfera local (Yapa, 1996). As comunidades que vivem na floresta amazônica associam o valor da floresta com o valor de seu próprio trabalho, de tal maneira que ambas as esferas são inexoravelmente conectadas. Sua condição de pobreza é o resultado de uma poderosa hegemonia que é imposta simultaneamente a eles e à floresta (que existe como uma categoria socioambiental única), mas que não diminui o valor que atribuem à vida comunitária. Ao mesmo tempo, nunca será possível superar a pobreza sem confrontar forças hegemônicas que desvalorizam continuamente o todo socioambiental e acumulam capital de elementos fragmentados dele (por exemplo: minérios, madeira, estoque de água, geração de energia, monocultivos etc.). A mera preservação das relações socioambientais não será suficiente para oferecer uma saída da pobreza se a estrutura hegemônica básica mantém seu controle sobre o ambiente para propósitos do desenvolvimentismo convencional e a assimétrica acumulação de capital.

Conclusão: além da mera mitigação

As seções anteriores discutiram a base antiecológica do desenvolvimentismo e o exercício da hegemonia sobre a socionatureza. Esses dois processos fundamentais, e sinergicamente conectados, formam a base da geografia política de geração de pobreza que tem permeado as transformações na região amazônica em décadas recentes, particularmente na Bolívia e no Brasil, enquanto resultados locais positivos foram conseguidos com algumas iniciativas e parcerias internacionais. Investimentos e programas de assistências falharam em produzir os resultados esperados em termos de uma tentativa de monetarização de características socioambientais da Amazônia como mecanismo de intervir na pobreza. Esforços para mitigar a pobreza e manter a floresta tenderam a ser frustrados por uma representação bastante simplista do desenvolvimento econômico e das múltiplas escalas por meio das quais operam os elementos constituintes da pobreza e da degradação ambiental. Abordagens inovadoras ao manejo florestal adotadas sob a égide da governança ambiental ofereceram, igualmente, soluções formais e estreitas (por exemplo, a certificação), que podem ser relevantes para fazendeiros, proprietários e especuladores de terras, mas são irrelevantes para os que são considerados como pobres. Do mesmo modo, tais programas são desacreditados em razão de suas limitadas estrutura e coerência representadas, entre outros, por falta de comunicação interinstitucional, falhas na implementação e entregas fragmentadas de produtos e projetos, agravando o desmatamento e perpetuando a pobreza. Os pobres são sistematicamente estereotipados, assumindo-se serem também atrasados culturalmente e incapazes de escapar da pobreza por conta própria. Seus conhecimentos socioecológicos são desacreditados e seus direitos a suas atividades econômicas são restringidos pelas estruturas político-econômicas do manejo ambiental.

Esta análise conclui que muitos dos fracassos das políticas desenhadas para promover cenários de equidade no manejo fundiário e florestal no Brasil e na Bolívia são diretamente relacionados à separação (feita por tais políticas) dos elementos sociais e naturais que em realidade compõem o mesmo sistema socioambiental. No Brasil, a corrente desenvolvimentista convencional, atuando sobre zonas de desmatamento florestal, tem como foco, primordialmente, a melhoria de áreas agricultáveis e o uso "produtivo" da terra, o que cria vulnerabilidade para populações tradicionais, usos sustentáveis, sem-terra e grupos empobrecidos cujas técnicas agrícolas e cultura não se encaixam no padrão adotado. Na Bolívia, a transferência de famílias pobres para áreas que não oferecem as condições para suprir suas necessidades socioeconômicas promove o desmatamento e a expansão da pecuária ao mesmo tempo que destrói as interconexões entre os ecossistemas e as comunidades que deles dependem, agravando, portanto, a pobreza. Igualmente, os projetos que ajudem a viver nos novos ecossistemas adequando-se às suas características são feitos num esquema de cima para baixo e prescritivo, apenas em raras ocasiões envolvendo a participação ativa da comunidade, mesmo na escala local. Consequentemente, os esforços para redução da pobreza e conservação das florestas têm sido dificultados por uma representação por demais simplista do problema e respostas fragmentadas a ecossistemas em mudança. No Brasil, as iniciativas desenvolvimentistas capitaneadas pelo governo tenderam a negligenciar as diferentes temporalidades da pobreza e a sazonalidade dos modos de vida, sendo que ambas frequentemente forçam os pobres a se voltarem para os recursos disponíveis que ofereçam renda mínima de forma rápida e segura. Do mesmo modo, o desconhecimento dos impactos das intervenções do manejo ambiental nas diferentes escalas cria uma escassez de empregos e terras e também reduz as oportunidades de sobrevivência. Os resultados, em geral, são a migração masculina em busca de trabalho, o que contribui para uma pobreza local com características de gênero, disfunção familiar e problemas de saúde e segurança.

Embora o lema do governo federal tenha sido "país rico é país sem pobreza",[2] a principal reação do governo federal à pobreza tem sido uma série de esquemas de mitigação de curto prazo. Os programas de transferência de renda – que condicionam a transferência de renda a condições de vida e níveis de renda específicos, sendo o maior e mais conhecido deles o Bolsa Família – foram introduzidos com o objetivo de reduzir a pobreza. No entanto, o pagamento da bolsa se dá mediante a condicionante de que as crianças estejam na escola e sejam vacinadas. E, em 2011, foi criado outro programa, o Bolsa Verde, destinado àqueles ocupados em atividades extrativistas, exclusivo para a região da Amazônia brasileira, com um valor de R$ 150,00/mês, em média, por família. Embora tais programas possam ter um impacto na redução da pobreza no curto prazo (ou ao menos enquanto o governo pode pagar por eles), eles formam parte de um cenário de heterogeneidade da era pós-liberal que combina economias liberais, mudanças de comportamento e grandes intervenções sociais (Ballard, 2013) – e, em relação à questão fundiária, como o grande problema na maior parte dessas comunidades, e o principal fator a limitar a capacidade dos pobres de desenvolverem suas atividades produtivas que os tirariam da pobreza.

Nas comunidades do baixo Tapajós, o Bolsa Família certamente aumentou o poder de compra de pessoas que anteriormente não tinham uma fonte de renda regular. Contudo, é possível perceber uma clara crítica sobre a dependência financeira e a discriminação sutil resultado da relação que se estabelece com os usuários do programa:

> Embora eu receba o benefício eu sou contra ele. Eu preferia que o governo criasse políticas públicas que nos beneficiassem enquanto pequenos agricultores. Um crédito desburocratizado! E assim teríamos acesso ao crédito... Por exemplo, você recebe R$ 150,00 por mês, mas isso só é suficiente, realmente, para os materiais escolares das crianças. Não há outra política pública para nós! (Maria Ionete Sousa dos Santos, Pará).

---

2 Esse foi o lema do primeiro governo de Dilma Rousseff, já iniciado quando da pesquisa e que abrange o arco temporal ao qual nos referimos.

Para aqueles que sofrem as consequências negativas do desenvolvimento, a pobreza nunca é um fenômeno simples, mas reflete a corrosão do socioambiental e a manifestação de outra escassez e privação que incluem a falta de uma democracia verdadeira e oportunidades reais de inclusão. Porém, embora os programas para a redução da pobreza, tanto em nível local quanto nos mais abrangentes, impliquem em passividade, grupos subalternos têm conseguido se rebelar contra as tendências e resultados negativos do desenvolvimento, como aconteceu em 1980 com o famoso movimento dos seringueiros liderados por Chico Mendes. A luta diária pela sobrevivência e por representação política ajuda a produzir um espaço social múltiplo, no qual as conexões entre a floresta e a comunidade local provêm das necessidades básicas de sobrevivência e a identidade do e no grupo. Diferente de uma condição estática da pobreza, o dia a dia na floresta amazônica envolve uma complexa gama de relações que permitem que comunidades locais reflitam criticamente e resistam criativamente por meio de sua relação simbiótica com o ecossistema florestal. Para os pobres dependentes da floresta, sua associação com o ecossistema amazônico é em si mesma a resposta para a criação geográfica da pobreza. Assim, deve-se lembrar que após o colapso da produção da borracha na região do baixo Tapajós (relacionado ao fechamento de Fordlândia em 1945), os pobres foram capazes de subsistir devido à sua interconexão com o ecossistema florestal, o que pode ser entendido como uma forma de resistência à crise da atividade capitalista na região amazônica após a Segunda Guerra Mundial (Grandin, 2010). Comunidades locais ao longo de rios ou estradas, nas divisas entre grandes estados, e em reservas extrativistas, continuam a realizar uma atividade socioambiental importante e engenhosa, das quais podem emergir alternativas viáveis ao desenvolvimentismo hegemônico. A marginalidade desses grupos é, portanto, relativa, e a melhor opção para muitas dessas comunidades dependentes da floresta é reafirmar sua condição como de uma relação socioambiental e estabelecer alianças estratégicas em múltiplas escalas de ação. Suas demandas (múltiplas e cruciais) não começam a partir de uma posição de pobreza desenganada, mas de um acúmulo de força política que vem de sua interação com a floresta e outros grupos marginalizados na região amazônica e em outras partes do mundo.

Referências bibliográficas

Alcock, P. 2004. The Influence of Dynamic Perspectives on Poverty Analysis and Anti-poverty Policy in the UK. *Journal of Social Policy*, 33(3), p. 395-416.

Aldrich, S., Walker, R., Simmons, C., Caldas, M. e Perz, S. 2012. Contentious Land Change in the Amazon's Arc of Deforestation. *Annals of the Association of American Geographers*, 102(1), p. 103-128.

Appadurai, A. 2002. Deep Democracy: Urban Governmentality and the Horizon of Politics. *Public Culture*, 14(3), p. 21-27.

Bakker, K. 2010. The Limits of "Neoliberal Natures": Debating Green Neoliberalism. *Progress in Human Geography*, 34(6), p. 715-735.

Ballard, R. 2013. Geographies of Development II: Cash Transfers and the Reinvention of Development for the Poor. *Progress in Human Geography*, 37(6), p. 811-821.

Bebbington, A. 2007. Social Movements and the Politicization of Chronic Poverty. *Development and Change*, 38(5), p. 793-818.

Coomes, O.T., Takasaki, Y. e Rhemtulla, J.M. 2011. Land-use Poverty Traps Identified in Shifting Cultivation Systems Shape Long-term Tropical Forest Cover. *Proceedings of the National Academy of Sciences of the United States of America*, 108(34), p. 13.925-13.930.

Cunha, E.R.P. 2005 [1909]. À Margem da História. Academia Brasileira de Letras: Rio de Janeiro.

Daily, G. 1997. *Nature's Services: Societal Dependence on Natural Ecosystems*. Island Press: Washington DC.

Danziger, S.K. 2010. The Decline of Cash Welfare and Implications for Social Policy and Poverty. *Annual Review of Sociology*, 36, p. 523-545.

Fairhead, J., Leach, M. e Scoones, I. 2012. Green Grabbing: A New Appropriation of Nature? *Journal of Peasant Studies*, 39(2), p. 237-261.

García Linera, A. 2012. *Geopolítica de la Amazonía: Poder Hacendal-Patrimonial y Acumulación Capitalista (Amazon Geopolitics: Estate-Patrimonial Power and Capitalist Accumulation)*. Vice-presidencia del Estado Plurinacional: La Paz.

George, H. 1979. *Progress and Poverty*. Robert Schalkenbach Foundation: New York.

Gordillo, G.R. 2004. *Landscapes of Devil: Tensions of Place and Memory in the Argentinean Chaco*. Duke University Press: Durham and London.

Grandin, G. 2010. *Fordlandia: The Rise and Fall of Henry Ford's Forgotten Jungle City*. Icon Books: London.

Gray, L.C. e Moseley, W.G. 2005. A Geographical Perspective on Poverty-Environment Interactions. *Geographical Journal*, 171(1), p. 9-23.

Hecht, S.B. 2005. Soybeans, Development and Conservation on the Amazon Frontier. *Development and Change*, 36(2), p. 375-404.

Heller, M.A. 1998. The Tragedy of the Anticommons: Property in the Transition from Marx to Markets. *Harvard Law Review*, 111, p. 621-688.

Holanda, S.B. 2000. *Visão do Paraíso*. Brasiliense: São Paulo.

Ioris, A.A.R. 2007. The Troubled Waters of Brazil: Nature Commodification and Social Exclusion. *Capitalism Nature Socialism*, 18(1), p. 28-50.

Ioris, A.A.R. 2010. The Political Nexus between Water and Economics in Brazil: A Critique of Recent Policy Reforms. *Review of Radical Political Economics*, 42(2), p. 231-250.

Ioris, A.A.R. 2014. *The Political Ecology of the State: The Basis and the Evolution of Environmental Statehood*. Routledge: London.

Ioris, A.A.R. 2015. The Production of Poverty and the Poverty of Production in the Amazon: Reflections from Those at the Sharp End of Development. *Capitalism Nature Socialism*, 26(4), p. 176-192.

Ioris, A.A.R. 2017. *Agribusiness and the Neoliberal Food System in Brazil: Frontiers and Fissures of Agro-neoliberalism*. Routledge: London.

Ioris, A.A.R. 2018. Amazon's Dead Ends: Frontier-making the Centre. *Political Geography*, 65, p. 98-106.

Ioris, A.A.R. 2019. Peasant Farming in the Southern Tracts of the Amazon: The Reluctant Alterity of Agribusiness. *Perspectives on Global Development and Technology*, 18, p. 375-400.

Ioris, A.A.R. 2020. *Frontier Making in the Amazon: Economic, Political and Socioecological Conversion*. Springer: Cham, Switzerland.

Ioris, A.A.R. and Ioris, R.R. (eds.). 2020. *Frontiers of Development in the Amazon: Riches, Risks and Resistances*. Lexington Books: Lanham MD.

Ioris, A.A.R. (ed.). 2021. *Environment and Development: Challenges, Policies and Practices*. Palgrave Macmillan: Basingstoke.

Ioris, A.A.R. 2021. Making the Amazon a Frontier: Where Less Space is More. *Distinktion: Journal of Social Theory* (forthcoming).

IPEA. 2010. Dimensão, Evolução e Projeção da Pobreza por Região e por Estado no Brasil. *Comunicados do Ipea* n. 58. Instituto de Pesquisa Econômica Aplicada: Brasília.

Isla, A. 2009. The Eco-Class-Race Struggles in the Peruvian Amazon Basin: An Ecofeminist Perspective. *Capitalism Nature Socialism*, 20(3), p. 21-48.

Kindon, S., Pain, R. e Kesby, M. (eds.). 2010. *Participatory Action Research: Approaches and Methods*. Routledge: London and New York.

Lawson, V., Jarosz, L. e Bonds, A. 2010. Articulations of Place, Poverty, and Race: Dumping Grounds and Unseen Grounds in the Rural American Northwest. *Annals of the Association of American Geographers*, 100(3), p. 655-677.

Lin, A.C. e Harris, D.R. 2010. *The Colors of Poverty: Why Racial and Ethnic Disparities Exist.* Russell Sage Foundation Publications: New York.

Marx, K. 1956 [1847]. *The Poverty of Philosophy.* Lawrence and Wishart (for the Foreign Languages Publishing House): Moscow.

Marx, K. 1988 [1844]. *Economic and Philosophic Manuscripts and the Communist Manifesto.* Trans. M. Milligan. Prometheus: Amherst NY.

Mawdsley, E. 2007. The Millennium Challenge Account: Neo-liberalism, Poverty and Security. *Review of International Political Economy*, 14(3), p. 487-509.

Medina, G., Pokorny, B. e Campbell, B.M. 2009. Community Forest Management for Timber Extraction in the Amazon Frontier. *International Forestry Review*, 11(3), p. 408-420.

Minang, P.A. e Noordwijk, M. van. 2013. Design Challenges for Achieving Reduced Emissions from Deforestation and Forest Degradation through Conservation: Leveraging Multiple Paradigms at the Tropical Forest Margins. *Land Use Policy*, 31, p. 61-70.

Ollman, B. 1976. *Alienation: Marx's Conception of Man in Capitalist Society*. 2ª ed. Cambridge University Press: Cambridge.

Pacheco, P. 2006. Agricultural Expansion and Deforestation in Lowland Bolivia: The Import Substitution Versus the Structural Adjustment Model. *Land Use Policy*, 23(3), p. 205-225.

Peck, J. 2011. Global Policy Models, Globalizing Poverty Management: International Convergence or Fast-policy Integration? *Geography Compass*, 5(4), p. 165-181.

Peet, R. 2009. Hartwick, E. *Theories of Development: Contentions, Arguments, Alternatives*. 2ª ed. Guilford Press: New York and London.

PNUD. 2010. *Los Cambios Detrás del Cambio: Informe Nacional sobre Desarrollo Humano en Bolivia*. Programa de las Naciones Unidas para el Desarrollo: La Paz.

PNUD. 2013. *Atlas do Desenvolvimento Humano no Brasil*. Programa das Nações Unidas para o Desenvolvimento, Instituto de Pesquisa Econômica Aplicada e Fundação João Pinheiro: Brasília.

Pogge, T. 2008. *World Poverty and Human Rights*. 2ª. Ed. Polity Press: Cambridge.

Robertson, M. 2012. Measurement and Alienation: Making a World of Ecosystem Services. *Transactions of the Institute of British Geographers*, 37(3), p. 386-401.

Robinson, P. e Oppenheim, C. 1998. *Social Exclusion Indicators: A Submission to the Social Exclusion Unit*. Institute for Public Policy Research: London.

Room, G.J. 1999. Social Exclusion, Solidarity and the Challenge of Globalization. *International Journal of Social Welfare*, 8(3), p. 166-174.

Schmink, M. e Wood, C.H. 1992. *Contested Frontiers in Amazonia*. Columbia University Press: New York.

Simmons, C.S. 2004. The Political Economy of Land Conflict in the Eastern Brazilian Amazon. *Annals of the Association of American Geography*, 94(1), p. 183-206.

Souza, A.L. e Filippi, E.E. 2010. O Programa Amazônia Sustentável: Novas e Velhas Estratégias de Inserção Continental. *Amazônia – Ciência & Desenvolvimento*, 6(11), p. 191-210.

Taussig, M. 1987. *Shamanism, Colonialism and the Wild Man: A Study in Terror in Healing*. University of Chicago Press: Chicago.

UNEP. 2003. *Poverty and Ecosystems: A Conceptual Framework*. United Nations Environment Programme : Nairobi.

Vadjunec, J.M., Gomes, C.V.A. e Ludewigs, T. 2009. Land-use/Land-cover Change among Rubber Tappers in the Chico Mendes Extractive Reserve, Acre, Brazil. *Journal of Land Use Science*, 4(4), p. 249-274.

Weinhold, D., Killick, E. e Reis, E.J. 2013. Soybeans, Poverty and Inequality in the Brazilian Amazon. *World Development*, 52, p. 132-143.

Yapa, L. 1996. What Causes Poverty? A Postmodern View. *Annals of the Association of American Geographers*, 86(4), p. 707-728.

Zibechi, R. 2009. Gobiernos y Movimientos: Entre la Autonomía y las Nuevas Formas de Dominación. In: *Repensar la Política desde América Latina*, Hoetmer, R. (ed.). Universidad Nacional de San Marcos: Lima, p. 185-194.

O FUTURO DA AMAZÔNIA E OS POVOS INDÍGENAS: DE VOLTA AO PASSADO

Clarice Cohn, Lucas Rodrigues Sena e
Jucimara Araújo Cavalcante Souza

Introdução

A Amazônia converte-se em área de expansão logo cedo na história desse que veio a se chamar Brasil, onde atividades predatórias de uso de recursos naturais e violências praticadas às populações locais têm sido denominador comum e constante. Desde as Muralhas dos Sertões (Farage, 1991) e a exploração extrativista – que sempre tiveram indígenas como remeiros e guias, por exemplo – à catequese (tardia, se pensarmos em seus primórdios jesuítas na costa e nas missões Guarani) por capuchinhos e salesianos (Amoroso, 2014), passando pelos horrores dos seringais (Almeida, 1993; Pacheco de Oliveira, 1979; Pimenta, 2012), chega-se ao século XX como um desdobramento de diversas modalidades de ocupação e de relações de submissão de povos locais à lógica econômica e ao Estado.

Fundado na história recente, refletimos aqui sobre o futuro da Amazônia, pontuando, desde já, essa continuidade, tendo por interlocutores centrais, dentre as diversas populações locais impactadas por esses projetos (como ribeirinhos, quilombolas, populações tradicionais, seringueiros etc.), as populações indígenas. Mais especificamente, tomamos o caso da Usina

Hidrelétrica de Belo Monte e o povo Xikrin do Bacajá. Por história recente, estamos nos referindo às mudanças dos direitos garantidos e da reorganização do Estado ocorrendo desde a promulgação da Constituição de 1988. Como apontam Carneiro da Cunha (1987, 2012, 2018) e Dias e Capiberibe (2019), a Constituição democrática trouxe novidades importantes para os direitos indígenas, em especial o reconhecimento de suas terras como um direito originário, mas encontra ecos em outros textos constitucionais.

De fato, após sua promulgação, parte do processo de redemocratização, houve um esforço para efetivar novos arranjos no Estado como resposta ao Capítulo "Dos Índios", no Ministério da Justiça e na Fundação Nacional do Índio (Funai), em especial com relação aos direitos territoriais, ao passo que o questão da saúde indígena foi se configurando com um subsistema do Sistema Único de Saúde (SUS), com a Secretaria Especial de Saúde Indígena e com a organização de Distritos Sanitários Especiais Indígenas (SESAI), enquanto a temática escolar foi vinculada ao Ministério da Educação por meio da Comissão Nacional de Educação Escolar Indígena (CNEEI) – ambos os serviços, até então, respondidos pela Funai. Com a ratificação da Convenção 169 da OIT, indígenas também ganharam (ou teriam ganho) seus direitos à autoidentificação (o que foi por muito tempo atribuição do antigo Serviço de Proteção ao Índio/ SPI e da Funai) e de consulta livre, prévia e informada em relação a projetos de desenvolvimento que os impactasse e às suas terras. Vale ressaltar que a atuação política indígena foi e tem sido crucial nesse processo.[1]

Cabe também ressaltar que o tratamento dado a indígenas se modificou ao longo do século passado em meio a projetos de desenvolvimento e ocupação territorial que os afetaram dentro da lógica de integração à nação. Em 1910, quando foi criado, até 1918, tivemos o Serviço de Proteção aos Índios e de Localização dos Trabalhadores Nacionais (SPILTN). Da mesma forma, a chamada Marcha para o Oeste (Villas-Boas, 2012) foi um marco dos projetos em que se configurava a estratégia de Estado de pacificação e contato com indígenas, pela qual, se eles não eram mais mortos e

1 O filme *Índio Cidadão?* é uma das fontes mais ricas e interessantes para acompanhar essa história recente e a atuação política indígena (disponível em: https://www.youtube.com/watch?v=Ti1q9-eWtc8).

retirados de suas terras por força, eram tornados sujeitos desse Estado, com todas as consequências que isso veio a ter. Ou seja, tínhamos um reconhecimento de seu valor em si, sim, mas também uma submissão ao Estado por meio de escolas disciplinares, disciplinarização militar, nomeação de capitães indígenas e o confinamento a áreas que nem sempre correspondiam a suas efetivas necessidades territoriais.

Assim, nem a autonomia indígena na definição de seu presente e futuro, nem a Amazônia, em si mesma, eram reconhecidas em seu valor. Região de grande potencial fluvial, ora se buscava domar os rios para a navegabilidade mercantil – vide a hidrovia do Araguaia –, ora se lhes negava a condição de meio de transporte, como na tentativa da construção de ferrovias, como a Madeira-Mamoré, ou de rodovias, como é o caso da Transamazônica e tantas outras. Mais recentemente, a potência dessas águas é vista como uma potência energética, em uma verdadeira corrida para construções de barragens e hidrelétricas, que já haviam barrado a maior parte dos rios brasileiros ao sul, e chegam, em 1987, na Amazônia.[2] No mesmo sentido, as experiências e propostas indígenas de manejo e gestão sustentável de suas terras não são levadas em conta nos projetos estatais e de desenvolvimento da Amazônia, apesar de esforços pontuais, como a Política Nacional de Gestão Territorial e Ambiental de Terras Indígenas (PNGATI).

Se isso é, como sugerimos, uma constante, mesmo nos tempos de redemocratização, os direitos indígenas, ambientais e de populações tradicionais reconhecidos pela Constituição Cidadã e a reorganização dos serviços de Estado para implantar os direitos indígenas, hoje a situação se encontra em acelerado retrocesso em meio a um governo que fomenta o agronegócio, atividades ilegais de mineração e exploração de recursos em terras indígenas, assim como invasões de Terras Indígenas. Houve mesma a tentativa de culpar as populações locais, que têm, sabidamente, grande controle do fogo usado para sua agricultura de coivara, pelos grandes incêndios recentes na região.

2 A hidrelétrica de Balbina (da Eletronorte) foi construída em 1987 no rio Uatumã, no povoado de Balbina, município de Presidente Figueiredo, Amazonas. Ver Fearnside (2015).

Além disso, ironiza-se mesmo os direitos estabelecidos e busca-se legalizar a mineração em Terras Indígenas e modificar os protocolos de licenciamento ambiental, mesmo que tenham se demonstrado ineficazes em garantir os direitos indígenas no que diz respeito aos impactos de empreendimentos sobre suas vidas e suas terras. Recuperamos a seguir essa história com um olhar focalizado na construção e implementação da Usina Hidrelétrica de Belo Monte, na região de Altamira/PA – ou Médio Xingu, como foi-se convencionando chamar essa região – e, mais especificamente, em diálogo com os Xikrin do Bacajá, suas percepções e ações.

Direitos indígenas e direitos ambientais

Se formos pensar em uma gramática do que poderíamos chamar de uma necroflexibilização jurídica, uma constante acaba se apresentando: o diálogo ao mesmo tempo constante e sutil entre discursos políticos, intenções de poder e sua transposição na forma jurídica. Em outras palavras, a cada árvore desmatada, a cada empreendimento em execução, a cada clareira aberta, sempre há um correspondente na forma jurídica, no direito ambiental, seja em 2021, seja em 2005. Como mencionamos, Carneiro da Cunha (2019) demonstra que a Constituinte de 1988, no que diz respeito à questão indígena, trouxe várias inovações e criou camadas institucionais de proteção ao ambiente, seus integrantes humanos e não-humanos. Um caso paradigmático disso é o da dupla proteção conferida às terras indígenas. O artigo 231, além de declará-las um direito originário e reconhecer o usufruto exclusivo desses povos, trouxe no parágrafo terceiro do mesmo artigo uma nova condicionante de proteção: empreendimentos em suas terras só poderiam ser autorizados por Decreto Legislativo.

A escolha desta forma jurídica não foi impensada e, de fato, expressa uma intenção específica quanto ao seu status no arcabouço jurídico. O Decreto Legislativo, na sua gênese constitucional, tem como objetivo trazer ao sistema normas que expressam decisões de Estado, e não de governo. O maior exemplo disso está no fato de ter sido a norma escolhida para dar efetividade real a tratados internacionais. Em síntese, o que realmente traz efetividade a um tratado, no sistema brasileiro, não é sua assinatura pela chefia do poder executivo, mas, ao contrário, sua ratificação pelo Congresso Nacional em votação a ser levada a cabo nas duas Casas. Assim, o parágrafo terceiro do artigo 231 da Constituição não só retira do Poder Executivo a possibilidade de autorizar monocraticamente a entrada de um empreendimento numa terra de usufruto exclusivo indígena, como condicionou sua autorização à consulta livre, prévia e informada: "O aproveitamento dos recursos hídricos, incluídos os potenciais energéticos, a pesquisa e a lavra das riquezas minerais em terras indígenas só podem ser efetivados com autorização do Congresso Nacional, ouvidas as comunidades afetadas, ficando-lhes assegurada participação nos resultados da lavra, na forma da lei".

Contudo, menos de vinte anos depois, em 2005, a maior hidrelétrica inteiramente situada em solo nacional, Belo Monte, foi aprovada com a total inversão deste rito jurídico: a consulta prévia se tornou uma oitiva posterior, com a antecedente aprovação do empreendimento. A redação acima, se pode parecer um pouco confusa, foi intencional, para mostrar o movimento normativo que foi feito para distorcer e flexibilizar o procedimento jurídico. Traduzindo em miúdos, a aprovação condicionada tornou-se automatizada.

Processos de licenciamento

No que consiste o licenciamento ambiental e por que a automatização como uma forma de operação não lhe deveria ser compatível? Antes de mais nada, é preciso explicar que o licenciamento ambiental é uma categoria jurídica, ou seja, um conceito que compreende um determinado grupo de atos e saberes mediados pela linguagem do direito: tanto um conceito quanto uma prática. Nesse sentido, a essência da ideia de licenciamento no direito brasileiro está na apresentação pelo empreendedor de um projeto que deverá ter sua viabilidade ambiental avaliada pelo órgão licenciador. Caso o projeto seja de grande porte, o órgão público fará a avaliação da sua viabilidade a partir de um Estudo de Impacto Ambiental (EIA) e seu relatório (RIMA), a ser elaborado por uma empresa de consultoria a pedido e custeio do empreendedor. Com essa ideia em mente, tanto a legislação quanto a doutrina jurídica começaram a definir o que seria o licenciamento ambiental.

No âmbito legal, a Lei Complementar 140/2011 define o licenciamento ambiental como "o procedimento administrativo destinado a licenciar atividades ou empreendimentos utilizadores de recursos ambientais, efetiva ou potencialmente poluidores ou capazes, sob qualquer forma, de causar degradação ambiental". Sentido similar é dado por outra norma jurídica, agora com caráter infralegal,[3] a Resolução Conama 237/97, segundo a qual o licenciamento ambiental é o "ato administrativo pelo qual o órgão ambiental competente estabelece as condições, restrições e medidas de controle ambiental que deverão ser obedecidas pelo empreendedor, pessoa física ou jurídica, para localizar, instalar, ampliar e operar empreendimentos ou atividades utilizadoras dos recursos ambientais consideradas efetiva ou potencialmente poluidoras ou aquelas que, sob qualquer forma, possam causar degradação ambiental". No âmbito doutrinário, o licenciamento ambiental pode ser entendido como "o complexo de etapas que compõe o procedimento administrativo, o qual objetiva a concessão de licença ambiental" (Fiorillo, 2013). Uma coisa que se mantém constante mesmo na particularidade de cada conceito, além do caráter avaliativo do ato de licenciar, é seu procedimentalismo. O licenciamento ambiental é justamente este procedimento administrativo composto por determinadas etapas que, passando de um nível de baixa complexidade até um nível de alta complexidade, vai, ao final, decidir se o empreendimento pode acontecer ou não.[4]

Na prática, o procedimento de licenciamento é dividido em três fases: a) licença prévia (LP); b) licença de instalação (LI); e c) licença de funcionamento (LF) (cf. Zhouri, 2006), ou a Licença de Operação (LO). Em síntese, cada licença pressupõe a apresentação pelo empreendedor de um determinado grupo de dados e, caso seja concedida após a devida avaliação, permite uma parcela de impactos ambientais, como, por exemplo, o início das obras a partir da licença de instalação. Com isso, o licenciamento

3 Ou seja, que se situa numa hierarquia inferior à legislativa ordinária e, portanto, não deve contrariar a letra da lei.

4 Ressaltamos aqui essa possibilidade, de que os estudos e todo o procedimento de consulta possam indicar a impossibilidade de construção de um empreendimento, dado que ela parece ter sido obliterada nos debates políticos e mesmo jurídicos desse tema.

ambiental se configura como um ato administrativo discricionário, ou seja, que pressupõe um juízo de valor por parte do administrador e que, portanto, não se configura como vinculado (Fiorillo, 2013).

No final das contas, há a constante necessidade de avaliação e reavaliação das condições fáticas apresentadas a partir de um procedimento complexo e multifásico em que, conforme a própria Resolução 237/97, se estabelecem as "condições, restrições e medidas de controle ambiental". Assim, mais do que uma simples permissão estatal de uma vontade econômica (como parece ser a intenção política vigente neste 2021), conforme Fiorillo (2013), a própria Política Nacional do Meio Ambiente, Lei 6938/81, Artigo 9º, IV diz que o licenciamento ambiental é um instrumento de caráter preventivo de tutela do meio ambiente.

A UHE Belo Monte e os Xikrin: falhas no processo de licenciamento

Belo Monte: a usina hidrelétrica

Em 1989, a convite da Eletronorte, uma comitiva Kayapó[5] visitou as instalações da hidrelétrica de Tucuruí. O objetivo era mostrar o funcionamento de uma hidrelétrica e convencê-los quanto a construção do complexo hidrelétrico para o rio Xingu, para os quais a Eletronorte já havia feito estudos preliminares. Esse complexo consistia na construção de seis barragens, sendo elas Jarina, Kokraimoro, Ipixuna, Babaquara e Kararaô. Esta última (nome do projeto antecessor ao que hoje conhecemos como Belo Monte) previa a criação de um lago artificial de 1.200 km^2 e a inundação de diversos Territórios Indígenas. A visita dos Kayapó a Tucuruí não obteve os resultados esperados pela Eletronorte, e a comitiva deixou claro que estava ali para ser ouvida e fazer cobranças com relação a ações de compensação a esse tipo de empreendimento (PIB/CEDI, 1991). A postura da

5 Essa comitiva foi composta por grandes lideranças indígenas, como Raoni Metuktire, Paulinho Paiakan, Bepkum Kuben-Kran-Ken, Tutu Pombo, Kremoro Metuktire, Kanhõk Gorotire, Bemoti Xikrin e Boytiê Catetê.

comitiva com relação à Eletronorte sintetizava o que se desenhava desde a década de 1980, um movimento indígena forte e amplamente apoiado por setores ambientais, nacionais e internacionais. Uma das manifestações mais marcantes desse período foi o 1º Encontro das Nações Indígenas do Xingu, que aconteceu em fevereiro de 1989 em Altamira, puxado pelos Kayapó, na figura em especial do recentemente falecido Paulinho Paiakã, e que teve como propósito reunir indígenas de diversos povos que seriam diretamente impactadas pela construção da hidrelétrica Kararaô. Esse encontro, amplamente conhecido pela cena de Tuíre Kayapó colocando o facão no rosto do então presidente da Eletronorte, foi um protesto contra as tomadas de decisões na Amazônia sem participação dos indígenas e contra a construção da hidrelétrica.

Para Turner (1991), a participação dos Kayapó, que se deu como um ritual *baridjumoko* (festa do milho), justificaria sua eficácia, no sentido de dar inteligibilidade à participação de diversos grupos distintos, em analogia ao mito de origem do cultivo do milho; a semelhança remeteria a um período mítico em que os Kayapó ainda não haviam se dispersado em grupos e línguas distintas, mas, tal qual no encontro, unidos (ou, poderíamos dizer, reunidos), e nesse caso em prol de um objetivo em comum, a não concretização do barramento do rio Xingu e Iriri. Fisher (2014) nos permite ver por outro ângulo a possibilidade mesmo da eficácia de um movimento como esse, traçando paralelos entre o sucesso das manifestações contrárias a Kararaô e a sua posterior construção, renomeada como Belo Monte, a momentos políticos e econômicos distintos. Como pontua o autor, para a construção de Kararaô era necessário o financiamento do Banco Mundial e a aderência a princípios contidos no Consenso de Washington, e a recusa do financiamento por parte do Banco Mundial, após a grande repercussão nacional e internacional do encontro de Altamira em 1989, inviabilizava definitivamente o empreendimento. Além disso, a Amazônia tinha, na década de 1980, pouca participação no desenvolvimento do PIB nacional, cerca de 5%.

O aproveitamento hidrelétrico do Rio Xingu veio a ser aprovado pelo Congresso Nacional em 2005. Renomeada Belo Monte, com referência ao município em que as turbinas principais foram construídas, e após a crítica dos Mebengokré de que a hidrelétrica que iria destruir seus rios e suas terras não poderia ser nomeada com um grito de guerra por eles usados, ela se configura também como um novo projeto de engenharia, revisto e remodelado para diminuir os impactos socioambientais da obra e da opinião pública contrária ao empreendimento. O novo projeto previa a diminuição da área de inundação, deixando de ser uma obra de inundação dos leitos do rio Xingu e Iriri para uma "vazão reduzida" da Volta Grande do Xingu, onde desemboca o rio Bacajá (Cohn, 2010). Atualmente, Belo Monte, construída e em operação, consta de dois grandes complexos de turbinas: um na Volta Grande do Rio Xingu, no Sítio Pimental, que permite a canalização do rio – para que e desemboque no segundo, nas turbinas principais, também no rio Xingu, mas à beira do município de Belo Monte. A canalização do rio, que se diz ter demandado mais explosivos que a construção do Canal do Panamá, desvia as águas do Rio Xingu, que deixa de passar por sua Volta Grande e passa a desembocar diretamente na região de Belo Monte. A Volta Grande do Xingu, que passa a viver períodos de seca nunca antes vistos em sua história, repositório de uma grande diversidade ictiológica, é eufemisticamente chamada de Vazão Reduzida pelo projeto, o que aponta para a redução do fluxo de suas águas mas contribui para uma despolitização de seus efeitos.

Para que as turbinas funcionem, dados os ciclos hidrológicos dos rios amazônicos de secas e cheias, foi criado o Hidrograma de Consenso, pelo qual a redução das águas no rio Xingu varia de ano a ano, sob o argumento, criticado por ambientalistas e pelas populações locais, de que tal variação permitiria a sobrevivência do rio e de seus habitantes, sejam eles os peixes ou as populações humanas que vivem em suas margens (Mantovanelli et al., 2021). O projeto de engenharia, ele mesmo, foi muito criticado por engenheiros, que comprovaram sua ineficácia na produção de energia e seus processos decisórios (Montaño, 2014). Além disso, o cálculo de geração efetiva de energia da usina não leva em conta as projeções climáticas para a Amazônia, que indicam declínios de precipitação e consequentemente um aumento na frequência de secas na Volta Grande do Xingu (Camargo, 2019).

A construção da barragem teve grandes impactos em muitas populações locais. A abertura do canal que desvia suas águas retirou de suas terras colonos que lá viviam desde uma política de estado de colonização da Amazônia, datando da época da construção da Transamazônica, e que plantavam especificamente cacau em seus lotes. Também foram afetadas as populações ribeirinhas moradoras na Volta Grande do Xingu, que foram levadas a conjuntos habitacionais construídos na cidade de Altamira e se viram, assim, desprovidas de seu acesso ao rio e de suas atividades pesqueiras, além de suas terras e roças que não mais podem refazer em contexto urbano (Magalhães e Carneiro da Cunha, 2017). Garimpeiros manuais, como aqueles que viviam na Ilha da Fazenda, viram suas casas queimadas e também foram desapropriados. Por sua vez, os povos indígenas da região – os Juruna do Paquiçamba, os Arara da Volta Grande do Xingu, cujas Terras Indígenas são banhadas pelo rio Xingu, e os Xikrin do Bacajá, que vivem à beira do rio de mesmo nome e que desemboca no rio Xingu em sua Volta Grande – permaneceram e atualmente vivem uma luta para garantir a sobrevivência dos seus rios e comunidades.

Como aponta Ribeiro (2014), Belo Monte não se diferencia do que denomina Projetos de Grande Escala que lhe são anteriores – sua inspiração para o termo vem da década de 1980 – e que seguem uma lógica de, como diz, "quanto maior melhor". Seu mote é a construção, que, muito embora fosse fácil pensar o oposto, permanece na Amazônia do século XXI seguindo a lógica que ele demonstra do gigantismo, do isolamento e de seu caráter temporário como empreendimento. Esse mote é pautado principalmente no seu momento de construção e com pouco debate ou atenção a seus impactos futuros. Assim, apesar de todo o esforço de suas populações locais, de ambientalistas e aliados diversos, de ações do Ministério Público Federal e da atenção nacional e internacional ampliada, a Amazônia do século XXI permanece como um espaço a ser desenvolvido, ocupado e explorado a partir de uma lógica que nada condiz com seus potenciais. Nada mais explicaria a insistência em negar a potência de seus rios, tornados figurantes em relação a rodovias sempre fadadas ao fracasso, e cujas águas são sacrificadas para um aproveitamento hidrelétrico vendido como necessário para o interesse nacional (Santi, 2021).

Os Xikrin e o processo de licenciamento

Foi em 2009 que os Xikrin tomaram conhecimento das mudanças do projeto de engenharia. Participantes ativos no encontro de Altamira em 1989, eles, como diversos povos indígenas, mantinham-se na luta contra a inundação do rio Xingu. Estando suas terras e o rio Bacajá a jusante da barragem a ser construída no Sítio Pimental, e a inundação pretendida a montante, não seriam afetados diretamente (ver imagens p. 472 e p. 473). E foi, de fato, como "povo indiretamente impactado" que eles foram tratados no período de Estudos de Impacto Ambiental – Componente Indígena (EIA-CI), em acordo feito pela Eletronorte com a Funai. Portanto, o primeiro EIA realizado com eles tinha como propósito mensurar esses impactos por meio de fontes indiretas. O que se conseguiu, naquele momento, foi uma rápida viagem das antropólogas que contribuíam para os estudos para que se ouvisse o que foi chamado de "percepções dos Xikrin" sobre a barragem (Cohn, 2010). Das então quatro aldeias visitadas, e após uma longa explanação na língua para a aldeia reunida, Mrõtidjam, a então liderança Bep-Katenti, estudando atentamente o mapa, sintetizou em português: "Então agora ficou pior para a gente". De fato, em todas falas, demonstrava-se a importância do rio para a comunidades, em pescaria, transporte para roças e locais de caça e coleta e transporte para a cidade de Altamira, onde todos os serviços que lhes atendem – saúde, educação, e a própria Funai – estão reunidos.[6] E desde então, os Xikrin do Bacajá vivem uma constante luta para serem ouvidos e para que os impactos sobre suas vidas e sobre o rio Bacajá sejam considerados.

6 EIA/RIMA do Projeto AHE Belo Monte: Estudos socioambiental da Terra Indígena Trincheira Bacajá - TITB, disponível em: http://philip.inpa.gov.br/publ_livres/Dossie/BM/DocsOf/EIA-09/Vol%2035/TOMO%205/Texto/Relat%C3%B3rio%20TI%20Trincheira%20Bacaj%C3%A1.pdf.

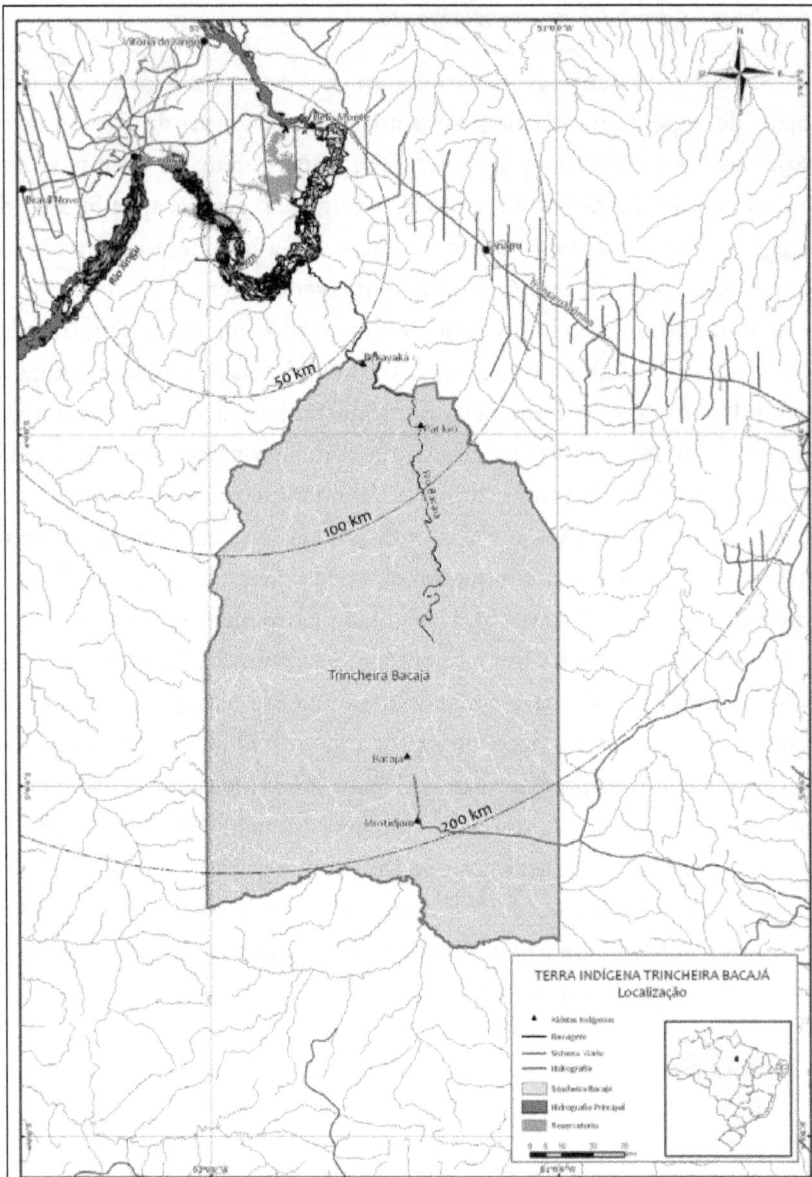
50 km
100 km
200 km
Trincheira Bacajá
TERRA INDÍGENA TRINCHEIRA BACAJÁ
Localização

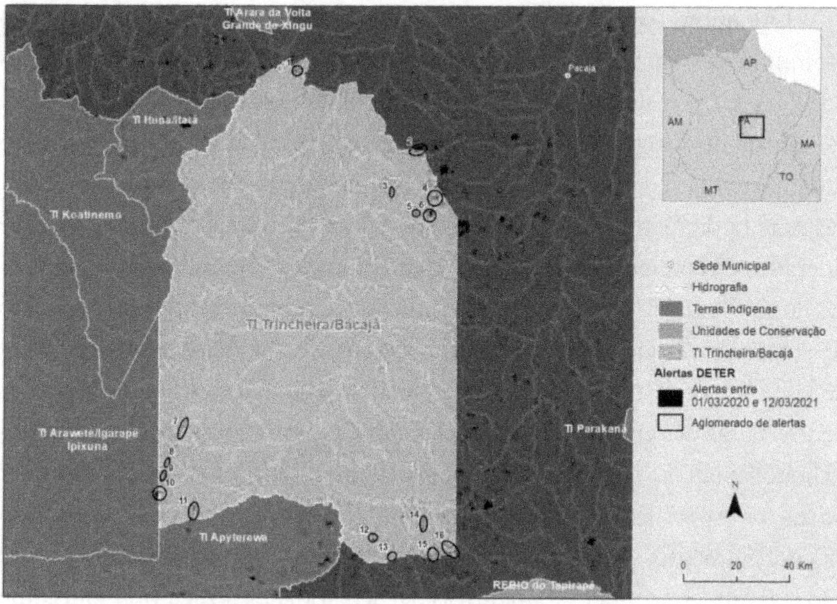
TI Arara da Volta Grande do Xingu
Pacajá
TI Ituna/Itatá
TI Koatinemo
TI Trincheira/Bacajá
TI Araweté/Igarapé Ipixuna
TI Parakanã
TI Apyterewa
REBIO do Tapirapé
AP
AM
PA
MA
TO
MT
Sede Municipal
Hidrografia
Terras Indígenas
Unidades de Conservação
TI Trincheira/Bacajá
Alertas DETER
Alertas entre 01/03/2020 e 12/03/2021
Aglomerado de alertas
N
0 20 40 Km

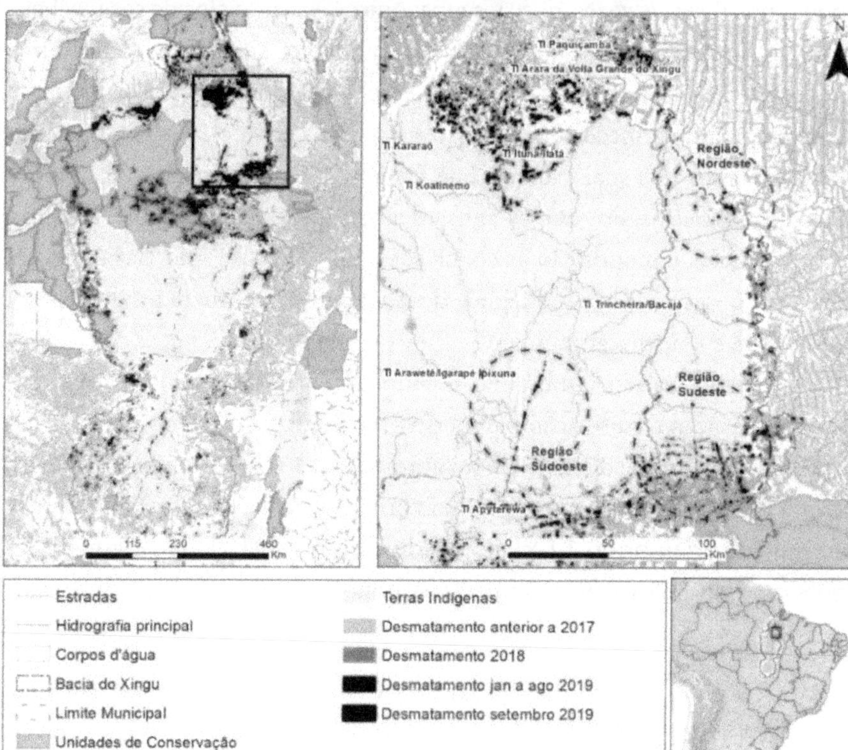
0 115 230 460 Km
TI Paquiçamba
TI Arara da Volta Grande do Xingu
TI Kararaô
TI Ituna/Itatá
TI Koatinemo
Região Nordeste
TI Trincheira/Bacajá
TI Araweté/Igarapé Ipixuna
Região Sudeste
Região Sudoeste
TI Apyterewa
0 50 100 Km
N
Estradas
Hidrografia principal
Corpos d'água
Bacia do Xingu
Limite Municipal
Unidades de Conservação
Terras Indígenas
Desmatamento anterior a 2017
Desmatamento 2018
Desmatamento jan a ago 2019
Desmatamento setembro 2019

O Parecer Técnico 21[7] elaborado pela Funai em conformidade com os procedimentos do processo de licenciamento e que respondia às conclusões dos EIA-CI – realizados na Volta Grande do Xingu, na Rota Xingu (com os Asurini do Xingu, Araweté e Parakanã), na Rota Iriri (Kararaô, Arara do Laranjal e Arara da Cachoeira Seca) e com indígenas citadinos – concedeu, bastante tardiamente como se vê, que os Xikrin do Bacajá deveriam ser considerados diretamente impactados e que, como eles demandavam, os impactos no rio Bacajá fossem estudados como estavam sendo estudados para o rio Xingu. Foi realizado então, como uma das condicionantes definidas por esse documento, os Estudos Complementares do Rio Bacajá (ECRB); porém, dentre várias das críticas feitas por eles sobre o processo mesmo dos estudos (Mantovanelli, 2016), uma se mantém até hoje sem solução. Essa crítica é de que os especialistas, todos eles não-indígenas, não só não haviam ouvido os conhecimentos dos Xikrin, como se pautavam por conhecimentos que não levavam em conta exatamente as particularidades do seu rio – ou, como apontamos diversas vezes, dos rios amazônicos –, seus ciclos de seca e cheia. E os Xikrin argumentam que os ECRB estudaram apenas um ciclo hidrológico, ou seja, apenas um ciclo de seca e cheia, e que isso não é suficiente para realmente conhecer um rio. Corroboraram sua posição em base dos conhecimentos dos mais velhos, que testemunharam períodos de grandes secas do rio Bacajá, em que as águas ficaram quentes e insalubres, tóxicas. Para os Xikrin, em oposição às conclusões dos técnicos, o rio Bacajá secará com a seca – a dita vazão reduzida – do rio Xingu e se tornará insalubre para fauna, flora e a ocupação humana.

O Plano Básico Ambiental é o documento que define as medidas de compensação e mitigação para a construção dos empreendimentos. No caso de Belo Monte, o PBA-CI foi aprovado em 2010 (enquanto ainda se fazia o ECRB, inclusive, e sem contar com as conclusões deste), mas nunca efetivamente cumprido. O Plano Médio Xingu (PMX), que configura as ações do Plano Básico Ambiental-Componente Indígena (PBA-CI), esta-

7 Parecer Técnico 21/CMAM/CGPIMA-Funai, disponível em: https://www.socioambiental.org/sites/blog.socioambiental.org/files/nsa/arquivos/parecer_21_da_funai.pdf.

belece uma série de medidas que vão de constituição de equipes de saúde, educação em saúde, qualificação de profissionais de saúde não-indígenas em saúde indígena, qualificação e profissionalização dos Agentes Indígenas de Saúde e construção, adequação e manutenção de equipamentos de saúde, nas aldeias (Unidades Básicas de Saúde), nas Terras Indígenas (Polos-Base), da CASAI (Casa de Saúde Indígena) e da sede do DSEI (Distrito Sanitário Especial Indígena).

Ser ouvido nesses processos decisórios tem sido seu grande desafio, e para os indígenas, deveria ser construído um PBA específico. Sua tradição deliberativa baseia-se num procedimento no qual todas as falas são ouvidas respeitosamente, sem nunca admitir interrupção ou contradição, e as decisões são tomadas a partir de uma verdadeira arte de agregação das falas (Cohn, 2005; Verswijver, 1992). Assim, tornaram-se rapidamente grandes críticos do modo não-indígena de fazer política e tomar decisões, tão avesso a seus princípios e processos, tão desrespeitoso das palavras dos outros, e que são pautados – como percebem com acurácia o modo com que se evita desviar decisões já tomadas a respeito de Belo Monte – por uma ineficácia em que uma reunião só leva a outra reunião, em que há uma profusão de produção de papéis e documentos que não modificam em nada o que já estava em curso, em que as palavras dadas de nada servem (Mantovanelli, 2016). Os Xikrin viveram pois dentro de um processo de revisionismo histórico dolorido e de grande e incomensurável porte. O que se chamou pelo Estado brasileiro e pelo indigenismo estatal de processos de contato e pacificação os levou há já meio século (Cohn, 2005; Fisher, 1991, 2000) a estabelecer relações pacíficas com os não indígenas e, por extensão, aos não indígenas. Desta forma, os Xikrin abdicaram das guerras que de fato lhes permitia uma verdadeira produção de pessoas e coletivos, sempre mais potentes porque renovados pelo que tomavam, por processos de aliança, aparentamento e inimização, xamanismo, dádivas e guerras com seus botins, para apostar em uma relação pacificada – para usar os termos oficiais – com seus Outros (Cohn, 2005).

Ao longo das décadas subsequentes, realizaram uma verdadeira transformação dessas relações com os outros, reinventando a guerra (Cohn e Sztutman, 2003) e enfatizando as trocas, mais ou menos ostensivamente agressivas, tanto com os demais indígenas com que convivem quanto com os não indígenas, por meio de encontros em formações como as promovidas pelos serviços de saúde e educação, viagens, registros audiovisuais, torneios de futebol etc. além de ter no Estado um aliado que, se cada vez menos generoso, ao menos poderia ser tido como um interlocutor (Cohn, 2005). Nesse processo, acabaram por se inserir de modos diversos na economia regional (Fisher, 2000) e mesmo ver avanços e conquistas, como a da própria Terra Indígena, demarcada em 1995.

O advento violento e agressivo por parte do Estado da construção de Belo Monte, negando-lhes a palavra e a opinião, ou a ação política, lhes fez rever, como dissemos, dolorosamente, suas opções históricas. E embora sabendo que a retomada da guerra não lhes era mais possível, e em grandes conflitos internos que a debatiam, a ensaiaram, se unindo ao planejamento e a execução de uma ocupação dos canteiros de obras da usina quando ainda se havia levantado apenas a ensecadeira, que, no entanto, se viu ineficaz exatamente – mais uma vez – quando se realizaram reuniões para negociações. Como fazer frente a Belo Monte, e a esse processo de licenciamento que vimos ter sido tão desrespeitoso, se não pela guerra, de que haviam abdicado – e que sabiam ser agora mais desigual ainda – nem pela negociação, já que pautada por um processo decisório de uma ação política que eles não reconhecem como legítima, é o grande desafio atual dos Xikrin do Bacajá, que lhes propõem questões efetivamente existenciais (Cohn, 2014). Nesse ínterim, vão também modificando territorialidades e alianças.

Os Xikrin sempre foram um povo da floresta, e não ribeirinho. Como se apontava desde o EIA, em 2009, Belo Monte lhes impunha mais essa dor – tornados ribeirinhos e sedentarizados durante os tais contato e pacificação, habitando durante décadas uma única aldeia (Fisher, 1991), mas aos poucos dominando os modos de vida ribeirinhos, tornando-se a cada nova geração mais hábeis na pesca de rios, em oposição aos igarapés onde pescavam com timbó, e na navegação, por força das ações do Estado, agora esse mesmo Estado lhes anuncia (a inevitabilidade de) um empreendimento que lhes tira o rio. Como demonstra Tselouiko (2018), eles voltam a andar mais pelo mato, afastando-se do rio (o que se pode ver pela configuração atual das novas aldeias abertas), e se voltam cada vez mais a outros núcleos urbanos acessíveis por estradas, se utilizando cada vez mais dessas, mesmo que com grandes impactos de algum modo temerários. Imediatamente, uma demanda que se fazia crescente por veículos para o translado no rio – voadeiras, motores de popa, combustível – tornou-se uma demanda acelerada por carros e motos. Mas talvez o mais forte deles sejam os perigos cosmológicos, que temem possam advir de Belo Monte e já vêm acontecer, em que seres com que não tinham até então que se confrontar começam a se expressar – o que leva a uma grande efervescência atual do xamanismo entre eles, seja em ataques xamânicos que já custaram vidas, seja na ressurgência de xamãs em uma terra em que eles por décadas tinham tido menos trabalho. Esse movimento recupera uma territorialidade que os Xikrin sempre vivenciaram e valorizam, mas de modo algum fez com que deixassem de lutar por seu rio.

Atualmente, os Xikrin têm apostado em novas fontes de renda – a coleta, já histórica, de castanha-do-pará (Fisher, 2000), mas agora com seu processamento na terra indígena para venda, a produção de óleo de babaçu e de diversos outros itens produzidos pelas mulheres a partir de seus conhecimentos com a ornamentação corporal (panos e bolsas pintadas com o grafismo da pintura corporal, pulseiras e outros adornos de miçangas), o que tem levado a uma nova participação feminina na geração de renda e na proteção territorial (Cohn, 2019) –, novas alianças, novas organizações políticas, como as associações, e o esforço cada vez maior de realização de "projetos" – palavra usada em português que ganha uma enorme proporção no modo contemporâneo de vida Xikrin. Eles têm apostado, também, em novas ações políticas – que até agora não viram se concretizar por falta de apoio seja do Estado, como a Funai, seja de seus "parceiros" de Organizações Não Governamentais – ligadas ao referido PNGATI, e que se voltam às novas gerações, formadas agentes ambientais.

Se não conseguiram a contratação desses agentes para a fiscalização e a vigilância de suas terras, de fato são esses jovens – formados ou não – que têm protagonizado o enfrentamento das muitas invasões atuais da sua terra, que, se sempre existiram, têm se agravado imensamente com a impunidade que advém da atual gestão federal. De novo, como havíamos já mencionado, buscam uma articulação entre guerra e negociação política, indo ao confronto de invasores, tomando-lhes as armas, mas se limitando a lhes explicar que o usufruto da terra é exclusivo deles e realizando vídeos para o que denominam em geral as autoridades – Funai, Ibama, MPF – para que tomem providências legais.[8] De um lado, vemos que os Xikrin têm experimentado uma espécie de ação política guerreira efetivada pelos mais jovens – como lhes dizem os mais velhos, estes cuidaram de demarcar a Terra Indígena, cabe aos mais jovens cuidar de sua gestão e manutenção. Por outro, se vêm em uma continuada desesperança frente aos cada vez maiores perigos de Belo Monte – recentemente agravados pelo Hidrograma de Consenso. Desde 2009, quando a notícia da seca do rio Xingu lhes chegou, e que temem testemunhar a seca do Rio Bacajá se não conseguirem tomar providências, repetem que a morte do rio é a morte de toda a riqueza de suas terras, já que o rio, com suas águas aquecidas e tornadas tóxicas, levará à morte dos peixes e tracajás, dos animais que não terão água para beber, da vegetação.

Desde 2009, perguntam: onde irão se banhar, de que água vão beber, o que comerão nossas crianças e as crianças que nascerão no futuro (cf. por exemplo carta escrita pela aldeia do Bacajá em Pacheco de Oliveira e Cohn, 2014). E vaticinam, em suas piores projeções de futuro, que as novas gerações viverão de ratos e sapos. Sua luta é para reverter essa projeção de futuro – mas a cada passo que dão lhes parece que o jogo muda, que aliados se tornam pessoas e instituições em que não podem confiar, que a terra conquistada está em perigo. Atualmente, sabem que a luta é ainda mais acirrada e atroz, tendo um governo que lhes é francamente hostil. E, como vimos, o que era para ser ações de Estado e garantia de direitos se vêm marcadas por vontades políticas e de governos. Voltemos a elas.

8 Ver, por exemplo, dois vídeos em que os Mebengokré-Xikrin da Terra Indígena Trincheira-Bacajá em defesa de sua terra invadida, solicitam ações de órgãos de proteção para a expulsão dos invasores: https://www.youtube.com/watch?v=u85orkOL4Z0&t=1s; https://www.youtube.com/watch?v=gWPiFcO_HNQ&t=3s

As falhas jurídicas no licenciamento de Belo Monte

O caráter inconstitucional da aprovação de Belo Monte já foi debatido, mas, pensando a partir do modo como funciona o aparato jurídico, seria a automatização compatível com o próprio direito ambiental? Nesse sentido, o próprio licenciamento de Belo Monte nos traz outro tenebroso ensinamento. O licenciamento tem como seu principal elemento o Estudo de Impacto Ambiental, documento feito por uma equipe multidisciplinar e que, em tese, deve trazer uma primeira exposição sobre eventuais riscos e benefícios que aquele empreendimento pode trazer para a coletividade. Cada Estado possui um sistema de licenciamento ambiental, com o ônus da produção do EIA como o principal elemento de diferenciação. Conforme o relatório produzido pela Organização das Nações Unidas intitulado *Assessing Environmental Impacts – A Global Review of Legislation* (ONU, 2018), alguns países tomam para a própria administração o dever de produzir um relatório de impacto enquanto outros deixam para que o próprio empreendedor produza o EIA e apresente para referendo, ou não, do órgão licenciador.

O caso brasileiro optou pela segunda via, determinando a produção do Estudo de Impacto Ambiental pela pessoa jurídica que propõe o procedimento de licenciamento. Entretanto, essa etapa, pelo menos na forma como o sistema foi pensado, não ficou totalmente nas mãos do empreendedor: cabe ao órgão ambiental traçar o chamado Termo de Referência, dando instruções básicas que servem também para guiar o proponente na hora de estabelecer o estudo de impacto. Os estudos, então, ficam condicionados ao termo e só podem começar quando este for elaborado pelo órgão licenciador. Com Belo Monte, entretanto, a história foi outra: tão logo o projeto foi "autorizado", a empresa Norte Energia, controladora do então Aproveitamento Hidrelétrico Belo Monte, começou a marcar reuniões com comunidades e a coletar dados com pessoas da região, tudo isso antes da própria edição do Termo de Referência.

Ato contínuo, o Ministério Público Federal interpôs uma Ação Civil Pública, a segunda durante o licenciamento (a primeira acontecendo para contestar a aprovação do empreendimento feita pelo Decreto 788/05), justamente para que tudo fosse suspenso até que o Ibama, órgão licenciador no caso de Belo Monte, expedisse o Termo de Referência. Em resposta, conforme pode ser lido nos autos do próprio licenciamento de Belo Monte, é que o TR, na prática, era uma peça automática e protocolar.[9] O que era pra ser uma inserção de deliberação, tornou-se uma automatização. Automatização esta que, infelizmente, não foi apenas um lapso do caso da UHE Belo Monte, mas, com o tempo, constituiu-se em uma espécie de saber-fazer que apenas aumentou de dimensão, culminando, agora, com dois atos normativos: a Medida Provisória 1.040/2021, a Nova Lei de Licenciamento, recém aprovada na Câmara dos Deputados, e o projeto de lei 3729/04. Belo Monte e sua história aqui contada tem continuidade no que o ministro do Meio Ambiente Ricardo Salles, em reunião presidencial vazada e amplamente divulgada pela imprensa, chamou de "passar a boiada", referindo-se abertamente à Amazônia e ao seu uso e ocupação pela pecuária, e pela mineração, que afetam inclusive áreas protegidas como Terras Indígenas.

Passando a boiada: flexibilizando o licenciamento

Uma questão importante a ser ressaltada antes de analisarmos os atos normativos em si é o caráter qualitativamente diferenciado desse tipo de intervenção face outras que se utilizam da linguagem jurídica nesse contexto de licenciamento e conflitos socioambientais. Conforme Zhouri (2021), a seleção e utilização de determinadas categorias durante o procedimento de licenciamento ambiental comporta, basicamente, ferramentas de legibilidade (Scott, 2020) estatais que estabelecem uma espécie de "economia de visibilidades", escolhendo o que deve ser tornado relevante para o licenciamento e, por outro lado, o que deve ser deixado de lado. Quando, por exemplo, uma empresa de consultoria contratada para fazer o estudo do chamado Componente Indígena[10] esconde cosmopolíticas e subjetivações que se asso-

9 Todas estas informações são extraídas dos próprios autos públicos do licenciamento ambiental de Belo Monte, disponível em: http://licenciamento.ibama.gov.br/Hidreletricas/Belo%20Monte%20-%2002001.001848_2006-75, acesso em 09 junho 2021.

10 O componente indígena é, como no caso dos Xikrin, um documento que integra o Estudo de Impacto Ambiental em licenciamentos que impac-

ciam ao uso da terra, limitando-se a constatar, ao contrário, a simples quantidade de pessoas que lá estão, há uma espécie de licenciamento-em-ação.[11]

Estamos propondo aqui atentar para as leis e normas que legitimam essas ferramentas de legibilidade, para sua importância (Fisher, 2014) e, ao contrário de tomá-las como a "letra fria da lei", percebendo-as como objetos, artefatos a partir dos quais e com os quais interações são produzidas (Tsing, 2005, 2012). E se a letra da lei também não só contasse uma história, mas representasse e constituísse processos de significação, tecnologias sociais e políticas, atos que, enfim, possuíssem o caráter de coisa em um amplo emaranhado no sentido de Ingold (2012)? Em suma, poderia uma Lei, uma Medida Provisória, um Decreto serem tomados como uma lei-em-ação? Ao observar um caso-limite como Belo Monte e as atuais tensões que levam ao limite a capacidade de resistência ambiental de todos os agentes envolvidos, nossa hipótese é que sim, a lei, tomada em conjunto com sua vontade política subjacente e seu contexto de aplicação, pode ser observada como um processo. Assim, se na hora de aplicar a linguagem jurídica durante o licenciamento há o uso de ferramentas de legibilidade, quando essa intenção política é transportada para a edição de uma norma em si, como, por exemplo, uma Medida Provisória ou uma Lei Ordinária, há uma espécie de efeito contrário, apagando-se, a partir de ferramentas como automatizações e "simplificações", etapas, licenças e critérios de proteção ambiental.

---

tam povos indígenas e possuem a função, em tese, de agregar informações sociais, geográficas e econômicas sobre os povos indígenas impactados. A princípio deveria ser feito com equipe especializada na relação com os povos indígenas e em seus direitos constitucionais, à cultura, à organização social e política, territoriais e ambientais, com plena participação indígena, e acompanhada pela Funai, que media todo o procedimento junto ao Ibama – enquanto o EIA em geral passa diretamente por esse último órgão quando o procedimento é federalizado.

11 Faz-se, aqui, uma aproximação com o conceito de Estado-em-ação (Castilho et al., 2017), no sentido de mostrar como o licenciamento ambiental, ao contrário de um simples documento estático, constitui-se uma arena de disputas e criação constante pelos seus agentes.

Nesse sentido, o primeiro ato normativo, a Medida Provisória 1.040/21, tem como objetivo modificar a Lei 11.598/2007, a qual instituiu a Rede Nacional para a Simplificação do Registro e da Legalização de Empresas e Negócios, a REDESIM. Agora, não é mais uma questão de vontades políticas e atos jurídicos, como buscamos demonstrar que se tem construído até o momento, mas a própria Medida Provisória – forma legislativa editada pelo Poder Executivo que, apesar de ter um lapso temporal definido previamente de um ano, possui status de lei ordinária – traz em si a automatização como um conceito juricizado e uma nova etapa no procedimento de licenciamento:

> Art. 6º Sem prejuízo do disposto no inciso I do caput do art. 3º da Lei nº 13.874, de 2019, nos casos em que o grau de *risco da atividade seja considerado médio,*[12] na forma prevista no art. 5º-A, *o alvará de funcionamento e as licenças serão emitidos automaticamente*, sem análise humana, por intermédio de sistema responsável pela integração dos órgãos e das entidades de registro, nos termos estabelecidos em resolução do Comitê Gestor da Redesim (Brasil, 2021, grifos nossos).

Conforme o próprio ato editado pelo Poder Executivo, alvarás e licenças serão emitidas automaticamente quando o risco da atividade for considerado médio. Há, assim, uma automatização que tenta ser acompanhada por um conceito valorativo, o "risco médio". Fica a pergunta: como um risco pode ser avaliado e o procedimento continuar automático? A resposta, se pudesse haver uma, é dada pelo artigo 5-A da mesma MP:

> Art. 5º-A *Ato do Poder Executivo federal disporá sobre a classificação de risco das atividades*, válida para todos os integrantes da Redesim, a ser observada na ausência de legislação estadual, distrital ou municipal específica, sem prejuízo do disposto no § 1º

12 Importante destacar, neste sentido, que o alvará de funcionamento para atividades de "baixo" risco já foi previamente dispensado por um ato editado neste mesmo ethos governamental, qual seja, a Lei 13.874/2019 - Lei de Liberdade Econômica.

> do art. 3º da Lei nº 13.874, de 20 de setembro de 2019, e observado o disposto no § 5º do art. 4º (Brasil, 2021, grifos nossos).

Se formos olhar para o ato do Poder Executivo que classifica o risco "médio" de determinadas atividades, qual seja, a Portaria 78/2021 do Ibama, percebe-se a gravidade da engenharia jurídica em curso. Nele, atos como transferência de carga petroleira, garimpo, exploração madeireira, dentre outras atividades, são tomadas como de risco mediano e, agora, podem ser licenciadas automaticamente (Carneiro et al., 2021). Outra questão que pode se tornar ainda mais relevante neste contexto é o aumento exponencial de casos do chamado "Project-Splitting" (Enriquez-de-Salamanca, 2016). Numa forma resumida, esse problema consiste na divisão de grandes projetos em outros menores para que, assim, uma legislação ambiental mais rigorosa seja burlada e, então, tudo acabe sendo abarcado por regras mais flexíveis (ONU, 2018). Pense-se, por exemplo, num caso hipotético de um empreendimento com 1.100 hectares num local onde a lei de licenciamento vigente indique como responsabilidade do órgão licenciador federal um empreendimento pecuário com mil ou mais hectares. Num caso de *project-splitting*, o proponente do projeto, ao invés de protocolar no órgão ambiental um registro com o tamanho original, desmembra, por exemplo, o projeto em dois empreendimentos diferentes, cada um com menos de mil hectares, num órgão estadual, com menor estrutura e, eventualmente, num país com uma estrutura federativa, uma legislação mais permissiva do que governo federal.

O que a Lei Geral de Licenciamento faz, na verdade, é, ao criar a dispensa de licenciamento para projetos com risco "médio", trazer um grande incentivo ao uso desenfreado e irrestrito de desmembramentos que, ao invés de buscarem a mudança de órgão licenciador, como comumente é observado em outros países (ONU, 2018), terão como objetivo a completa fuga do processo de licenciamento tal como praticado, com as falhas que demonstramos, até então. O risco, categoria concreta, tornou-se, assim, abstrato e automatizado, com o próprio governo federal, por um ato administrativo, determinando sobre a classificação de risco e seus diversos meandros. O mesmo governo que desrespeita inúmeros direitos indígenas de forma constante, apoia setores interessados na precarização ambiental e que tem como objetivo, ao final, "passar a boiada", agora, talvez, na forma de uma boiada automatizada, ou, nas claras palavras de Suely Araújo, especialista sênior em políticas públicas do Observatório do Clima, uma "aberração jurídica" (IstoÉ, 2021).

No mesmo contexto está a aprovação do texto da Lei Geral de Licenciamento Ambiental, o Projeto de Lei 3.729/04, o qual, além de automatizar alguns empreendimentos, possibilitando até mesmo o chamado "lançamento bifásico", onde há uma espécie de aglutinação de licenças, concedendo-se duas em apenas um ato, conforme o Artigo 19 do texto substitutivo à redação inicial do Projeto de Lei, traz, no que diz respeito ao futuro amazônico, uma ameaça tão clara quanto possível num texto legislativo: a dispensa de licenciamento. Nos termos do Artigo 9º do referido PL:

> Art. 9º As seguintes atividades e empreendimentos *não são sujeitos a licenciamento ambiental*, quando atendido o previsto neste artigo:
> I – Cultivo de espécies de interesse agrícola, temporárias, semi-perenes e perenes; II – pecuária extensiva e semi-intensiva; III – pecuária intensiva de pequeno porte, nos termos do art. 4º, §1º; IV – pesquisa de natureza agropecuária, que não implique risco biológico, desde que haja autorização prévia dos órgãos competentes e ressalvado o disposto na Lei nº 11.105, de 24 de março de 2005.

O que há de comum a todos os incisos que acompanham o *caput* da Lei? Todos são atividades agropecuárias e similares, dispensando-se o licenciamento e possibilitando, assim, o desmatamento, a grilagem, o desrespeito à legislação ambiental internacional, quando pensada em conjunto com outras tecnologias jurídico-sociais presentes tanto na MP 1.040/21, quanto no Projeto de Lei, a maior ameaça à Amazônia desde Belo Monte.

A boiada está passando, um inciso por vez!

Referências bibliográficas

Almeida, M. 1993. *Rubber Tappers of the Upper Jurua River: The Making of a Forest Peasantry*. Tese de Doutorado. Universidade de Cambridge: Cambridge.

Amoroso, M. 2014. *Terra de Índio: Imagens de Aldeamentos do Império*. Terceiro Nome: São Paulo.

PIB/CEDI (Programa Povos Indígenas no Brasil/Centro Ecumênico de Documentação e Informação). 1991. *Povos Indígenas no Brasil, 1987-90*. CEDI: São Paulo.

Camargo, M.G.P. 2019. Variabilidade da Vazão do Rio Xingu da Região da UHE Belo Monte sob Cenários de Projeções Multimodelo de Mudança Climática. Dissertação de Mestrado. USP: São Paulo.

Carneiro da Cunha, M. 1987. *Os Direitos do Índio Ensaios e Documentos*. Brasiliense: São Paulo.

Carneiro da Cunha, M. 2012. *Índios no Brasil: História, Direitos e Cidadania*. Claro Enigma: São Paulo.

Carneiro da Cunha, M. 2019. Compartilhar a Memória. In: *Os Índios na Constituição*, Dias, C.L. e Capiberibe, A. (eds.). Ateliê Editorial: São Paulo, p. 35-54.

Carneiro da Cunha, M. e Barbosa, S. (eds.). 2018. Direitos dos Povos Indígenas em Disputa. Unesp: São Paulo.

Carneiro, R.A.A., Correa, F.S. e Rocha, A.L.G. 2021. *Petição Inicial da Ação Direta de Inconstitucionalidade nº 6.808*. Disponível em: https://www.conjur.com.br/2021-abr-26/partido-stf-mp-admite-alvara-licenca-automaticos. Acesso em 09 junho 2021.

Cohn, C. 2005. *Relações de Diferença no Brasil Central: Os Mebengokre e seus Outros*. Tese de Doutorado. USP: São Paulo.

Cohn, C. 2019. Fazendo Pessoas, Fazendo Coletivos: As Mulheres Xikrin do Bacajá. *Amazônica: Revista de Antropologia*, 11, 549-581.

Cohn, C. e Sztutman, R. 2003. O Visível e o Invisível na Guerra Ameríndia. *Sexta Feira (São Paulo)*, 7, p. A43-A56.

Dias, C.L. e Capiberibe, A. (eds.). 2019. *Os Índios na Constituição*. Ateliê Editorial: São Paulo.

Enríquez-de-Salamanca, Á. 2016. Project Splitting in Environmental Impact Assessment. *Impact Assessment and Project Appraisal*, 34(2), p. 152-159.

Farage, N. 1991. *As Muralhas dos Sertões: Os Povos Indígenas no Rio Branco e a Colonização*. Paz e Terra: Rio de Janeiro.

Fearnside, P.M. 2015. *Hidrelétricas na Amazônia: Impactos Ambientais e Sociais na Tomada de Decisões sobre Grandes Obras*. INPA: Manaus.

Fiorillo, C.A.P.. 2018. *Curso de Direito Ambiental Brasileiro*. Saraiva Educação: São Paulo.

Fisher, W.H. 1991. *Dualism and its Discontents: Social Organization and Village Fissioning among the Xikrin-Kayapo of Central Brazil*. Tese de Doutorado. Cornell University: Ithaca NY.

Fisher, W.H. 2014. O Contexto Institucional da Resistência Indígena a Megaprojetos Amazônicos. Belo Monte e a Questão Indígena. In: *Belo Monte e a Questão Indígena*, Pacheco de Oliveira, J. e Cohn, C. (eds.). ABA Publicações: Brasília, p. 253-262.

Fisher, W.H. 2000. *Rain Forest Exchanges: Industrial and Community on Amazonian Frontier*. Smithsonian Institution Press: Washington.

Ingold, T. 2012. Trazendo as Coisas de Volta à Vida: Emaranhados Criativos num Mundo de Materiais. *Horizontes Antropológicos*, 18, p. 25-44.

IstoÉ. 2021. *Governo Edita MP que Libera Licenciamento Ambiental "Sem Análise Humana"*. Disponível em: https://www.istoedinheiro.com.br/governo-edita-mp-que-libera-licenciamento-ambiental-sem-analise-humana. Acesso em 09 junho 2021.

Leme Engenharia. 2009. *Estudo Socioambiental da Terra Indígena Trincheira Bacajá – TITB – EIA/RIMA do Projeto AHE Belo Monte*. Março, 2009. Disponível em: http://philip.inpa.gov.br/publ_livres/Dossie/BM/DocsOf/EIA-09/Vol%2035/TOMO%205/Texto/Relat%C3%B3rio%20TI%20Trincheira%20Bacaj%C3%A1.pdf

Leme Engenharia. 2012. *Estudos Complementares da Bacia Hidrográfica do Rio Bacajá*. Volume VII: tomo IV. Leme/ Norte Energia: Belo Horizonte.

Mantovanelli, T. 2016. Os Xikrin da Terra Indígena Trincheira-Bacajá e os Estudos Complementares do Rio Bacajá: Reflexões sobre a Elaboração de um Laudo de Impacto Ambiental. *Horizontes Antropológicos*, 46, p. 159-188.

Mantovanelli, T., Dill, S., Doyle, C. e Ewell, C., 2021. *Políticas do Despejo, Políticas das Catástrofes: Ameaças Socioambientais na Pandemia de Covid-19*. Forest Peoples Programme: Londres.

Magalhaes, S. e Carneiro da Cunha, M. 2017. *A Expulsão de Ribeirinhos em Belo Monte*: SBPC: São Paulo.

Montaño, M. 2014. Planejamento às Avessas: Os Descompassos da Avaliação de Impactos Sociais no Brasil. In: *Belo Monte e a Questão Indígena*, Pacheco de Oliveira, J. e Cohn, C. (eds.). ABA Publicações: Brasília, p. 33-49.

Pacheco de Oliveira, J. 1979. O Caboclo e o Brabo: Notas sobre duas Modalidades de Força de Trabalho na Expansão da Fronteira Amazônica do Século XIX. In: *Encontros com a Civilização Brasileira*, Silveira, E. (ed.). Civilização Brasileira: Rio de Janeiro, p. 101-140.

Pimenta, J. 2012. Povos Indígenas, Desenvolvimento e Integração Fronteiriça: O Caso do Acre e da Fronteira Brasil-Peru. In: *Etnologia indígena e Indigenismo*, Pimenta, J. E Smiljanic, M.I. (eds.). Positiva: Brasília, p. 75-99.

Santi, T. 2021. *A Nova Lei Geral do Licenciamento Ambiental. A Mãe de Todas as Boiadas*. Youtube, 7 jun. 2021. Disponível em: https://www.youtube.com/watch?v=SUVzOb5Rqdc. Acesso em 13 junho 2021.

Scott, J.C. 2020. *Seeing Like a State: How Certain Schemes to Improve the Human Condition have Failed*. Yale University Press: New Haven CT.

Ribeiro, G.L. 2014. Quanto Maior Melhor? Projetos de Grande Escala, uma Forma de Produção Vinculada à Expansão de Sistemas Econômicos. In: *Belo Monte e a Questão Indígena*, Pacheco de Oliveira, J. e Cohn, C. (eds.). ABA Publicações: Brasília, p. 50-69.

Tselouiko, S. 2018. *Entre Ciel et Terre: Socio-spatialité des Mebengôkré-Xikrin. Terre Indigène Trincheira Bacajá (T.I.T.B) (Pará, Brésil).* Tese de Doutorado. Ecole des Hautes Études en Sciences Sociales: Paris.

Turner, T. 1991. Baridjumoko em Altamira. In: *Povos Indígenas no Brasil, 1987-90.* Cedi: São Paulo, p. 337-338.

Tsing, A.L. 2005. *Friction: An Ethnography of Global Connection.* Princeton University Press: Princeton e/Oxford.

Tsing, A.L. 2012. *Frictions.* In: The Wiley-Blackwell Encyclopedia of Globalization. Disponível em: doi:10.1002/9780470670590.wbeog222. 2012.

UN Environmental Council. 2018. *Assessing Environmental Impacts: A Global Review of Legislation.* UNEC: Nairobi.

Verswijver, G. 1992. *The Club-Fighters of the Amazon. Warfare among the Kayapo Indians of Central Brazil.* Turuti Books.

Villas Bôas, O. e Villas Bôas, C. 2012. A Marcha para o Oeste: A Epopeia da Expedição Roncador-Xingu. Companhia das Letras: São Paulo.

Zhouri, A., Laschefski, K. e Paiva, A. 2005. *Uma Sociologia do Licenciamento Ambiental: O Caso das Hidrelétricas em Minas Gerais. A Insustentável Leveza da Política Ambiental.* Autêntica: Belo Horizonte.

Zhouri, A., Teixeira, R.O.S. e Motta, LD. 2021. Os Estudos de Impacto Ambiental e a Economia de Visibilidades do Desenvolvimento. *Revista Brasileira de Ciências Sociais*, 36, p. 105.

COMO AS PRÁTICAS ARTÍSTICAS PODEM SE COMPROMETER COM A BUSCA POR JUSTIÇA SOCIOAMBIENTAL NA AMAZÔNIA: A PARTIR E ALÉM DO CONTRATO CIVIL DA FOTOGRAFIA

Marilene Cardoso Ribeiro

Introdução

Estamos vivendo em um momento crucial em que as condições na Terra estão mudando dramaticamente, principalmente como consequência da atividade humana. Trata-se de um período tão crítico que levou a ciência a percebê-lo como uma nova era geológica: o Antropoceno (Artaxo, 2014; Subramanian, 2019). São tempos desafiadores em que as mudanças climáticas, a superexploração de recursos naturais, ecossistemas e comunidades se tornaram insustentáveis, comprometendo nosso alimento e suprimento de água, a resiliência dos sistemas biológicos e o bem-estar dos seres humanos. Estudos têm mostrado que os fenômenos naturais, a economia e a vida social fazem parte de uma rede única e muito frágil que não está restrita a fronteiras geográficas ou políticas (por exemplo, Allemand e Osborn, 2019; Duran, 2017; INPE, INPA, IMAZON, 2018); portanto, seria ingênuo pensar que as questões que afligem a África, a Ásia ou a América Latina não dizem respeito aos cidadãos comuns, legisladores e tomadores de decisão que vivem ou atuam em outros países. Ou seja, independentemente da nacionalidade ou do local de domicílio, a preocupação com as questões socioambientais é fundamental, pois suas consequências, a médio prazo, impactarão todos. Além disso, é oficialmente reconhecido que todo ser humano, bem como todas as outras criaturas que compartilham este planeta com nossa espécie, devem ter as condições para que prosperem (ver Constituição da República do Equador, 2008; Gudynas, 2015; Nações Unidas, 1948); assim, cuidar do outro não é apenas uma questão de ética ou empatia, mas de justiça social e ambiental, em última instância.

No entanto, em todo o mundo, estamos testemunhando cenários desoladores e tomadas de decisões políticas que parecem caminhar na direção oposta (por exemplo, Brant e Watanabe, 2019; Friedman, 2020; Helm, 2020; Roth, 2020). Em tempos como este, quando nós, cidadãos comuns, sentirmo-nos impotentes diante de acordos e políticas que têm impacto negativo sobre a nossa vida e a de outras pessoas, perguntamos a nós mesmos: o que podemos fazer para influenciar esta situação? Podemos fazer algo para nos envolvermos com uma mudança?

Afirmo que podemos e, em meio a outras frentes potenciais de engajamento nessa luta em prol da justiça social e ambiental, considero a produção de imagens de particular importância. Este capítulo reflete sobre como isso acontece, além de propor insights sobre possíveis aplicações da fotografia, no contexto do século XXI, no processo para cenários futuros mais igualitários nas agendas socioambientais. Meu raciocínio é baseado em publicações críticas que discutem o papel da arte e da fotografia na maneira como nossa sociedade opera (e transforma-se) e nas ressonâncias da minha prática artística. Este texto concentra-se em um estudo de caso do trabalho colaborativo que desenvolvi na região amazônica como parte do projeto de longa duração *Água Morta* [Dead Water].[1]

Entre os temas urgentes que povoam as notícias e a mídia em todo o mundo estão as questões da região amazônica. Não há como não ouvir sobre os conflitos que afligem esta localidade, pois eles ganharam cada

1 *Água Morta* foi financiado pela bolsa de doutorado pleno no exterior do CNPq e pelo prêmio da Royal Photographic Society. Foi realizado com o apoio do Movimento dos Atingidos por Barragens (MAB).

vez mais importância na última década e, principalmente, no ano passado (Andreoni e Hauser, 2019; Barros, Silva e Domenici, 2019; Fellet and Costa, 2019; Nações Unidas, 2019; Watts, 2014). Esses conflitos não são de forma alguma novos, já que aqueles que pesquisaram e pesquisam a região já relataram todas essas tensões (ver Aleixo e Condé, 2015; Cunha, 1986; Fearnside, 1999, 2001; Little, 2014). No entanto, a brutalidade e a velocidade com que têm avançado no território aumentaram exponencialmente nos últimos anos (por exemplo, Barros, 2019; Doblas, 2015; Fearnside, 2019; Ioris, 2018; ISA, 2018; Viveiros de Castro, 2018). A maior parte dessas imagens de destruição, desolação, tristeza, morte e perda (assim como as imagens que retratam a Amazônia como a epítome sublime de exuberância, do selvagem, da vastidão, grandiosidade e de mistérios tropicais) foi formada em nossas mentes – na mente dos cidadãos – por meio de fotografias. Isso demonstra como a fotografia é relevante para moldar nossa compreensão e atitudes (como indivíduos e coletivamente) em relação ao que está fora de nós e também como nós, interlocutores, podemos perceber as normas políticas se olharmos cuidadosamente as imagens que acessamos.

Em 2008, a teórica da fotografia e curadora de arte Ariella Azoulay publicou o livro *O Contrato Civil da Fotografia* (*The Civil Contract of Photography*, Azoulay, 2008), que se tornou uma obra seminal para a fotografia no século XXI. Neste livro, Azoulay volta sua atenção (e a do leitor) tanto para o interlocutor quanto para o indivíduo retratado na fotografia, em vez de concentrar-se no fotógrafo. Azoulay leva adiante reflexões anteriormente iniciadas por Roland Barthes (Barthes, 1981) acerca do papel ativo do interlocutor no diálogo entre o fotógrafo, o sujeito retratado e o interlocutor que é mediado pela fotografia. Ela afirma que a condição de estar diante de uma fotografia, de olhar para ela, é na verdade uma oportunidade para a cidadania. Em vez de restringir-se à posição de observador passivo, Azoulay entende que é dever do interlocutor interpretar a imagem que vê, perseguir as mensagens que podem estar escondidas nos interstícios dessa imagem e tomar uma posição em relação à situação que se pode absorver dessa imagem (atos que Azoulay denomina "cidadania visual"). Utilizarei como ponto de partida para as discussões deste capítulo esta interpretação de Azoulay sobre esse "contrato civil" que é articulado através da fotografia, bem como os papéis ativos tanto dos interlocutores quanto dos sujeitos retratados. Também utilizarei aqui minha experiência interdisciplinar (que envolve ecologia, ciências sociais e artes visuais), ou seja, em meu papel de "fotógrafo como especialista" (conforme definido por Hodson, 2019), o que me coloca em uma posição única de contribuição nesse debate.

Em seu livro *The Politics of Documentary Photography: Three Theoretical Perspectives* (Hodson, 2019), Dermot Hodson, professor de economia política na Escola de Ciências Sociais, História e Filosofia do Birkbeck College, Universidade de Londres, reconhece a importância dos trabalhos fotográficos em não apenas trazer à tona histórias silenciadas e moldar nossa visão de mundo, mas também em participar da arena política. Hodson expõe três maneiras pelas quais os fotógrafos (por meio de seu trabalho) intervieram nos domínios social e político ao longo da história: (i) como burocratas (quando os criadores de imagens – como os funcionários de agências governamentais – documentam situações e acabam de alguma forma as denunciando), (ii) como defensores (quando os criadores de imagem trabalham junto com outros atores que têm ideias semelhantes às suas para promover crenças políticas compartilhadas) e (iii) como especialistas (quando os criadores de imagem executam projetos interdisciplinares, integrando no discurso visual construído o conhecimento técnico de outras áreas relevantes para o assunto, reunindo a comunidade epistêmica a que pertencem ou com a qual criaram uma relação muito próxima). Hodson cita Dorothea Lange e Sebastião Salgado como exemplos do "fotógrafo como especialista", pois, além de fotógrafos, eles também possuem um profundo conhecimento de economia (a área em que está inserido o assunto que abordam em suas narrativas). Salgado é formado em economia e, no caso de Lange, seu colaborador e marido, Paul Schuster Taylor, além de escritor, é também economista. Essa característica específica dos trabalhos produzidos pelos "fotógrafos como especialistas" faz de suas obras peças fortes em termos da riqueza de informações que essas narrativas visuais são capazes de agregar em si mesmas.

Desenvolvo meus argumentos como ecóloga de formação, acadêmica na área de artes e humanidades e como artista visual. Portanto, entendo minha prática artística (que tem sido focada em temas de identidade e questões socioambientais) como um exemplo de "fotógrafo como especialista". Meu mestrado em ecologia e meus estudos paralelos em antropologia visual e ciências sociais me equipam com uma sólida compreensão dos contextos sociais e biológicos nos quais o trabalho *Água Morta* está inserido. Por ter sido treinada no assunto que *Água Morta* aborda, expõe e questiona (i.e. os impactos sociais e ambientais das hidrelétricas), consigo compreender com profundidade o tema também do ponto de vista do "especialista". Esses conhecimentos me possibilitam pensar em outras variáveis e me inspiram também a conceber outras formas de abordar, organizar e definir o trabalho, já que fui nutrida de experiências dessas outras disciplinas, além daquelas restritas ao campo da fotografia.

Esses mesmos estudos acadêmicos meus que dão suporte aos argumentos apresentados em *Água Morta* levaram-me a ser convidada a apresentar a obra em eventos de outras áreas, que não aquelas restritas somente aos circuitos fotográficos e de arte; ou seja, permitiram que as questões trazidas pelo *Água Morta* permeassem espaços compostos por públicos de diferentes meios sociais e culturais. Portanto, as considerações que desenvolvo são sustentados por esses conhecimentos técnicos e pelas minhas experiências na região amazônica, notadamente aquela adquirida com o *Água Morta* e a sua reverberação tanto no público quanto nos participantes desse trabalho.

Contexto

Como consequência da pressão do mercado internacional, o Brasil, assim como muitos outros países, tem enfrentado recentemente uma política agressiva de expansão da hidroeletricidade, especialmente na bacia amazônica (Ribeiro e Branford, 2019). Esse movimento tem acontecido a despeito do fato de as hidrelétricas já terem desestruturado muito de nossos sistemas fluviais (Lees et al., 2016; Tsikata, 2006; Xie et al., 2007). Até o presente, o barramento de rios fragmentou praticamente todas as grandes bacias hidrográficas do mundo (Grill et al., 2019; Nilsson et al., 2015; Zarfl et al., 2014) e empobreceu mais de 400 milhões de pessoas (Richter et al., 2010). Fato mais impressionante em relação às barragens e à energia hidrelétrica, todavia, é a forma autoritária com que governos, empreiteiras e corporações impõem seus planos à natureza e às comunidades (Ponseti e López-Pujol, 2006; Ribeiro e Branford, 2019; Tsikata, 2006; vide também *Narmada*, dirigido por Manon Ott e Grégory Cohen, 2012).

Em 2011, quando a presidente Dilma Rousseff anunciou oficialmente que a polêmica hidrelétrica de Belo Monte seria finalmente construída na Amazônia, decidi que era hora de agir. *Água Morta* foi minha resposta a essa situação e utilizei o Brasil como uma janela para refletir sobre uma questão contemporânea que, na verdade, aflige vários países (da China e Rússia à Etiópia e Peru), mas que é obscurecida pelo discurso que coloca a hidroeletricidade como uma fonte de energia "verde" e "sustentável" que pode nos salvar do aquecimento global (e.g. Kumar et al., 2016; Nombre, 2014). Com *Água Morta*, eu desejava provocar o cidadão comum (e também os tomadores de decisão) para que ele pudesse refletir sobre a magnitude dos custos sociais e ambientais das hidrelétricas. Essa provocação seria uma das etapas em direção a um objetivo maior, mais ambicioso: aquele no qual outras formas menos prejudiciais de energia fossem preferidas e implementadas. Meu objetivo era também expor um sistema em que uma minoria privilegiada (geralmente aqueles que vivem em países desenvolvidos e/ou em grandes áreas urbanas, como São Paulo) é beneficiada, enquanto muitos outros (nesse caso específico: bacias hidrográficas e ribeirinhos – principalmente os ribeirinhos dos países em desenvolvimento ou emergentes) são usurpados, empobrecidos e danificados em nome do "progresso", para o "bem comum" (como colocado por Jacques Rancière, 2010, cujo pensamentos discutirei mais adiante neste capítulo). Ao explicitar esse sistema, eu almejava contribuir para uma mudança futura na sociedade, mudança que se traduzisse em uma realidade mais positiva e justa para os rios e seus habitantes.

Resumidamente, *Água Morta* consiste em um trabalho onde utilizo a produção de imagens e a colaboração para acessar, compreender e comunicar as consequências ambientais e sociais dos projetos hidrelétricos

(Ribeiro, 2018). Nele, ribeirinhos que foram afetados por esses empreendimentos no Brasil e eu construímos juntos uma narrativa visual sobre os efeitos dessas obras de infraestrutura em suas vidas e no ambiente. Para mim, fazia sentido explorar o ato de barrar um rio (condição fundamental para a existência de uma hidrelétrica) através das experiências daqueles que considero os mais adequados para falar sobre esse assunto: os ribeirinhos. Parte da minha metodologia no *Água Morta* consistia em convidar indivíduos que foram atingidos pelo complexo hidrelétrico de Belo Monte para posar para um retrato. As obras do complexo hidrelétrico de Belo Monte ocorreram de 2011 a 2019, no rio Xingu, estado do Pará, na Amazônia brasileira (Figura 1). Além dos afetados por Belo Monte, esse trabalho também envolveu pessoas de outras partes do Brasil que foram atingidas por outros projetos de hidrelétricas. Ao todo, 94 ribeirinhos participaram do projeto. Para a sessão fotográfica proposta, eu pedia aos participantes que dirigissem junto comigo seus próprios retratos: durante a sessão fotográfica (na qual eu operava a câmera), o participante (que também era a pessoa retratada) desenvolvia suas próprias ideias para seu retrato, escolhia um local relevante para a tomada fotográfica e um objeto que pudesse representar o(s) sentimento(s) dele em relação à hidrelétrica. O participante podia verificar e modificar a cena enquadrada até que considerasse que a imagem que ele via no display da minha câmera digital estivesse de acordo com o que ele desejava apresentar aos seus interlocutores, por meio do seu próprio retrato. Ao mesmo tempo, reunindo informações e outras imagens com esses participantes, tentamos reconstruir as paisagens sentimentais das perdas causadas pela hidrelétrica. Assim, os ribeirinhos e eu criamos uma perspectiva híbrida fotógrafa-fotografado. Contamos juntos a história dos danos infligidos pelas hidrelétricas à natureza e às pessoas e possibilitamos que perspectivas até então silenciadas reemergissem. Esses meus encontros com os ribeirinhos e os rios resultaram em uma tese, ensaios escritos, uma exposição itinerante, um livro e um curta-metragem.[2]

---

2 Para uma visão geral do projeto *Água Morta* em: https://www.marileneribeiro.com/dead-water-book. O vídeo do livro *Água Morta* e o curta-metragem *Custos* (*Costs*) também podem ser acessados respectivamente em: https://vi-

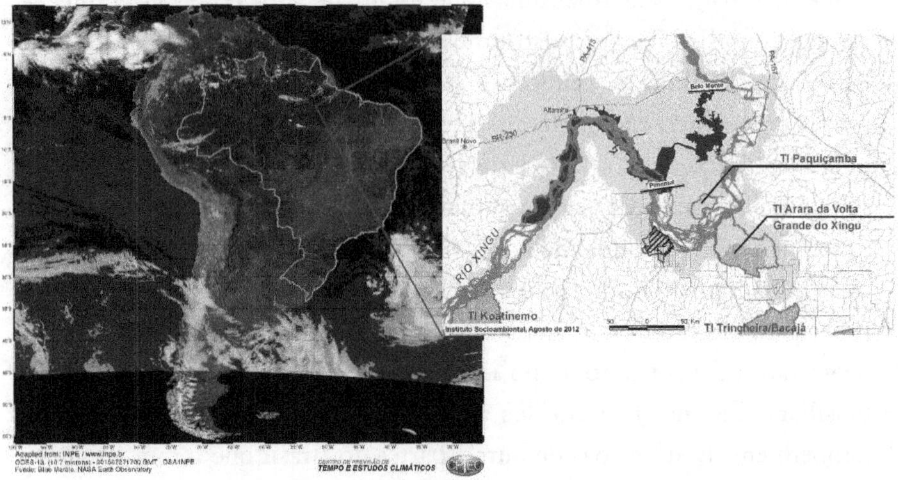

Figura 1 - Localização do complexo hidrelétrico de Belo Monte (Rio Xingu, Pará, Brasil)

À direita: detalhe do complexo hidrelétrico de Belo Monte. Rio Xingu representado em azul claro e os reservatórios do complexo de barragens de Belo Monte em azul escuro (reservatório principal – acima, à esquerda da barragem Pimental no mapa; reservatório secundário - abaixo da barragem Belo Monte no mapa). Note que as Terras Indígenas Paquiçamba e Arara da Volta Grande do Xingu estão situadas no trecho do rio Xingu que teve sua vazão média extremamente reduzida (até 80%) devido à barragem Pimental a montante, situação crítica que a participante Maria Eliete destaca mais adiante neste capítulo. Adaptado de: ISA, 2012 (região da Grande Curva do Xingu) e INPE, 2018.

Uma vez organizado o trabalho, engajei-me em disseminar as histórias do *Água Morta* em vários espaços: em fóruns sociais, salas de exposição, festivais de fotografia e cinema, seminários, conferências, workshops, palestras, revistas, jornais e plataformas online.[3] Tendo o *Água Morta* como

meo.com/362012543 e https://vimeo.com/267872971.

3 Devido a questões políticas, econômicas (e, agora, também de saúde mundial) que comprometeram a pesquisa e a prática artística no Brasil desde meados de 2018, tive de adiar meus planos de reunir-me novamente com os participantes do projeto nas áreas onde este trabalho foi realizado para poder apresentar-lhes pessoalmente os resultados, discutir com eles sobre suas impressões, sentimentos e opiniões acerca desses resultados e potenciais usos futuros para o

um dos pilares para as considerações que desenvolvo neste texto, pretendo situar aqui as práticas fotográficas dentro da arena política. No entanto, este texto não almeja analisar a política em todos os seus aspectos (vasto campo), meu objetivo restringe-se a discutir o papel da arte/fotografia na política aqui considerada como "o complexo de relações entre indivíduos na sociedade, especialmente as que envolvem autoridade ou poder."[4] Em outras palavras, reflito aqui sobre o papel da arte/fotografia no processo de negociação entre indivíduos e grupos.

Também tenho a intenção de apresentar aqui um extenso relato das experiências que tive com os participantes e o público do *Água Morta* e trazer exemplos mais relevantes desses meus encontros para que o leitor possa ter uma imagem mais tangível sobre o impacto que uma obra visual pode ter nos indivíduos (e pensando nas ressonâncias desse impacto em relação a uma cenário futuro mais justo para as comunidades ribeirinhas, as bacias hidrográficas e sua biota; pois entendo que mudanças sociais acontecem através de uma sequência de etapas únicas, que, em uma etapa final, acaba assumindo a forma de "insurreição" ou "revolução" na sociedade).

Métodos e discussões

Embora o teórico e filósofo francês Jacques Rancière desconstrua o termo "política" logo no início da sua obra *Dissensus* (2010), afirmando que não se trata do exercício do poder, mas sim do ato comum de cada pessoa dentro de uma dada sociedade – sociedade que é regida por sistemas ou, como nomeia Rancière, "regimes" (Rancière, 2010), eu tendo a considerar que, apesar do autor parecer distanciar a política do poder, ele, na verdade, traz o poder para a esfera diária de negociação entre os indivíduos (que, no final das contas, é organizada por aqueles que estão no poder; por exemplo: a demanda de mercado, na sociedade capitalista). Além disso, segundo Rancière (2004), o sistema que regula a estética dota as práticas artísticas (por exemplo, a fotografia) de uma agência política; ou seja, as

material produzido. Assim que possível, retomarei esta etapa do projeto.

4 Uma das mais de dez definições possíveis para "política", segundo o dicionário Collins [online]: https://www.collinsdictionary.com/dictionary/english/politics

características que são inerentes à arte tornam a sua prática capaz de estabelecer relações entre as pessoas, tornando visível o invisível e conduzindo as duas partes envolvidas nessa negociação – o produtor da obra de arte e o "receptor" da obra de arte – a ações mediadas pela arte, situação que ele denomina de "meta-política da comunidade sensorial".[5]

Ariella Azoulay compartilha da visão de Rancière. Durante os últimos vinte anos, Azoulay tem trabalhado com o papel da fotografia e da cidadania nos desastres contemporâneos (com seu interesse especial no conflito Israel-Palestina) e produziu dois livros potentes: *The Civil Contract of Photography* (já citado no início deste capítulo) e *Civil Imagination - a Political Ontology of Photography* (Azoulay, 2012). Em ambas as publicações, ela argumenta que a fotografia pode (e deve) ser usada não apenas para comunicar, mas também para demandar ações relativas aos "desastres criados pelo regime".[6] Ela reconhece tanto os sujeitos retratados nas fotografias quanto os que vêm essas fotografias como partes ativas no diálogo fotográfico e não meras "coisas" que, respectivamente, refletem a luz e observam passivamente a imagem. Azoulay os entende como protagonistas nesse processo, atores que fazem a política acontecer por meio da fotografia.

Esses pontos trazidos por Azoulay têm sido um aspecto chave da minha prática e também do trabalho *Água Morta*; no entanto, o poder da arte (incluindo a fotografia) na política está simultaneamente sempre em dúvida: considere a artista e escritora americana Martha Rosler em seus notáveis artigos *In, Around and Afterthoughts (On Documentary Photography)* (Rosler, 1981) e *Post-Documentary, Post-Photography?* (Rosler, 2001). Mesmo após décadas da publicação do seu artigo, a justificativa apresentada por Rosler continua sendo tomada como base para sustentar argumentos de que a fo-

---

5 Meta-política é definida por Rancière como uma forma de fazer política diferente da forma habitual que a política é conduzida.

6 De acordo com Azoulay (2008), "desastre criado pelo regime é toda catástrofe (e.g. fome, genocídio, "acidentes" de petróleo no mar, aquecimento global, colapso de barragens de rejeitos de mineração etc.) que, em sua essência, consiste no resultado do sistema (regime) de poder em que vivemos (capitalismo, democracia etc.); ou seja, o sistema opera de uma forma que permite ou promove a ocorrência de tais desastres.

tografia não faria qualquer diferença para as lesões infligidas (e que continuarão a ser infligidas) pelo "regime".[7] Para Rosler e seus seguidores, a fotografia terminaria simplesmente documentando essas lesões e reforçando os extremos sociais e econômicos que ela expõe: como um espelho invertido que mostra e lembra àqueles que o miram o que (felizmente) não são eles. Essas "reflexões posteriores" ("*afterthoughts*") de Rosler fazem ainda mais sentido hoje, considerando o interesse de festivais de fotografia, galeristas e seus clientes em transformar as "ameaças" (as lesões) retratadas nos trabalhos fotográficos "em fantasia" (adotando aqui as palavras de Rosler), ou considerando o abuso que a internet e as mídias sociais fazem de imagens socialmente engajadas, deslocando estas últimas do seu lugar de reivindicar por ação para o lugar do repetitivo, do ruído, consequentemente dessensibilizando o público quanto à empatia e reação ao que lhe é apresentado.

Por outro lado, a acadêmica e fotógrafa Michelle Bogre (2012) responde aos argumentos de Rosler pontuando que a fotografia pode sim fazer diferença, não gerando um resultado direto, imediato, mas como um dos elementos que atuam em cascada e levam à mudanças. Bogre lembra que as fotos do Vietnã mudaram a opinião pública sobre a atmosfera heroica da guerra e o papel dos Estados Unidos, dando início ao movimento antiguerra. Ela também cita o trabalho que o fotógrafo Marcus Bleasdale tem feito há mais de dez anos: cobrindo a violência infligida pelo Exército

7 Conforme observado pela teórica social e cultural da Universidade de Nova York, Susie Linfield, em seu texto *A Little History of Photography Criticism: or Why do Photography Critics hate Photography?*: "[...] se menos ensaios como os de Sekula e Rosler são escritos hoje em dia, isso se deve, em parte, porque suas ideias foram absorvidas e aceitas por muitos na academia, nas revistas de arte, nos museus e nas galerias; como escreveu o teórico W. J. T. Mitchell, "a iconoclastia crítica reflexiva [...] governa o discurso intelectual, hoje". Assim, em publicações mais recentes, é comum esbarrar-se com frases como "a autenticidade uma vez atribuída à fotografia, agora desacreditada", como se a questão do valor documental da fotografia tivesse sido jogada sem pesar na lata de lixo da história. Pior ainda são as maneiras como essas ideias se infiltraram no público em geral, incentivando um desprezo pelas fotografias documentais. Já que tais imagens são poços de manipulação e exploração: por que olhar? Tornou-se muito fácil desviar os olhos; na verdade, fazer isso é considerado uma virtude" (Linfield, 2012, p. 9).

de Resistência do Senhor (*Lord's Resistance Army* – LRA) à população da República Democrática do Congo. Esse trabalho (que havia sido apresentado no Senado dos Estados Unidos, nas Nações Unidas e no Ministério das Relações Exteriores da França) acabou contribuindo para que o presidente Obama assinasse, em 2010, um projeto de lei de apoio logístico e financeiro para o fim do LRA.

Ainda a esse respeito, em 2012, a Aperture Foundation e o Smithsonian Institute publicaram o livro *Photography Changes Everything*, com um dos seus capítulos dedicado a enfatizar a relevância da fotografia como uma ferramenta para a mudança. O autor, Frank H. Goodyear III (2012), curador associado de fotografia da Smithsonian National Portrait Gallery em Washington DC, assim como Bogre, reconhece o impacto da fotografia na revelação de ultrajes sociais (e, acrescento aqui, ambientais), bem como na luta por revoluções nas normas sociais, políticas e econômicas. Noto que esse tem sido um dos principais usos da fotografia nas mídias sociais, na atualidade (*selfies* e *posts* estilo "diário" a parte): tomemos como exemplo fotos (e vídeos) que revelam situações inaceitáveis e que são viralizadas, motivando as pessoas a assinar petições online que demandam pelo banimento das sacolas plásticas nos oceanos ou exigem publicamente o fim do racismo. A fotodocumentarista Susan Meiselas também entende as imagens como potenciais catalizadores de transformação da sociedade. A esse respeito, Meiselas comenta que "a fotografia pode influenciar a forma como vemos, pensamos, entendemos e talvez, algumas vezes, como nos engajamos com um tema ou agimos. O que acontece é que a gente simplesmente nem sempre consegue medir ou rastrear esse processo que se desenvolve nas nossas mentes e acaba nos levando a tomar essas atitudes" (Meiselas, 2017).

Infelizmente, a maioria dos trabalhos de fotografia socialmente e/ou ambientalmente engajados não gera respostas rápidas na sociedade ou nos tomadores de decisão. Esses trabalhos, na verdade, consistem em uma das etapas de um longo processo – que pode levar décadas ou até séculos – de transformação social em relação a um assunto específico e, como Meiselas refletiu acima, a participação da fotografia nessa transformação se daria por caminhos muitas vezes difíceis de rastrear. Mas, como parte do processo, tais trabalhos visuais são necessários para que a mudança aconteça. Então, faz-se imperioso que trabalhos dessa natureza sejam realizados, pois nós, indivíduos vivendo em sociedade, precisamos de gatilhos (tais como são esses trabalhos socialmente e/ou ambientalmente engajados) que nos permitam entender-nos como parte dessa engrenagem, parte desse sistema, ou seja, como parte do problema e seus cúmplices também (por outro lado também como parte da solução, como ilustrado por Bogre). Para reforçar as considerações desta parte do texto – sobre a fotografia como um elemento relevante para a mudança –, usarei alguns exemplos dos diálogos que foram possibilitados pelo *Água Morta*.[8]

Alguns dias depois de ter *Custos* (curta-metragem que faz parte do projeto *Água Morta*) exibido no Reino Unido dentro da programação Cinema Ambiental local, a organizadora do evento me encaminhou um e-mail que ela havia recebido de um dos espectadores do filme:

> Cara A. [organizadora do Cinema Ambiental], esta petição da Avaaz chegou no meu e-mail hoje de manhã. Ela está diretamente relacionada ao tema do filme exibido no Cinema Ambiental na última terça-feira – *Custos*, de Marilene Ribeiro – filme que eu senti que impactou bastante todos nós. Neste e-mail, a Avaaz informa que demandará ao governo indonésio que suspenda um projeto de hidrelétrica que está acontecendo na região – obra que afetará gravemente este grupo de orangotangos. Eles precisam do maior número de pessoas possível para

8 Gostaria de ter podido anotar todos os testemunhos das pessoas que tiveram acesso ao *Água Morta* e que chegaram a mim espontaneamente, em diferentes ocasiões (pessoas que assistiram ao filme *Custos* ou leram o livro *Água Morta*, os artigos, ensaios, visitaram a exposição, participaram das palestras, acessaram o projeto online etc..), pois esses comentários têm sido muito potentes e comoventes, fortalecendo assim a tese sobre a agência das obras de arte em tocar o interlocutor de forma a fazê-lo refletir sobre as tensões abordadas no trabalho, suas causas, suas consequências e a participação dessas próprias pessoas, dos interlocutores, como indivíduos e cidadãos, nessa engrenagem de poder (a "meta-política" mediada pela obra de arte descrita por Rancière); mas, infelizmente, muitas vezes, no momento em que essas falas dos interlocutores aconteciam, encontrava-me em posição difícil para gravá-las ou anotá-las de prontidão.

> assinar esta petição." (trecho do e-mail de L. C. endereçado a A. S., 02 de agosto de 2018)

L. C. não só reconhece abertamente o impacto do filme no público, mas também sinaliza que *Custos* de alguma forma a impulsionou a se envolver com o assunto e reunir mais pessoas para, juntos, promoverem uma mudança no sistema (sistema que, no caso específico de *Custos*, refere-se à agenda energética e à destruição acarretada pelos empreendimentos hidrelétricos e acordos políticos associados).

Os livros de visitantes das exposições do *Água Morta*, além de informarem sobre a quantidade de pessoas que o trabalho pode alcançar nessas ocasiões, também registraram um número expressivo de depoimentos que demonstram a capacidade que a narrativa visual teve de provocar o espectador mental e emocionalmente, e como o trabalho fotográfico teve a potência de desencadear no espectador uma resposta ativa (e.g. Figura 2). Dado o impacto desses testemunhos no leitor, transcrevo abaixo algumas passagens:

> A indignação retratada em obras como esta nos torna reflexivos e fortalece a luta por um mundo ambientalmente sustentável, onde a vida em todas as suas formas seja respeitada (A. R., registro no livro de visitantes do *Água Morta*, 30 de março de 2019).

> Este trabalho é maravilhoso. Eu já o tinha visto no Festival de Fotografia de Tiradentes deste ano. [...] É difícil para o fotógrafo conseguir interagir com seus fotografados de uma forma tão profunda como vi neste trabalho. É um belo trabalho; porém, os sentimentos de raiva e tristeza que as pessoas retratadas experimentaram com as hidrelétricas saltam das imagens para nossos corações. Obrigada por esta experiência (R. G., registro no livro de visitantes do *Água Morta*, 26 de junho de 2019).

> Este trabalho transcende a fotografia, ele toca almas e aguça nossa capacidade de lutar contra essas atrocidades (L. B., registro no livro de visitantes do *Água Morta*, 26 de junho de 2019).

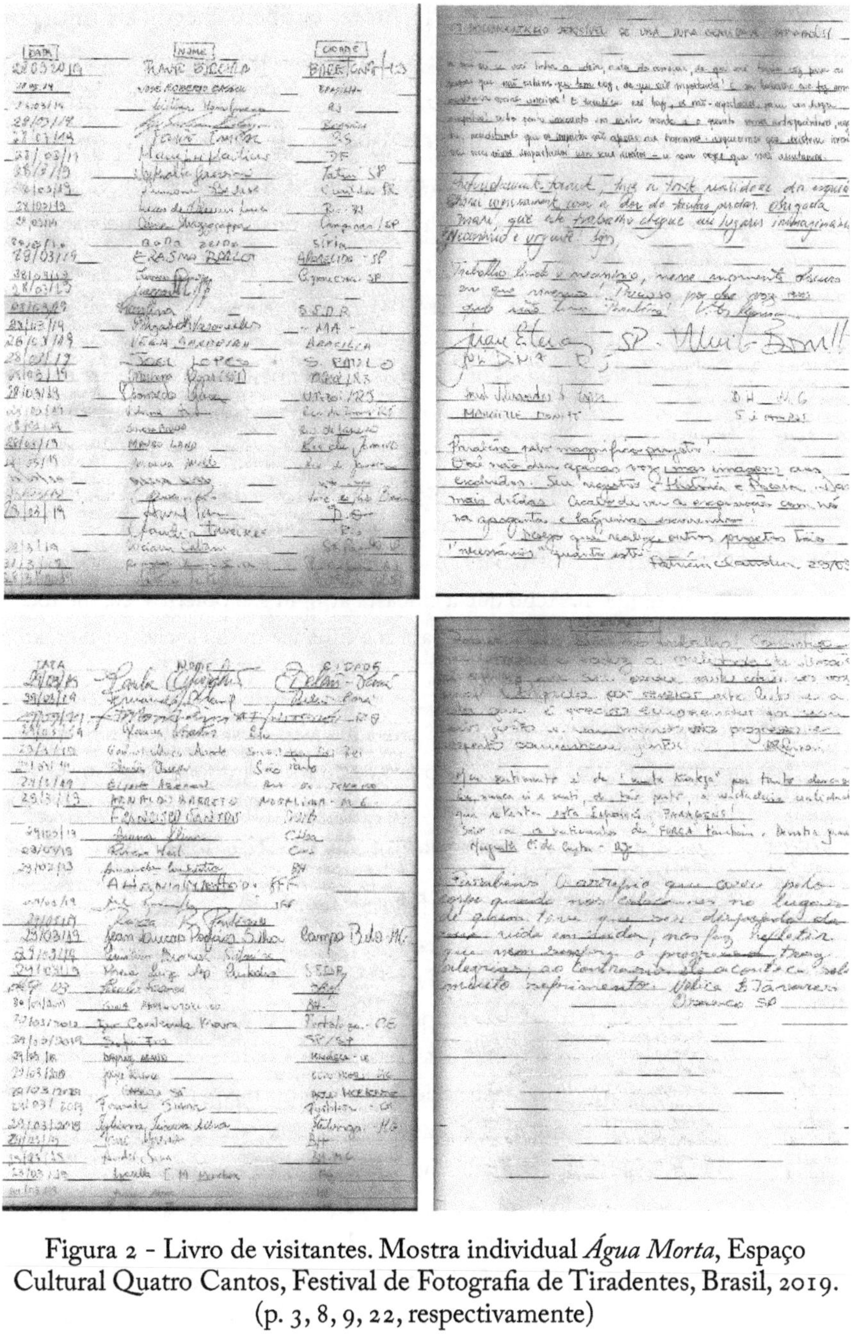

Figura 2 - Livro de visitantes. Mostra individual *Água Morta*, Espaço Cultural Quatro Cantos, Festival de Fotografia de Tiradentes, Brasil, 2019. (p. 3, 8, 9, 22, respectivamente)

O impacto do trabalho nos interlocutores também chegou até mim por outros meios, como via redes sociais e comunicação pessoal (após a abertura de um evento, uma palestra, exibição, etc..), e acrescento aos depoimentos acima algumas dessas outras ressonâncias que me alcançaram, para que o leitor possa ter uma visão mais concreta dos pontos sobre fotografia e impacto da obra de arte no público que estou articulando nesta parte do texto.

> [Sobre o curta-metragem *Custos*] Roteiro marcante, inovador, cheio de emoções, colocando a voz do sujeito – seu discurso – no centro de tudo. Um filme detalhadamente pensado e articulado: sem rostos ... apenas o som daquelas vozes com seus sotaques melodiosos ... E o paradoxo: narrando um enorme drama ... As partes com a tela escura empurram o espectador – nós – para o interior daquelas vozes, para o interior daquelas histórias, dignificam também o que é contado, o que toma a forma de denúncia também. Acho que a cineasta atingiu seu objetivo: ela me tocou (mensagem de R. A. para sua filha via mídia social, 01 de março de 2018).

> Ele [o filme *Custos*] dá voz àquelas pessoas que tiveram suas vidas alteradas, levanta o ponto do meio ambiente, da fauna... Eu fiquei profundamente comovida com ele... (mensagem de C. M. para mim via mídia social, 10 de fevereiro de 2018).

> Quando eu vi a obra [*Água Morta*], me emocionei com a sua poética, com a sua beleza... É tão comovente e especial que meio que me enche, sabe? [...] Embora ele documente e narre uma perda terrível, há sempre algo por trás que tem a ver com uma renovação vibrante, e isso é o poder, é aí que reside o poder desse trabalho: em mostrar de fato uma enorme perda, mas de alguma forma também atrair a gente de uma maneira que nos conecta às pessoas retratadas no trabalho, você se conecta a ele porque eles [os ribeirinhos afetados pelas hidrelétricas que participaram do projeto, os retratados e codiretores das fotos] estão tentando fazer algo disso. [...] O trabalho é forte por causa disso, porque diz: 'Ei! Olha o que aconteceu!' (J. W., comunicação pessoal, 16 de junho de 2020).

Esses exemplos demonstram como as imagens têm uma forma muito peculiar de interagir com nossas mentes (e, repetindo o que disse um dos espectadores do *Água Morta*, também com nossos corações) e como, então, podem ser um agente de mudança dentro e fora de nós. Em outras palavras, a experiência com o *Água Morta* mostra como as imagens podem operar em nossa sociedade e como cada um de nós pode fazer a diferença, não se limitando a ser apenas um "espectador" passivo de imagens e histórias que se desenrolam diante dos nossos olhos.

Eu diria que isso também demonstra que, em contraste com as preocupações de Rosler[9] (e também ciente de todas as restrições envolvidas no tema fotografia e "realidade"), as imagens têm um papel valioso em informar as pessoas sobre eventos e situações, em especial aquelas que acontecem longe do seu alcance de visão. Entendo que as investigações visuais, assim como as científicas,[10] têm a função de revelar e apresentar ao Outro (neste caso, ao interlocutor) informação, contextos e circunstâncias – o "sensível", como Rancière (2004, 2010) o denominou. Considere-se para isso os depoimentos que apresentei acima, bem como este comentário de um dos espectadores do filme *Custos*, também muito revelador:

> O importante sobre este trabalho para mim é que ele nos faz pensar sobre o quanto não sabemos sobre os rios e como os negligenciamos. (J. M., comunicação pessoal, após a exibição de *Custos*, 02 de agosto de 2018).

9 "O documentário liberal [o trabalho que é tratado como mercadoria tanto pela mídia quanto pelo sistema de galerias de arte] ameniza qualquer agitação de consciência em seus espectadores da mesma forma que coçar alivia a coceira e, simultaneamente, reafirma para aqueles que olham a fotografia sobre sua relativa riqueza e posição social; especialmente a posição social, agora que até mesmo a capa da preocupação social se afastou dos confortáveis setores sociais em ascensão. [...] O documentário, como o conhecemos, leva informações (desatualizadas) sobre um grupo de pessoas sem poder para outro grupo de pessoas tido como socialmente poderoso" (Rosler, 1981, p. 307).

10 Note-se, porém, que não tenho a pretensão de situar aqui as investigações visuais no mesmo âmbito de confiabilidade e precisão das investigações científicas.

É importante ressaltar que J. M. explicitamente reconhece que o filme *Custos* lhe permitiu perceber como os rios e os sistemas associados a eles operam, ou seja, para J. M. o filme foi um provedor de informações novas para essa pessoa. Além disso, note-se que o filme permite a J. M. perceber-se como um cúmplice do "regime" que negligencia os cursos d'água, portanto, como alguém que, de alguma forma, também permite ou participa (mesmo que indiretamente) desses abusos sobre os ecossistemas lóticos (como um cidadão que vive de acordo com as normas da sociedade capitalista da qual a maioria de nós também fazemos parte, como um cidadão que não havia tido previamente a oportunidade de perceber os rios sob a perspectiva que o filme *Custos* lhe convida a perceber). Sobre essa cidadania da fotografia, característica sumarizada neste depoimento de J. M., Azoulay (2008) reitera que o interlocutor deve tomar o que vê diante de si (na fotografia que ele observa) como algo que também diz respeito a ele próprio, uma vez que aquilo que se apresenta para ele na imagem à sua frente é uma representação do desastre criado pelo regime (regime do qual ele, o interlocutor, faz parte). De acordo com Azoulay, esse "desastre" que o interlocutor vê através da fotografia que ele observa é o resultado do chamado regime democrático do qual todos nós participamos (mas no qual alguns – muitos? – não têm voz). Defendo que este tipo de reflexão e reação desencadeada pela obra de arte (no caso de J. M. aqui exemplificado, reflexão e reação que foram motivadas pelo filme *Custos*) seria o primeiro passo para a justiça ambiental e social, uma vez que, numa fase seguinte, esse processo de conscientização inicial facilitado pela obra é capaz de expandir-se e transformar-se em ação, o quê, em última instância, é capaz de levar a uma reformulação das agendas políticas e da própria sociedade.

Ainda em relação a este ponto, gostaria de acrescentar uma reflexão recente do filósofo francês Bruno Latour. Em entrevista ao El País (Bassets, 2019) sobre seu último livro *Dónde Aterrizar: Cómo Orientarse en Política* (Latour, 2019), Latour conta que, ao sobrevoar o Ártico em direção ao Canadá, notou que a geleira que geralmente ocupava aquela área havia diminuído bastante. Ao invés de se maravilhar com a paisagem sublime que ele via pela janela da aeronave, de contemplar aquela vasta e bela paisagem de tempos anteriores, daquela vez ele se sentiu angustiado; principalmente, porque ele pode perceber sua própria responsabilidade (como membro da "sociedade ocidental") sobre aquela visão infeliz que acontecia diante dele. Também porque Latour concluiu que o avião que o transportava estaria lançando naquele exato momento gases de efeito estufa na atmosfera, contribuindo explicitamente para o aquecimento global – causa direta do desastre que seus olhos testemunhavam ali, em tempo real: "Si a usted le dicen que es responsable de lo que ve, el sentimiento es distinto, es una forma de angustia" (Latour apud Bassets, 2019, s/p.). Imaginando que essa visão que Latour descreve do "desastre criado pelo regime" (i.e. da geleira que colapsa) tivesse sido revelada a ele não por meio dessa experiência em primeira mão que ele relata, mas sim por meio de uma fotografia feita naquele região do Ártico, essa fotografia também teria a capacidade de provocar nele reflexões semelhantes (levando em consideração as dimensões dessa fotografia e outras especificidades relativas à atmosfera que se cria para a fotografia interagir com o interlocutor). Nesse contexto, entendo que, ao compartilhar uma fotografia, o seu autor compartilha também a responsabilidade sobre aquela situação que foi transportada do "real" para o suporte; assim, uma vez em contato com aquela situação (contato esse mediado pela fotografia), o interlocutor não pode mais alegar desconhecimento sobre o assunto retratado. Desse ponto de contato em diante, não há como o interlocutor deixar de pensar também nas causas e consequências daquilo que acaba de ser "testemunhado" por ele. Ademais, se aquilo que é retratado refere-se a um contexto de privação, violência, usurpação, destruição ou injustiça, não há como não se ter pelo menos um desconforto mental[11] com a situação apresentada (a "angústia" sentida por Latour seria um exemplo oportuno aqui), o que acaba demandando ao interlocutor uma reação interna no intuito de transformar aquela condição indignante testemunhada em uma melhor.

11 Revisitando aqui as considerações de Rosler no seu artigo de 1981, mas sem a intenção de restringir essa reação do espectador a apenas uma doação rápida para instituição de caridade ou ONG (ou qualquer outra atitude pontual semelhante), com a finalidade de aliviar sua "coceira", como exposto por Rosler.

Realisticamente, será que a maioria dos depoimentos dos espectadores do *Água Morta* se converterá em alguma ação prática dessas pessoas contra o represamento dos rios? Provavelmente não. Entretanto, suas percepções sobre barramento de rios, hidrelétricas, desenvolvimento e sustentabilidade foram de alguma forma transformadas pela obra. Talvez, em um segundo momento, essas novas percepções trazidas pelo contato com o *Água Morta* se avolumem e transbordem em forma de uma alteração na opinião pública sobre esses assuntos, desencadeando mudanças reais em um tempo futuro – e essa seria uma propriedade inerente da obra de arte: de funcionar como canal para o que Rancière (2010) chama de *dissensus*. De acordo com Rancière (2010), o regime onde nós, cidadãos, nos relacionamos funciona sustentado pelo consenso (*consensus*) – um acordo tácito da sociedade. O *consensus* é organizado e reforçado por aqueles que ocupam as esferas mais altas de poder e governam tais regimes. Como tais *consensus* nos parecem ser a ordem natural das coisas, tendem a ser tomados como verdades confortáveis (por exemplo, nós, a sociedade contemporânea, precisamos de energia, portanto, precisamos lidar – e cooperar – com esse sistema no qual a energia hidrelétrica é necessária, apesar dos danos causados por ela, pois não podemos vislumbrar nenhum outro cenário que possa ser diferente desse). O *dissensus,* por sua vez, seria, então, qualquer convite a uma ordem diferente, a uma ordem que questiona e rompe com o "consenso" amplamente aceito (um exemplo de *dissensus* poderia ser, então: a energia hidrelétrica não deve ser uma opção, pois leva ao desmantelamento de redes ecológicas e sociais). Ainda que essa nova ordem proposta (esse *dissensus*) em um primeiro momento possa parecer utópica, inexequível, ao longo do tempo, com a ação de grupos que se empenham diariamente para que essa mudança de paradigma aconteça (ativistas, sociedade civil organizada, cientistas, pensadores, etc...), ela vai sendo absorvida e aceita pela comunidade, conduzindo o coletivo para esse outro centro de funcionamento, até que, eventualmente, essa proposta inicialmente tida como *dissensus* torna-se o novo *consensus* (até que um outro *dissensus* seja levantado dentro desse novo cenário social estabelecido). Para Rancière, é assim que se a política acontece: entre esse trânsito, essa tensão, entre *consensus* e *dissensus*.[12] Se a fotografia pode ser um canal para o *dissensus*, então ela seria um meio de pleitear contra os abusos ambientais e sociais que são amplamente aceitos como o "preço pago" pelo nosso modo de vida, ou "os sacrifícios do desenvolvimento" (i.e., nosso atual *consensus*). A fotografia pode ser, então, um instrumento nessa demanda por uma mudança de paradigma, por uma nova ordem. Se a fotografia pode acolher o *dissensus*, ela é, então, uma peça de grande valia no processo de mudança social, política e econômica. Assim, se precisamos revisar e superar esta lógica que negligencia e silencia o meio ambiente e comunidades para o bem econômico global, então a fotografia pode nos auxiliar nesse caminho para a redefinição dessa norma social. Por fim, se a fotografia tem essa capacidade de convidar o espectador ao protagonismo, à cidadania, a ser responsável pelo que acontece neste planeta (lugar que compartilhamos com tantos outros), que possamos nós, fotógrafos e espectadores, utilizar a fotografia e nós próprios para esse propósito.

Entendo que *Água Morta* flui no território do *dissensus*. As histórias contadas verbal e visualmente pelos ribeirinhos participantes do projeto – histórias que desnudam as consequências desastrosas e, na sua maior parte, irreversíveis da hidroeletricidade – trazem para a arena social uma perspectiva diferente, contrastante acerca de uma forma de geração de energia ampla e reiteradamente apresentada nos discursos de empresas e gestores como uma solução de desenvolvimento sustentável, da até então tida pelos cidadãos e tomadores de decisão como uma forma aceitável de se suprir nossas insaciáveis demandas por energia, mesmo que com "alguns custos" envolvidos. Os pensamentos e emoções explorados e trocados entre mim e os participantes do projeto, durante nosso trabalho colaborativo na execução do *Água Morta*, reverberam na obra e, assim, convidam seus interlocutores (cidadãos) a uma reflexão sobre a real magnitude desses "custos", propondo um outra "ordem" em substituição à atualmente tida como *consensus*. As vozes dos atingidos, vozes embebidas no *dissensus*, ecoam aí. Aprendemos uns com os outros e o trabalho expande esse nosso aprendizado a muitos outros mais.

---

12 Obviamente, esse jogo político não é fixo, podendo mudar com o tempo, conforme "revoluções" ocorram.

Ao refletir sobre o compromisso do espectador ao olhar para uma fotografia e ao trazer para o primeiro plano o papel ativo da pessoa retratada no ato da fotografia (não como vítima, mas como cidadão que se nega a ter sua voz silenciada pelo que Azoulay e Rancière chamam de "regime"), *Água Morta* afirma os atributos políticos da fotografia. Em *Água Morta*, as pessoas fotografadas reivindicam explicitamente seu papel de protagonistas dentro do contrato civil da fotografia – os retratos realizados são concebidos a partir do depoimento e das ideias, dos pensamentos expressos por cada retratado e transferidos para a imagem final. Em *Água Morta*, meus colaboradores[13] e eu reunimos testemunhos visuais, orais e escritos que desvelam os impactos negativos da energia hidrelétrica, e os ribeirinhos participantes do projeto atuam como vozes que trazem à tona essas tensões ocultadas, que expandem nosso entendimento sobre hidrelétricas e a agenda global de energia, que exigem que os direitos humanos e os direitos da natureza sejam respeitados. As palavras e posturas dos participantes, durante a realização do trabalho, eram carregadas de um sentimento avassalador de violação: violação da natureza, da identidade, da história, da cultura e da cidadania das pessoas afetadas. Essas violações foram de tal monta que instalaram na região o cenário do desastre criado pelo regime (sendo que, neste caso, o "regime" atuava por meio da proposta de "desenvolvimento" que era imposta para a região sob a figura do complexo hidrelétrico de Belo Monte). Valho-me de alguns desses momentos de trocas com meus colaboradores (os ribeirinhos que atingidos por Belo Monte) como uma maneira expressar esse panorama:

> Eles [a Norte Energia, consórcio responsável pelo projeto do complexo hidrelétrico de Belo Monte] não respeitaram nada: nem as pessoas nem a natureza. (Leonardo Batista, participante/colaborador do projeto, entrevistado em 14 de outubro de 2016).
>
> Como é que está hoje a ilha onde a gente morava? Aquela com todas as árvores, as seringueiras? Está um deserto. Eles [os funcionários da Norte Energia] derrubaram as árvores e enterraram

13 Os ribeirinhos que participaram do *Água Morta*.

> tudo. O que eles não enterraram, eles queimaram. Quando eu passo lá de barco, eu vejo: está um deserto só. (José Nunes, participante/colaborador do projeto, entrevistado em 23 de outubro de 2016).

Maria Eliete (também participante/colaboradora do *Água Morta*), professora e filha de Manoel Juruna, ex-cacique da Terra Indígena Paquiçamba, depois de me contar sobre as situações difíceis que a sua comunidade vem enfrentando desde que o projeto Belo Monte foi anunciado, fala-me dos seus sentimentos de desespero e tristeza. A Terra Indígena Paquiçamba (grupo étnico Yudjá/Juruna) está localizada às margens do rio Xingu, a jusante da barragem Pimental (represamento principal do complexo de barragens do complexo hidrelétrico de Belo Monte). De novembro a março, a vazão do rio Xingu aumenta consideravelmente, submergindo parcialmente as árvores situadas nas ilhas que existem ao longo do rio. A frutificação dessas árvores é sincronizada com essa cheia do rio para que os frutos caiam na água e não no solo, no momento em que amadurecem. Assim que caem na água, alimentam os peixes, que os comem e dispersam as sementes. Como na área que Maria Eliete vive (a TI Paquiçamba) essa cheia sazonal não acontece mais, devido ao represamento da água do rio a montante pela barragem Pimental,[14] esses frutos estão, agora, caindo nos bancos de areia dessas ilhas, que ficam constantemente expostos desde que o rio foi barrado. Consequentemente, os peixes dessa área não conseguem mais encontrar alimento e as sementes dessas árvores não são mais dispersas. Os peixes, antes abundantes na área, agora tornaram-se escassos. Muitas espécies estão morrendo de inanição. O sentimento de desespero e tristeza de Maria Eliete é "por ver as frutas caindo no chão" (como ela mesma me diz) e saber o que isso significa, por ter de assistir, impotente, o resultado catastrófico do barramento do rio, ao extinguir naquele trecho do rio Xingu o padrão cíclico característico da Amazônia de enchentes e secas. Os moradores da TI Paquiçamba tiveram que mudar seus hábitos e

14 As comportas da barragem Pimental (principal barragem do complexo hidrelétrico de Belo Monte) foram fechadas pela primeira vez em novembro de 2015, para dar início ao funcionamento da hidrelétrica.

dieta, já que sua principal fonte de alimento e proteína, o peixe, não é mais facilmente encontrado. Maria Eliete resolve destacar em seu próprio retrato essas intricadas conexões evolutivas e o desmantelamento delas causado pela hidrelétrica (Figura 3).

Figura 3 - Retrato de Maria Eliete (parte do trabalho *Água Morta*)

Sentimentos de Maria Eliete: desespero e tristeza.
Objeto escolhido: árvores nativas cujos frutos não podem mais cair na água e alimentar os peixes que dependem deles para sobreviver; devido ao barramento a montante, os frutos caem agora nos bancos de areia expostos do rio Xingu no trecho onde fica a casa de Eliete, na Terra Indígena Paquiçamba.
Local escolhido: margem exposta do rio Xingu, local da Terra Indígena Paquiçamba (residência de Eliete).

© Maria Eliete Felix Juruna e Marilene Ribeiro 2016

Por sua vez, Delcilene e Maria das Graças (mãe de Delcilene), também participantes/colaboradoras, escolheram ser retratadas em seu antigo local de moradia: a Ilha do Caju. O local, como se pode inferir pelo nome, era repleto de cajueiros, especialmente no quintal de Maria das Graças e Delcilene. Também havia bancos de areia, conhecidos localmente como "praias", que eram pontos de lazer da família. A Ilha do Caju, junto com dezenas de outras, ficou parcialmente submersa no reservatório principal de Belo Monte. Delcilene e Maria das Graças desejaram ser retratadas na Ilha do Caju porque, como me contou Delcilene, "nossa ilha, nossas praias de areia, nossas árvores, nossa casa ... tudo se foi", e Maria das Graças acrescentou: "Porque as ilhas, as árvores morreram todas, tá tudo morto. Parece um sertão, sabe? Aquele onde só se vê os tocos, que a gente vê no noticiário domingo. É a mesma coisa".

Segundo elas, toda a área onde nasceram e se criaram ficou irreconhecível, depois do enchimento do reservatório:

> Menina, como diz o ditado: quando você olha, é só tristeza, né? Quando a gente foi lá pela primeira vez [após o enchimento do reservatório principal de Belo Monte], a gente chegou no meio do canal [do rio], no Paratizinho, perto da casa do Daniel, e eu olhei para um lado, olhei pro outro e disse, "é este o caminho, mas não é por aqui..." Eu estava lá, sentadinha no banco do barco, junto dela [Delcilene], na popa do barco. Então eu disse, "Neném [apelido de Delcilene] – eu disse pra ela – onde é que a gente está, meu Deus?" E ela disse, "mamãe, nem eu sei!" Aí, quando avistamos o morro, eu disse, "aquele morro é o morro da Arundina?" Então o piloto disse, "é sim, Maria. É onde ficava a praia Alta" – existia um arbusto na ponta da praia Alta; foi só aí que eu reconheci que a ponta era uma praia – tinha uma praia logo no começo, na ponta – mas o resto eu não reconhecia nada, de jeito nenhum. Ela [Delcilene] disse, "mãe, aquela ilha era a ilha onde a gente morava [a Ilha do Caju]". Eu disse, "não é, não, menina!" e ela disse, "é sim, mãe!" [pausa] Porque eu ainda pude ver a ilha. (Maria das Graças, participante/colaboradora do projeto, entrevistada em 15 de outubro de 2016).

No entanto, receosas de que eu não acredite no que elas me contam, pois, segundo elas, o consórcio responsável pelo projeto hidrelétrico de Belo Monte (a Norte Energia) divulgou "realidade" diferente sobre a saúde do meio ambiente local e o bem-estar das pessoas afetadas, Maria das Graças sugere:

> Mesmo assim, às vezes você [eu, Marilene] pode falar, "ah, não! É porque muitos ficaram com raiva da Norte Energia; então, fazem as entrevistas falando que ninguém gostou e tal." Então, é bom [eu, Marilene] ir lá para olhar, ver e falar, "olha! [A Maria Das Graças] não estava mentindo: olha o impacto que a Norte Energia causou!" [...] A nossa história, a história que a gente conta, não é a mesma que a deles.[15]

Maria das Graças e Delcilene decidem utilizar-se da fotografia para contar essa "outra" história. Elas escolheram ser retratadas na Ilha do Caju porque querem que eu e os espectadores do *Água Morta* vejamos com nossos próprios olhos a transformação que o barramento causou na área, que vejamos com nossos próprios olhos que é possível construir um "sertão" no meio de uma infinidade de água (Figura 4).

15 Comentário de Maria das Graças sobre a forma como o consórcio responsável pelo projeto da barragem divulgou a situação dos atingidos: segundo ela e sua filha, Delcilene, várias pessoas, inclusive a própria Maria das Graças, foram tratadas como "lixo" pela Norte Energia, que lhes negou o direito a outro terreno, quando da sua realocação. Maria das Graças lembra o diálogo que teve com a funcionária da empresa: "Eu falei: 'eu não aceito isso; eu não vou conseguir recompor minha vida saindo daqui com apenas R$ 12.400!' [quantia que a empresa estava oferecendo a Maria das Graças para que ela deixasse o lugar em que nasceu e viveu, até então]. Aí, ela [a funcionária] respondeu: 'Você tem duas opções: aceitar nossa oferta ou ficar aqui e ser levada pela água'." Ainda, segundo Maria das Graças, a Norte Energia afirma em seus relatórios que o meio ambiente foi tratado com cuidado e que os moradores que tiveram que se mudar devido a Belo Monte receberam o devido apoio e encontram-se em melhores condições de vida do que as que tinham antes de Belo Monte ser construída na região – o que, para Maria das Graças, não condiz com que ela e outros atingidos de fato vivenciaram, desde que a Norte Energia iniciou seus trabalhos na região.

HOM AQUARIUM

Figura 4 - Sequência de retratos de Maria das Graças e Delcilene (parte do trabalho *Água Morta*)

Sentimentos de Delcilene: tristeza e humilhação.
Sentimento de Maria das Graças: tristeza.
Objeto escolhido por Delcilene para representar seu sentimento: caju (representando a abundância na região).
Objeto escolhido por Maria das Graças (mãe de Delcilene): areia (representando as praias de areia das margens do rio Xingu).
Local escolhido pelas duas: seu antigo quintal na Ilha do Caju (atualmente, parcialmente submerso pela barragem de Belo Monte).
Observe os cajueiros mortos ao fundo.

© Maria das Graças da Silva, Delcilene Gomes da Silva e Marilene Ribeiro 2016

Ao mesclar minhas visões com as dos ribeirinhos retratados no projeto *Água Morta*, articulamos um outro olhar sobre temas chaves na contemporaneidade: energia, desenvolvimento, sustentabilidade. Propomos ao público uma consideração mais profunda sobre os impactos negativos do barramento de rios e da energia hidrelétrica (sua complexidade, sua amplitude, suas raízes). Pleiteamos uma mudança na percepção sobre riqueza, bem-estar e desenvolvimento.

Conclusões

Entendo a fotografia como uma linguagem única que permite-nos ter acesso ao outro e perceber, absorver e ser tocados por histórias. Consequentemente, as fotografias também têm a capacidade de nos demandar ação. Neste capítulo, utilizei as experiências que tive com os participantes do projeto de pesquisa *Água Morta* e com seu público como cerne de onde minhas considerações evoluem. A partir dessa oportunidade possibilitada pelo *Água Morta* e da análise de produções textuais críticas sobre o assunto analisado, proponho alguns terrenos nos quais acredito que a fotografia pode atuar, inspirando mudanças sociais e ambientais, no século XXI.

1. A colaboração com o sujeito-foco da investigação visual realizada é uma forma de a fotografia florescer e estabelecer-se no caminho da justiça social e ambiental. Além de outros pontos, entendo que essa é uma abordagem ética para a realização de obras visuais dessa natureza. Trabalhando junto com as famílias que colaboraram com *Água Morta,* aprendi muito. A participação ativa dos ribeirinhos na construção da narrativa também agregou informações relevantes e cruciais para o trabalho, informações que não seriam possíveis ou concebidas através de outras formas de fazer que não aquela onde há engajamento mútuo e coletivo (ver também Ribeiro, 2019, 2020). Além disso, conforme os participantes do projeto comunicam a seus pares as sensações, reflexões, pensamentos e insights que tiveram durante esse momento que estivemos trabalhando juntos (e eu faço o mesmo com meus colegas e público), atuamos em sinergia, ampliando e expandindo a mensagem (consequentemente, o *dissensus*) contida na obra.

2. A fotografia e o vídeo moldam a sociedade do século XXI: eles estão profundamente impregnados no nosso comportamento e na nossa interação com o mundo. Seria ingênuo negligenciar a influência das fotografias, bem como das imagens em movimento, no nosso cotidiano – nas nossas opiniões, pensamentos e atitudes acerca de qualquer assunto. Cabe ressaltar que as transformações que são mediadas por imagens na atualidade acontecem não apenas através dos modos tradicionais de divulgação das obras visuais (e.g., livros, revistas, jornais, exposições, palestras), mas também a partir de (e fortemente guiadas por) novas plataformas, como a das mídias sociais, que, em sua essência, é um espelho da cultura visual em que todos nós estamos inseridos. Ciente do papel ativo do interlocutor como um dos protagonistas do ato da fotografia, entendo que as obras visuais que buscam por justiça social e ambiental devem ser versáteis o suficiente para se adequar a diferentes plataformas – tendo em vista as especificidades de cada plataforma de disseminação existente na atualidade, como citado acima –, assim, o trabalho conseguirá ter a potência necessária para alcançar (e tocar) o espectador. Por exemplo, plataformas online oferecem ao interlocutor uma atmosfera e um tempo de interação com a obra totalmente diferentes dos apresentados por um livro, uma exibição em cinema, uma exposição física ou uma palestra. Cada uma dessa plataformas de diálogo produtor-obra-interlocutor provoca os sentidos com um ritmo especial e de uma maneira particular (além de ativar diferentes partes do cérebro). Fazendo-se uso de várias plataformas para circulação do trabalho, ativam-se também diálogos mais ricos entre o interlocutor e a obra/produtor da obra, com mais chances de impacto e sucesso na absorção da mensagem embebida na narrativa visual. As obras versáteis podem se adequar a diferentes interesses e programas também, atingindo um público mais amplo. Ainda dentro do tópico relativo à influência da fotografia e do vídeo na sociedade contemporânea e às mudanças que esses canais de interlocução podem desencadear, acrescento aqui a importância de o produtor de imagem colaborar e apoiar movimentos sociais e ONGs; tanto envolvendo-se com suas perspectivas quanto fornecendo material visual que possa fortalecer as ações e reivindicações dessas entidades por justiça ambiental e social, cientes da relevância desses dois atores no contexto de resistência, reafirmação de direitos e mudança de paradigmas.

3. O “fotógrafo como especialista” desempenha um papel importante na legitimação do discurso que se deseja comunicar ao interlocutor (como comentado no início deste capítulo). A presença do “especialista” não só contribui para a potência do trabalho visual, mas também abre espaço para que debates mais profundos sobre a questão abordada na obra possam acontecer, uma vez que o fotógrafo, neste caso, detém também os conhecimentos específicos da área de conhecimento na qual o assunto que se investiga visualmente está imerso (o que lhe permite discutir dados

científicos e outros aspectos técnicos peculiares àquela disciplina com propriedade). Receber treinamento acadêmico em uma determinada área de interesse, para que isso possa fortalecer os argumentos utilizados nos diálogos com os diversos atores que fazem parte do pacto social, é, inclusive, uma ferramenta que as comunidades indígenas vêm empregando na luta por seus direitos: indivíduos de várias comunidades do Brasil se graduam em direito, antropologia, ciências sociais, medicina, entre outras áreas, para poder ocupar espaços onde possam ser ouvidos como "experts" também segundo os "padrões" da sociedade ocidental. Assim, conseguem ser respeitados também nestes outros domínios e debater temas que lhes sejam relevantes de uma forma mais igualitária.

De acordo com o especialista em teoria crítica da Universidade de Oxford, Nikolaj Lübecker (2013), em sua análise sobre a política das imagens, "as imagens, quando usadas de forma crítica e imaginativa, podem ajudar a refletir sobre as questões essenciais de nosso tempo" já que as imagens consistem em "um verbo, não um substantivo" (idem, p. 405). Ou seja, as imagens urgem para que ocorra um diálogo entre o espectador e aquele que é retratado, exigem interpretação, digestão e uma resposta de quem as vê. É por esse caminho que entendo que a fotografia pode se comprometer com a busca pela justiça social e ambiental. Para que isso aconteça, os produtores de imagens devem propor e apresentar obras que nutram com energia para a ação tanto seus retratados quanto interlocutores, obras que abracem a colaboração de ambos os lados, obras que convidem o público a embarcar nessa jornada junto com o fotógrafo e seus retratados. Envolve criar algo que tenha de ver com o fascínio diante da obra, mas que também abra janelas para reflexão e reação do público. Como criar esse solo fértil onde a cidadania possa ser exercida em sua essência e plenitude e um futuro melhor para todos possa florescer: esse é um desafio que eu gostaria de nos convidar – produtores de imagens, pensadores, indivíduos retratados, público – a trabalhar. Existem caminhos para isso e eles exigem criatividade tanto dos artistas quanto das plataformas responsáveis por tornar as obras visuais disponíveis ao público. Eles requerem formas de comunicação e acesso que alcancem outros públicos, além dos das classes média e alta que vivem em áreas urbanas ou em países ricos. Não creio que esta proposta que faço aqui seja uma utopia, pois a criatividade, a negociação, o diálogo e a colaboração sempre foram elementos centrais para a emancipação.

A Amazônia, como a percebemos e entendemos até hoje, é o resultado de processos ecológicos que moldam e esculpem a região há milênios. Por ser um lugar tão único e valioso, merece um futuro melhor do que o que se encontra atualmente em andamento. Portanto, se a produção de imagens pode ser um agente nesse movimento por um cenário mais promissor para a bacia hidrográfica, a floresta e seus habitantes, que ela seja empregada para esse fim.

Referências bibliográficas

Aleixo, J. e Condé, N. 2015. *Quem São os Proprietários das Hidrelétricas da Amazônia?* Instituto Mais Democracia: Rio de Janeiro.

Allemand, D. e Osborn, D. 2019. Ocean Acidification Impacts on Coral Reefs: From Sciences to Solutions. *Regional Studies in Marine Science*, 28, p. 1-8.

Andreoni, M. e Hauser, C. 2019. Fires in Amazon Rain Forest Have Surged This Year. *The New York Times*, 21 agosto 2019, https://www.nytimes.com/2019/08/21/world/americas/amazon-rainforest.html

Artaxo, P. 2014. Uma Nova era Geológica em Nosso Planeta: o Antropoceno? *Revista USP*, 103, p. 13-24.

Azoulay, A. 2008. *The Civil Contract of Photography*. Trans. R. Mazali & R. Danieli. Zone Books: New York, NY.

Azoulay, A. 2012. *Civil imagination: A Political Ontology of Photography*. Trans. L. Bethlehem. Verso: London.

Barros, C. 2019. No Maranhão, Cada Guardião da Floresta é um Paulino Guajajara. *Publica,* 12 novembro 2019, https://apublica.org/2019/11/no-maranhao-cada-guardiao-da-floresta-e-um-paulino-guajajara.

Barthes, R. 1981. *Camera Lucida: Reflections on Photography*. Hill & Wang: New York.

Bassets, M. 2019. Bruno Latour: El Sentimiento de Perder el Mundo, Ahora, es Colectivo. *El País*, 31 março 2019, https://elpais.com/elpais/2019/03/29/ideas/1553888812_652680.html.

Bogre, M. 2012. *Photography as Activism: Images for Social Change.* Focal: Oxford.

Constituición de la República del Ecuador. 2008. *Decreto Legislativo 0. Registro Oficial 449, 20 octubre 2008*, 33-34, p. 11.

Cunha, E. 1986. *Um Paraíso Perdido: Ensaios, Estudos e Pronunciamentos sobre a Amazônia.* José Olympio: Rio de Janeiro.

Duran, L. 2017. The Buzz on Climate Change: It's Bad for Bees. *Conservation International*, 19 agosto 2017, https://www.conservation.org/blog/the-buzz-on-climate-change-its-bad-for-bees.

Barros, C., Silva, J.C. e Domenici, T. 2019. Land Conflicts and Destruction in the Brazilian Amazon. *Publica*, 16 novembro 2019, https://apublica.org/2019/11/land-conflicts-and-destruction-in-the-brazilian-amazon.

Brant, D. e Watanabe, P. 2019. Salles Muda Política Ambiental do Brasil e Provoca Desmonte. *Folha de São Paulo*, 24 dezembro 2019, https://www1.folha.uol.com.br/ambiente/2019/12/salles-muda-politica-ambiental-do-brasil-e-provoca-desmonte.shtml.

Doblas, R. 2015. *Rotas do Saque: Violações e Ameaças à Integridade Territorial da Terra do Meio (PA).* Instituto Socioambiental (ISA): São Paulo.

Fearnside, P.M. 1999. Social Impacts of Brazil's Tucuruí Dam. *Environemental Management*, 24(4), p. 483-495.

Fearnside, P.M. 2001. Environmental Impacts of Brazil's Tucuruí Dam: Unlearned Lessons for Hydroelectric Development in Amazonia. *Environmental Management*, 27(3), p. 377-396.

Fearnside, P.M. 2019. *Hidrelétricas na Amazônia: Impactos Ambientais e Sociais na Tomada de Decisões sobre Grandes Obras.* Editora do INPA: Manaus.

Fellet, J. & Costa, C. 2019. Imagens Mostram Avanço do Garimpo Ilegal na Amazônia em 2019. *BBC News Brasil*, 15 julho 2019, https://www.bbc.com/portuguese/brasil-49053678.

Friedman, L. 2020. Trump Rule Would Exclude Climate Change in Infrastructure Planning. *The New York Times*, 3 janeiro 2020, https://www.nytimes.com/2020/01/03/climate/trump-nepa-climate-change.html.

Goodyear III, F.H. 2012. Photography Changes How We Record and Respond to Social Issues. In: *Photography Changes Everything*, Heiferman, M. (ed.). Aperture and Smithsonian Institution: New York, p. 160-176.

Grill, G., Lehner, B., Thierme, M., Geenen, B., Tickner, D., Antonelli, F., Babu, S., Borrelli, P., Cheng, L., Crochetiere, H., Ehalt Macedo, H., Filgueiras, R., Goichot, M., Higgins, J., Hogan, Z., Lip, B., McClain, M.E., Meng, J., Mulligan, M., Nilsson, C., Olden, J.D., Opperman, J.J., Petry, P., Liermann, C.R., Sáenz, L., Salinas-Rodríguez, S., Schelle, P., Schmitt, R.J.P., Snider, J., Tan, F., Tockner, K., Valdujo, P.H., Van Soesbergen, A. e Zarfl, C. 2019. Mapping the World's Free-flowing Rivers. *Nature*, 569, p. 215-221.

Gudynas, E. 2015. *Derechos de la Naturaleza - Ética Biocéntrica y Políticas Ambientales.* Tinta Limón: Buenos Aires.

Helm, T. 2020. English Countryside at Risk from Boris Johnson's Planning Revolution. *The Guardian*, 4 julho 2020, https://www.theguardian.com/environment/2020/jul/04/uk-countryside-at-risk-from-boris-johnsons-planning-revolution.

Hodson, D. 2019. *The Politics of Documentary Photography: Three Theoretical Perspectives. Government and Opposition*. Cambridge University Press: Cambridge.

Ioris, A.A.R. 2018. Amazon's Dead Ends: Frontier-Making the Centre. *Political Geography*, 65, p. 98-106.

INPE, INPA, IMAZON. 2018. Fenômeno dos Rios Voadores. *Expedição Rios Voadores*, https://riosvoadores.com.br/o-projeto/fenomeno-dos--rios-voadores.

ISA (Instituto Socioambiental). 2018. Os Povos Indígenas Isolados e as Obras de Infraestrutura que Ameaçam seus Territórios. ISA: São Paulo.

Kumar, A., Sharma, M.P. e Kumar, A. 2016. Green House Gas Emissions from Hydropower Reservoirs: Policy and Challenges. *International Journal of Renewable Energy Research*, 6(2), p. 472-476.

Latour, B. 2019. *Dónde Aterrizar: Cómo Orientarse en Política.* Trans. P. Cuartas. Taurus: Madrid.

Lees, A.C., Peres, C.A., Fearnside, P.M., Schneider, M. e Zuanon, J.A.S. 2016. Hydropower and the Future of Amazonian Biodiversity. *Biodiversity Conservation,* 25, p. 451-466.

Linfield, S. 2012. *The Cruel Radiance - Photography and Political Violence.* University of Chicago Press: London.

Little, P.E. 2014. Mega-development Projects in Amazonia – A Geopolitical and Socio-environmental Primer. Derecho, Ambiente y Recursos Naturales: Lima.

Lübecker, N. 2013. The Politics of Images. *Paragraph,* 36(3), p. 392-407.

Meiselas, S. 2017. Entrevista por email em 27 agosto 2017.

Narmada. Directed by Manon Ott and Grégory Cohen. 45 min. Paris: TS Productions, 2012.

Nações Unidas. 1948. *Universal Declaration of Human Rights.* Proclaimed by UN General Assembly Resolution 217A (III) of 10 December 1948. https://www.un.org/chinese/center/chbus/events/hurights/english.htm.

Nações Unidas. 2019. Murder of Brazilian Indigenous Leader a 'Worrying Symptom' of Land Invasion. *United Nations – News,* 29 julho 2019, https://news.un.org/en/story/2019/07/1043401.

Nilsson, C., Reidy, C.A., Dynesius, M. e Revenga, C. 2005. Fragmentation and Flow Regulation of the World's Large River systems. *Science,* 308, p. 405-408.

Nombre, A. 2014. ICOLD President Answers Oxford Misleading Study. *ICOLD,* http://www.icold-cigb.net/share/article/4204/icold-president-answers-oxford-misleading-study.

Ponseti, M. e López-pujol, J. 2006. The Three Gorges Dam Project in China: History and Consequences. *Revista HMiC.,* 4, p. 151-188.

Rancière, J. 2004. *The Politics of Aesthetics.* Trans. G. Rockhill. Continuum: London.

Rancière, J. 2010. *Dissensus: On Politics and Aesthetics.* Trans. S. Corcoran. Continuum: London.

Ribeiro, M.C. 2018. *Dead Water – A Photography-based Inquiry into the Impact of Dams in Brazil.* PhD Thesis. University for the Creative Arts: Farnham.

Ribeiro, M.C. 2019. O Ruir dos Rios e de Suas Redes: Algumas Reflexões sobre Barragens e Hidrelétricas a Partir do Trabalho Fotográfico Água Morta. *Amazonia Latitude*, 10 setembro 2019, https://amazonialatitude.com/2019/09/10/o-ruir-dos-rios-e-de-suas-redes.

Ribeiro, M.C. 2020. Rios-Desertos – Constatações durante o Processo de Construção do Trabalho Água Morta. *Revista da UFMG*, 26(2), 152-167.

Ribeiro, M.C. e Branford, S. 2019. The Hydroelectric Threat to the Amazon Basin. In: *Voices of Latin America*, Gatehouse T. (ed.). Practical Action Publishing: Warwickshire, p. 121-146.

Richter, B.D., Postel, S., Revenga, C., Scudder, T., Lehner, B., Churchill, A. e Chow, M. 2010. Lost in Development's Shadow: the Downstream Human Consequences of Dams. *Water Alternatives*, 3(2), p. 14-42.

Rosler, M. 1981. In, Around and Afterthoughts (on Documentary Photography) In: *The Context of Meaning: Critical Histories of Photography*, Bolton, R. (ed.). MIT Press: Boston, p. 303-342.

Rosler, M. 2001. Post-documentary, Post-photography? In: *Decoys and Disruptions: Selected Writings, 1975-2001*, Rosler, M. (ed.). MIT Press: Cambridge, p. 207-244.

Roth, K. 2020. China's Global Threat to Human Rights. In: *World Report 2020*. Human Rights Watch: New York, p. 1-19.

Subramanian, M. 2019. Anthropocene Now: Influential Panel Votes to Recognize Earth's New Epoch. *Nature*, https://www.nature.com/articles/d41586-019-01641-5.

Tsikata, D.A. 2006. *Living in the Shadow of Ghana's Dams: Long Term Responses of Downstream and Lakeside Akosombo and Kpong Communities.* Brill: Leiden.

Viveiros de Castro, E. 2018. Nenhum Povo É uma Ilha. In: *Indigenous Peoples in Voluntary Isolation: Rethinking the Anthropological Approaches*. 5 outubro 2018, https://www.youtube.com/watch?v=Q19C-Piq4lY

Xie, S., Li, Z., Liu, J., Xie, S., Wang, H. e Murphy, B.R. 2007. Fisheries of the Yangtze River Show Immediate Impacts of the Three Gorges Dam. *Fisheries*, 32(7), p. 343-344.

Watts, J. 2014. Belo Monte, Brazil: The Tribes Living in the Shadow of a Megadam. *The Guardian*, 16 dezembro 2014, https://www.theguardian.com/environment/2014/dec/16/belo-monte-brazil-tribes--living-in-shadow-megadam.

Zarfl, C., Lumsdon, A.E., Berlekamp, J., Tydecks, L. e Tockner, K.A. 2014. Global Boom in Hydropower Dam Construction. *Aquatic Sciences*, 77, p. 161-170.

VOZES 3

SÔNIA GUAJAJARA (26 MAIO 2021) – ENTREVISTA FEITA POR ANTÔNIO A. R. IORIS E RAFAEL IORIS

Considerando tudo que está acontecendo hoje na Amazônia, todas as pressões e transformações, seria possível sintetizar o pensamento ou sentimento geral das populações indígenas na região?

Hoje o sentimento que a gente tem é de estarmos no meio de uma guerra. É um cenário bem perigoso, todo mundo procurando um refúgio, mas que não é fácil encontrar. Tiro de tudo quanto é lado, do garimpo ilegal, do desmatamento, das doenças, da pandemia, e o tiro mais certeiro vem do governo federal. Procuramos abrigo para fugir dessas "balas", mas não há muito lugar seguro. Às vezes dá uma sensação de impotência, porque é uma batalha muito desigual, de um lado estão os povos [indígenas] e as pessoas que acreditam que temos que proteger a Amazônia, e de outro lado está o trator, tá vindo o "tratoraço", o governo como uma avalanche passando por cima de tudo, acreditando que desenvolvimento é sinônimo de destruição. Tudo isso cria um cenário muito tenso e perigoso, porque vivemos tudo isso e sabemos que é desastre certo, difícil de reverter.

O que a crise do Covid-19 ensinou ou demonstrou em termos de agressões, ou mesmo de mobilização, que não era tão evidente antes?

O coronavírus despertou a sociedade para esse grau de desigualdade que há no país, desigualdade social e política. Dá para ver que a representação institucional está apenas a serviço dos interesses próprios de uma minoria e não da população em geral. Em plena pandemia, eles tentam de todas as formas aprovar medidas que retiram direitos, que exploram o meio ambiente, que negam os modos de vida. Enfim, é um governo totalmente negacionista, e a pandemia escancarou tudo isso. Um governo que nega os números do desmatamento, os dados da própria pandemia, as mortes. Mesmo quando há evidências ou provas de algo que contrariem seus interesses, imediatamente tentam alterar essa verdade, essas comprovações. Seja com exoneração de pessoas que estão trabalhando, ou com intimidação, perseguição das lideranças. Além disso, utilizam o autoritarismo, que é muito claro nesse governo em meio à pandemia. Essa situação é resultado de toda essa destruição, essa política de desenvolvimento baseada na exploração do meio ambiente, seja para agricultura, para mineração, para pecuária. Isso causa um desequilíbrio dos ecossistemas que facilita a contaminação pelos vírus, em razão da desarmonia na forma como as espécies interagem. Se não houver um rompimento desse modelo econômico, outros vírus virão, e ainda mais fortes, com grandes riscos para as pessoas, possibilidade de grande caos, grande catástrofe.

Considerando que o governo atual do Brasil representa tantas novas ameaças, como tem sido a mobilização indígena na Amazônia e no país? Como tem sido a postura da APIB, comparando por exemplo com as ações nos anos 1980 e 1990?

Veja bem, o que estamos fazendo hoje no movimento indígena é uma continuidade dessa articulação que começou na pré-Constituinte. Podemos dividir esse período de trinta anos em três fases: primeiro, a articulação das lideranças indígenas com os constituintes e sua incidência muito importante na escrita da Constituição de 1988. Esse foi o momento pré-Constituinte, quando mesmo sem condições estruturais para atuar, o movimento conseguiu garantir os artigos 231 e 232 da Constituição Federal. A fase seguinte foi a mobilização em macrorregiões para fazer cumprir aquele direito, entendo que o fato de estar escrito não era garantia de mobilização. Foi quando surgiu a COIAB, em 1989, e outras organizações em outras partes do Brasil, trabalhando de forma conjunta com as entidades que já existiam (como o CIR em Roraima e a Federação das Organizações Indígenas do Rio Negro, FOIRN). Foi uma luta conjunta pela implementação do direito. Essa segunda fase durou de 1989 até mais ou menos 2010. Em 2005 surgiu a APIB, Articulação dos Povos Indígenas do Brasil.

A terceira fase, em que estamos agora, é lutar para não perder o direito adquirido. Hoje há claras ameaças por parte de um governo anti-indígena, muito bem articulado com as bancadas parlamentares que também são anti-indígenas, as bancadas ruralista, evangélica, da segurança etc. Eles têm muita força. Portanto, o que fazemos hoje é uma continuidade, batalhamos para garantir esses direitos, em respeito às lideranças que lutaram, que fizeram essa conquista. Mas está muito difícil manter o pouco que conseguimos. Por exemplo, está agora em análise o PL 490, que pretende alterar o uso exclusivo dos territórios dos povos indígenas, acaba com a demarcação ao transferir para o Congresso Nacional essa responsabilidade (onde é muito mais difícil podermos exercer pressão), traz o marco temporal para dentro da legislação, ignorando a história de violência e uso da terra antes de 1988. Está em discussão na Comissão de Constituição e Justiça da Câmara dos Deputados e temos muito receio que, se for aprovado ali, será finalmente aprovado pelo Congresso. Hoje mesmo há uma reunião crucial no parlamento e que poderá ter um resultado histórico e muito perverso. Com tudo isso, nossa bandeira de luta principal é o direito territorial, o que não é diferente do que se buscava na década de 1980 ou 1990. Nosso ponto central é a demarcação dos territórios indígenas, colocando em prática o que já está reconhecido constitucionalmente. Esse papel cabe à União, mas esse governo tem uma decisão política de não demarcar nada, o governo se declara inimigo e porta-voz de todos aqueles que querem o acesso facilitado para explorar esses territórios.

O que as novas gerações do movimento indígena acrescentaram em termos de formas de mobilização ou pautas de luta? Questões de gênero, por exemplo? A sua atuação como uma liderança feminina demonstra isso?

Hoje temos três formas de articulação. Primeiro, o fortalecimento da participação dos povos indígenas na política institucional. Temos buscado muito ocupar esse espaço por meio disputa eleitoral. Em 2017, a APIB lançou o chamado "por um parlamento cada vez mais indígena". Em muitas reuniões nos estados, articulamos candidaturas de lideranças indígenas e 2018 foi um marco em razão do número expressivo de candidatas e candidatos para o poder legislativo e até mesmo para a Presidência da República. Foi nesse contexto que eu pude compor uma chapa presidencial (como candidata a vice-presidente). Isso foi representativo, porque 518 anos depois tivemos a primeira presença indígena em uma chapa presidencial e com uma candidata mulher, feminina. Conseguimos bons resultados, como a eleição da deputada Joênia Wapichana, primeira mulher indígena eleita, também com Chirley Pankara, eleita primeira codeputada estadual indígena em São Paulo, em mandato coletivo.

Em 2019, realizamos a primeira marcha das mulheres indígenas no Brasil e no mundo, que serviu de exemplo para o resto do planeta, contou com muitas companheiras de outros países, que levaram a mensagem de volta para sua terra influenciadas com o nosso protagonismo. Nas eleições de 2020, conseguimos eleger 44 mulheres, entre vereadoras e vice-prefeitas. Estamos presentes na política de forma expressiva. Também temos mulheres na coordenação do movimento indígena, como na coordenação da APIB e ainda na coordenação-geral da COIAB, que tem da mesma forma uma coordenação paritária (duas mulheres e dois homens). O mesmo em várias outras coordenações estaduais. Em 8 de março desse ano (2021), lançamos a ANMIGA, Articulação Nacional das Mulheres Indígenas Guerreiras da Ancestralidade.

Tudo isso não é fácil, muitos povos têm restrições à participação das mulheres, uma questão cultural, mas temos já muitas companheiras que se colocam, enfrentam e ocupam seus espaços. Podemos até dizer que hoje no Brasil as principais lideranças que têm feito um enfrentamento direto são mulheres. Temos deputadas e vereadoras eleitas. Claro que há também muitos homens eleitos, em número até maior, que fazem seu papel, mas temos que reconhecer que as mulheres têm cumprido seu papel e feito uma grande diferença. Não queremos apenas ocupar o lugar, trazer a transformação, apresentar um projeto de país, garantir a igualdade de gênero.

O que o olhar da mulher indígena traz de novo e que precisa ser inserido na pauta?

Nós, povos indígenas, temos toda uma relação com a mãe-natureza, de respeito pela mão-terra, são as mulheres que sentem a dor de dar à luz e de criar e cuidar. Por sentir a dor, a gente sabe cuidar melhor. Então, temos o olhar de não só confrontar, mas de apresentar um projeto concreto para as relações sociais, culturais e para essa mudança de consciência. Estamos discutindo entre nós e queremos lançar uma iniciativa este ano chamada "Reflorestamente", voltado à recuperação e reflorestamento dos territórios. É um projeto não só de país, mas de mundo, uma questão urgente. Mas, para proteger o meio ambiente, é necessário proteger as culturas, a diversidade dos povos, os modos de vida. O nosso futuro depende de escolhas políticas e dessa consciência ecológica, que não são questões dissociadas, separadas, mas são uma só. A gente traz essa proposta de um projeto concreto e um chamado global para ação, não somente esperando que os governos façam, mas nós também territorialmente podemos provocar uma mudança.

Dentro da diversidade dos povos indígenas, existe alguma proposta comum para o futuro? E como se engajar com outros movimentos sociais para atingi-la?

Existe muita articulação entre diferentes grupos e movimentos da Amazônia, até porque temos que ter uma luta conectada. Não dá para cada um fazer a sua luta. Mas também é chave que haja a valorização das diferentes culturas, dos diferentes modos de vida da Amazônia. Valorização das diversas iniciativas que já existem até porque nossa biodiversidade está totalmente ameaçada. E especialmente quem olha de fora tem que entender que são os povos indígenas, acima de tudo, que protegem essa biodiversidade.

O equilíbrio climático que o mundo busca hoje será promovido pelos povos indígenas. Não adianta achar que altas tecnologias, como as que estão sendo propostas pelos Estados Unidos, por exemplo, vão dar conta. Isso não vai dar certo se não houver apoio às comunidades tradicionais da Amazônia. E isso passa, antes de tudo, pelo reconhecimento e pela regularização dos seus territórios. Comparadas com as outras áreas públicas, as terras indígenas são as mais preservadas. E não é que existe nelas uma maior repressão ao desmatamento por parte das autoridades, como alguns pensam, até porque hoje nem existe uma política de proteção.

Quem garante essa proteção são, de fato, povos tradicionais da Amazônia, com seus diversos modos de vida. Mas o discurso do governo atual não reconhece e ataca essa diversidade. Promove-se o falso discurso de que somos todos brasileiros, mas com direitos, de fato, diferentes porque as condições de existência são totalmente desiguais.

Então, temos que valorizar as diferentes culturas da Amazônia, garantindo a preservação de seus territórios para que se garanta a preservação da natureza, da floresta que está ali em pé, garantindo, assim, o ar, a água, o alimento etc. E tudo isso passa, primeiro, pela conscientização do papel dos povos dos territórios tradicionais.

Até que ponto a pauta indígena poder ter sinergia com outros movimentos sociais?

A principal sinergia se dá na luta pela terra. Mesmo que povos diferentes possam utilizar a terra de modos diferentes, tudo passa pela garantia da terra. Hoje o modelo da monocultura centraliza o uso da terra e exclui os outros povos e seus modos de existir. Então nossa luta passa, acima de tudo, pela garantia da democratização do uso da terra. A terra não pode ter só um modelo de utilização. Até para se garantir a produção dos alimentos que se comem, não somente a produção voltada para a exportação.

E é possível haver diálogo com o agronegócio que quer cultivar soja nas áreas indígenas?

Isso é muito difícil porque eles somente querem o lucro da exportação, querem sempre produzir mais e mais. E, para nós, o que importa é garantir a vida, o viver bem das nossas comunidades. Mas o que eles propõem é que a gente seja cada vez mais expulso da terra. Essa concepção é sinônimo de destruição, é uma visão de progresso a partir da destruição. Ou seja, é uma visão irreconciliável pois nossa visão é a da proteção.

E qual o papel dos atores internacionais e da academia nesse processo?

Muitos de fora acham que entendem a Amazônia embora ainda tenham uma visão tida como ambientalista, mas que na verdade concebe a Amazônia somente como bicho e mato. Nessa visão, proteger a Amazônia seria somente proteger animal e planta. É fundamental que se entenda que na Amazônia tem gente. De fato, uma enorme variedade de gente, de culturas, de modos de vida. E essas pessoas estão hoje sendo brutalmente atacadas. Veja que de todos os assassinatos na América Latina hoje, metade está na Amazônia, e dessa metade, metade é composta por indígenas. E tudo por causa de conflitos ligadas à nossa defesa e luta pela terra.

Hoje o Brasil é um dos piores países para os defensores dos direitos humanos e do meio ambiente. E é essencial que se entenda que para proteger a Amazônia, há que se proteger as culturas tradicionais da Amazônia. Que se compreenda que na sua diversidade, essas populações são centrais para a proteção da Amazônia. Nesse processo, a academia tem um papel fundamental, especialmente promovendo essa conscientização, especialmente junto aos mais jovens que poderão fazer mais.

A comunidade internacional como um tudo também tem um papel importante, especialmente com relação às empresas internacionais que atuam na Amazônia. Os consumidores dos outros países de onde vem essas empresas tem que ter ciência de como os produtos são produzidos na Amazônia, tem que exigir um selo de qualidade com respeito dos direitos ambientais e direitos humanos. E a sociedade civil desses países também pode pressionar suas lideranças políticas criar novas leis, ou mesmo impor sanções que obriguem suas empresas locais a cumprir regras de produção de produtos que respeitem esses direitos humanos. Nós temos trabalhado muito para que isso ocorra.

E isso vem ocorrendo?

Sônia: Sim. Mesmo hoje quando o agronegócio tem tantos aliados no governo, percebemos uma maior adesão de várias pessoas e grupos querendo apoiar nossa luta.

E o que mais te dá esperança?

Primeiro, o fato de termos mais lideranças indígenas em várias esferas da política. Além disso, o fortalecimento das cadeias produtivas locais, pois isso cria alternativas para que possamos enfrentar os grandes interesses empresariais. É urgente que repensemos nossa atual lógica de produção e consumo, tão agressiva, tão destrutiva.

Nos últimos dois anos, a APIB, junto com a Amazon Watch, produziu dois estudos que mapeiam as empresas que violam direitos ambientais e direitos humanos, os relatórios Cumplicidade na Destruição. O primeiro mapeou a Amazônia, o segundo incluiu o Cerrado e a Mata Atlântica, e estamos fazendo agora um terceiro que será sobre o país todo.

Recentemente muitos indígenas têm se formado em universidades. Como se deu isso e seus impactos?

Isso foi fruto das políticas afirmativas do governo Lula, que infelizmente estão sendo totalmente destruídas. Foi um processo muito positivo, pois fez uma enorme contribuição tanto para nossas comunidades quanto para a sociedade em geral. Temos que parar de achar que para ser indígena tem de estar na aldeia. Os indígenas têm que ser aceitos, como indígenas, em todos os lugares onde estiverem. Precisamos deixar de criar estranheza quando chegamos em algum lugar. Isso tem que ser superado.

Existe alguma articulação entre indígenas dos outros países da Amazônia?

Sim, temos uma articulação forte com a COICA (Coordenação das Organizações Indígenas da Bacia Amazônica), que congrega nove países, e com a AMPB (dos indígenas da Meso-América), e juntos trabalhamos com indígenas da Indonésia em diversas ações de coordenação de políticas que buscamos promover em escala global.

O que os indígenas reivindicariam em um novo governo, popular e democrático?

Primeiramente, demarcação já. Algo que foi falho no último governo democrático que tivemos, que poderia ter avançado muito mais. Depois disso, que é a nossa principal bandeira de luta, reivindicamos também a participação dos povos indígenas na construção de um novo projeto de pais.

Por fim, o que é a Amazônia para a senhora e como deveríamos pensar a Amazônia?

A Amazônia é vida no mundo. Muito mais do que o pulmão do mundo, é vida. E pensar a Amazônia é pensar toda a sua diversidade, muito além da floresta. Temos que pensar a Amazônia respeitando suas culturas, seus povos e seus territórios. Pensar que essa diversidade é uma contribuição que a Amazônia dá ao planeta como um todo.

SOBRE OS EDITORES

Antônio Augusto Rossotto Ioris – professor (*reader*) e diretor do programa de pós-graduação em Desenvolvimento e Meio Ambiente, School of Geography and Planning, Universidade de Cardiff, Reino Unido.

Rafael R. Ioris – professor do Departamento de História e pesquisador associado da Josef Korbel School of International Studies, Universidade de Denver, Estados Unidos.

SOBRE OS AUTORES

Aaron Schneider – professor de relações internacionais (Cátedra Leo Block) da Josef Korbel School of International Studies, Universidade de Denver, Estados Unidos.

Ana Penido – pós-doutoranda em Relações Internacionais do Programa San Tiago Dantas (UNESP/UNICAMP/PUC-SP).

Bárbara Luana Pereira Pacheco – graduanda em Relações Internacionais pela Pontifícia Universidade Católica de Minas Gerais (PUC Minas).

Clarice Cohn – professora de antropologia, Universidade Federal de São Carlos (UFSCar).

Cristiano Desconsi – professor do Departamento de Zootecnia e Desenvolvimento Rural, Universidade Federal de Santa Catarina (UFSC).

Cristina Yumie Aoki Inoue – professora de Centro de Estudos Globais, Instituto de Relações Internacionais (IREL), Universidade de Brasília (UnB).

Edviges M. Ioris – professora do Departamento de Antropologia, Universidade Federal de Santa Catarina (UFSC).

Ennio Candotti – professor emérito da Universidade Federal do Rio de Janeiro (UFRJ) e da Universidade Federal do Amazonas (UFAM); ex-presidente da Sociedade Brasileira para o Progresso da Ciência (SBPC); diretor do Jardim Botânico e Museu "vivo" da Amazônia de História Natural, INPA, Manaus.

Estevão Ciavatta – diretor, roteirista e produtor; sócio-fundador da *Pindorama Filmes*, a primeira empresa brasileira carbono neutro na indústria da TV e do cinema, e referência em questões sociais e ambientais.

Frederik Schulze – pesquisador pós-doutorando (*research fellow*), Departamento de História, Westfälische Wilhelms-Universität Münster, Alemanha.

Jéssica Rúbia Gonçalves – mestra em Relações Internacionais pela Pontifícia Universidade Católica de Minas Gerais (PUC Minas).

João Pacheco de Oliveira – professor titular do Programa de Pós-graduação em Antropologia Social (PPGAS-UFRJ) e curador das coleções etnográficas do Museu Nacional, Rio de Janeiro; ex-presidente da Associação Brasileira de antropologia (ABA).

Jorge Bodanski – cineasta, roteirista e fotógrafo brasileiro; entre outros filmes, dirigiu os documentários *Iracema - Uma Transa Amazônica*, *Jari*, *O Terceiro Milênio* e *Igreja dos Oprimidos*.

Jucimara Araujo Cavalcante Souza – doutoranda do Programa de Pós-Graduação em Antropologia Social, Universidade Federal de São Carlos (UFSCar).

Lauana Pereira Domingos Alves – graduanda em Relações Internacionais, Pontifícia Universidade Católica de Minas Gerais (PUC Minas).

Lisa Barbosa – mestranda em Relações Internacionais do Programa San Tiago Dantas (UNESP/UNICAMP/PUC-SP).

Lucas Rodrigues Sena – doutorando do Programa de Pós-Graduação em Antropologia Social, Universidade Federal de São Carlos (UFSCar).

Luiz Henrique Eloy Amado – advogado da Articulação dos Povos Indígenas do Brasil (APIB); realizou pós-doutorado na École des Hautes Études en Sciences Sociales (EHESS), Paris, França.

Márcio Souza – romancista, diretor de teatro e ópera; membro da Academia Amazonense de Letras; escreveu, entre outros, os romances *Galvez: Imperador do Acre*, *Mad Maria*, *Operação Silêncio* e *O Fim do Terceiro Mundo.*

Marilene Cardoso Ribeiro – fotógrafa premiada internacionalmente, editora fotográfica do projeto *Voices of Latin America* (Latin America Bureau) e pesquisadora do programa de *Media & Film RKE* da Universidade de Winchester, Reino Unido.

Marília Bonfim Silva – graduanda no Instituto de Relações Internacionais (IREL), Universidade de Brasília (UnB).

Matilde de Souza – professora do Departamento de Relações Internacionais, Pontifícia Universidade Católica de Minas Gerais (PUC Minas).

Miguel Patrice Philippe Dhenin – pós-doutorando em Geografia, Universidade Federal do Rio de Janeiro (UFRJ).

Nathalia Capellini – pesquisadora pós-doutoranda do Institut d'Études Politiques de Paris, LIEPP/CEE, França.

Nuno Godolphim – fundador do Núcleo de Antropologia Visual da Universidade Federal do Rio Grande do Sul (UFRGS); produtor, pesquisador e roteirista da *Ocean Films.*

Paul E. Little – professor emérito da Universidade de Brasília (UnB); pesquisador e consultor independente, Estados Unidos.

Paula Franco Moreira – pesquisadora de Centro de Estudos Globais, Instituto de Relações Internacionais (IREL), Universidade de Brasília (UnB).

Philip Martin Fearnside – pesquisador titular do Instituto Nacional de Pesquisas da Amazônia (INPA) e membro da Academia Brasileira de Ciências; recebeu o Prêmio Nobel da Paz pelo Painel Intergovernamental para Mudanças Climáticas (IPCC) em 2007.

Sônia Guajajara – maranhense da Terra Indígena Arariboia; coordenadora executiva da Articulação dos Povos Indígenas do Brasil (APIB); candidata a vice-presidente da República em 2018; conselheira da iniciativa inter-religiosa pelas florestas tropicais das Nações Unidas (ONU).

Suzeley Kalil – professora de Relações Internacionais do Programa San Tiago Dantas (UNESP/UNICAMP/PUC-SP).

Tomas Paoliello – pós-doutorando em Geografia e pesquisador do Programa de Pós-graduação em Cartografia Social e Política da Amazônia, Universidade Estadual do Maranhão (UEMA).

Ulisses Manaças – militante histórico, comandante cabano e membro da direção estadual do Movimento dos Trabalhadores Sem Terra (MST) no Pará; líder de luta pela reforma agrária no país, faleceu em 2018, aos 45 anos.

Victor de Matos Nascimento – mestre em Relações Internacionais pela Pontifícia Universidade Católica de Minas Gerais (PUC Minas).

Alameda nas redes sociais:
Site: www.alamedaeditorial.com.br
Facebook.com/alamedaeditorial/
Twitter.com/editoraalameda
Instagram.com/editora_alameda/

Esta obra foi impressa em São Paulo no inverno de 2022. No texto foi utilizada a fonte Adobe Caslon Pro em corpo 11 e entrelinha de 15,5 pontos.